电控科技 组织编写

零基础电工从入门到精通

U0298157

化学工业出版社

·北京·

内容简介

《零基础电工从入门到精通》采用全彩图解的形式，全面系统地介绍了电工的相关知识与应用技能。本书共分为12章，主要内容包括电工基础、电工电路识图、电工常用仪表、电动机、导线的加工和连接、电工焊接、电工布线与设备安装、电工检测技能、电动机的拆卸与检修、常见线路及检修调试、变频器技术和PLC技术等。

本书理论和实际操作相结合，内容由浅入深，语言通俗易懂，彩色图解，层次分明，重点突出，非常方便读者学习。本书在重点难点处配有视频讲解，读者用手机扫描书中的二维码即可观看视频，提高学习效率。

本书可供电工学习使用，也可供职业院校、培训学校相关专业的师生使用。

图书在版编目（CIP）数据

零基础电工从入门到精通 / 电控科技组织编写. —北京：化学工业出版社，2023.11

ISBN 978-7-122-43970-3

Ⅰ.①零… Ⅱ.①电… Ⅲ.①电工技术 Ⅳ.① TM

中国国家版本馆 CIP 数据核字（2023）第 148106 号

责任编辑：万忻欣　李军亮　　　　装帧设计：张　辉

责任校对：刘曦阳

出版发行：化学工业出版社（北京市东城区青年湖南街13号　邮政编码100011）

印　　装：天津图文方嘉印刷有限公司

787mm×1092mm　1/16　印张14　字数372千字　2024年1月北京第1版第1次印刷

购书咨询：010-64518888　　　　售后服务：010-64518899

网　　址：http://www.cip.com.cn

凡购买本书，如有缺损质量问题，本社销售中心负责调换。

定　　价：99.00元

前言

随着社会整体电气化水平的提升，从生活用电到工业用电，从电气维修到电气规划设计，电工领域的就业空间越来越大。电工知识及操作是电工领域技术人员必备的基础技能，因此我们从初学者的角度出发，根据实际岗位的技能需求编写了本书，旨在引导读者快速掌握电工的专业知识与实操技能。

本书是一本适合电工入门与提高的图书，在表现形式上采用彩色图解，突出重点，其内容由浅入深，语言通俗易懂，电工初学者可以通过对本书的学习掌握系统的电工知识。为使读者能够在短时间内掌握电工的技能，本书在知识技能的讲授中充分发挥图解的特色，更形象地向读者传授电工的知识技能。书中采用大量实际电路分析和操作案例进行辅助讲解，帮助读者掌握实操技能并将所学内容运用到工作中。

本书由电控科技组织编写，编写人员有韩雪涛、吴瑛、韩广兴、张丽梅等行业工程师、高级技师和一线教师。本书使读者在学习过程中如同有一群专家在身边指导，将学习和实践中需要注意的重点、难点一一化解，大大提升学习效果。本书充分结合多媒体教学的特点，不仅充分发挥图解的特色，还在重点、难点处附印二维码，读者可以用手机扫描书中的二维码，通过观看教学视频同步实时学习对应知识点。数字媒体教学资源与书中知识点相互补充，帮助读者轻松理解复杂难懂的专业知识，确保学习者在短时间内获得最佳的学习效果。如果读者在本书的学习过程中有什么问题，可以通过以下方式与我们联系。

电话：022-83718162/83715667/13114807267

E-mail：chinadse@163.com

地址：天津市南开区榕苑路 4 号天发科技园 8-1-401（邮编：300384）

编者

目录

第1章 电工基础

1.1 电路连接

1.1.1 串联方式

如果电路中多个负载首尾相连，那么我们称它们的连接状态是串联的，该电路即称为串联电路。

如图 1-1 所示，在串联电路中，通过每个负载的电流量是相同的，且串联电路中只有一个电流通路，当开关断开或电路的某一点出现问题时，整个电路将处于断路状态，因此当其中一盏灯损坏后，另一盏灯的电流通路也被切断，该灯不能点亮。

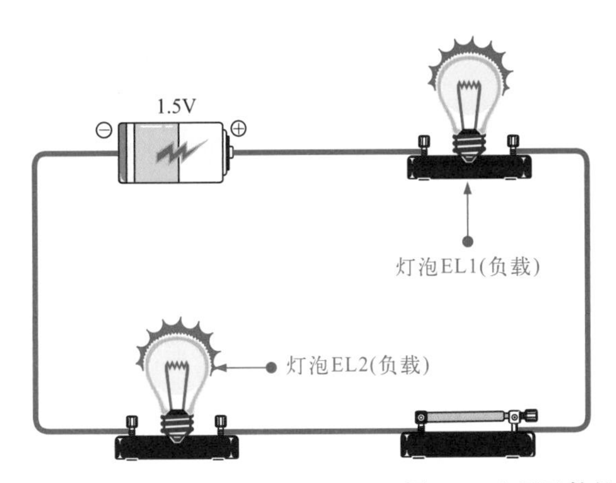
1.5V
灯泡EL1(负载)
灯泡EL2(负载)

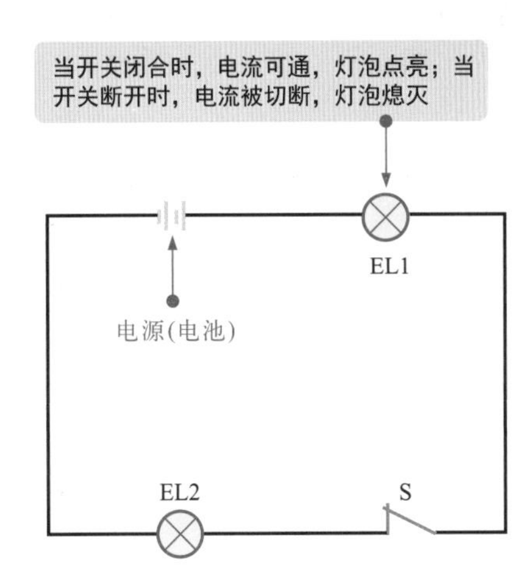
当开关闭合时，电流可通，灯泡点亮；当开关断开时，电流被切断，灯泡熄灭
EL1
电源(电池)
EL2
S

图 1-1　电子元件的串联关系

提示说明

在串联电路中，通过每个负载的电流量是相同的，且串联电路中只有一个电流通路，当开关断开或电路的某一点出现问题时，整个电路将变成断路状态。

在串联电路中，流过每个负载的电流相同，各个负载分享电源电压，如图 1-2 所示，电路中有三个相同的灯泡串联在一起，那么每个灯泡将得到 1/3 的电源电压量。每个串联的负载可分到的电压量与它自身的电阻有关，即自身电阻较大的负载会得到较大的电压值。

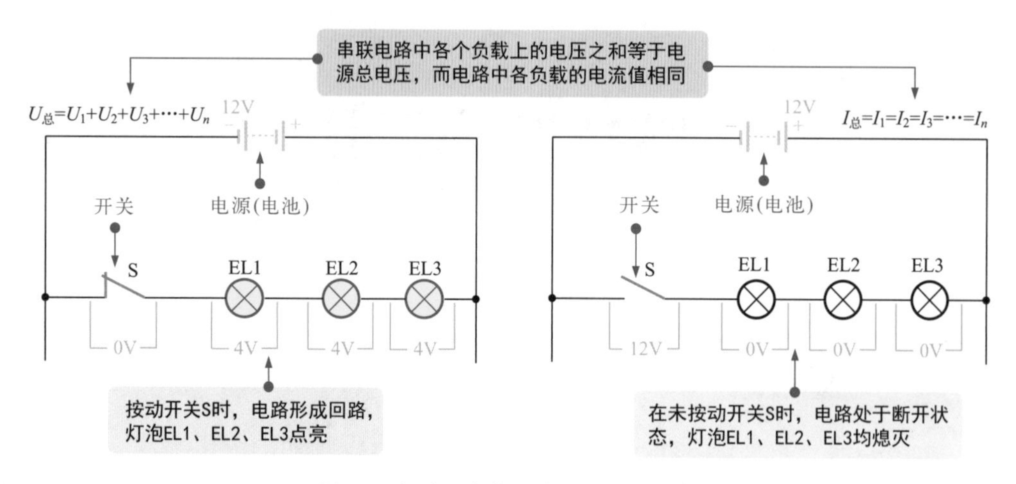
串联电路中各个负载上的电压之和等于电源总电压，而电路中各负载的电流值相同
$U_总=U_1+U_2+U_3+\cdots+U_n$
$I_总=I_1=I_2=I_3=\cdots=I_n$
12V
开关
电源(电池)
S
EL1
EL2
EL3
0V
4V
12V
按动开关S时，电路形成回路，灯泡EL1、EL2、EL3点亮
在未按动开关S时，电路处于断开状态，灯泡EL1、EL2、EL3均熄灭

图 1-2　灯泡（负载）串联的电压分配

1.1.2　并联方式

两个或两个以上负载的两端都与电源两极相连，我们称这种连接状态是并联的，该电路即为并联电路。

如图 1-3 所示， 在并联状态下，每个负载的工作电压都等于电源电压。不同支路中会有不同的电流通路，当支路某一点出现问题时，该支路将处于断路状态，照明灯会熄灭，但其他支路依然正常工作，不受影响。

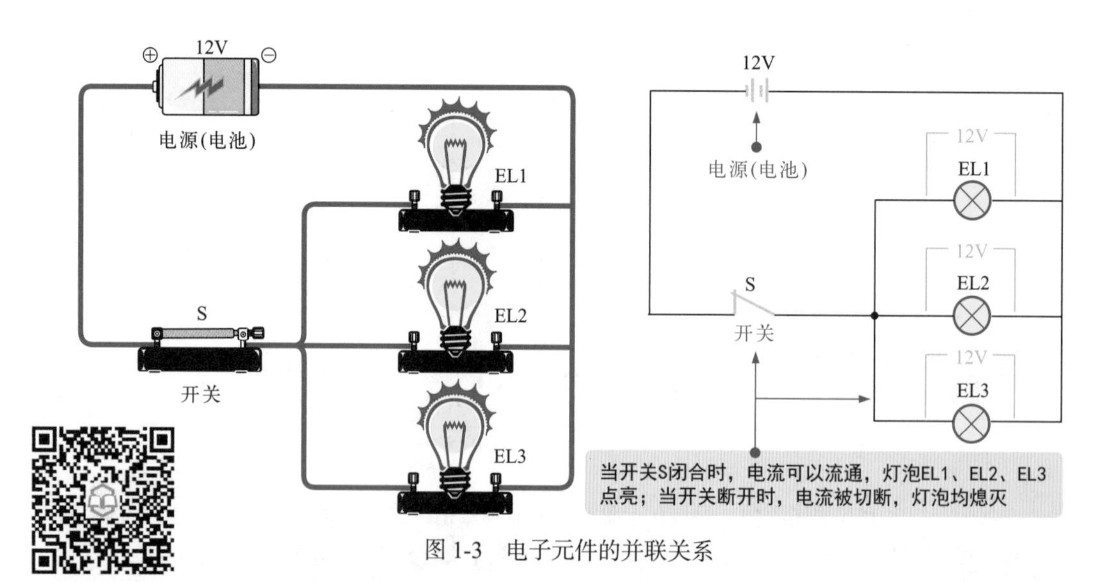
12V
电源(电池)
EL1
EL2
EL3
S
开关
当开关S闭合时，电流可以流通，灯泡EL1、EL2、EL3点亮；当开关断开时，电流被切断，灯泡均熄灭

图 1-3　电子元件的并联关系

如图 1-4 所示为灯泡（负载）并联的电压分配。

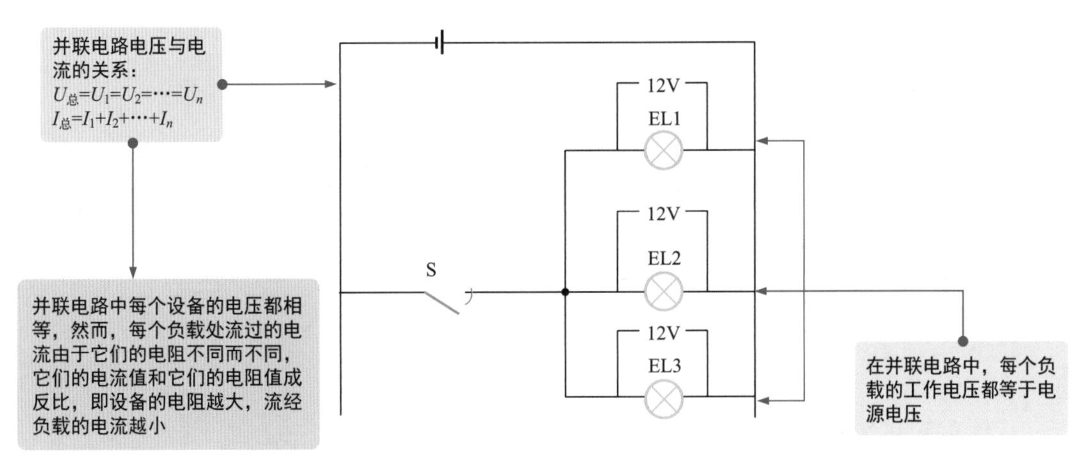
并联电路电压与电流的关系：
$U_总=U_1=U_2=\cdots=U_n$
$I_总=I_1+I_2+\cdots+I_n$
并联电路中每个设备的电压都相等，然而，每个负载处流过的电流由于它们的电阻不同而不同，它们的电流值和它们的电阻值成反比，即设备的电阻越大，流经负载的电流越小
12V
EL1
12V
EL2
12V
EL3
S
在并联电路中，每个负载的工作电压都等于电源电压

图 1-4　灯泡（负载）并联的电压分配

1.1.3　混联方式

如图 1-5 所示，将电气元件串联和并联连接后构成的电路称为混联电路。

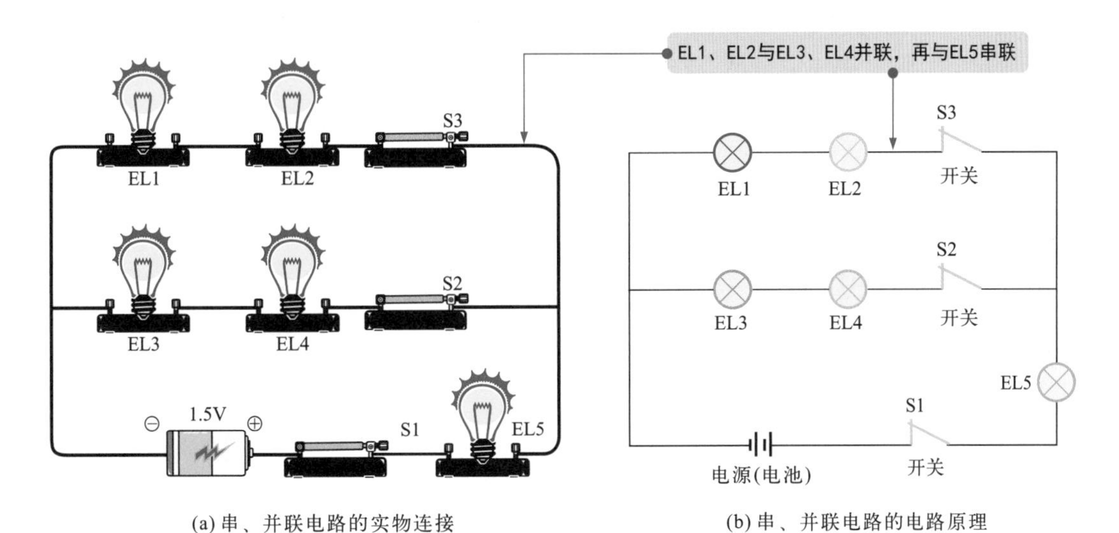
EL1、EL2与EL3、EL4并联，再与EL5串联
EL1
EL2
S3
EL3
EL4
S2
1.5V
S1
EL5
开关
电源(电池)

(a) 串、并联电路的实物连接　　(b) 串、并联电路的电路原理

图 1-5　电子元件的混联关系

1.1.4　电压变化对电流的影响

电压与电流的关系如图 1-6 所示。电阻阻值不变的情况下，电路中的电压升高，流经电阻的电流也成比例增加；电压降低，流经电阻的电流也成比例减少。例如，电压从 25V 升高到 30V 时，电流值也会从 2.5A 升高到 3A。

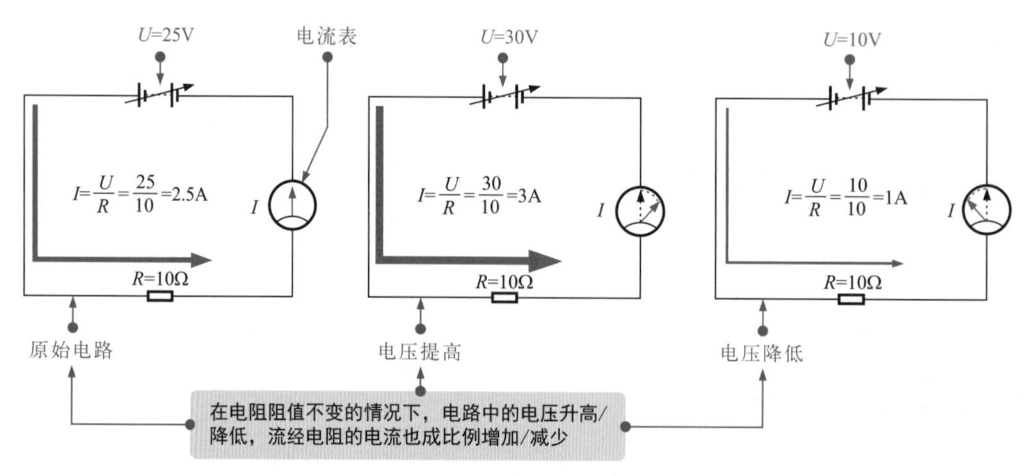
U=25V
电流表
U=30V
U=10V
$I=\frac{U}{R}=\frac{25}{10}=2.5A$
$I=\frac{U}{R}=\frac{30}{10}=3A$
$I=\frac{U}{R}=\frac{10}{10}=1A$
I
R=10Ω
原始电路
电压提高
电压降低
在电阻阻值不变的情况下，电路中的电压升高/降低，流经电阻的电流也成比例增加/减少

图 1-6　电压与电流的关系

1.1.5　电阻变化对电流的影响

电阻与电流的关系如图 1-7 所示。当电压值不变的情况下，电路中的电阻阻值升高，流经电阻的电流成比例减少；电阻阻值降低，流经电阻的电流则成比例增加。例如，电阻从 10Ω 升高到 20Ω 时，电流值会从 2.5A 降低到 1.25A。

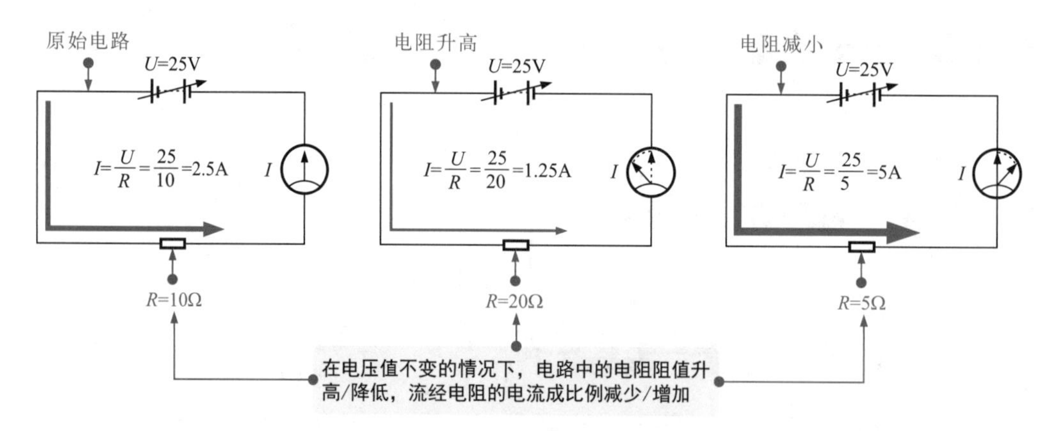
原始电路
电阻升高
电阻减小
U=25V
$I=\frac{U}{R}=\frac{25}{10}=2.5A$
$I=\frac{U}{R}=\frac{25}{20}=1.25A$
$I=\frac{U}{R}=\frac{25}{5}=5A$
I
R=10Ω
R=20Ω
R=5Ω
在电压值不变的情况下，电路中的电阻阻值升高/降低，流经电阻的电流成比例减少/增加

图 1-7　电阻与电流的关系

1.2　电流与电动势

1.2.1　电流

在导体的两端加上电压，导体内的电子就会在电场力的作用下做定向运动，形成

电流。电流的方向规定为电子（负电荷）运动的反方向即电流的方向与电子运动的方向相反。

图 1-8 为由电池、开关、灯泡组成的电路模型，当开关闭合时，电路形成通路，电池的电动势形成了电压，继而产生了电场力，在电场力的作用下，处于电场内的电子便会定向移动，这就形成了电流。

图 1-8　由电池、开关、灯泡组成的电路模型

提示说明

电流的大小称为电流强度，它是指在单位时间内通过导体横截面的电荷量。电流强度使用字母“I”（或 i）来表示，电荷量使用“Q”（库伦）表示。若在 t 秒内通过导体横截面的电荷量是 Q，则电流强度可用下式计算：

$$I=\frac{Q}{t}$$

电流强度的单位为安培，简称安，用字母“A”表示。根据不同的需要，还可以用千安（kA）、毫安（mA）和微安（μA）来表示。它们之间的关系为：

$$1\text{kA}=1000\text{A}$$

$$1\text{mA}=10^{-3}\text{A}$$

$$1\mu\text{A}=10^{-6}\text{A}$$

1.2.2　电动势

电动势是描述电源性质的重要物理量，用字母“E”表示，单位为“V”（伏特，简称伏），它是表示单位正电荷经电源内部，从负极移动到正极所做的功，它标志着电源将其他形式的能量转换成电路的动力即电源供应电路的能力。

提示说明

电动势用公式表示，即

$$E=\frac{W}{Q}$$

式中，E 为电动势，单位为伏特（V）；W 为将正电荷经电源内部从负极引导正极所做的功，单位为焦耳（J）；Q 为移动的正电荷数量，单位为库伦（C）。

如图 1-9 所示为由电源、开关、可变电阻器构成的电路模型。在闭合电路中，电动势是维持电流流动的电学量，电动势的方向规定为经电源内部，从电源的负极指向电源的正极。电动势等于路端电压与内电压之和，用公式表示即

$$E=U_{路}+U_{内}=I\cdot R+I\cdot r$$

式中，$U_{路}$表示路端电压（即电源加在外电路端的电压），$U_{内}$表示内电压（即电池因内阻自行消耗的电压），I表示闭合电路的电流，R表示外电路总电阻（简称外阻），r表示电源的内阻。

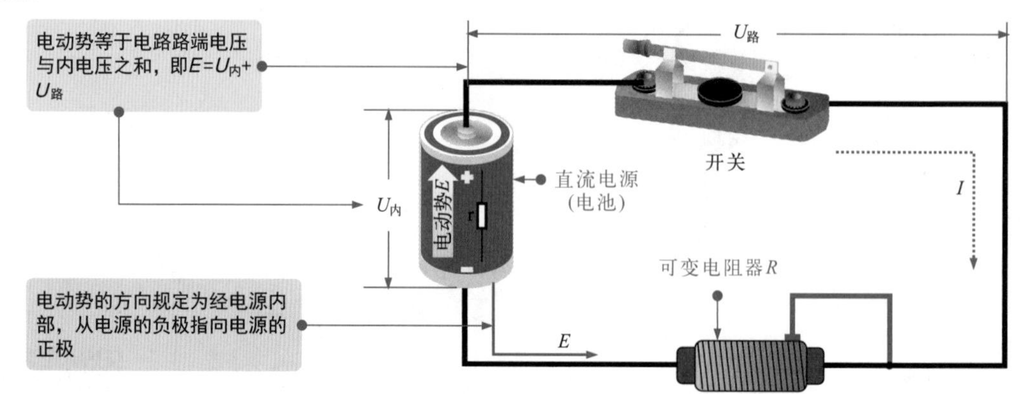

电动势等于电路路端电压与内电压之和，即E=U内+U路
U路
开关
直流电源（电池）
电动势E
r
U内
I
可变电阻器R
电动势的方向规定为经电源内部，从电源的负极指向电源的正极
E

图 1-9　由电池、开关、可变电阻器构成的电路模型

对于确定的电源来说，电动势 E 和内阻 r 都是一定的。若闭合电路中外电阻 R 增大，电流 I 便会减小，内电压 $U_{内}$ 减小，故路端电压 $U_{路}$ 增大。若闭合电路中外电阻 R 减小，电流 I 便会增大，内电压 $U_{内}$ 增大，故路端电压 $U_{路}$ 减小，当外电路断开，外电阻 R 无限大，电流 I 便会为零，内电压 $U_{内}$ 也变为零，此时路端电压就等于电源的电动势。

1.3 电位与电压

电位是指该点与指定的零电位的大小差距，电压则是指电路中两点电位的大小差距。

1.3.1 电位

电位也称电势，单位是伏特（V），用符号“φ”表示，它的值是相对的，电路中某点电位的大小与参考点的选择有关。

图 1-10 为由电池、三个阻值相同的电阻和开关构成的电路模型（电位的原理）。电路以

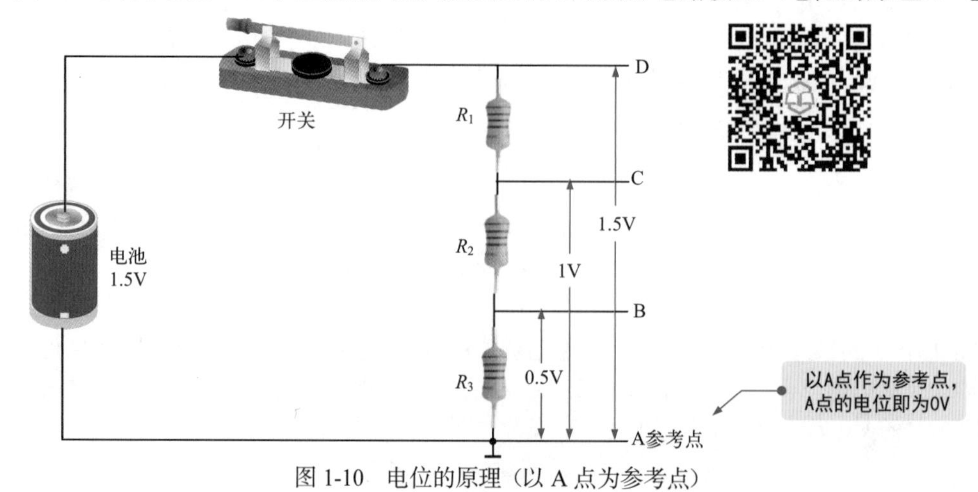

开关
D
R1
C
1.5V
电池
1.5V
R2
1V
B
R3
0.5V
以A点作为参考点，A点的电位即为0V
A参考点

图 1-10　电位的原理（以 A 点为参考点）

A点作为参考点，A点的电位为0V（即φ_A=0V），则B点的电位为0.5V（即φ_B=0.5V），C点的电位为1V（即φ_C=1V），D点的电位为1.5V（即φ_D=1.5V）。

电路若以B点作为参考点，B点的电位为0V（即φ_B=0V ）则A点的电位为−0.5V（即φ_A=−0.5V），C点的电位为0.5V（即φ_C=0.5V），D点的电位为1V（ 即φ_D=1V）。图1-11为以B点为参考点电路中的电位。

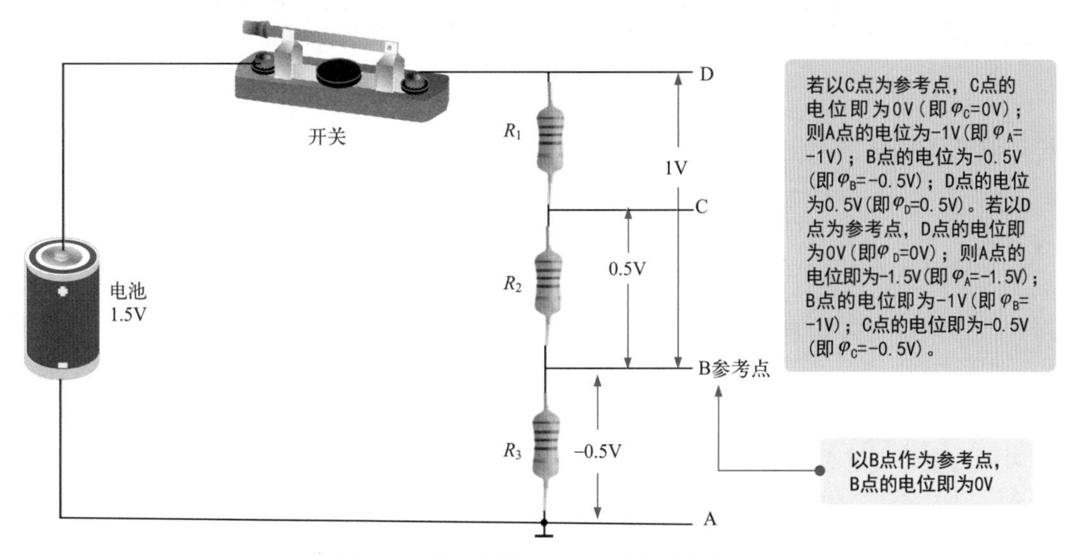
开关
D
R_1
1V
C
0.5V
R_2
电池
1.5V
B参考点
R_3
−0.5V
A
若以C点为参考点，C点的电位即为0V（即φ_C=0V）；则A点的电位为−1V（即φ_A=−1V）；B点的电位为−0.5V（即φ_B=−0.5V）；D点的电位为0.5V（即φ_D=0.5V）。若以D点为参考点，D点的电位即为0V（即φ_D=0V）；则A点的电位即为−1.5V（即φ_A=−1.5V）；B点的电位即为−1V（即φ_B=−1V）；C点的电位即为−0.5V（即φ_C=−0.5V）。
以B点作为参考点，B点的电位即为0V

图1-11　电位的原理（以B点为参考点）

1.3.2　电压

电压也称电位差（或电势差），单位是伏特（V）。电流之所以能够在电路中流动是因为电路中存在电压，即高电位与低电位之间的差值。

图1-12为由电池、两个阻值相等的电阻器和开关构成的电路模型。

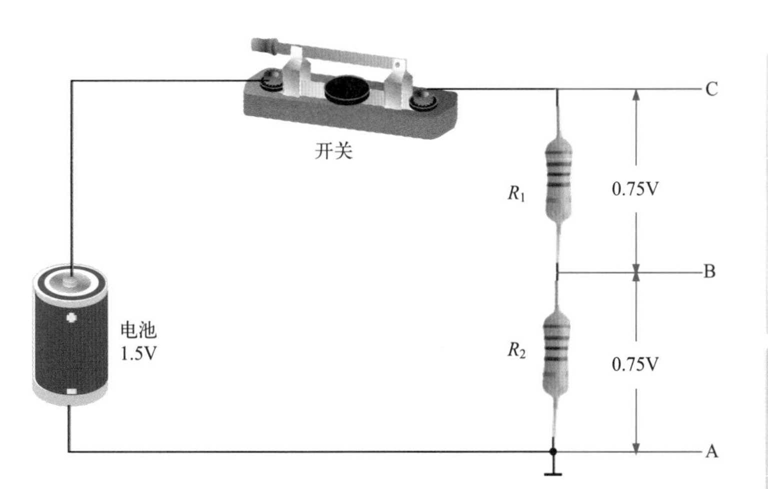
开关
C
R_1
0.75V
B
电池
1.5V
R_2
0.75V
A

在闭合电路中，任意两点之间的电压就是指这两点之间电位的差值，用公式表示即为$U_{AB}=\varphi_A-\varphi_B$，以A点为参考点（即$\varphi_A$=0V），B点的电位为0.75V（即$\varphi_B$=0.75V），B点与A点之间的$U_{BA}=\varphi_B-\varphi_A$=0.75V，也就是说加在电阻器$R_2$两端的电压为0.75V；C点的电位为1.5V（即$\varphi_C$=1.5V），C点与A点之间的$U_{CA}=\varphi_C-\varphi_A$=1.5V，也就是说加在电阻器$R_1$和$R_2$两端的电压为1.5V

但若单独衡量电阻器R_1两端的电压（即U_{BC}），若以B点为参考点（φ_B=0），C点电位即为0.75V（φ_C=0.75V），因此加在电阻器R_1两端的电压仍为0.75V（即U_{BC}=0.75V）

图1-12　电池、两个阻值相等的电阻器和开关构成的电路模型（电压的原理）

1.4 直流电与交流电

1.4.1 直流电与直流供电方式

直流电（Direct Current，简称 DC）是指电流方向不随时间做周期性变化，由正极流向负极，但电流的大小可能会变化。

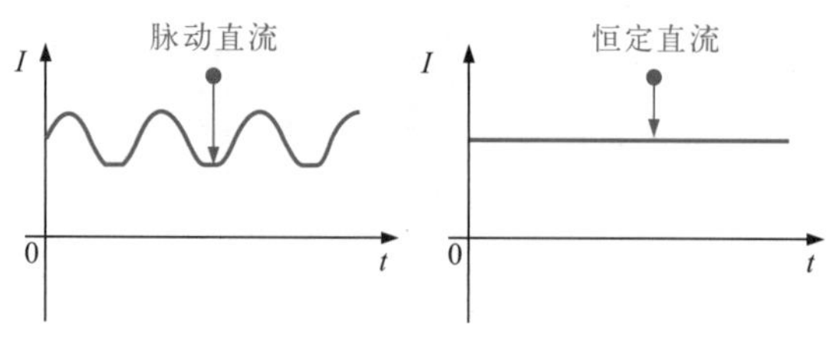
脉动直流
恒定直流
I
I
0
t
0
t

图 1-13　脉动直流和恒定直流

如图 1-13 所示，直流电可以分为脉动直流和恒定直流两种：脉动直流中直流电流大小是跳动的；而恒定直流中的电流大小是恒定不变的。

如图 1-14 所示，一般将可提供直流电的装置称为直流电源，例如干电池、蓄电池、直流发电机等。直流电源有正、负两极。当直流电源为电路供电时，直流电源能够使电路两端之间保持恒定的电位差，从而在外电路中形成由电源正极到负极的电流。

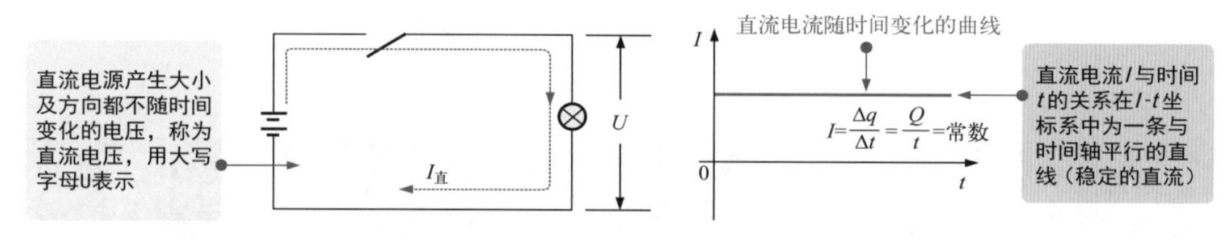
直流电源产生大小及方向都不随时间变化的电压，称为直流电压，用大写字母U表示
$I_直$
U
直流电流随时间变化的曲线
I
0
t
$I=\frac{\Delta q}{\Delta t}=\frac{Q}{t}=$常数
直流电流I与时间t的关系在I-t坐标系中为一条与时间轴平行的直线（稳定的直流）

图 1-14　直流电的特点

如图 1-15 所示，由直流电源作用的电路称为直流电路，它主要是由直流电源、负载构成的闭合电路。

在生活和生产中电池供电的电器，都属于直流供电方式，如低压小功率照明灯、直流电动机等。还有许多电器是利用交流 - 直流变换器，将交流变成直流再为电器产品供电。

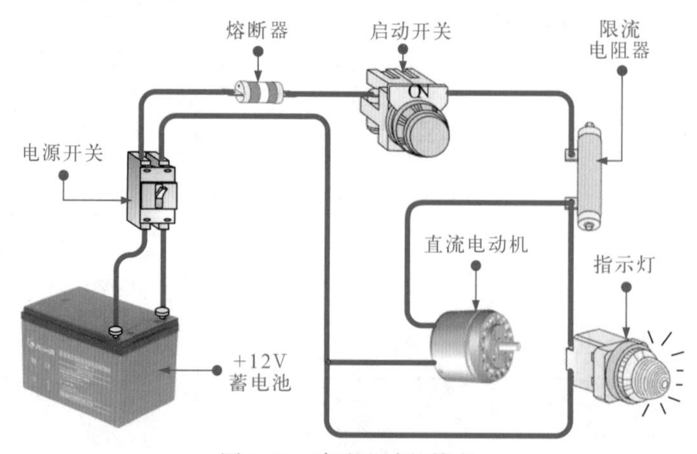
熔断器
启动开关
ON
限流
电阻器
电源开关
直流电动机
指示灯
+12V
蓄电池

图 1-15　直流电路的特点

家庭或企事业单位的供电都是采用交流 220V、50Hz 的电源，而电子产品内部各电路单元及其元件则往往需要多种直流电压，因而需要一些电路将交流 220V 电压变为直流电压，供电路各部分使用。

如图 1-16 所示，典型直流电源电路中，交流 220V 电压经变压器 T，先变成交流低压（12V），再经整流二极管 VD 整流后变成脉动直流，脉动直流经 LC 滤波后变成稳定的直流电压。

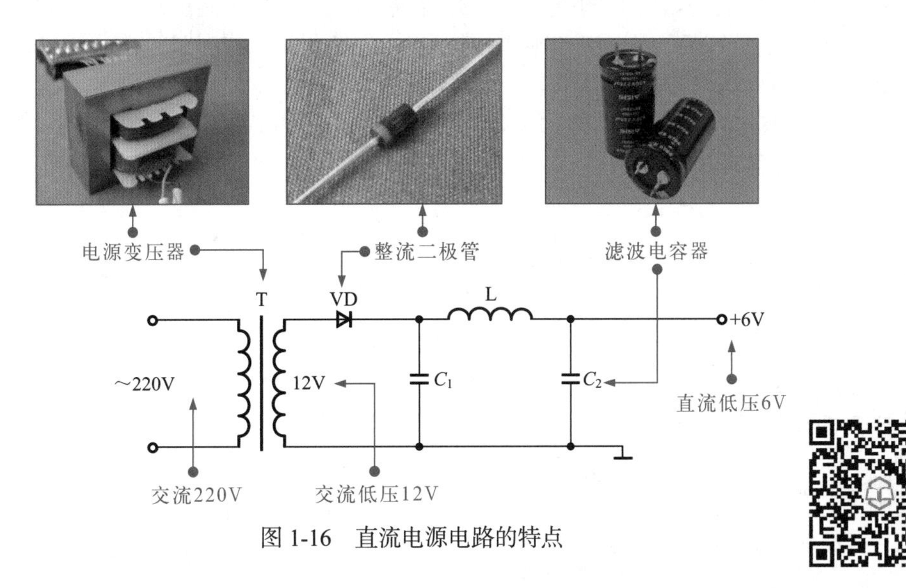
电源变压器
整流二极管
滤波电容器
T
VD
L
+6V
~220V
12V
C_1
C_2
直流低压6V
交流220V
交流低压12V

图 1-16　直流电源电路的特点

如图 1-17 所示，一些实用电子产品如手机、收音机等，是借助充电器给电池充电后获取电能。值得一提的是，不论是电动车的大型充电器，还是手机、收音机等的小型充电器，都需要从市电交流 220V 的电源中获得能量。

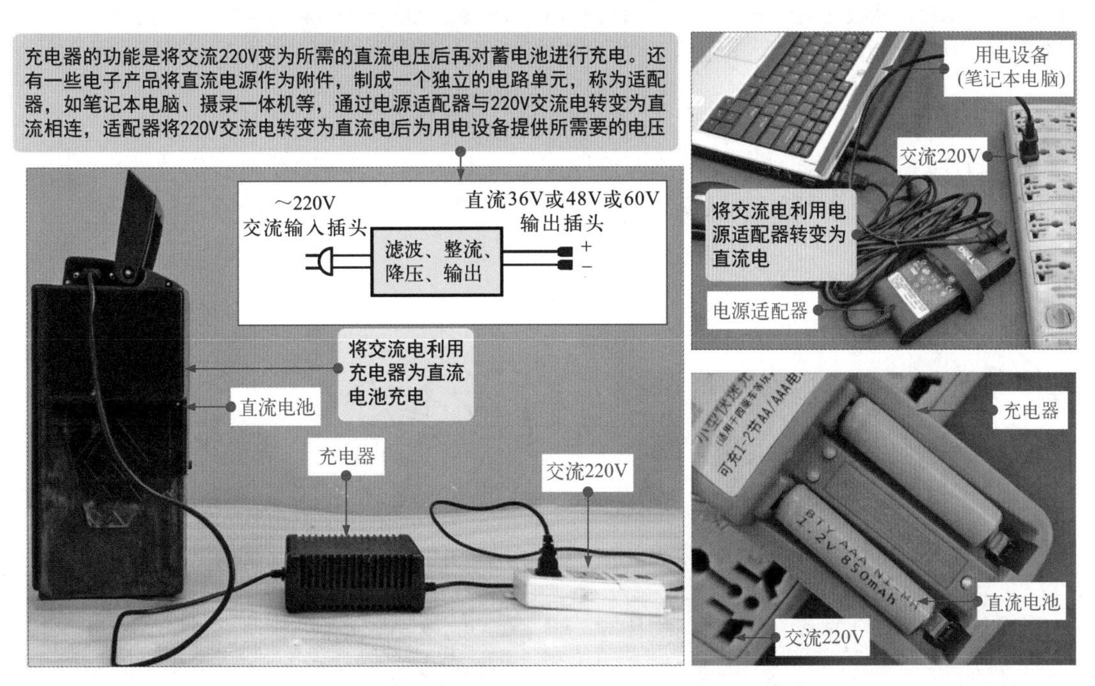
充电器的功能是将交流220V变为所需的直流电压后再对蓄电池进行充电。还有一些电子产品将直流电源作为附件，制成一个独立的电路单元，称为适配器，如笔记本电脑、摄录一体机等，通过电源适配器与220V交流电转变为直流相连，适配器将220V交流电转变为直流电后为用电设备提供所需要的电压
~220V
交流输入插头
直流36V或48V或60V
输出插头
滤波、整流、
降压、输出
+
−
将交流电利用
充电器为直流
电池充电
直流电池
充电器
交流220V
用电设备
(笔记本电脑)
交流220V
将交流电利用电
源适配器转变为
直流电
电源适配器
充电器
直流电池
交流220V

图 1-17　典型实用电子产品中直流电源的获取方式

1.4.2 单相交流电与单相交流供电方式

交流电（Alternating Current，简称 AC）是指大小和方向会随时间做周期性变化的电压或电流。在日常生活中，所有的电器产品都需要有供电电源才能正常工作，大多数的电器设备都是由市电交流 220V、50Hz 作为供电电源，这是我国公共用电的统一标准，交流 220V 电压是指相线即火线对零线的电压。

如图 1-18 所示，交流电是由交流发电机产生的，交流发电机通常有产生单相交流电的机型和产生三相交流电的机型。

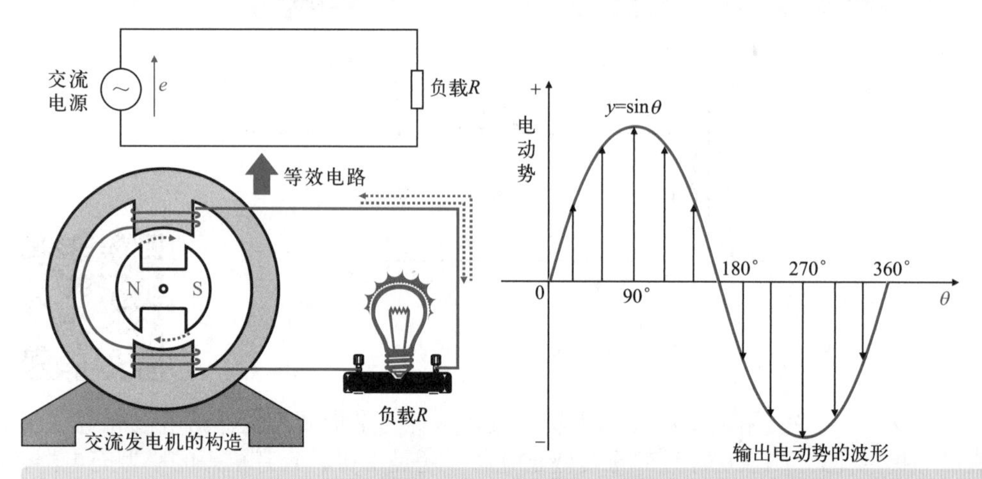

交流电源
e
负载R
等效电路
N
S
负载R
交流发电机的构造
+
电动势
y=sinθ
0
90°
180°
270°
360°
θ
−
输出电动势的波形

交流发电机的转子是由永磁体构成的，当水轮机或汽轮机带动发电机转子旋转时，转子磁极旋转，会对定子线圈辐射磁场，磁力线切割定子线圈，定子线圈中便会产生感应电动势，转子磁极转动一周就会使定子线圈产生相应的电动势（电压）。由于感应电动势的强弱与感应磁场的强度成正比，感应电动势的极性也与感应磁场的极性相对应。定子线圈所受到的感应磁场是正反向交替周期性变化的。转子磁极匀速转动时，感应磁场是按正弦规律变化的，发电机输出的电动势波形则为正弦波形

图 1-18 交流电的产生

如图 1-19 所示，发电机根据电磁感应原理产生电动势，当线圈受到变化磁场的作用时，即线圈切割磁力线便会产生感应磁场，感应磁场的方向与作用磁场方向相反。

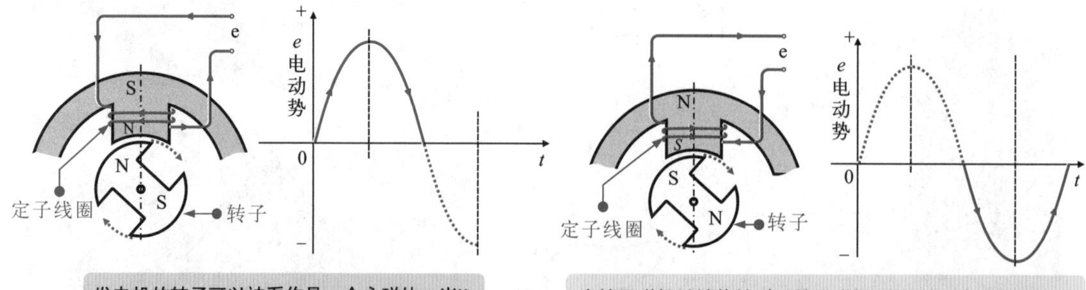

e
S
N
N
S
定子线圈
转子
+
e
电动势
0
t
−
e
N
S
S
N
定子线圈
转子
+
e
电动势
0
t
−

发电机的转子可以被看作是一个永磁体。当N极旋转并接近定子线圈时，会使定子线圈产生感应磁场，方向为N/S，线圈产生的感应电动势为一个逐渐增强的曲线，当转子磁极转过线圈继续旋转时，感应磁场则逐渐减小

当转子磁极继续旋转时，转子磁极S开始接近定子线圈，磁场的磁极发生了变化，定子线圈所产生的感应电动势极性也翻转180°，感应电动势输出为反向变化的曲线。转子旋转一周，感应电动势又会重复变化一次。由于转子旋转的速度是均匀恒定的，因此输出电动势的波形为正弦波

图 1-19 发电机的发电原理

1 单相交流电

单相交流电在电路中具有单一交变的电压，该电压以一定的频率随时间变化，如图 1-20 所示。在单相交流发电机中，只有一个线圈绕制在铁芯上构成定子，转子是永磁体，当其内部的定子和线圈为一组时，它所产生的感应电动势（电压）也为一组（相），由两条线进行传输。

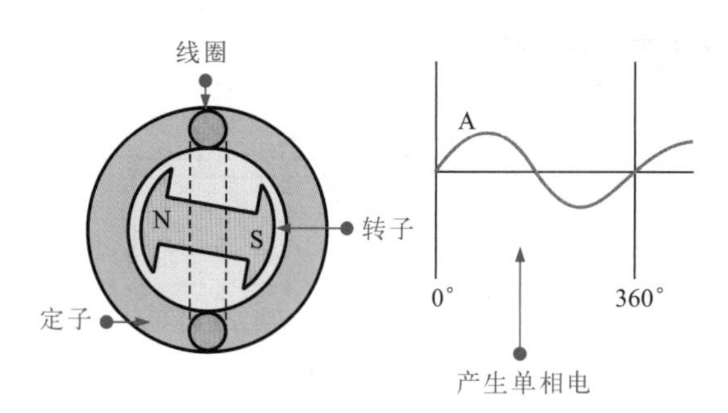
线圈
N
S
转子
定子
A
0°
360°
产生单相电

图 1-20　单相交流电的特点

2 单相交流供电方式

我们将单相交流电通过的电路称为交流电路。交流电路普遍用于人们的日常生活和生产中。单相交流电路的供电方式主要有单相两线式和单相三线式。

如图 1-21 所示，单相两线式是指仅由一根相线（L）和一根零线（N）构成的供电方式，通过这两根线获取 220V 单相电压，为用电设备供电。

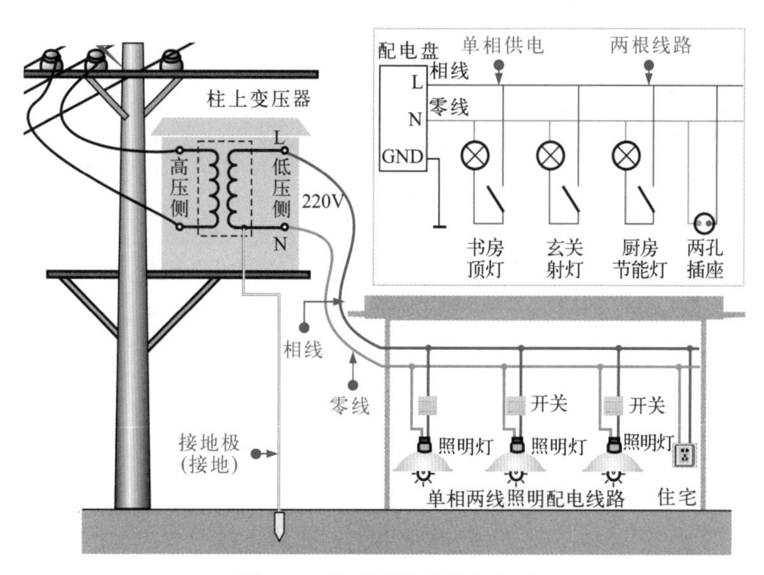
配电盘
单相供电
两根线路
相线
零线
L
N
GND
书房
顶灯
玄关
射灯
厨房
节能灯
两孔
插座
柱上变压器
高
压
侧
低
压
侧
220V
相线
零线
开关
开关
照明灯
照明灯
照明灯
接地极
(接地)
单相两线照明配电线路
住宅

图 1-21　单相两线式供电方式

一般在照明线路和两孔电源插座多采用单相两线式供电方式。

如图 1-22 所示，单相三线式是在单相两线式基础上添加一条地线，相线与零线之间的电压为 220V，零线在电源端接地，地线在本地用户端接地，两者因接地点不同可能存在一定的电位差，因而零线与地线之间可能存在一定的电压。

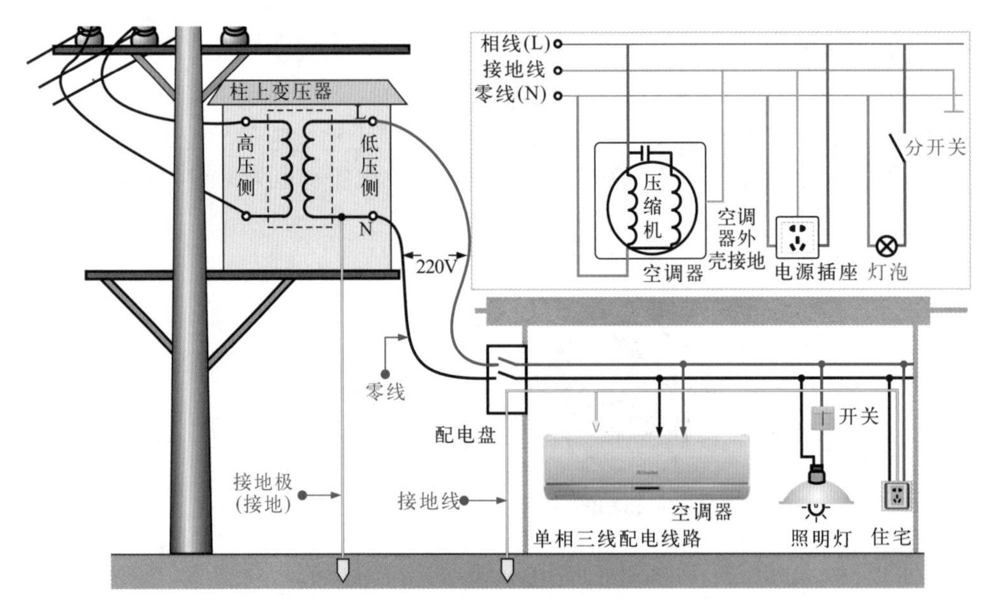
相线(L)
接地线
零线(N)
柱上变压器
高压侧
低压侧
N
220V
压缩机
空调器外壳接地
空调器
电源插座
灯泡
分开关
零线
配电盘
开关
接地极
(接地)
接地线
空调器
单相三线配电线路
照明灯
住宅

图 1-22　单相三线式供电方式

如图 1-23 所示，一般情况下，电气线路中所使用的单相电往往不是由发电机直接发电后输出，而是由三相电源分配过来的。

发电厂经变配电系统送来的电源由三根相线（火线） 和一根零线（中性线） 构成。三根相线两两之间电压为 380V， 每根相线与零线之间的电压为 220V。这样三相交流电源就可以分成三组单相交流电给用户使用。

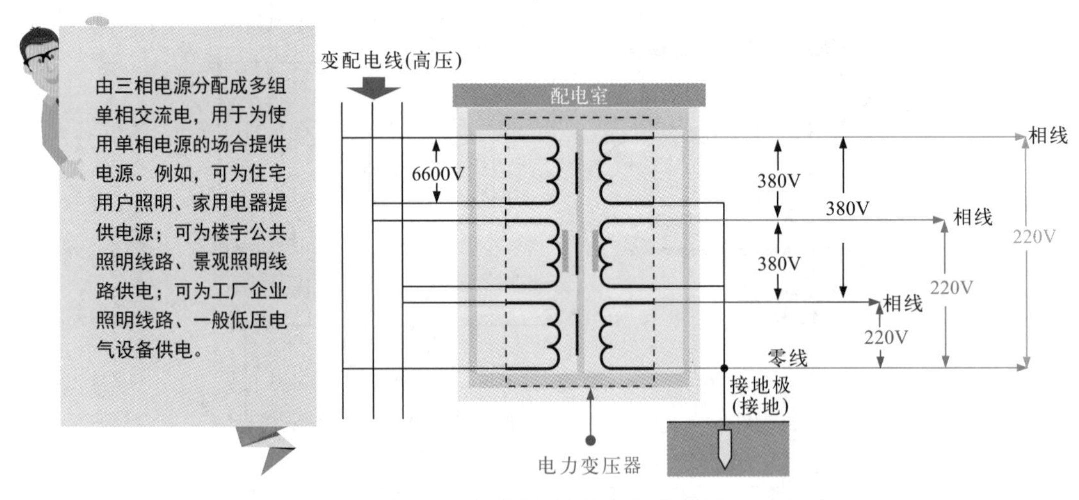
由三相电源分配成多组单相交流电，用于为使用单相电源的场合提供电源。例如，可为住宅用户照明、家用电器提供电源；可为楼宇公共照明线路、景观照明线路供电；可为工厂企业照明线路、一般低压电气设备供电。
变配电线(高压)
配电室
6600V
380V
380V
380V
相线
相线
相线
220V
220V
220V
零线
接地极
(接地)
电力变压器

图 1-23　实际应用中单相电的来源

1.4.3　三相交流电与三相交流供电方式

三相交流电是大部分电力传输即供电系统、工业和大功率电力设备所需要电源。通常，把三相电源线路中的电压和电流统称三相交流电，这种电源由三条线来传输，三线之间的电

压大小相等（380V）、频率相同（50Hz）、相位差为120°。

1 三相交流电

图1-24为两相交流电和三相交流电的特点。

在发电机内设有两组定子线圈互相垂直地分布在转子外围。转子旋转时两组定子线圈产生两组感应电动势，这两组电动势之间有90°的相位差，这种电源为两相电源，这种方式多在自动化设备中使用

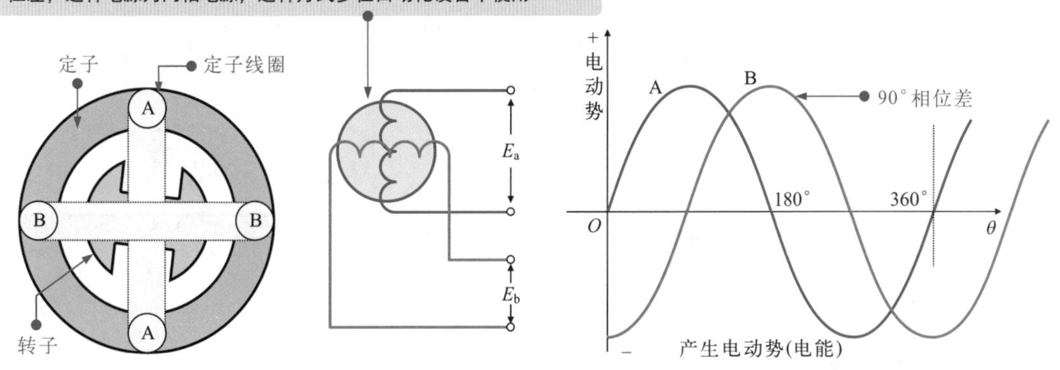
定子
定子线圈
A
B
B
A
转子
E_a
E_b
+
电动势
A
B
90°相位差
180°
360°
O
θ
−
产生电动势(电能)

三相交流电是由三相交流发电机产生的。在定子槽内放置着三个结构相同的定子绕组A、B、C，这些绕组在空间互隔120°。转子旋转时，其磁场在空间按正弦规律变化，当转子由水轮机或汽轮机带动以角速度ω等速地顺时针方向旋转时，在三个定子绕组中就产生频率相同、幅值相等、相位上互差120°的三个正弦电动势，即对称的三相电动势

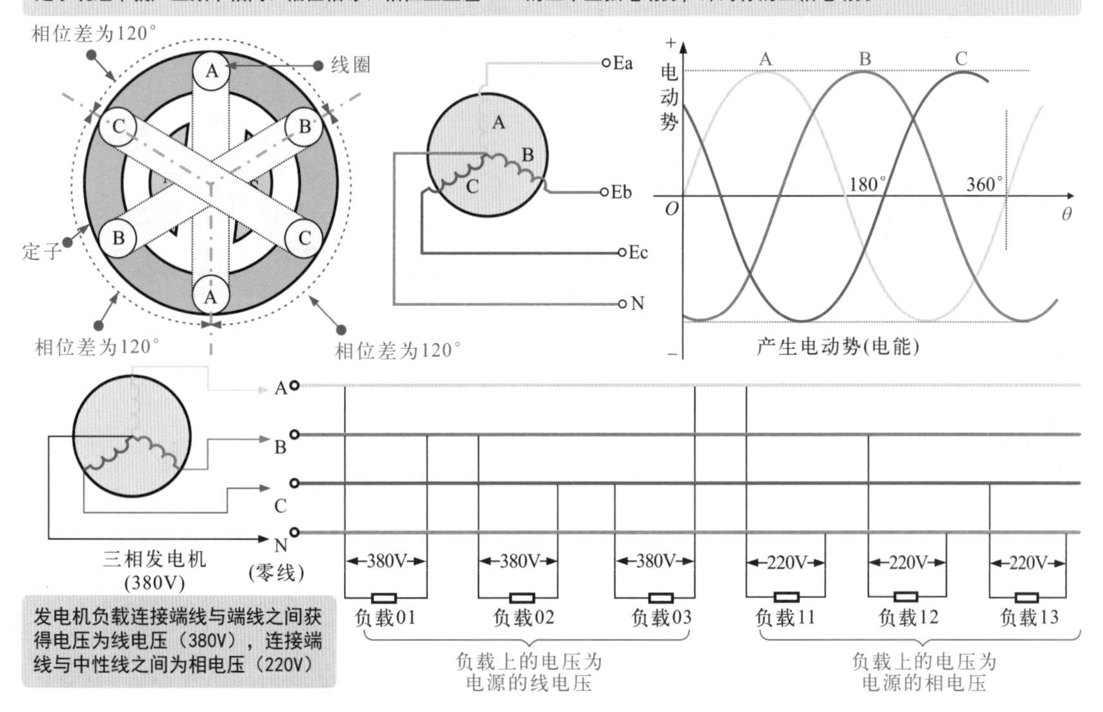
相位差为120°
线圈
A
C
B
B
C
A
定子
相位差为120°
相位差为120°
Ea
Eb
Ec
N
A
B
C
+
电动势
A
B
C
180°
360°
O
θ
−
产生电动势(电能)
A
B
C
N
三相发电机
(380V)
(零线)
380V
380V
380V
220V
220V
220V
负载01
负载02
负载03
负载11
负载12
负载13
负载上的电压为
电源的线电压
负载上的电压为
电源的相电压
发电机负载连接端线与端线之间获得电压为线电压（380V），连接端线与中性线之间为相电压（220V）

图1-24　两相交流电和三相交流电的特点

2 三相交流供电方式

在三相交流供电系统中，根据线路接线方式不同，主要有三相三线式、三相四线式及三相五线式三种供电方式。

图1-25为典型的三相三线式供电方式。

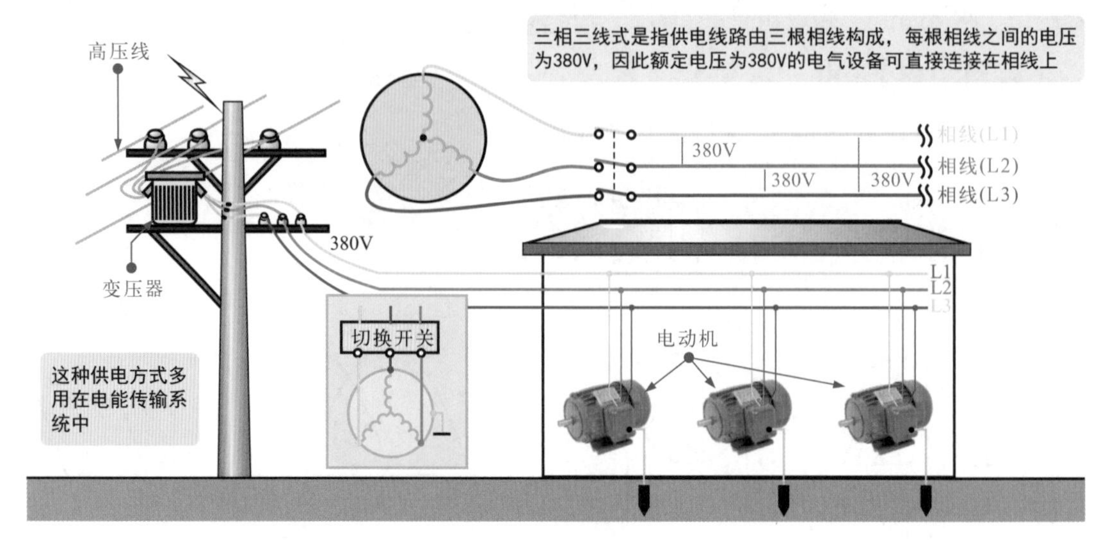
三相三线式是指供电线路由三根相线构成，每根相线之间的电压为380V，因此额定电压为380V的电气设备可直接连接在相线上
高压线
变压器
380V
相线(L1)
相线(L2)
相线(L3)
380V
380V
380V
L1
L2
L3
切换开关
电动机
这种供电方式多用在电能传输系统中

图 1-25　三相三线式供电方式

图 1-26 为三相四线式供电方式。

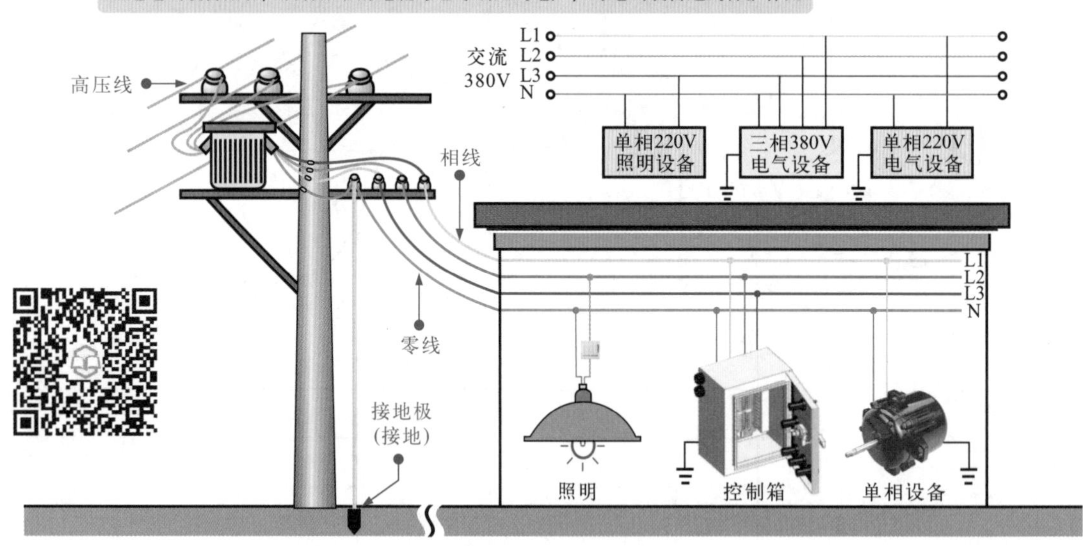
三相四线式交流电路是指由变压器引出四根线的供电方式。其中，三根为相线，另一根中性线为零线。零线接电动机三相绕组的中点，电气设备接零线工作时，电流经过电气设备做功，没有做功的电流可经零线回到电厂，对电气设备起到保护作用
高压线
交流
380V
L1
L2
L3
N
单相220V
照明设备
三相380V
电气设备
单相220V
电气设备
相线
零线
接地极
(接地)
L1
L2
L3
N
照明
控制箱
单相设备

图 1-26　三相四线式供电方式

提示说明

注意：在三相四线式制供电方式中，在三相负载不平衡时和低压电网的零线过长且阻抗过大时，零线将有零序电流通过。过长的低压电网，由于环境恶化、导线老化、受潮等因素，导线的漏电电流通过零线形成闭合回路，致使零线也带一定的电位，这对安全运行十分不利。在零线断线的特殊情况下，断线以后的单相设备和所有保护接零的设备会产生危险的电压，这是不允许的。

图 1-27 为三相五线式供电方式。

在三相五线式供电系统中，把零线的两个作用分开，即一根线作工作零线（N），另一根线作保护零线（PE或地线），这样的供电接线方式称为三相五线制供电方式。增加的地线（PE）与本地的大地相连，起保护作用。所谓的保护零线也就是接地线

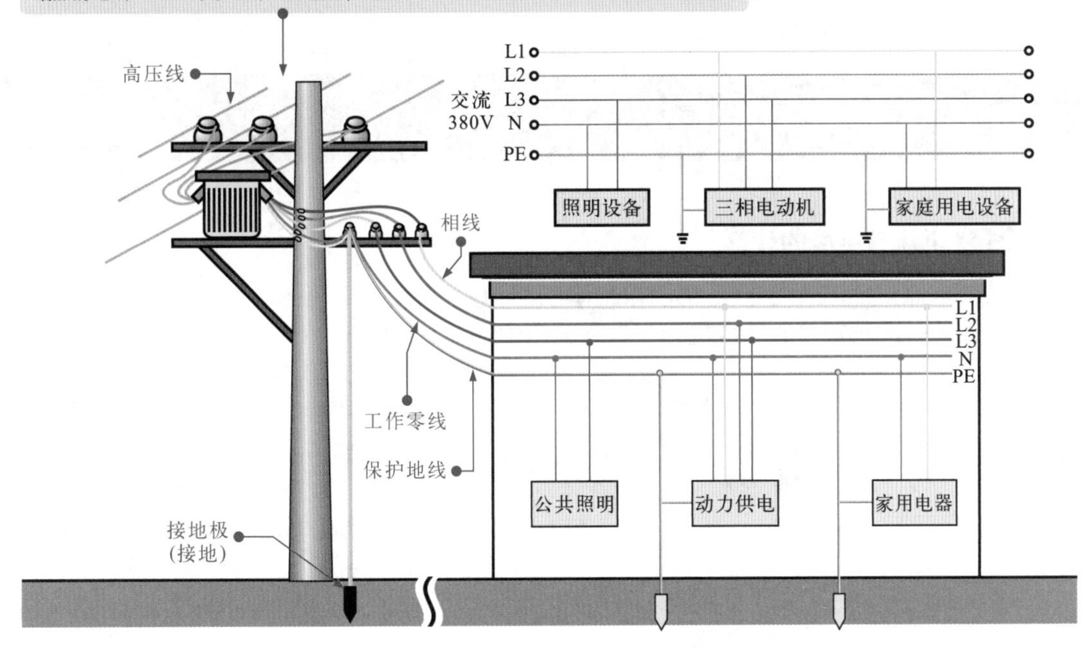
高压线
L1
L2
交流
380V
L3
N
PE
照明设备
三相电动机
家庭用电设备
相线
L1
L2
L3
N
PE
工作零线
保护地线
公共照明
动力供电
家用电器
接地极
(接地)

图 1-27　三相五线式供电方式

提示说明

采用三相五线制供电方式，用电设备上所连接的工作零线 N 和保护零线 PE 是分别敷设的，工作零线上的电位不能传递到用电设备的外壳上，这样就能有效隔离三相四线制供电方式所造成的危险电压，用电设备外壳上电位始终处在“地”电位，从而消除了设备产生危险电压的隐患。

交流电路中常用的基本供电系统主要有三相三线制、三相四线制和三相五线制，但由于这些名词术语内涵不是十分严格，因此国际电工委员会（IEC）对此做了统一规定，分别为 TT 系统、IT 系统和 TN 系统。其中，首字母表明地线与供应设备（发电器或变压器）的连接方式：“T”表示与地线直接连接；“I”表示没有连接地线（隔离）或者通过高阻抗连接。尾部字母表示地线与被供应的电子设备之间的连接方式：“T”表示与地线直接连接；“N”表示通过供应网络与地线连接。

图 1-28 为 TN-S 系统的供电方式。

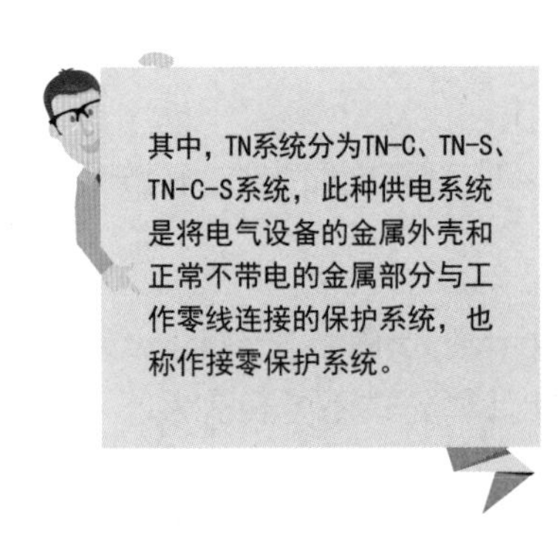
其中，TN系统分为TN-C、TN-S、TN-C-S系统，此种供电系统是将电气设备的金属外壳和正常不带电的金属部分与工作零线连接的保护系统，也称作接零保护系统。

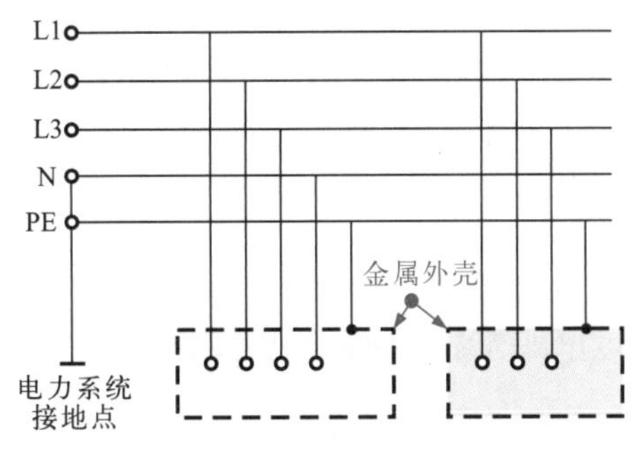
L1
L2
L3
N
PE
金属外壳
电力系统
接地点

TN-S系统是把工作零线N和专用保护线PE严格分开的供电系统，即为常用的三相五线制供电方式

图 1-28　TN-S 系统的供电方式

1.5 电路计算

1.5.1 直流电路计算

1 电压与电流的计算

在直流电路中，电压与电流多采用欧姆定律计算，即流过电阻的电流与电阻两端的电压成正比，这就是欧姆定律的基本概念，它是电路中最基本的定律之一。

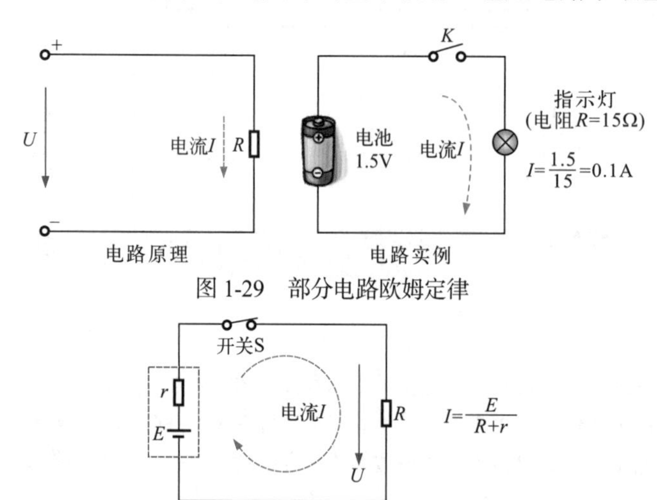
+
U
−
电流I
R
电路原理
K
电池
1.5V
电流I
指示灯
(电阻R=15Ω)
I=1.5/15=0.1A
电路实例
开关S
r
E
电流I
R
U
I=E/(R+r)

图 1-29 部分电路欧姆定律

图 1-30 全电路欧姆定律

欧姆定律有两种形式，即部分电路中的欧姆定律和全电路中的欧姆定律。

图 1-29 为不含电源的部分电路。当在电阻两端加上电压时，电阻中就有电流通过。通过实验可知：流过电阻的电流 I 与电阻两端的电压 U 成正比，与电阻值 R 成反比。这一结论称为部分电路的欧姆定律。用公式表示为：

$$I=\frac{U}{R}$$

图 1-30 为含电源的全电路。含有电源的闭合电路称为全电路。在全电路中，电流与电源的电动势成正比，与电路中的内电阻（电源的电阻）和外电阻之和成反比，这个规律称为全电路的欧姆定律。用公式可表示为：

$$I=\frac{E}{R+r} \quad \text{即：} U=E-Ir$$

2 电功率和电能的计算

电流在单位时间内所做的功称为电功率，以字母“P”表示，即：

$$P=W/t=UIt/t=UI$$

式中，U 的单位为 V，I 的单位为 A，P 的单位为 W（瓦）。

电能是指使用电以各种形式做功（即产生能量）的能力。在直流电路中，当已知设备的功率为 P 时，其 t 时间内消耗或产生的电能为：

$$W=Pt$$

在国际单位制中，电能的单位为焦耳（J），在日常用电中，常用千瓦时（kW・h）表示，生活中常说的 1 度电即为 1kW・h。结合欧姆定律，电能计算公式还可表示为：

$$W=Pt=UIt=I^2Rt=\frac{U^2}{R}t$$

1.5.2　交流电路计算

1 正弦交流电周期、频率和角频率的计算

周期：交流电完成一次周期性变化所需的时间称为交流电的周期，用符号“T”表示，单位为 s、ms、μs，图 1-31 为交流电的周期。

频率：交流电在单位时间内周期性变化的次数称为交流电的频率，用符号“f”表示，单位为赫兹，简称赫，用字母“Hz”表示。

频率是周期的倒数，即：

$$f=\frac{1}{T}$$

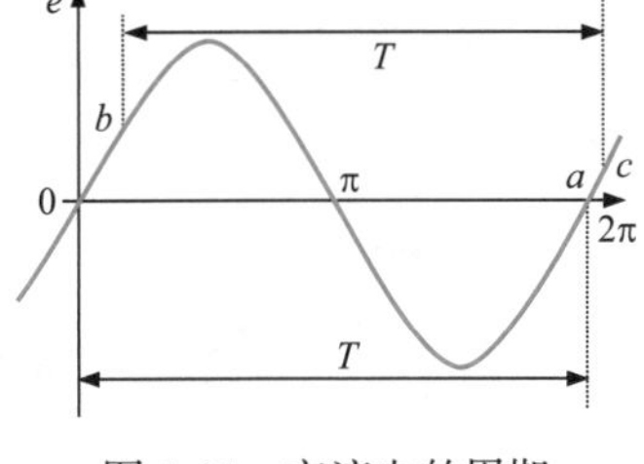
e
T
b
0
π
a
c
2π
T

图 1-31　交流电的周期

在我国的电力系统中，国家规定动力和照明用电的频率为 50Hz，该频率称为“工频”，周期为 0.02s。

角频率：正弦交流电在每秒内所变化的电角度称为角频率，用符号“ω”表示，单位是弧度 / 秒，用字母“rad/s”表示。

周期、频率和角频率的关系为：

$$\omega=\frac{2\pi}{T}=2\pi f$$

2 有效值的计算

交流电的有效值是根据交流电做功的能力来衡量的，把一直流电流和一交流电流分别通过同一电阻，如果经过相同的时间产生相同的热量，我们就把这个直流电流的数值叫作这一交流电的有效值。

正弦交流电流和正弦交流电压的有效值分别用大写字母 I、U 表示，最大值用 I_m、U_m 表示。交流电最大值和有效值的关系为：

$$I=\frac{1}{\sqrt{2}}I_m=0.707I_m$$

$$U=\frac{1}{\sqrt{2}}U_m=0.707U_m$$

第2章 电工电路识图

2.1 电工电路的识图方法和识图步骤

2.1.1 电工电路的识图方法

电工电路包含电力的传输电路、变换电路和分配电路，以及电气设备的供电电路和控制电路，这种电路将线路的连接分配及电路器件的连接和控制关系用文字符号、图形符号、电路标记等表示出来。线路图及电路图是电气系统中的各种电气设备、装置及元器件的名称、关系和状态的工程语言，它是描述一个电气系统功能和基本构成的技术文件，是指导各种电工电路的安装、调试、维修必不可少的技术资料。

学习电工电路识图是电工应掌握的一项基本技能。

1 结合文字符号、图形符号等识图

电工电路主要利用各种电气图形符号来表示其结构和工作原理。因此，结合电气图形符号进行识图，可快速对电路中包含的物理部件进行了解和确定。

例如，图2-1为某车间的供配电线路电气图。

由图可知，该图看起来除了线、圆圈外只有简单的文字标识，而当我们了解了“ ”符号表示变压器，“ ”符号表示隔离开关时，再对该电气图进行识读就容易多了

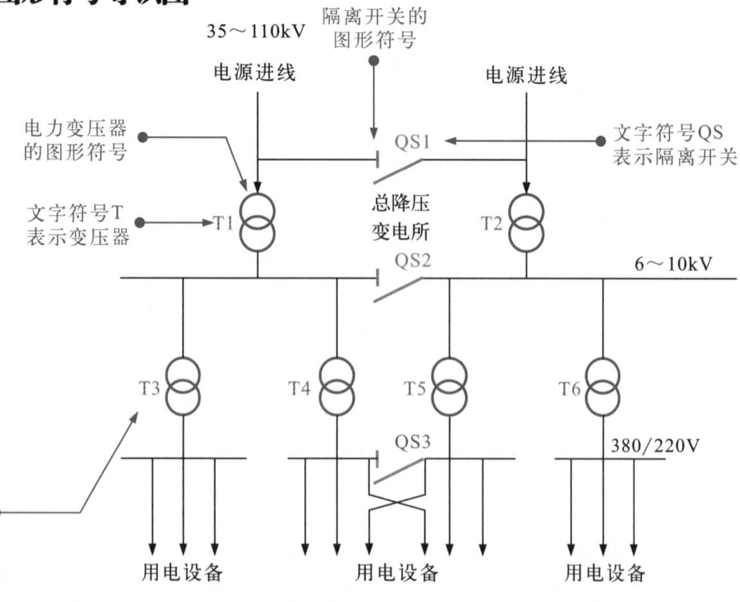
35～110kV
隔离开关的
图形符号
电源进线
电源进线
电力变压器
的图形符号
QS1
文字符号QS
表示隔离开关
文字符号T
表示变压器
T1
总降压
变电所
T2
QS2
6～10kV
T3
T4
T5
T6
QS3
380/220V
用电设备
用电设备
用电设备

图2-1 某车间的供配电线路电气图

提示说明

结合图形符号和文字标识可知，图 2-1 的识图过程为：

- **电源进线为 35 ~ 110kV，经总降压变电所输出 6 ~ 10kV 高压。**
- **6 ~ 10kV 高压再由车间变电所降压为 380/220V 后为各用电设备供电。**
- **图中隔离开关 QS1、QS2、QS3 分别起到接通电路的作用。**
- **若电源进线中左侧电路故障，那么此时可操作 QS1，使其闭合后，由右侧的电源进线为后级的电力变压器 T1 等线路供电，保证线路安全运行。**

2 结合电工、电子技术的基础知识识图

在电工领域中，如输变配电、照明、电子电路、仪器仪表和家电产品等，所有电路等方面的知识都是建立在电工、电子技术基础之上的，所以要想看懂电气图，必须具备一定的电工、电子技术方面的基础知识。

例如，图 2-2 为一种典型的照明灯触摸延时控制电路，该电路中触摸控制功能由 NE555 时基电路、电阻器 $R_1/R_2/R_3$、电容器 C_1/C_2、稳压二极管 VS、晶闸管 VT、整流二极管 VD1 ～ VD4 等电子元件构成的电路实现；电路中线路的通断、照明功能则由断路器 QF、触摸开关 A、照明灯 EL 实现。只有了解了上述各电子元件和电工器件的功能特点，才能根据线路关系理清电路中信号的处理过程和供电关系，从而完成电路的识读。

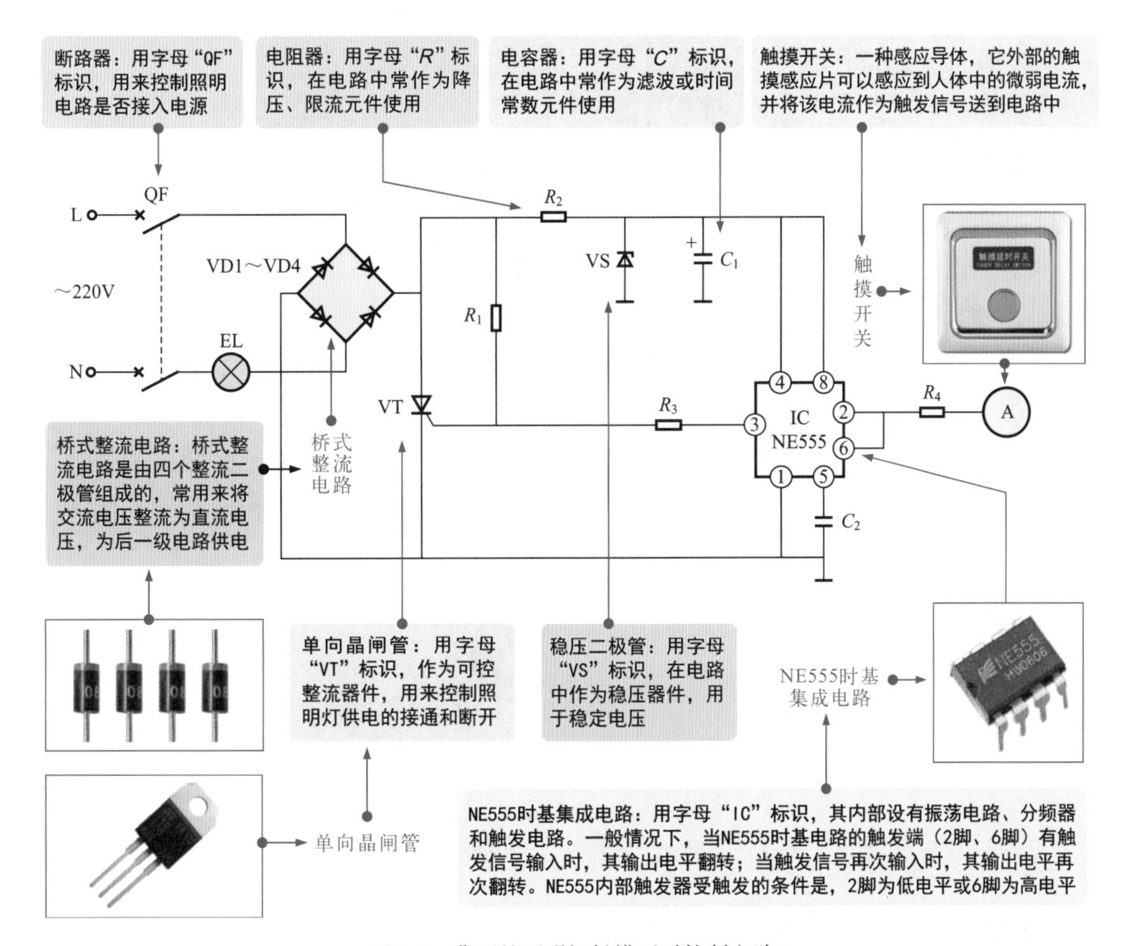
断路器：用字母“QF”标识，用来控制照明电路是否接入电源
电阻器：用字母“R”标识，在电路中常作为降压、限流元件使用
电容器：用字母“C”标识，在电路中常作为滤波或时间常数元件使用
触摸开关：一种感应导体，它外部的触摸感应片可以感应到人体中的微弱电流，并将该电流作为触发信号送到电路中
L
N
QF
~220V
VD1～VD4
EL
R2
R1
R3
R4
VS
C1
C2
VT
IC
NE555
A
触摸开关
触摸延时开关
桥式整流电路
桥式整流电路：桥式整流电路是由四个整流二极管组成的，常用来将交流电压整流为直流电压，为后一级电路供电
单向晶闸管：用字母“VT”标识，作为可控整流器件，用来控制照明灯供电的接通和断开
稳压二极管：用字母“VS”标识，在电路中作为稳压器件，用于稳定电压
NE555时基集成电路
单向晶闸管
NE555时基集成电路：用字母“IC”标识，其内部设有振荡电路、分频器和触发电路。一般情况下，当NE555时基电路的触发端（2脚、6脚）有触发信号输入时，其输出电平翻转；当触发信号再次输入时，其输出电平再次翻转。NE555内部触发器受触发的条件是，2脚为低电平或6脚为高电平

图 2-2　典型的照明灯触摸延时控制电路

提示说明

在图 2-2 所示电路中，具备一定的电工、电子基本知识，了解组成部件的功能特点，结合电路关系即可对电路进行识读。

用手碰触触摸开关 A，手的感应信号经电阻器 R_4 加到时基集成电路 IC 的 2 脚和 6 脚，时基集成电路 IC 得到感应信号后，内部触发器翻转，其 3 脚输出高电平，单向晶闸管 VT 的控制极有高电平输入，触发 VT 导通，照明灯 EL 形成供电回路而点亮。

需要熄灭照明灯时，用手再次触碰触摸开关 A，手的感应信号送到时基集成电路 IC 的 2 脚和 6 脚，时基集成电路 IC 内部触发器再次翻转，其 3 脚输出低电平，单向晶闸管 VT 的控制极降为低电平，VT 截止，切断照明灯 EL 供电回路，照明灯熄灭。

3 总结和掌握各种电工电路，并在此基础上灵活扩展

电工电路是电气图中最基本也是最常见的电路，这种电路的特点是既可以单独应用，又可以应用于其他电路中作为关键点扩展后使用。许多电气图都是由很多基础电路组合而成的。

例如，电动机的启动、制动、正反转、过载保护电路等，供配电系统中电气主接线常用的单母线主接线等，均为基础电路。在读图过程中，应抓准基础电路，注意总结并完全掌握这些基础电路的机理。

如图 2-3 所示，左图为一种简单的电动机启、停控制电路，右图为一种典型电动机点动、连续控制电路，可以看到，右图电路即在左图基础上添加了点动控制按钮。

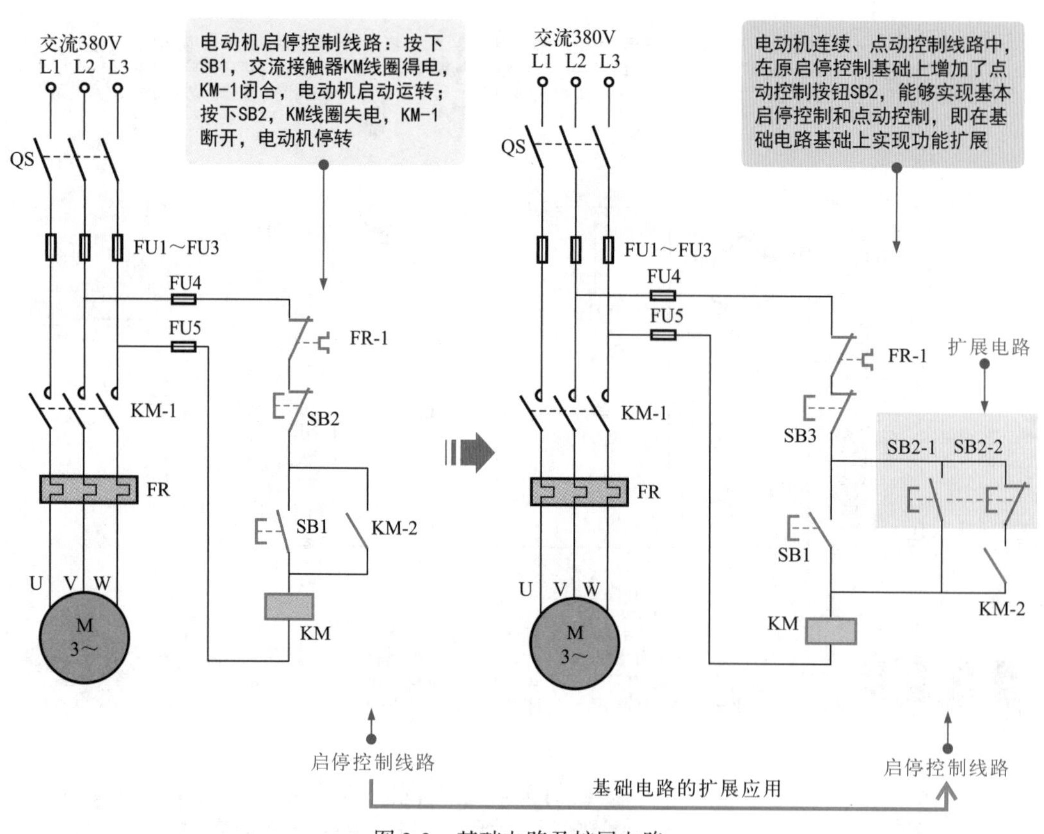
交流380V
L1 L2 L3
QS
FU1～FU3
FU4
FU5
FR-1
KM-1
SB2
FR
SB1
KM-2
U V W
M
3～
KM
电动机启停控制线路：按下SB1，交流接触器KM线圈得电，KM-1闭合，电动机启动运转；按下SB2，KM线圈失电，KM-1断开，电动机停转
交流380V
L1 L2 L3
QS
FU1～FU3
FU4
FU5
FR-1
扩展电路
KM-1
SB3
SB2-1 SB2-2
FR
SB1
U V W
M
3～
KM
KM-2
电动机连续、点动控制线路中，在原启停控制基础上增加了点动控制按钮SB2，能够实现基本启停控制和点动控制，即在基础电路基础上实现功能扩展
启停控制线路
基础电路的扩展应用
启停控制线路

图 2-3　基础电路及扩展电路

4 结合电气或电子元件的结构和工作原理识图

各种电工电路图都是由各种电气元件或电子元器件和配线等组成的，只有了解了各种

元器件的结构、工作原理、性能及相互之间的控制关系，才能帮助电工技术人员尽快读懂电路图。

例如，图 2-4 为典型电工电路中核心器件的结构、工作原理图，了解电路中按钮开关、继电器的内部结构和不同的工作状态后，识读电路十分简单。

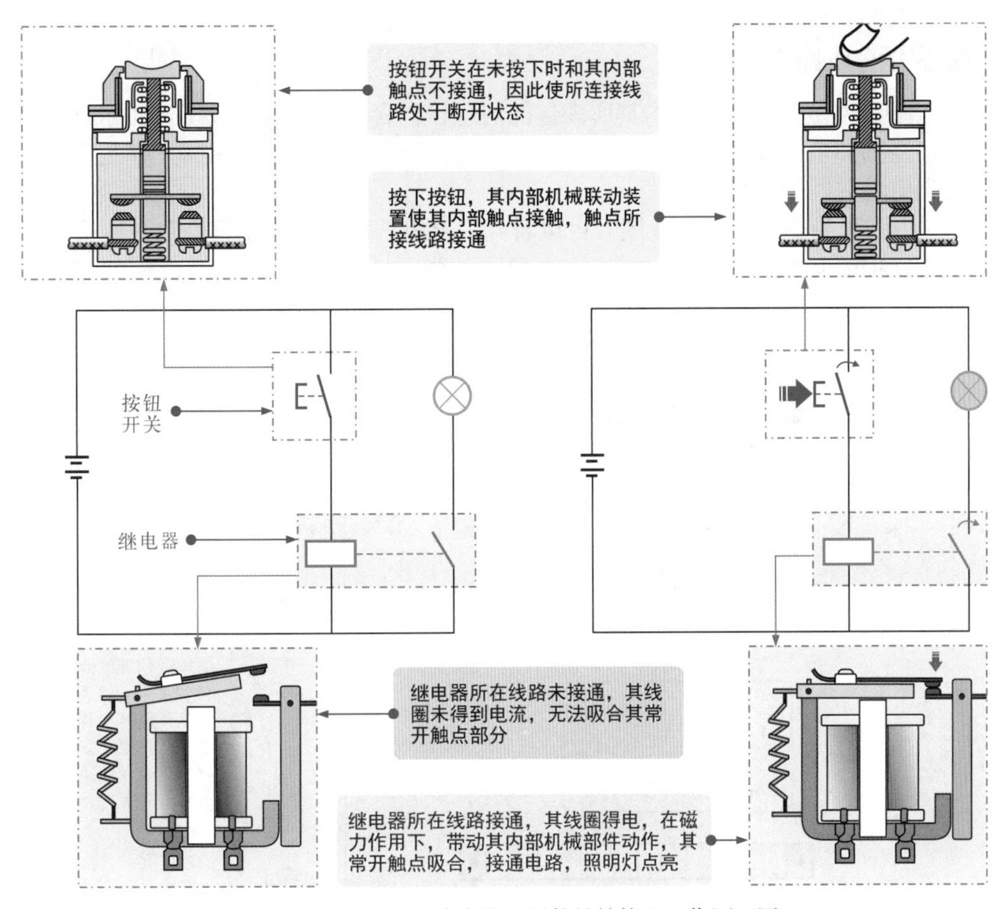

按钮开关在未按下时和其内部触点不接通，因此使所连接线路处于断开状态
按下按钮，其内部机械联动装置使其内部触点接触，触点所接线路接通
按钮开关
继电器
继电器所在线路未接通，其线圈未得到电流，无法吸合其常开触点部分
继电器所在线路接通，其线圈得电，在磁力作用下，带动其内部机械部件动作，其常开触点吸合，接通电路，照明灯点亮

图 2-4　典型电工电路中核心器件的结构和工作原理图

5 对照学习识图

作为初学者，很难直接对一张没有任何文字解说的电路图进行识读，因此可以先参照一些技术资料或书刊、杂志等，找到一些与我们所要识读的电路图相近或相似的图纸，先利用这些带有详细解说的图纸，跟随解说一步步地分析和理解该电路图的含义和原理，再对照我们手头的图纸进行分析、比较，找到不同点和相同点，把相同点的地方弄清楚，再有针对性地突破不同点，或再参照其他与该不同点相似的图纸，最后把遗留问题一一解决，便完成了对该图的识读。

2.1.2　电工电路的识图步骤

识读电工电路，首先需要区分电路类型及用途或功能，从整体认识后，再通过熟悉各种电气元件的图形符号建立对应关系，然后结合电路特点寻找该电路中的工作条件、控制部件等，结合相应的电工、电子电路中电子元器件、电气元件功能和原理知识，理清信号流程，最终掌握电路控制机理或电路功能，完成识图过程。

识读电工电路可分为7个步骤，即：区分电路类型→明确用途→建立对应关系及划分电路→寻找工作条件→寻找控制部件→确立控制关系→理清供电及控制信号流程，最终掌握控制机理和电路功能。

1 区分电路类型

电工电路的类型有很多，根据其所表达的内容、包含的信息及组成元素的不同，一般可分为电工接线图和电工原理图。不同类型电路的识读原则和重点也不相同，因此当遇到电路图时，首先要看它属于哪种电路。

图2-5为一张简单的电工接线图。可以看到，该电路图中用文字符号和图形符号标识出了系统中所使用的基本物理部件，用连接线和连接端子标识出了物理部件之间的实际连接关系和接线位置，该类图为电工接线图。

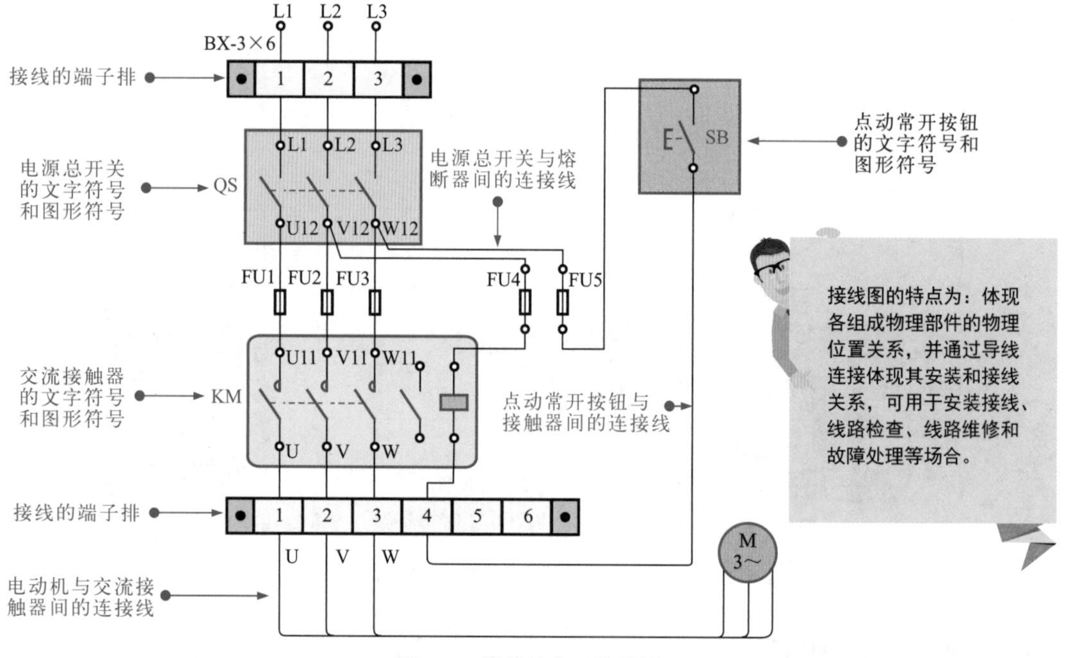
L1 L2 L3
BX-3×6
接线的端子排
1 2 3
电源总开关的文字符号和图形符号
QS
L1 L2 L3
U12 V12 W12
电源总开关与熔断器间的连接线
E- SB
点动常开按钮的文字符号和图形符号
FU1 FU2 FU3 FU4 FU5
接线图的特点为：体现各组成物理部件的物理位置关系，并通过导线连接体现其安装和接线关系，可用于安装接线、线路检查、线路维修和故障处理等场合。
交流接触器的文字符号和图形符号
KM
U11 V11 W11
U V W
点动常开按钮与接触器间的连接线
接线的端子排
1 2 3 4 5 6
M 3～
U V W
电动机与交流接触器间的连接线

图2-5　简单的电工接线图

提示说明

结合从图中可以看到，该电路图中用文字符号和图形符号标识出了系统中所使用的基本物理部件，并用规则的导线进行连接，且除了标准的符号标识和连接线外，没有画出其他不必要的元件，该类图为电工接线图。

2 明确用途

明确电路的用途是指导识图的总纲领，即先从整体上把握电路的用途，明确电路最终实现的结果，以此作为指导识读总体思路。例如，在电动机的点动控制电路，抓住其中的“点动”“控制”“电动机”等关键信息，作为识图时的重要信息。

3 建立对应关系及划分电路

根据电路中的文字符号和图形符号标识，将这些简单的符号信息与实际物理部件建立起一一的对应关系，进一步明确电路所表达的含义，对读通电路关系十分重要。

图 2-6 为简单的电工电路中符号与实物的对应关系。

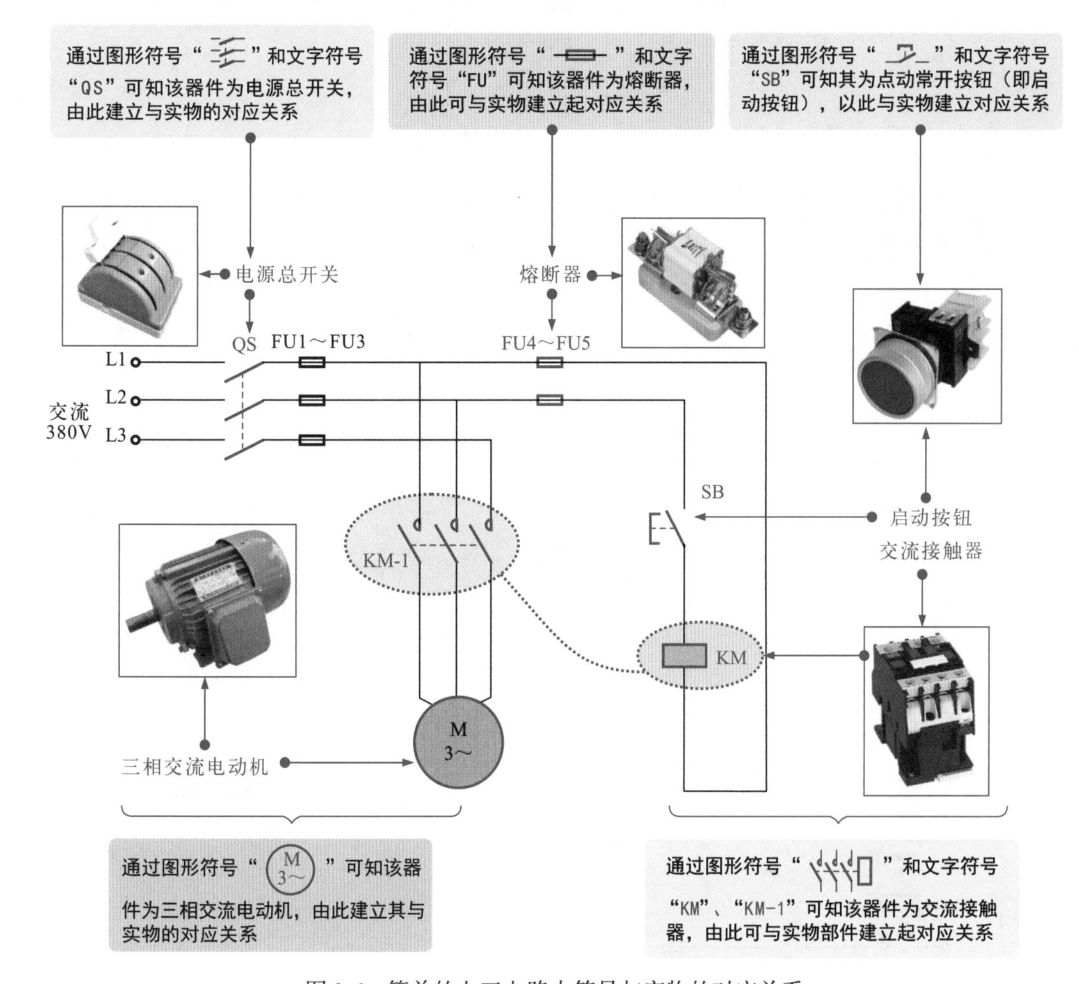

通过图形符号“ ”和文字符号“QS”可知该器件为电源总开关，由此建立与实物的对应关系
通过图形符号“ ”和文字符号“FU”可知该器件为熔断器，由此可与实物建立起对应关系
通过图形符号“ ”和文字符号“SB”可知其为点动常开按钮（即启动按钮），以此与实物建立对应关系
电源总开关
熔断器
QS
FU1～FU3
FU4～FU5
L1
L2
L3
交流
380V
SB
启动按钮
交流接触器
KM-1
KM
M
3～
三相交流电动机
通过图形符号“ ”可知该器件为三相交流电动机，由此建立其与实物的对应关系
通过图形符号“ ”和文字符号“KM”、“KM-1”可知该器件为交流接触器，由此可与实物部件建立起对应关系

图 2-6　简单的电工电路中符号与实物的对应关系

提示说明

◆ 电源总开关：用字母“QS”标识，在电路中用于接通三相电源。

◆ 熔断器：用字母“FU”标识，在电路中用于过载、短路保护。

◆ 交流接触器：用字母“KM”标识，线圈得电则触点动作，接通电动机的三相电源，启动电动机工作。

◆ 启动按钮（点动常开按钮）：用字母“SB”标识，用于电动机的启动控制。

◆ 三相交流电动机：简称电动机，用字母 M 标识，在电路中通过控制部件控制，接通电源后启动运转，为不同的机械设备提供动力。

4 寻找工作条件

如图 2-7 所示，当建立好电路中各种符号与实物的对应关系后，接下来则可通过所了解器件的功能寻找电路中的工作条件。工作条件具备时，电路中的物理部件才可以进入工作状态。

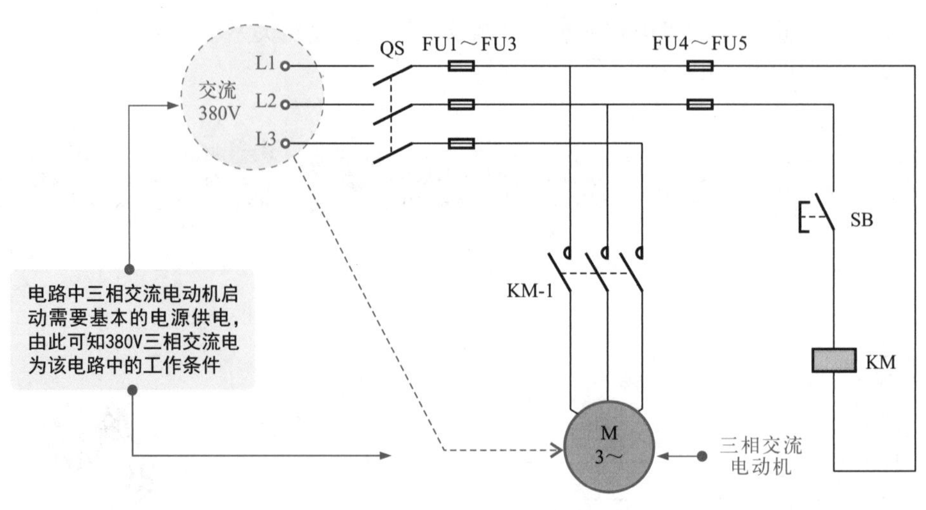
QS
FU1～FU3
FU4～FU5
L1
L2
L3
交流
380V
SB
KM-1
KM
M
3～
三相交流
电动机
电路中三相交流电动机启动需要基本的电源供电，由此可知380V三相交流电为该电路中的工作条件

图 2-7　寻找基本工作条件

5 寻找控制部件

如图 2-8 所示，控制部件通常称为操作部件，电工电路中就是通过操作该类部件来对电路进行控制的。它是电路中的关键部件，也是控制电路中是否将工作条件接入电路中或控制电路中的被控部件执行所需要动作的核心部件。识图时准确找到控制部件是识读过程中的关键。

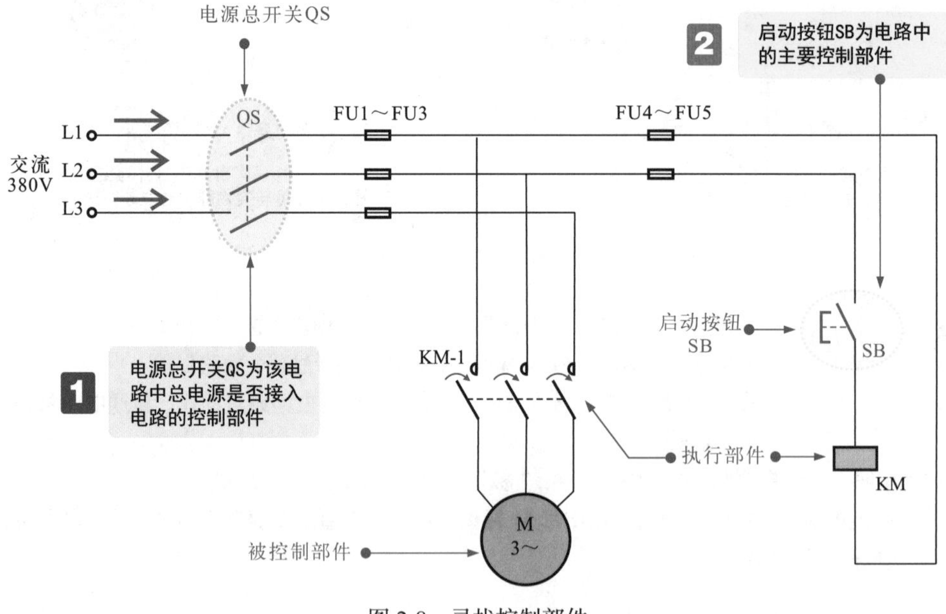
电源总开关QS
2
启动按钮SB为电路中的主要控制部件
QS
FU1～FU3
FU4～FU5
L1
L2
L3
交流
380V
启动按钮
SB
SB
KM-1
1
电源总开关QS为该电路中总电源是否接入电路的控制部件
执行部件
KM
M
3～
被控制部件

图 2-8　寻找控制部件

6 确立控制关系

如图 2-9 所示，找到控制部件后，接下来根据线路连接情况确立控制部件与被控制部件之间的控制关系，并将该控制关系作为理清该电路信号流程的主线。

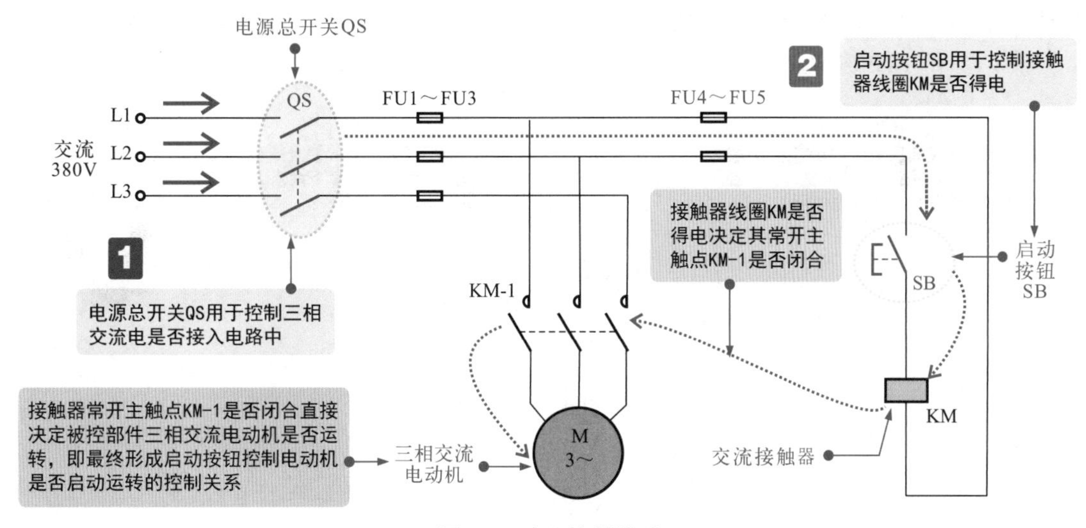
电源总开关QS
启动按钮SB用于控制接触器线圈KM是否得电
QS
FU1～FU3
FU4～FU5
L1
L2
L3
交流380V
接触器线圈KM是否得电决定其常开主触点KM-1是否闭合
启动按钮SB
SB
KM-1
电源总开关QS用于控制三相交流电是否接入电路中
接触器常开主触点KM-1是否闭合直接决定被控部件三相交流电动机是否运转，即最终形成启动按钮控制电动机是否启动运转的控制关系
三相交流电动机
M 3～
交流接触器
KM

图 2-9　确立控制关系

7 理清供电及控制信号流程

如图 2-10 所示，确立控制关系后，接着则可操作控制部件来实现其控制功能，同时弄清每操作一个控制部件后被控部件所执行的动作或结果，从而理清整个电路的信号流程，最终掌握其控制机理和电路功能。

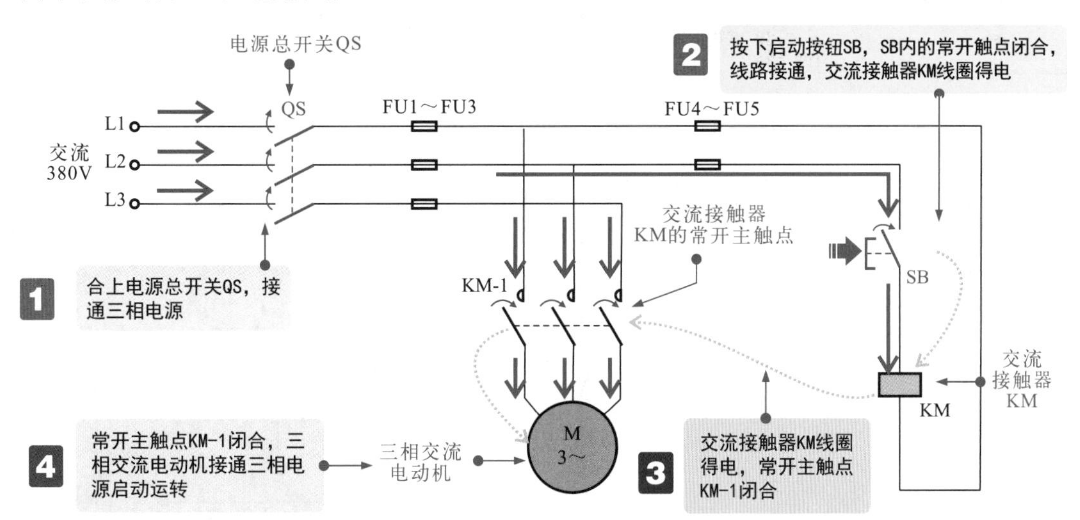
电源总开关QS
按下启动按钮SB，SB内的常开触点闭合，线路接通，交流接触器KM线圈得电
QS
FU1～FU3
FU4～FU5
L1
L2
L3
交流380V
交流接触器KM的常开主触点
SB
KM-1
合上电源总开关QS，接通三相电源
交流接触器KM
KM
常开主触点KM-1闭合，三相交流电动机接通三相电源启动运转
三相交流电动机
M 3～
交流接触器KM线圈得电，常开主触点KM-1闭合

图 2-10　理清供电控制信号流程

2.2 电工电路的识图分析

2.2.1 高压供配电电路的识图分析

图 2-11 所示为典型高压供配电电路。该电路主要由高压隔离开关 QS1 ～ QS12、高压断

路器 QF1 ～ QF6、电力变压器 T1 和 T2、避雷器 F1 ～ F4、高压熔断器 FU1 和 FU2、电压互感器 TV1 和 TV2 构成。

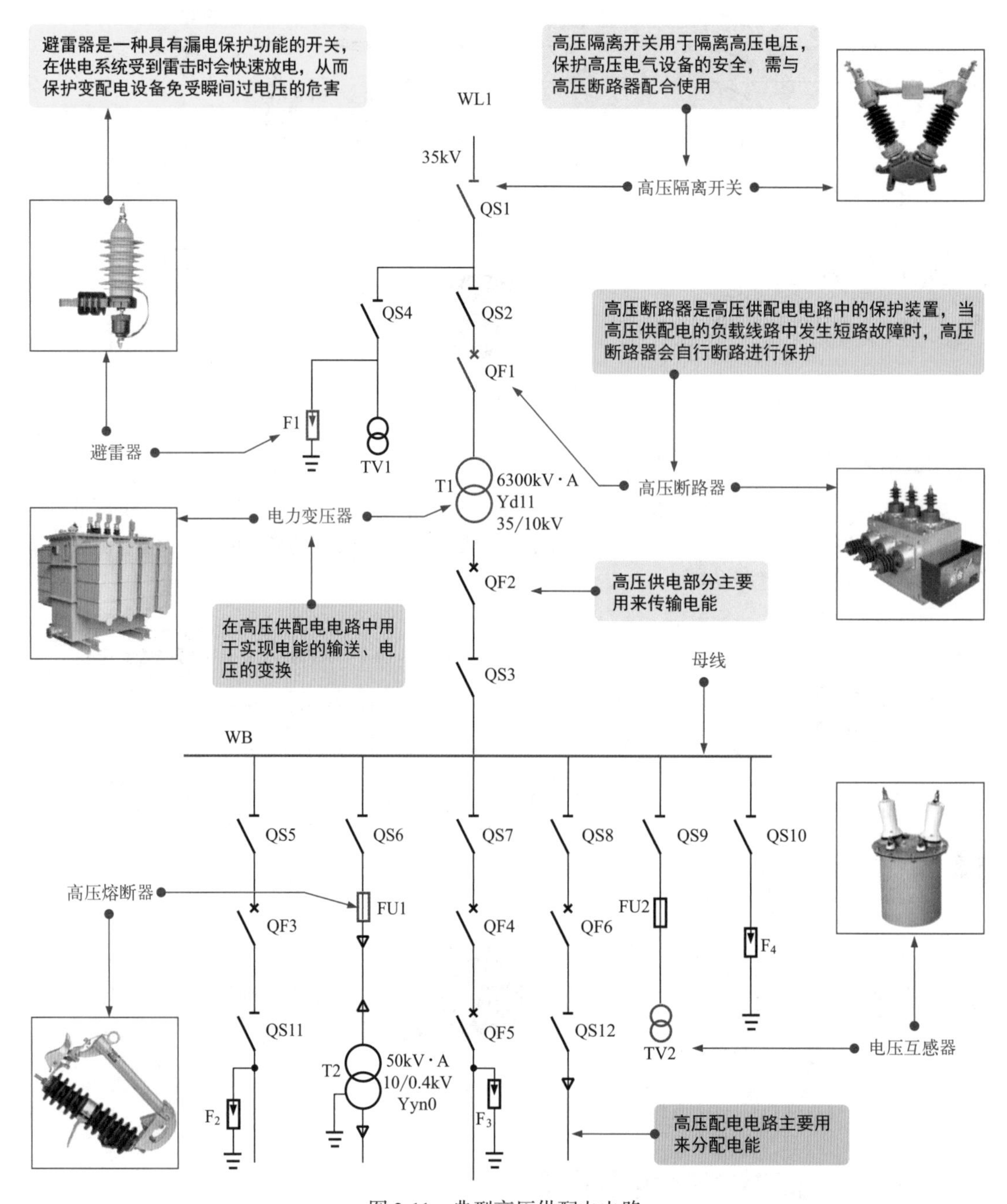
避雷器是一种具有漏电保护功能的开关，在供电系统受到雷击时会快速放电，从而保护变配电设备免受瞬间过电压的危害
高压隔离开关用于隔离高压电压，保护高压电气设备的安全，需与高压断路器配合使用
WL1
35kV
QS1
高压隔离开关
QS4
QS2
QF1
高压断路器是高压供配电电路中的保护装置，当高压供配电的负载线路中发生短路故障时，高压断路器会自行断路进行保护
避雷器
F1
TV1
T1
6300kV · A
Yd11
35/10kV
高压断路器
电力变压器
QF2
高压供电部分主要用来传输电能
在高压供配电电路中用于实现电能的输送、电压的变换
QS3
母线
WB
QS5
QS6
QS7
QS8
QS9
QS10
高压熔断器
FU1
FU2
QF3
QF4
QF6
F4
QS11
QF5
QS12
TV2
电压互感器
50kV · A
10/0.4kV
Yyn0
T2
F2
F3
高压配电电路主要用来分配电能

图 2-11　典型高压供配电电路

高压供配电电路更多地反映了电能传输的过程，为了让大家对供配电电路的结构关系和工作特点有更形象的了解，我们可以根据供配电电路的结构组成，还原其连接关系。图 2-12 为高压供配电电路实物连接关系图。

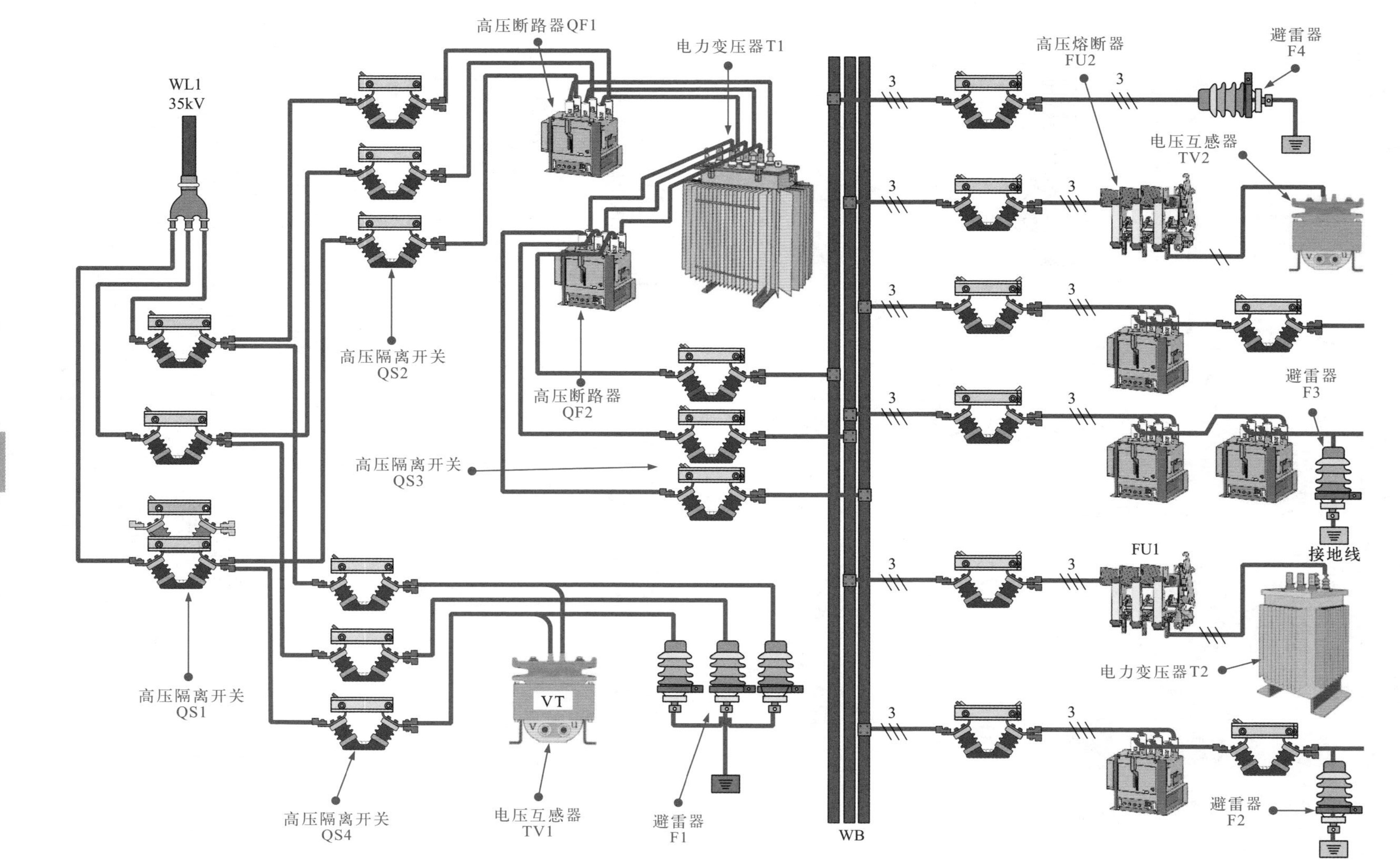
WL1
35kV
高压断路器 QF1
电力变压器 T1
高压熔断器
FU2
避雷器
F4
电压互感器
TV2
高压隔离开关
QS2
高压断路器
QF2
避雷器
F3
高压隔离开关
QS3
FU1
接地线
电力变压器 T2
高压隔离开关
QS1
高压隔离开关
QS4
VT
电压互感器
TV1
避雷器
F1
WB
避雷器
F2
3

图 2-12　高压供配电电路实物连接关系图

根据供配电电路的连接特点，为了便于对供配电电路进行识读分析，我们可以将上述的高压供配电电路划分成两部分，即供电电路和配电电路。其中，高压供电电路承担输送电能的任务，直接连接高压电源，通常以一条或两条通路为主线。

图 2-13 为高压供电电路的识读分析过程。

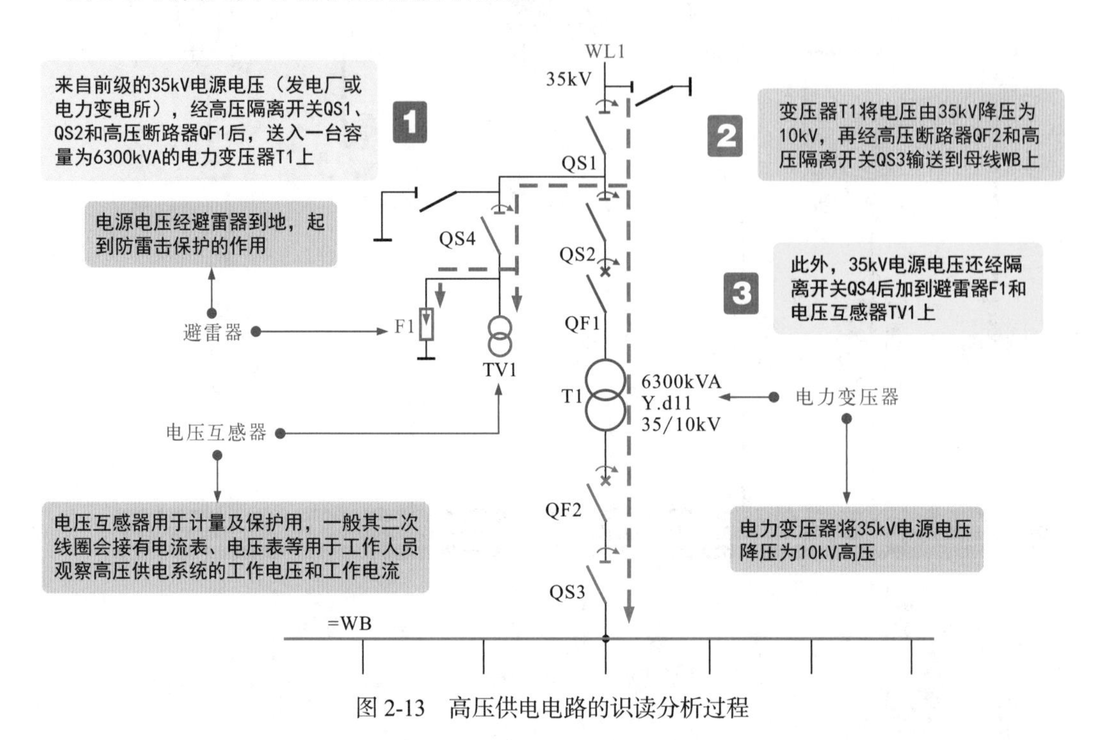

WL1
35kV
1
来自前级的35kV电源电压（发电厂或电力变电所），经高压隔离开关QS1、QS2和高压断路器QF1后，送入一台容量为6300kVA的电力变压器T1上
2
变压器T1将电压由35kV降压为10kV，再经高压断路器QF2和高压隔离开关QS3输送到母线WB上
3
此外，35kV电源电压还经隔离开关QS4后加到避雷器F1和电压互感器TV1上
电源电压经避雷器到地，起到防雷击保护的作用
QS1
QS4
QS2
QF1
避雷器
F1
TV1
T1
6300kVA
Y.d11
35/10kV
电力变压器
电压互感器
电压互感器用于计量及保护用，一般其二次线圈会接有电流表、电压表等用于工作人员观察高压供电系统的工作电压和工作电流
QF2
电力变压器将35kV电源电压降压为10kV高压
QS3
=WB

图 2-13 高压供电电路的识读分析过程

图 2-14 为高压配电电路的识读分析过程。高压配电电路承担分配电能的任务，一般指高压供配电电路中母线另一侧的电路，通常有多个分支，分配给多个用电电路或设备。

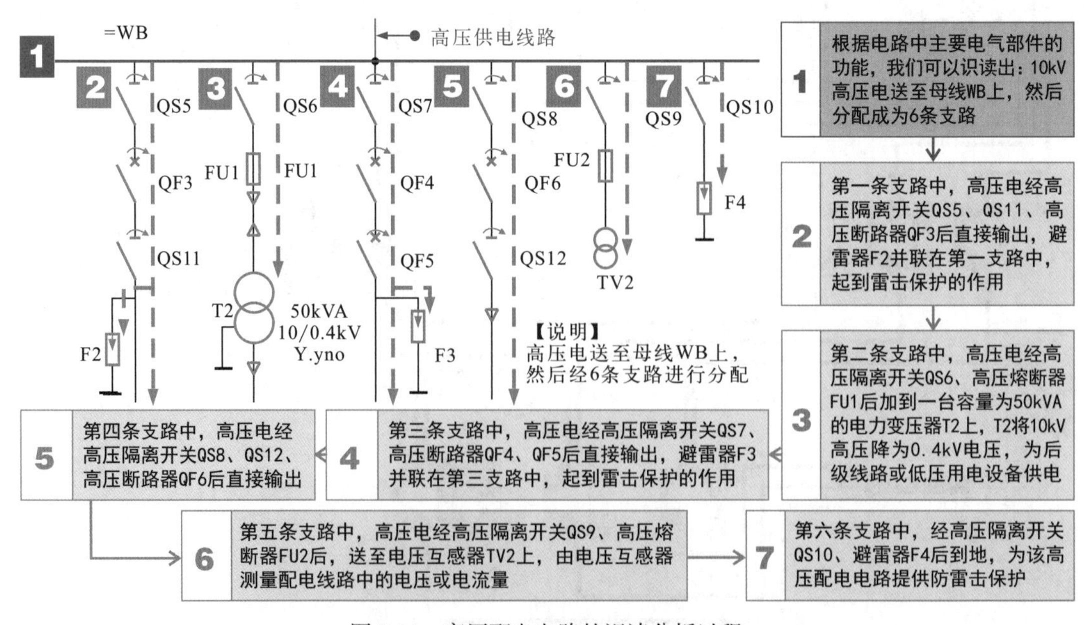

=WB
高压供电线路
1
2
3
4
5
6
7
QS5
QS6
QS7
QS8
QS9
QS10
QF3
FU1
FU1
QF4
QF6
FU2
F4
QS11
QF5
QS12
TV2
T2
50kVA
10/0.4kV
Y.yno
F2
F3
【说明】
高压电送至母线WB上，然后经6条支路进行分配
1 根据电路中主要电气部件的功能，我们可以识读出：10kV高压电送至母线WB上，然后分配成为6条支路
2 第一条支路中，高压电经高压隔离开关QS5、QS11、高压断路器QF3后直接输出，避雷器F2并联在第一支路中，起到雷击保护的作用
3 第二条支路中，高压电经高压隔离开关QS6、高压熔断器FU1后加到一台容量为50kVA的电力变压器T2上，T2将10kV高压降为0.4kV电压，为后级线路或低压用电设备供电
4 第三条支路中，高压电经高压隔离开关QS7、高压断路器QF4、QF5后直接输出，避雷器F3并联在第三支路中，起到雷击保护的作用
5 第四条支路中，高压电经高压隔离开关QS8、QS12、高压断路器QF6后直接输出
6 第五条支路中，高压电经高压隔离开关QS9、高压熔断器FU2后，送至电压互感器TV2上，由电压互感器测量配电线路中的电压或电流量
7 第六条支路中，经高压隔离开关QS10、避雷器F4后到地，为该高压配电电路提供防雷击保护

图 2-14 高压配电电路的识读分析过程

2.2.2　低压供配电电路的识图分析

图 2-15 为典型低压供配电电路。该电路主要由低压电源进线、带漏电保护的断路器 QF1、电能表、总断路器 QF2、配电盘（包括用户总断路器 QF3、支路断路器 QF4 ～ QF11）等构成的。

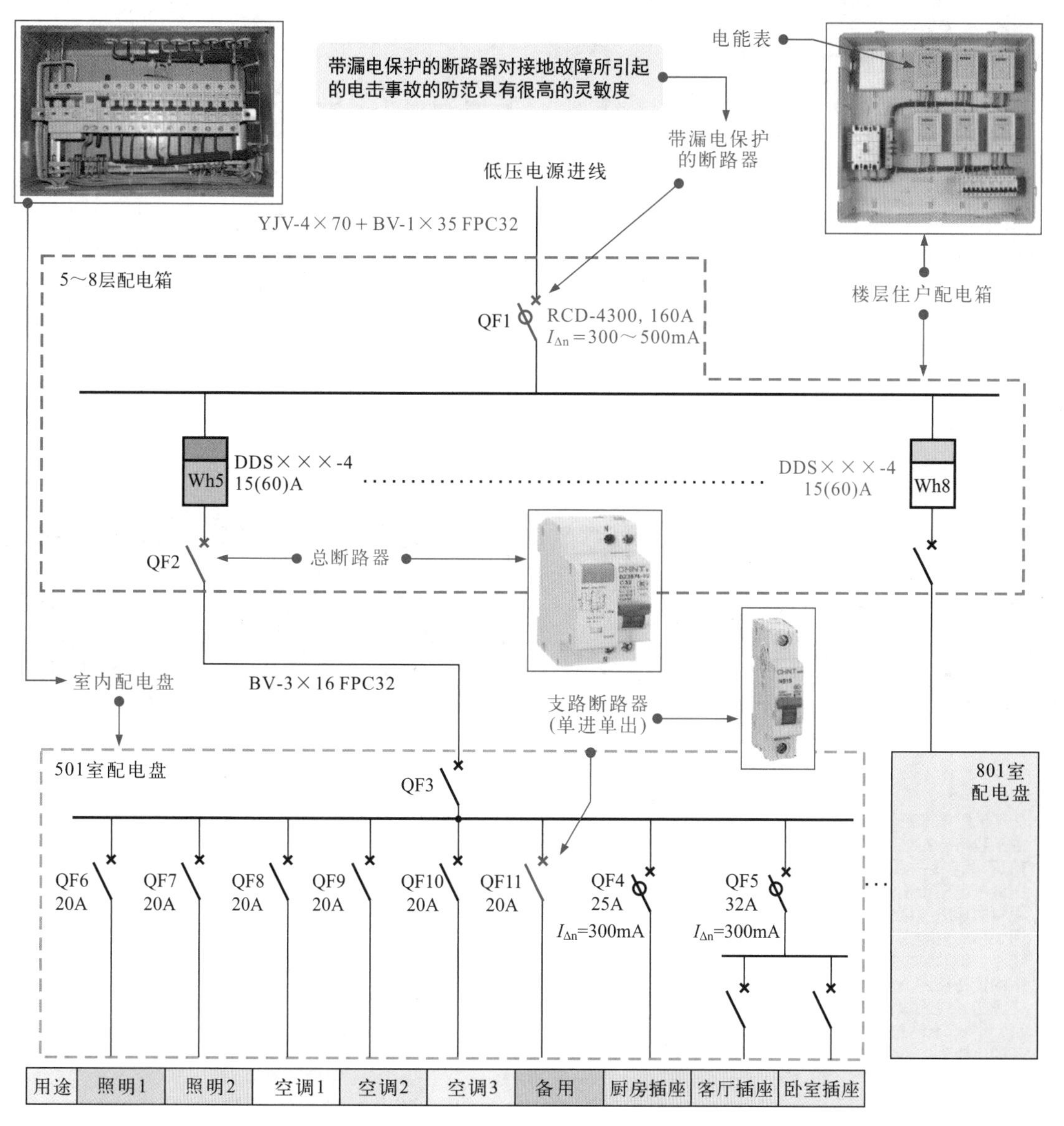
带漏电保护的断路器对接地故障所引起的电击事故的防范具有很高的灵敏度
电能表
带漏电保护的断路器
低压电源进线
YJV-4×70＋BV-1×35 FPC32
5～8层配电箱
QF1
RCD-4300, 160A
$I_{\Delta n}$＝300～500mA
楼层住户配电箱
DDS×××-4
15(60)A
Wh5
Wh8
QF2
总断路器
室内配电盘
BV-3×16 FPC32
支路断路器
(单进单出)
501室配电盘
QF3
801室
配电盘
QF6 20A
QF7 20A
QF8 20A
QF9 20A
QF10 20A
QF11 20A
QF4 25A $I_{\Delta n}$=300mA
QF5 32A $I_{\Delta n}$=300mA
用途
照明1
照明2
空调1
空调2
空调3
备用
厨房插座
客厅插座
卧室插座

图 2-15　典型低压供配电电路的结构

提示说明

不同的低压供配电电路，所采用的低压供配电的设备和数量也不尽相同，熟悉和掌握低压供配电电路中的主要部件的图形符号和文字符号的含义，了解各部件的功能特点，以便于对电路进行分析识读。

低压供配电电路更多地反映了电能传输的过程，为了让大家对供配电电路的结构关系和工作特点有更形象的了解，我们可以根据供配电电路的结构组成，还原其连接关系。图 2-16 为低压供配电电路实物连接关系图。

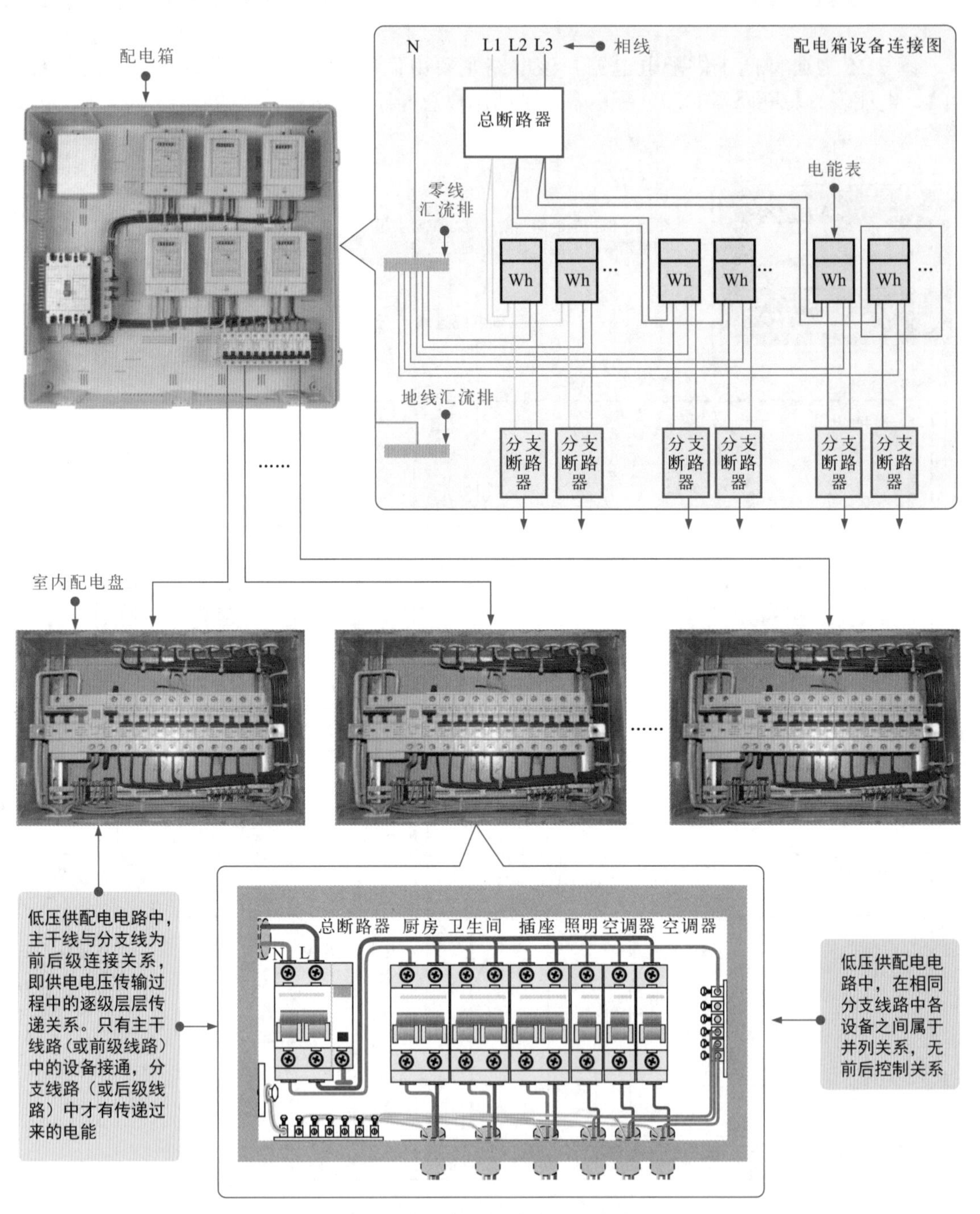
配电箱
N
L1 L2 L3
相线
配电箱设备连接图
总断路器
电能表
零线汇流排
Wh
地线汇流排
分支断路器
室内配电盘
总断路器 厨房 卫生间 插座 照明 空调器 空调器
N L
低压供配电电路中，主干线与分支线为前后级连接关系，即供电电压传输过程中的逐级层层传递关系。只有主干线路（或前级线路）中的设备接通，分支线路（或后级线路）中才有传递过来的电能
低压供配电电路中，在相同分支线路中各设备之间属于并列关系，无前后控制关系

图 2-16　低压供配电电路实物连接关系图

提示说明

低压供配电电路是各种低压供配电设备按照一定的供配电控制关系连接而成，具有将供电电源向后级层层传递的特点。

根据低压供配电电路的连接特点，为了便于对低压供配电电路进行识读分析，我们可以将图中所示的低压供配电电路划分成两部分，即楼层住户配电箱和室内配电盘。其中，楼层住户配电箱属于低压供电部分，室内配电盘属于配电部分，用于分配给室内各用电设备。

图2-17为典型低压供配电电路的识读分析过程。

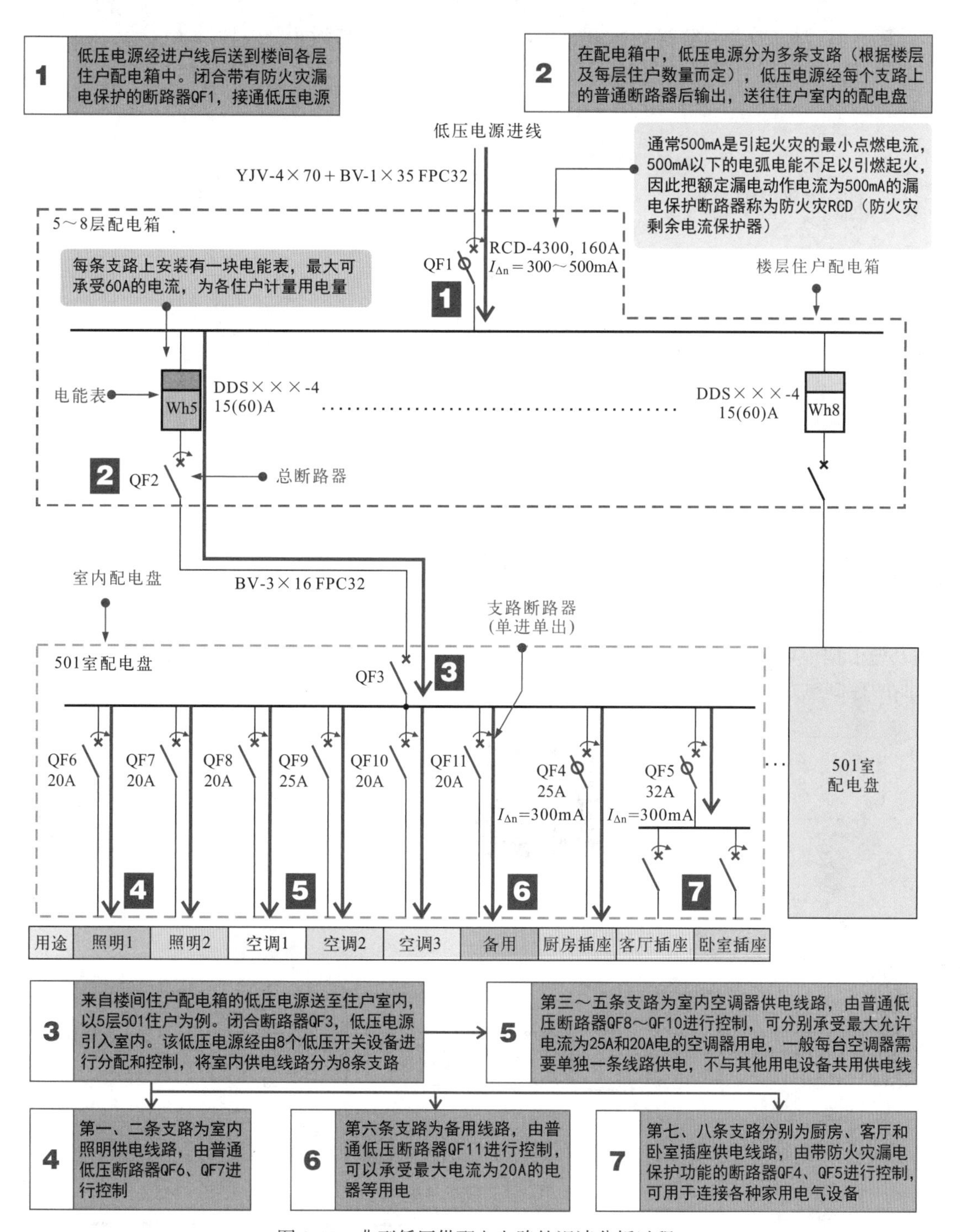

1 低压电源经进户线后送到楼间各层住户配电箱中。闭合带有防火灾漏电保护的断路器QF1，接通低压电源
2 在配电箱中，低压电源分为多条支路（根据楼层及每层住户数量而定），低压电源经每个支路上的普通断路器后输出，送往住户室内的配电盘
低压电源进线
YJV-4×70＋BV-1×35 FPC32
通常500mA是引起火灾的最小点燃电流，500mA以下的电弧电能不足以引燃起火，因此把额定漏电动作电流为500mA的漏电保护断路器称为防火灾RCD（防火灾剩余电流保护器）
5～8层配电箱
每条支路上安装有一块电能表，最大可承受60A的电流，为各住户计量用电量
QF1
RCD-4300，160A
$I_{\Delta n}$＝300～500mA
楼层住户配电箱
电能表
Wh5
DDS×××-4
15(60)A
DDS×××-4
15(60)A
Wh8
QF2
总断路器
室内配电盘
BV-3×16 FPC32
支路断路器
(单进单出)
501室配电盘
QF3
QF6 20A
QF7 20A
QF8 20A
QF9 25A
QF10 20A
QF11 20A
QF4 25A
$I_{\Delta n}$=300mA
QF5 32A
$I_{\Delta n}$=300mA
501室
配电盘
用途
照明1
照明2
空调1
空调2
空调3
备用
厨房插座
客厅插座
卧室插座
3 来自楼间住户配电箱的低压电源送至住户室内，以5层501住户为例。闭合断路器QF3，低压电源引入室内。该低压电源经由8个低压开关设备进行分配和控制，将室内供电线路分为8条支路
5 第三～五条支路为室内空调器供电线路，由普通低压断路器QF8～QF10进行控制，可分别承受最大允许电流为25A和20A电的空调器用电，一般每台空调器需要单独一条线路供电，不与其他用电设备共用供电线
4 第一、二条支路为室内照明供电线路，由普通低压断路器QF6、QF7进行控制
6 第六条支路为备用线路，由普通低压断路器QF11进行控制，可以承受最大电流为20A的电器等用电
7 第七、八条支路分别为厨房、客厅和卧室插座供电线路，由带防火灾漏电保护功能的断路器QF4、QF5进行控制，可用于连接各种家用电气设备

图2-17　典型低压供配电电路的识读分析过程

2.2.3 照明控制电路的识图分析

图 2-18 为典型室内照明控制电路。该电路主要由断路器 QF、双控开关 SA1、SA3、双控联动开关 SA2、照明灯 EL 组成。

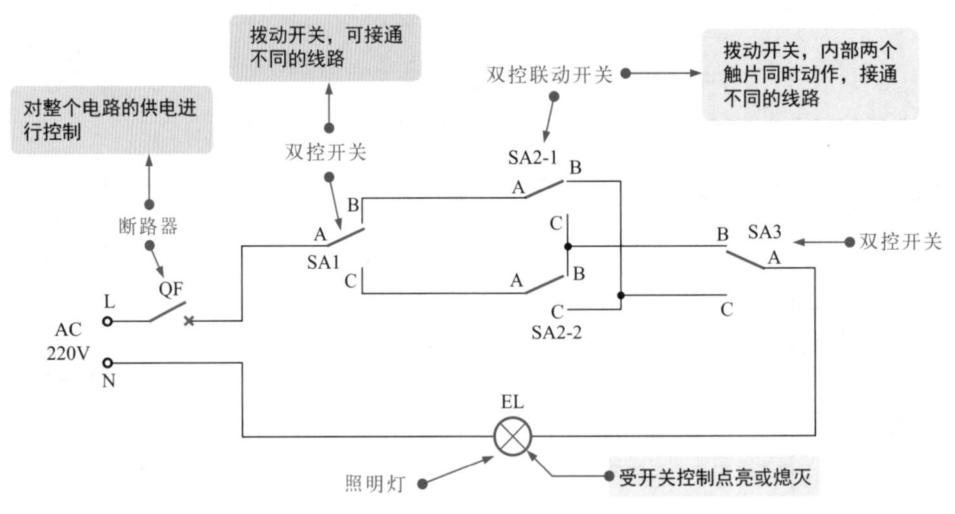

拨动开关，可接通不同的线路
拨动开关，内部两个触片同时动作，接通不同的线路
双控联动开关
对整个电路的供电进行控制
双控开关
SA2-1
断路器
SA1
SA3
双控开关
QF
SA2-2
AC 220V
L
N
EL
照明灯
受开关控制点亮或熄灭

图 2-18 典型室内照明控制电路

为了便于大家更加形象地了解照明控制电路的工作过程，我们在识读照明控制电路时，可以先根据照明控制电路的结构组成，还原出对应的照明控制电路连接关系。图 2-19 为室内照明控制电路的实物连接关系图。

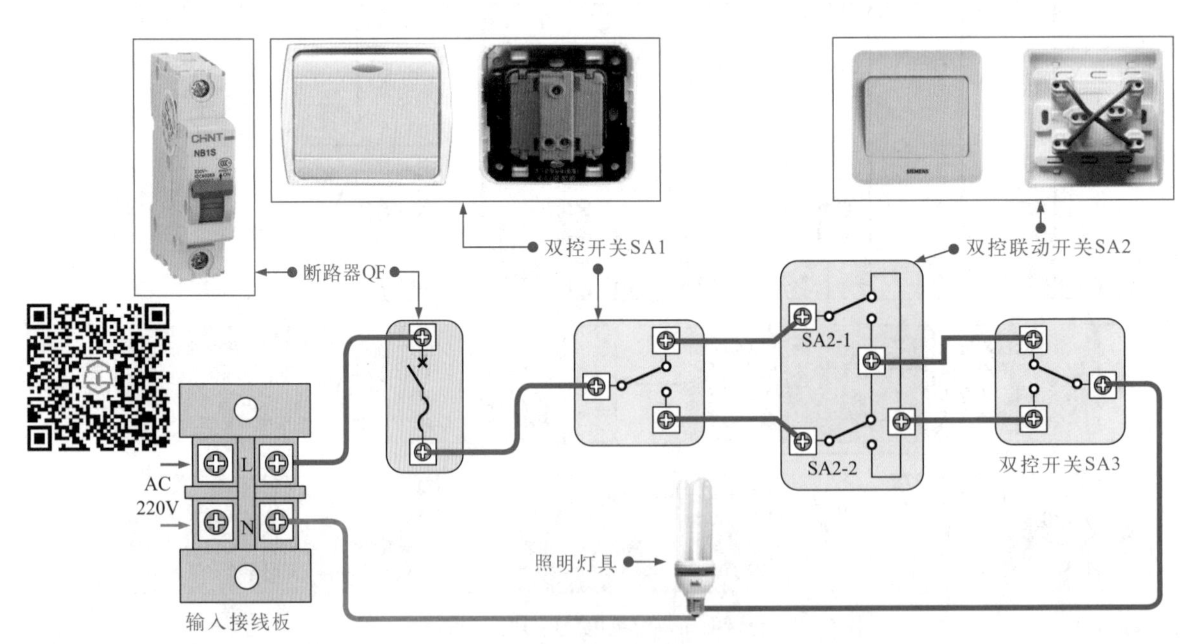

双控开关SA1
双控联动开关SA2
断路器QF
SA2-1
SA2-2
双控开关SA3
AC 220V
L
N
照明灯具
输入接线板

图 2-19 室内照明控制电路的实物连接关系图

上述室内照明控制电路通过两只双控开关和一只双控联动开关的闭合与断开，可实现三地控制一盏照明灯，常用于对家居卧式中照明灯进行控制，一般可在床头两边各安一只开关，在进入房间门处安装一只，实现三处都可对卧式照明灯进行点亮和熄灭控制。

图 2-20 为照明灯点亮的识读分析过程。照明灯未点亮时，按下任意开关都可点亮照明灯。

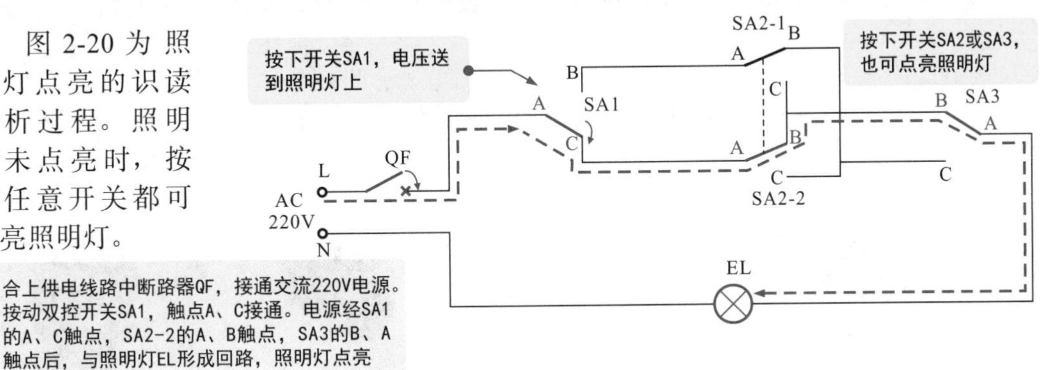
按下开关SA1，电压送到照明灯上
按下开关SA2或SA3，也可点亮照明灯
SA2-1
SA1
SA2-2
SA3
QF
L
N
AC 220V
EL
合上供电线路中断路器QF，接通交流220V电源。按动双控开关SA1，触点A、C接通。电源经SA1的A、C触点，SA2-2的A、B触点，SA3的B、A触点后，与照明灯EL形成回路，照明灯点亮

图 2-20　照明灯点亮的识读分析过程

图 2-21 为照明灯熄灭的识读分析过程。照明灯点亮时，按下任意开关都可熄灭照明灯。

根据电路中主要电气部件的功能，我们可以识读出：当再次操作SA1熄灭照明灯时，按动双控联动开关SA1，其触点A和C断开，触点A和B接通。电源经SA1的AB触点、SA2-2的AB触点后，送至双控开关SA3的C触点。由于SA3的C触点与A触点为断开状态，照明灯熄灭

当需要操作SA2熄灭照明灯时，按动双控联动开关SA2，由于其联动关系SA2-1、SA2-2的触点A和C均接通。电源经SA1的AC触点、SA2-2的AC触点后，送至双控开关SA3的C触点。SA3的C触点与A触点为断开状态，照明灯熄灭

当需要操作SA3熄灭照明灯时，按动双控联动开关SA3，其触点B和A断开，切断电源，照明灯熄灭

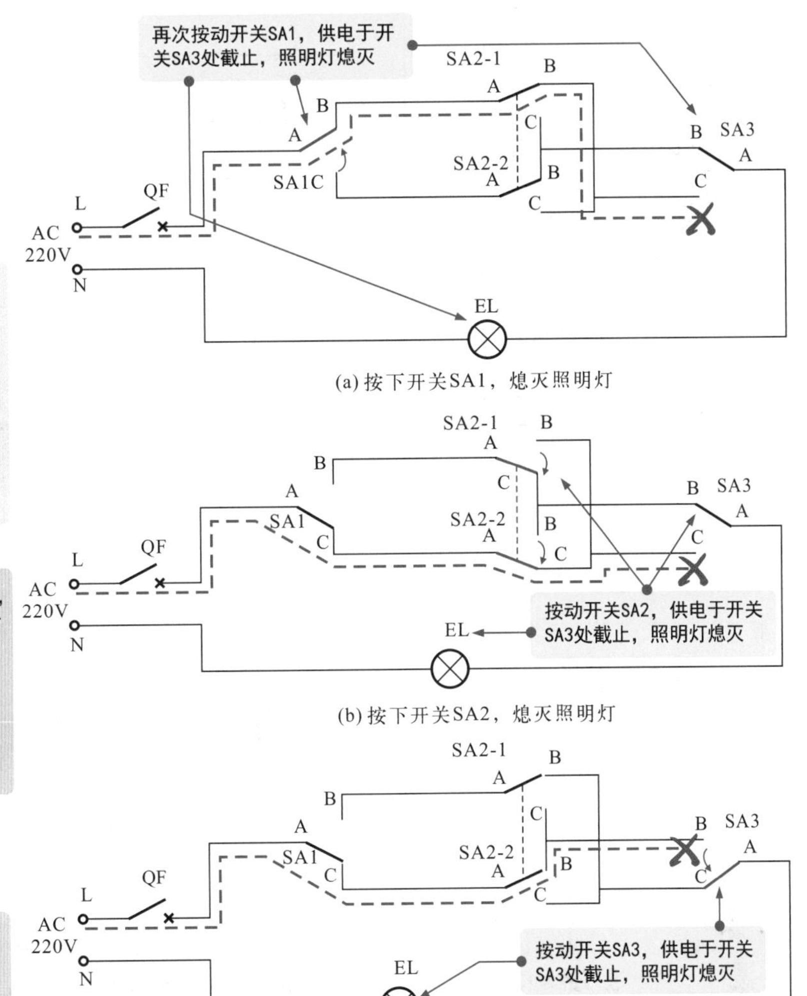
再次按动开关SA1，供电于开关SA3处截止，照明灯熄灭
SA2-1
SA1C
SA2-2
SA3
QF
L
N
AC 220V
EL
(a) 按下开关SA1，熄灭照明灯
按动开关SA2，供电于开关SA3处截止，照明灯熄灭
(b) 按下开关SA2，熄灭照明灯
按动开关SA3，供电于开关SA3处截止，照明灯熄灭
(c) 按下开关SA3，熄灭照明灯

图 2-21　照明灯熄灭的识读分析过程

2.2.4 电动机控制电路的识图分析

图 2-22 为典型电动机控制电路。该电路主要由电源总开关 QS、熔断器 FU1 ～ FU3、热继电器 FR、启动按钮 SB1、停止按钮 SB2、交流接触器 KM、运行指示灯 HL1 和停机指示灯 HL2 构成的。

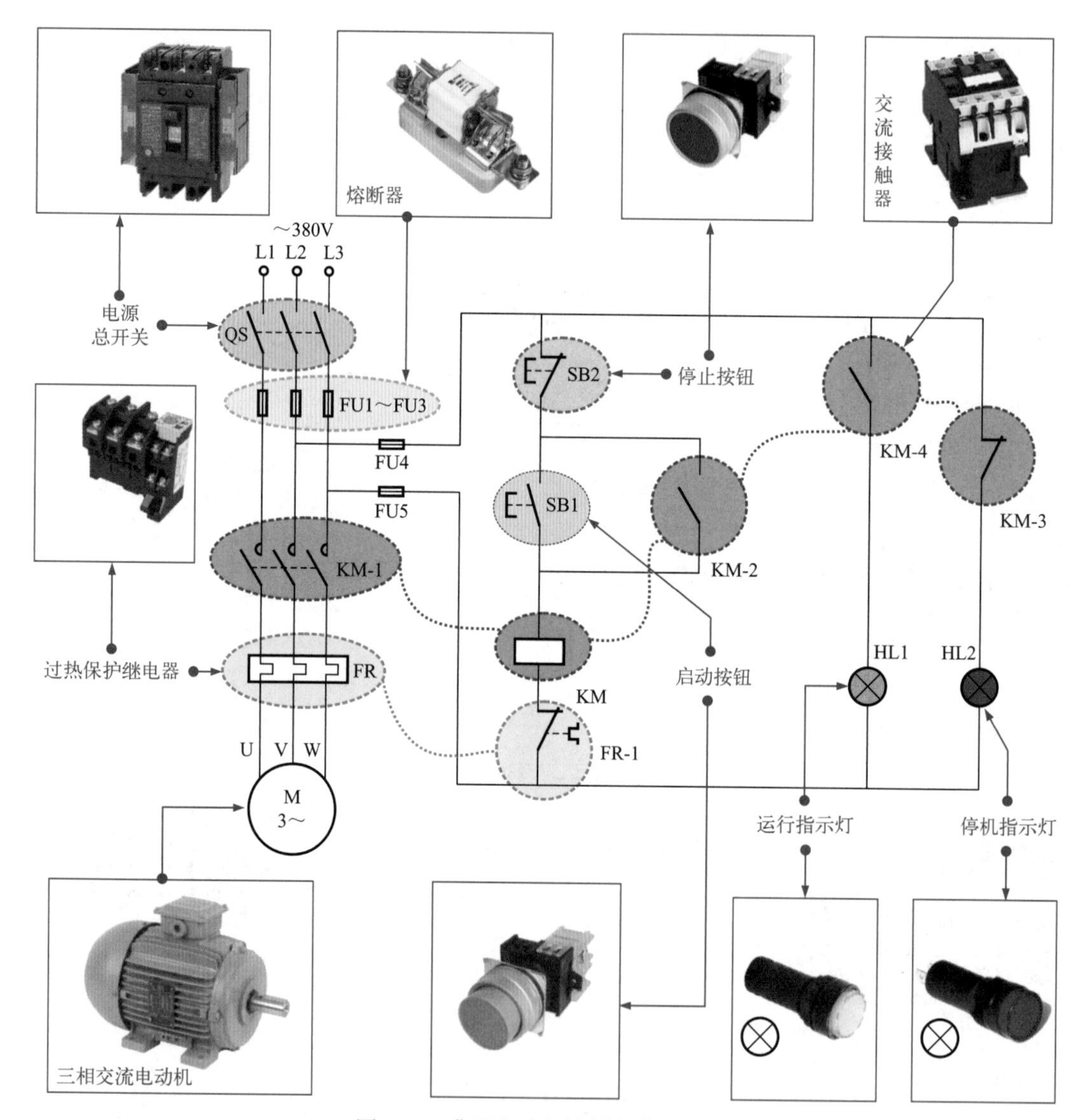

熔断器
交流接触器
～380V
L1 L2 L3
电源总开关
QS
FU1～FU3
SB2
停止按钮
FU4
FU5
SB1
KM-4
KM-3
KM-2
KM-1
过热保护继电器
FR
启动按钮
KM
FR-1
HL1
HL2
U V W
M
3～
运行指示灯
停机指示灯
三相交流电动机

图 2-22 典型电动机控制电路的结构

提示说明

电动机控制电路是依靠按钮、接触器、继电器等控制部件来对电动机的启停、运转进行控制的电路。通过控制部件的不同组合以及不同的接线方式，可对电动机的运转、时间、转速、方向等模式进行控制，从而满足一定的工作需求。

识读电动机控制电路，需要对该类电路的特点有所了解，在了解电动机控制电路的功能、结构、电气部件的作用的基础上，才能对电动机控制电路进行识读。

为了让大家对电动机控制电路的结构关系和工作特点有更形象的了解，我们可以根据电动机控制电路的结构组成，还原其连接关系。

图2-23为电动机控制电路实物连接关系图。

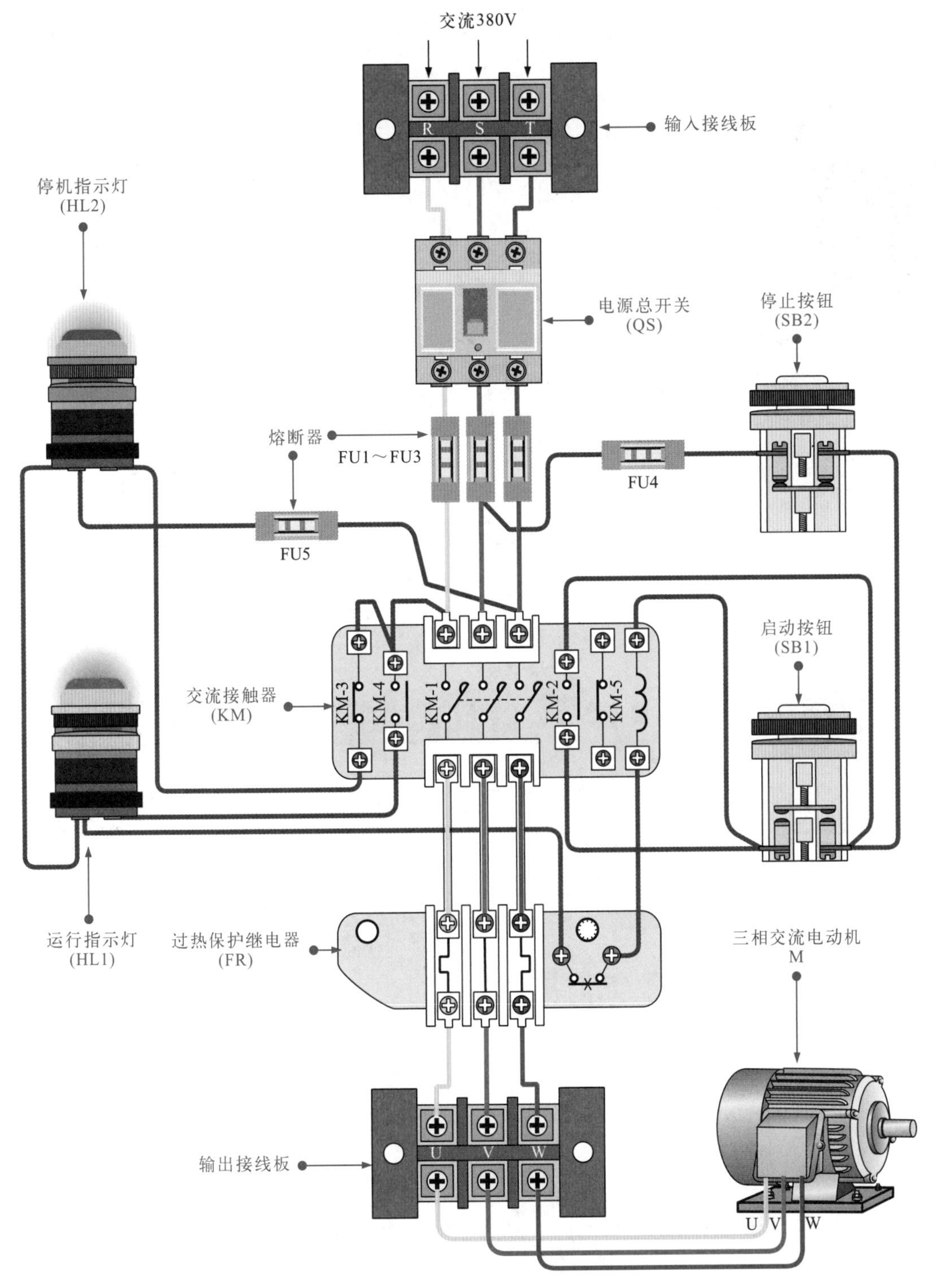
交流380V
R
S
T
输入接线板
停机指示灯
(HL2)
电源总开关
(QS)
停止按钮
(SB2)
熔断器
FU1～FU3
FU4
FU5
交流接触器
(KM)
KM-3
KM-4
KM-1
KM-2
KM-5
启动按钮
(SB1)
运行指示灯
(HL1)
过热保护继电器
(FR)
三相交流电动机
M
输出接线板
U
V
W

图2-23 电动机控制电路实物连接关系图

上述电路中的特殊接线使交流接触器带有自锁功能，也就是按下启动按钮后电动机始终工作，只有按下停止按钮电动机才会停止运转。

图 2-24 所示为电动机启动和停机的识读分析过程。

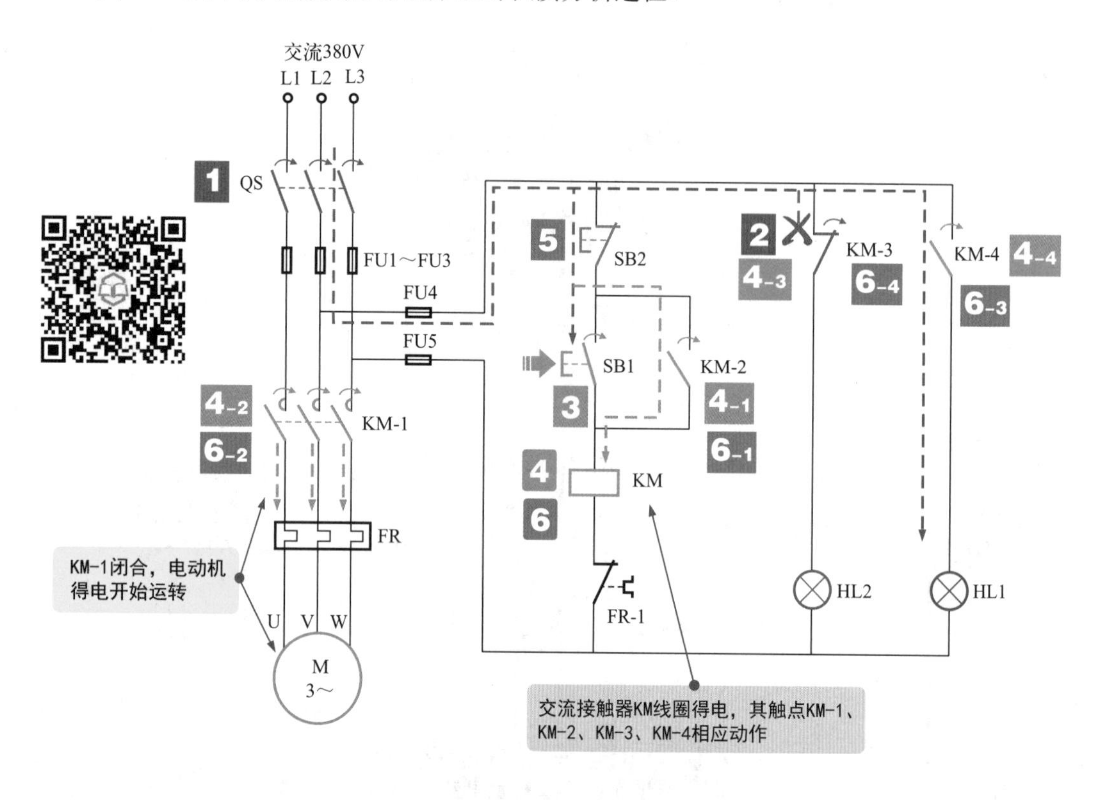

交流380V
L1 L2 L3
QS
FU1～FU3
FU4
FU5
KM-1
FR
U V W
M
3～
KM-1闭合，电动机得电开始运转
SB2
SB1
KM-2
KM
FR-1
KM-3
KM-4
HL2
HL1
交流接触器KM线圈得电，其触点KM-1、KM-2、KM-3、KM-4相应动作

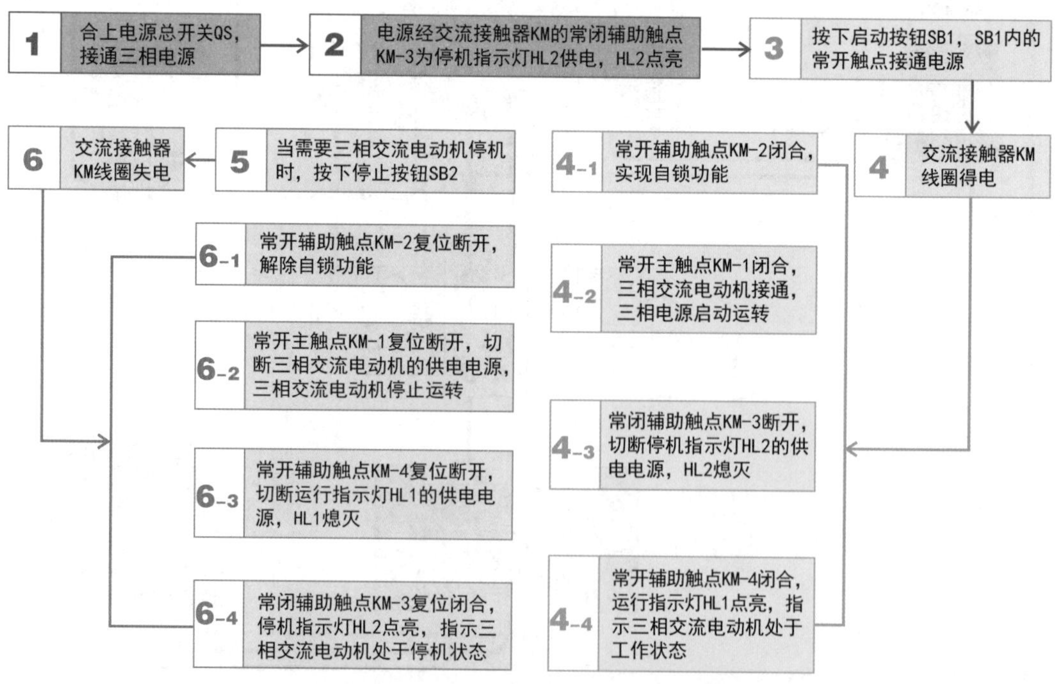

1 合上电源总开关QS，接通三相电源
2 电源经交流接触器KM的常闭辅助触点KM-3为停机指示灯HL2供电，HL2点亮
3 按下启动按钮SB1，SB1内的常开触点接通电源
4 交流接触器KM线圈得电
4-1 常开辅助触点KM-2闭合，实现自锁功能
4-2 常开主触点KM-1闭合，三相交流电动机接通，三相电源启动运转
4-3 常闭辅助触点KM-3断开，切断停机指示灯HL2的供电电源，HL2熄灭
4-4 常开辅助触点KM-4闭合，运行指示灯HL1点亮，指示三相交流电动机处于工作状态
5 当需要三相交流电动机停机时，按下停止按钮SB2
6 交流接触器KM线圈失电
6-1 常开辅助触点KM-2复位断开，解除自锁功能
6-2 常开主触点KM-1复位断开，切断三相交流电动机的供电电源，三相交流电动机停止运转
6-3 常开辅助触点KM-4复位断开，切断运行指示灯HL1的供电电源，HL1熄灭
6-4 常闭辅助触点KM-3复位闭合，停机指示灯HL2点亮，指示三相交流电动机处于停机状态

图 2-24　电动机启动和停机的识读分析过程

第3章 电工常用仪表

3.1 验电器

验电器是用于检测导线和电气设备是否带电的检测设备。根据检测环境的不同，验电器可以分为低压验电器和高压验电器两种。

3.1.1 低压验电器

如图 3-1 所示，低压验电器多用于检测 12 ～ 500V 低压。常见的低压验电器外形较小，便于携带，多为螺丝刀形或钢笔形，常见有低压氖管验电器与低压电子验电器。

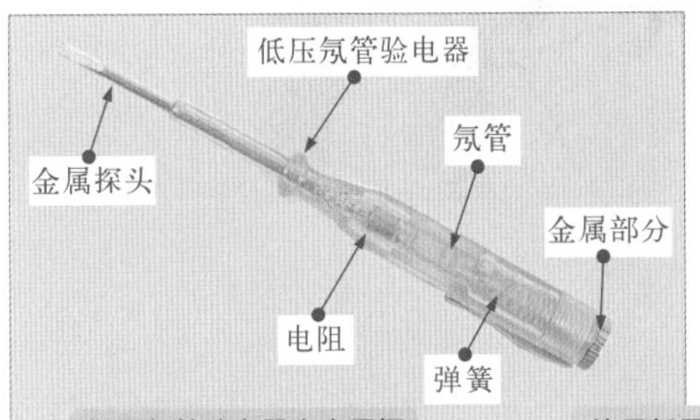
低压氖管验电器
金属探头
氖管
金属部分
电阻
弹簧

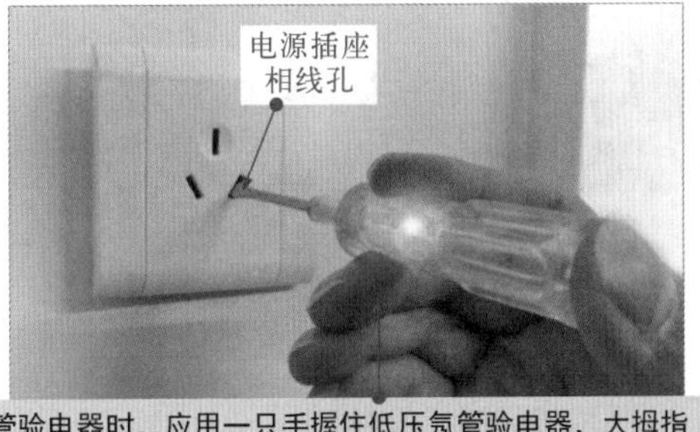
电源插座
相线孔

低压氖管验电器由金属探头、电阻、氖管、尾部金属部分及弹簧等构成

使用低压氖管验电器时，应用一只手握住低压氖管验电器，大拇指按住尾部的金属部分，将其插入220V电源插座的相线孔中。正常时，可以看到低压氖管验电器中的氖管发亮光，证明该电源插座带电

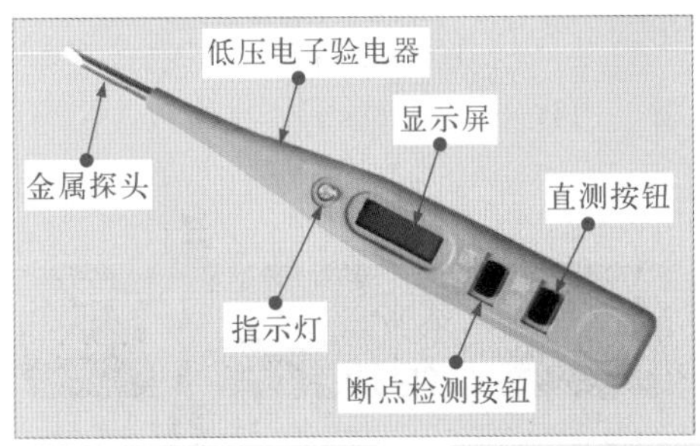
低压电子验电器
显示屏
金属探头
直测按钮
指示灯
断点检测按钮

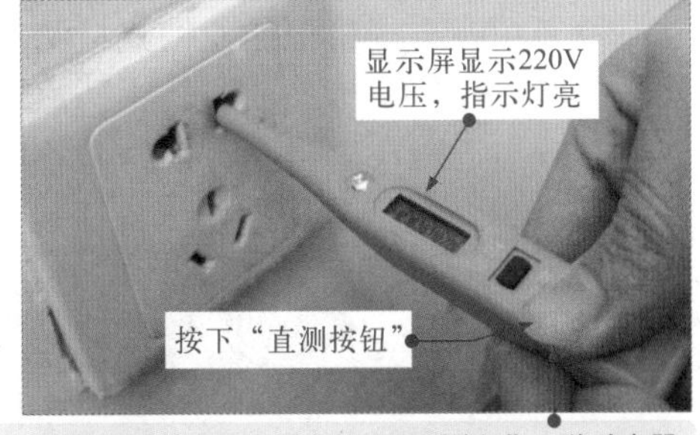
显示屏显示220V
电压，指示灯亮
按下“直测按钮”

低压电子验电器由金属探头、指示灯、显示屏、按钮等构成

使用低压电子验电器时，按住低压电子验电器上的“直测按钮”，将验电器插入相线孔时，低压电子验电器的显示屏上即会显示出测量的电压，指示灯亮；当插入零线孔时，低压电子验电器的显示屏上无电压显示，指示灯不亮

图 3-1　低压验电器的特点和使用规范

3.1.2 高压验电器

高压验电器多用检测 500V 以上的高压，高压验电器可以分为接触式高压验电器和非接触式（感应式）高压验电器。

图 3-2 为高压验电器的特点和使用规范。

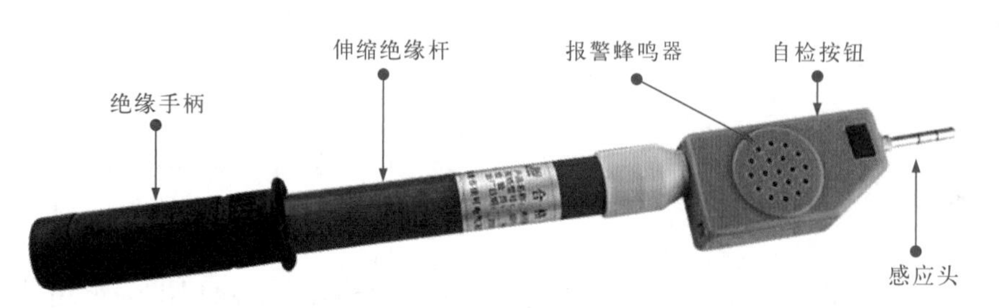
伸缩绝缘杆
报警蜂鸣器
自检按钮
绝缘手柄
感应头

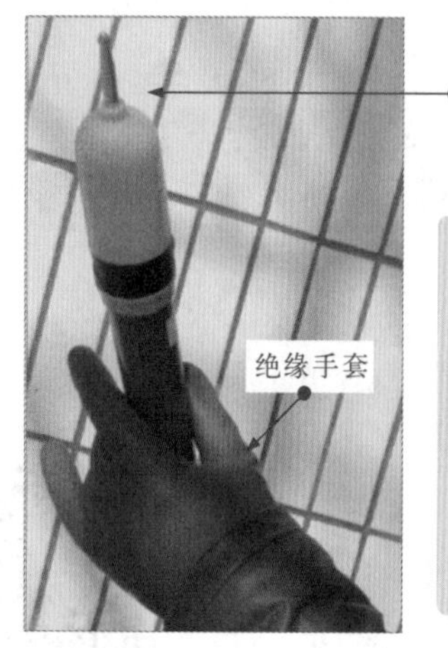
绝缘手套

使用高压验电器进行检测前，应先戴好绝缘手套，然后将高压验电器伸缩绝缘杆调整至需要的长度，并进行固定

检测时，为了操作人员的安全，必须将手握在绝缘手柄上，不可触碰到伸缩绝缘杆上，并且需要慢慢靠近被测设备或供电线路，直至接触设备或供电线路，若该过程中高压验电器无任何反应，则表明该设备或供电线路不带电；若在靠近过程中，高压验电器发光或发声等出现异常，则表明该设备带电，即可停止靠近，完成验电操作

高压验电器

图 3-2 高压验电器的特点和使用规范

3.2 万用表

万用表是一种多功能、多量程的便携式检测工具，主要用于电气设备、供配电设备以及电动机的检测工作，根据结构功能和使用特点的不同，万用表有指针万用表和数字万用表两种。

3.2.1 指针万用表

如图 3-3 所示，指针万用表又称为模拟万用表。它是由指针刻度盘、功能旋钮、表头校正钮、零欧姆调节旋钮、表笔连接端、表笔等构成。

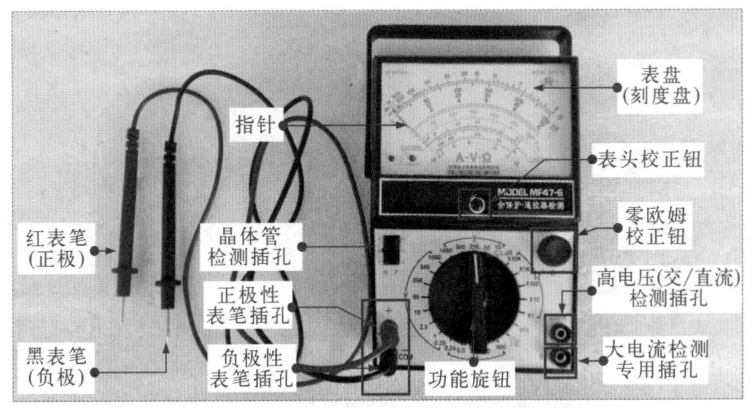
表盘
(刻度盘)
指针
表头校正钮
MODEL MF47-6
零欧姆
校正钮
红表笔
(正极)
晶体管
检测插孔
高电压(交/直流)
检测插孔
正极性
表笔插孔
黑表笔
(负极)
负极性
表笔插孔
功能旋钮
大电流检测
专用插孔

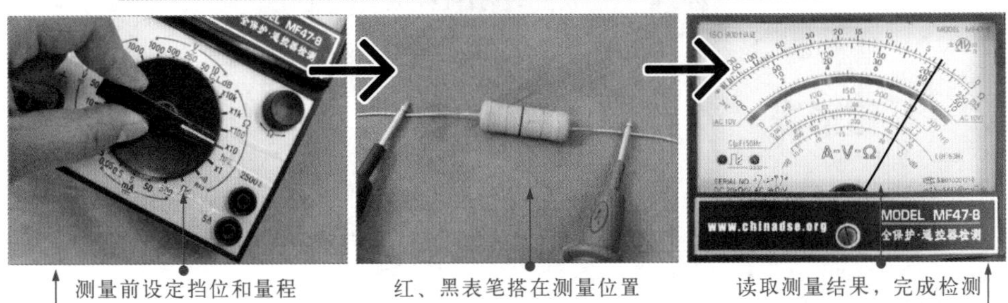
测量前设定挡位和量程
红、黑表笔搭在测量位置
读取测量结果，完成检测
MODEL MF47-8
www.chinadse.org
在电工作业中，常使用指针式万用表对电路的电流、电压、电阻进行测量。测量时要根据测量环境和对象调整设置挡位量程，然后按照操作规范，将万用表红、黑表笔搭在相应的检测位置即可

图 3-3　指针万用表的特点和使用规范

3.2.2　数字万用表

如图 3-4 所示，数字万用表可以直接将测量结果以数字的方式直观地显示出来，具有显示清晰、读取准确等特点。它主要由液晶显示屏、功能旋钮、功能按键、表笔插孔、附加测试器及热电偶传感器等构成。

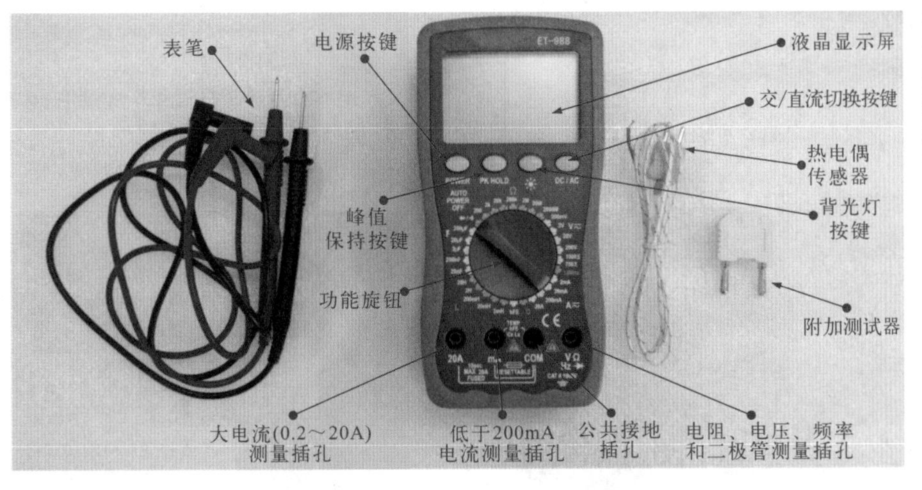
表笔
电源按键
液晶显示屏
交/直流切换按键
热电偶
传感器
背光灯
按键
峰值
保持按键
功能旋钮
附加测试器
大电流(0.2～20A)
测量插孔
低于200mA
电流测量插孔
公共接地
插孔
电阻、电压、频率
和二极管测量插孔

图 3-4

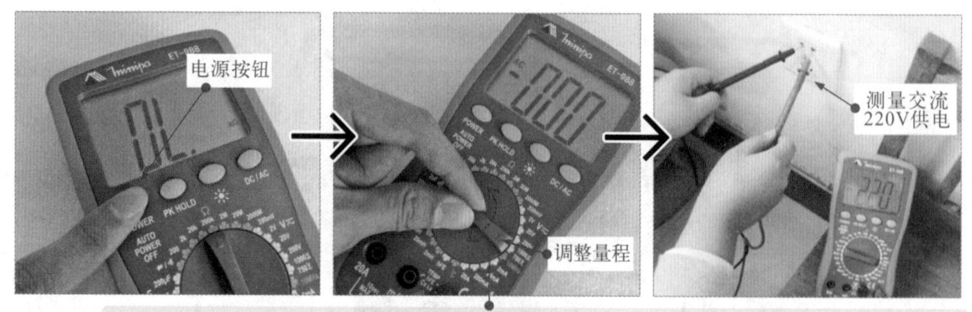
电源按钮
调整量程
测量交流
220V供电
数字式万用表的使用方法与指针式万用表基本类似。在测量之初，首先要打开数字式万用表的电源开关，然后根据测量需求对量程进行设置和调整，调整好后，即可通过表笔与检测点的接触完成测量

图 3-4　数字万用表的特点和使用规范

3.3 钳形表

在电工操作中，钳形表主要用于检测电气设备或线缆工作时的电压与电流，在使用钳形表检测电流时不需要断开电路，便可通过钳形表对导线的电磁感应进行电流的测量，是一种较为方便的测量仪器。

如图 3-5 所示，钳形表主要由钳头、钳头扳机、保持按钮、功能旋钮、液晶显示屏、表笔插孔和红、黑表笔等构成。

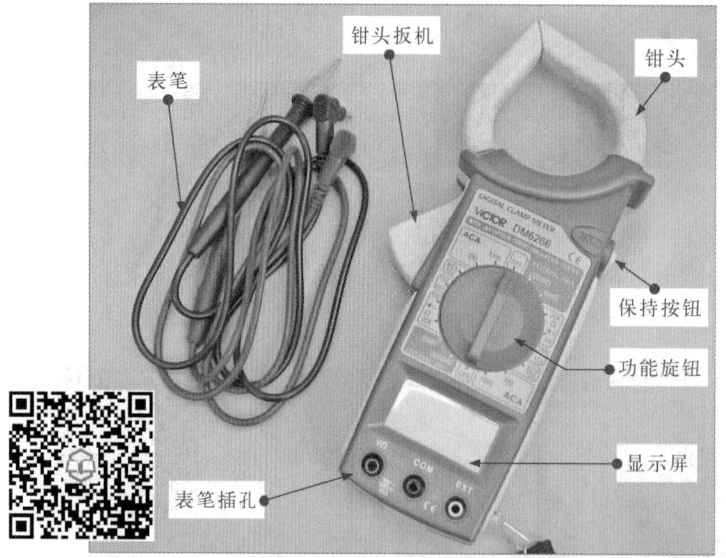
钳头扳机
表笔
钳头
保持按钮
功能旋钮
显示屏
表笔插孔

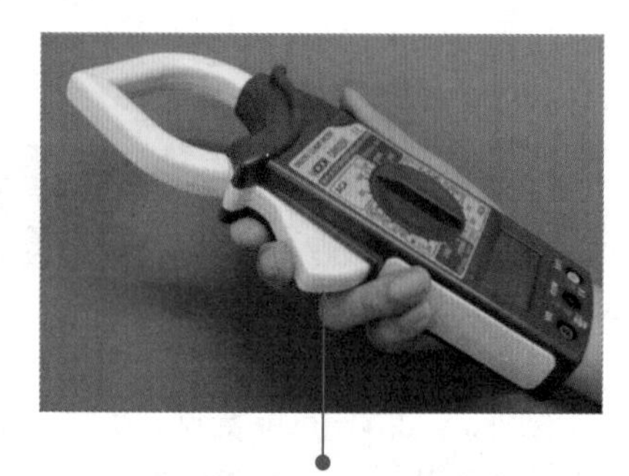
钳头扳机用以控制钳头的开合
测试电流时，根据测量需求调整设置挡位量程。然后按压钳头扳机使钳口张开，使待测线缆中的火线置于钳口中，松开钳口扳机使钳口紧闭，即可观察测量结果。此时若按下“HOLD键”保持按钮，可将测量结果保留，以方便测量操作完毕后读取测量值

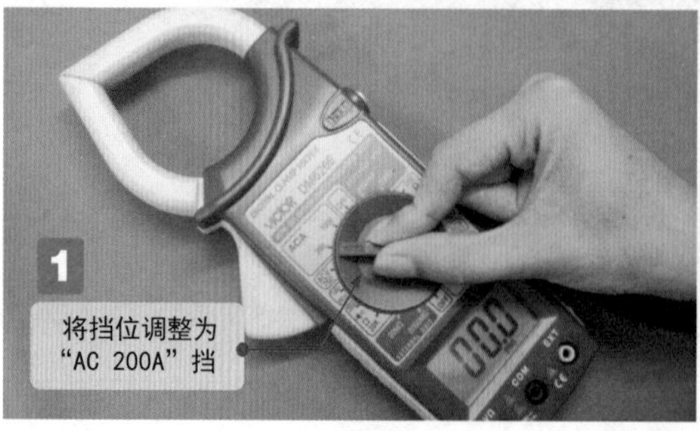
1
将挡位调整为“AC 200A”挡

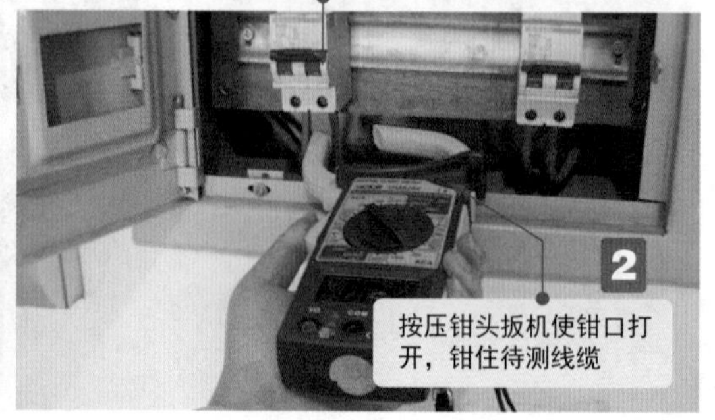
2
按压钳头扳机使钳口打开，钳住待测线缆

3
按下“HOLD”键锁定检测数值

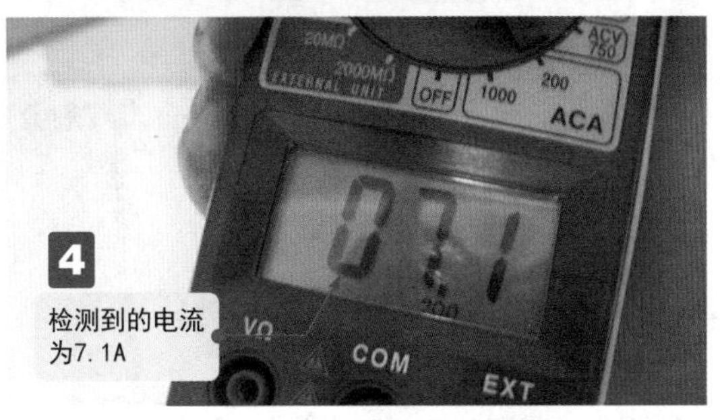
4
检测到的电流为7.1A
OFF
1000
200
ACA
COM
EXT

图 3-5　钳形表的特点和使用规范

3.4 兆欧表

兆欧表主要用于检测电气设备、家用电器及线缆的绝缘电阻或高值电阻。兆欧表可以测量所有导电型、抗静电型及静电泄放型材料的阻抗或电阻。使用兆欧表检测出绝缘性能不良的设备和产品，可以有效地避免发生触电伤亡及设备损坏等事故。

如图 3-6 所示，兆欧表主要由刻度盘、指针、接线端子（E 接地接线端子、L 火线接线端子）、铭牌、手动摇杆、红测试线及黑测试线等组件构成。

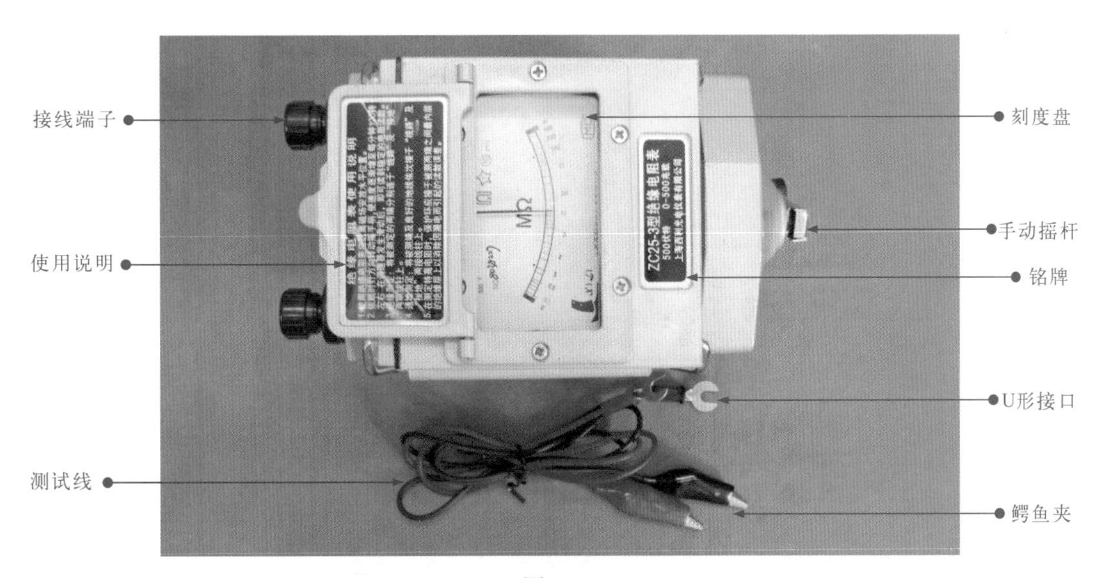
接线端子
使用说明
测试线
刻度盘
手动摇杆
铭牌
U形接口
鳄鱼夹
ZC25-3型绝缘电阻表
MΩ

图 3-6

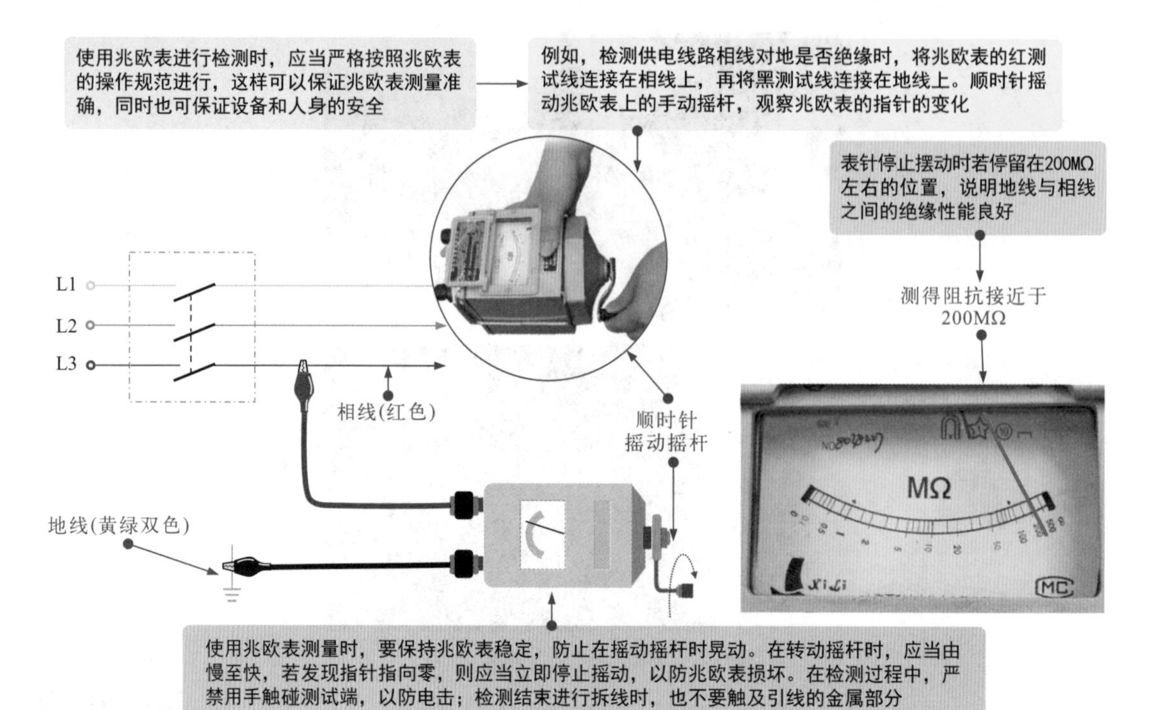
使用兆欧表进行检测时，应当严格按照兆欧表的操作规范进行，这样可以保证兆欧表测量准确，同时也可保证设备和人身的安全
例如，检测供电线路相线对地是否绝缘时，将兆欧表的红测试线连接在相线上，再将黑测试线连接在地线上。顺时针摇动兆欧表上的手动摇杆，观察兆欧表的指针的变化
表针停止摆动时若停留在200MΩ左右的位置，说明地线与相线之间的绝缘性能良好
测得阻抗接近于200MΩ
L1
L2
L3
相线(红色)
顺时针摇动摇杆
地线(黄绿双色)
MΩ
使用兆欧表测量时，要保持兆欧表稳定，防止在摇动摇杆时晃动。在转动摇杆时，应当由慢至快，若发现指针指向零，则应当立即停止摇动，以防兆欧表损坏。在检测过程中，严禁用手触碰测试端，以防电击；检测结束进行拆线时，也不要触及引线的金属部分

图 3-6　兆欧表的特点和使用规范

第4章 电动机

4.1 永磁式直流电动机

4.1.1 永磁式直流电动机的结构

如图 4-1 所示，永磁式直流电动机的定子磁体与圆柱形外壳制成一体，转子绕组绕制在铁芯上与转轴制成一体，绕组的引线焊接在整流子上，通过电刷为其供电，电刷安装在定子机座上与外部电源相连。

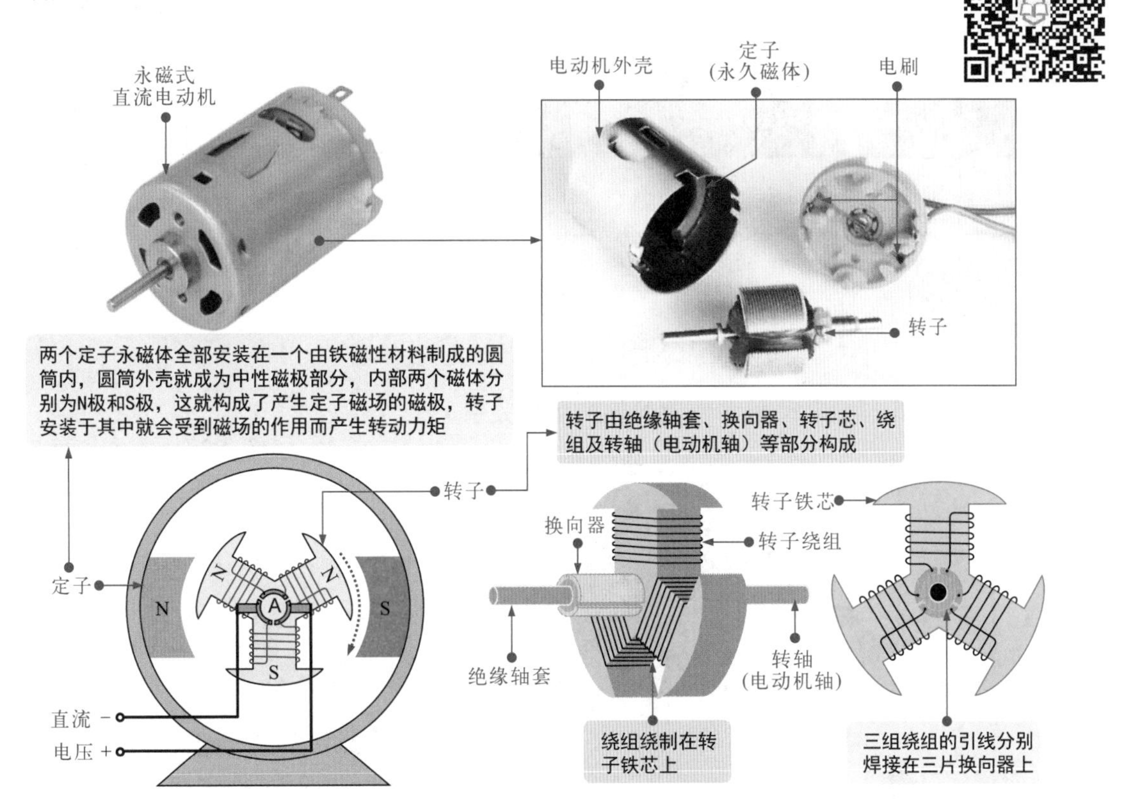

永磁式
直流电动机
电动机外壳
定子
(永久磁体)
电刷
转子
两个定子永磁体全部安装在一个由铁磁性材料制成的圆筒内，圆筒外壳就成为中性磁极部分，内部两个磁体分别为N极和S极，这就构成了产生定子磁场的磁极，转子安装于其中就会受到磁场的作用而产生转动力矩
转子由绝缘轴套、换向器、转子芯、绕组及转轴（电动机轴）等部分构成
转子
定子
N
S
A
直流 −
电压 +
换向器
转子绕组
转子铁芯
绝缘轴套
转轴
(电动机轴)
绕组绕制在转子铁芯上
三组绕组的引线分别焊接在三片换向器上

图 4-1　永磁式直流电动机的结构组成

4.1.2 永磁式直流电动机的原理

1 永磁式直流电动机的特性

根据电磁感应原理（左手定则），当导体在磁场中有电流流过时就会受到磁场的作用而产生转矩。这就是永磁式直流电动机的旋转机理。图 4-2 为永磁式直流电动机转矩的产生原理。

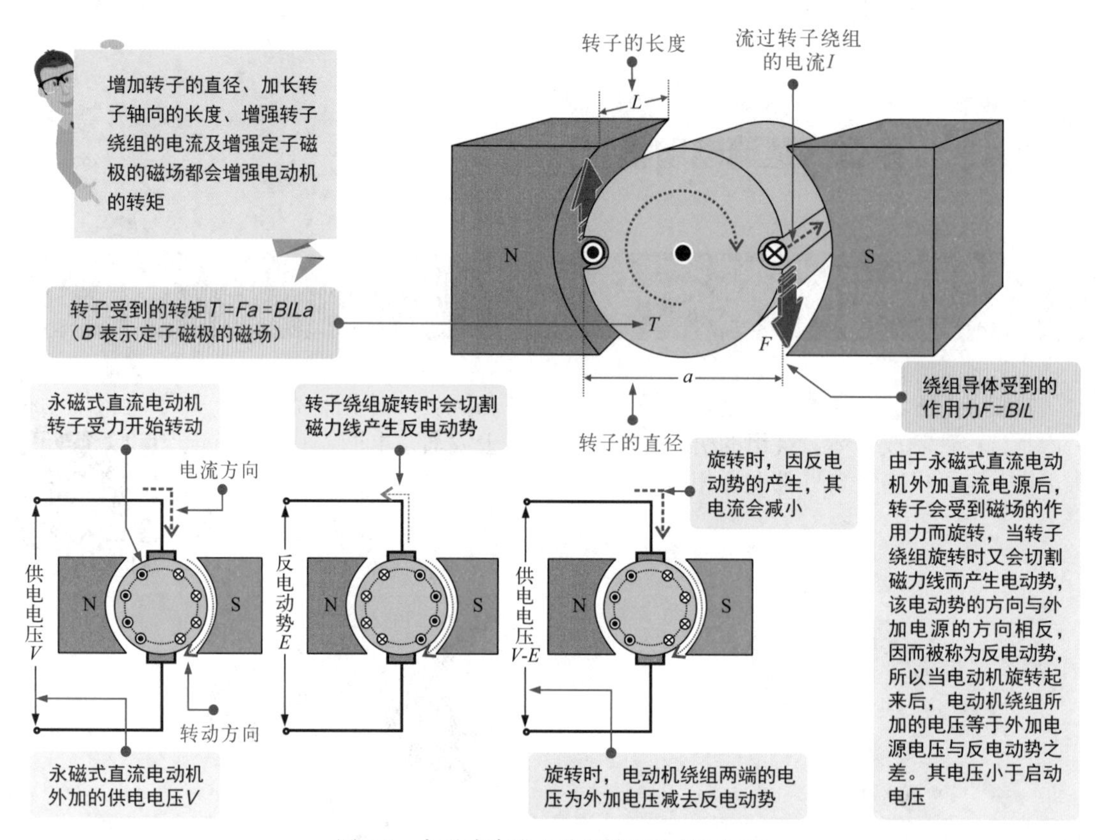

增加转子的直径、加长转子轴向的长度、增强转子绕组的电流及增强定子磁极的磁场都会增强电动机的转矩
转子的长度
流过转子绕组的电流I
L
N
S
T
F
a
转子受到的转矩T=Fa=BILa（B表示定子磁极的磁场）
绕组导体受到的作用力F=BIL
转子的直径
永磁式直流电动机转子受力开始转动
转子绕组旋转时会切割磁力线产生反电动势
电流方向
供电电压V
反电动势E
供电电压V-E
旋转时，因反电动势的产生，其电流会减小
转动方向
永磁式直流电动机外加的供电电压V
旋转时，电动机绕组两端的电压为外加电压减去反电动势
由于永磁式直流电动机外加直流电源后，转子会受到磁场的作用力而旋转，当转子绕组旋转时又会切割磁力线而产生电动势，该电动势的方向与外加电源的方向相反，因而被称为反电动势，所以当电动机旋转起来后，电动机绕组所加的电压等于外加电源电压与反电动势之差。其电压小于启动电压

图 4-2 永磁式直流电动机转矩的产生原理

2 永磁式直流电动机各主要部件的控制关系

图 4-3 为永磁式直流电动机中各主要部件的控制关系示意图。

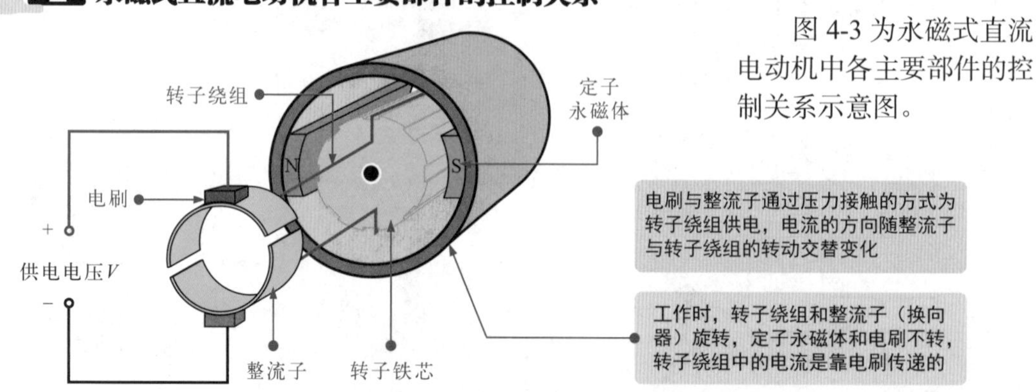

转子绕组
定子永磁体
N
S
电刷
+
供电电压V
−
整流子
转子铁芯
电刷与整流子通过压力接触的方式为转子绕组供电，电流的方向随整流子与转子绕组的转动交替变化
工作时，转子绕组和整流子（换向器）旋转，定子永磁体和电刷不转，转子绕组中的电流是靠电刷传递的

图 4-3 永磁式直流电动机中各主要部件的控制关系示意图

3 永磁式直流电动机（两极转子）的转动原理

图 4-4 为永磁式直流电动机（两极转子）的转动原理。

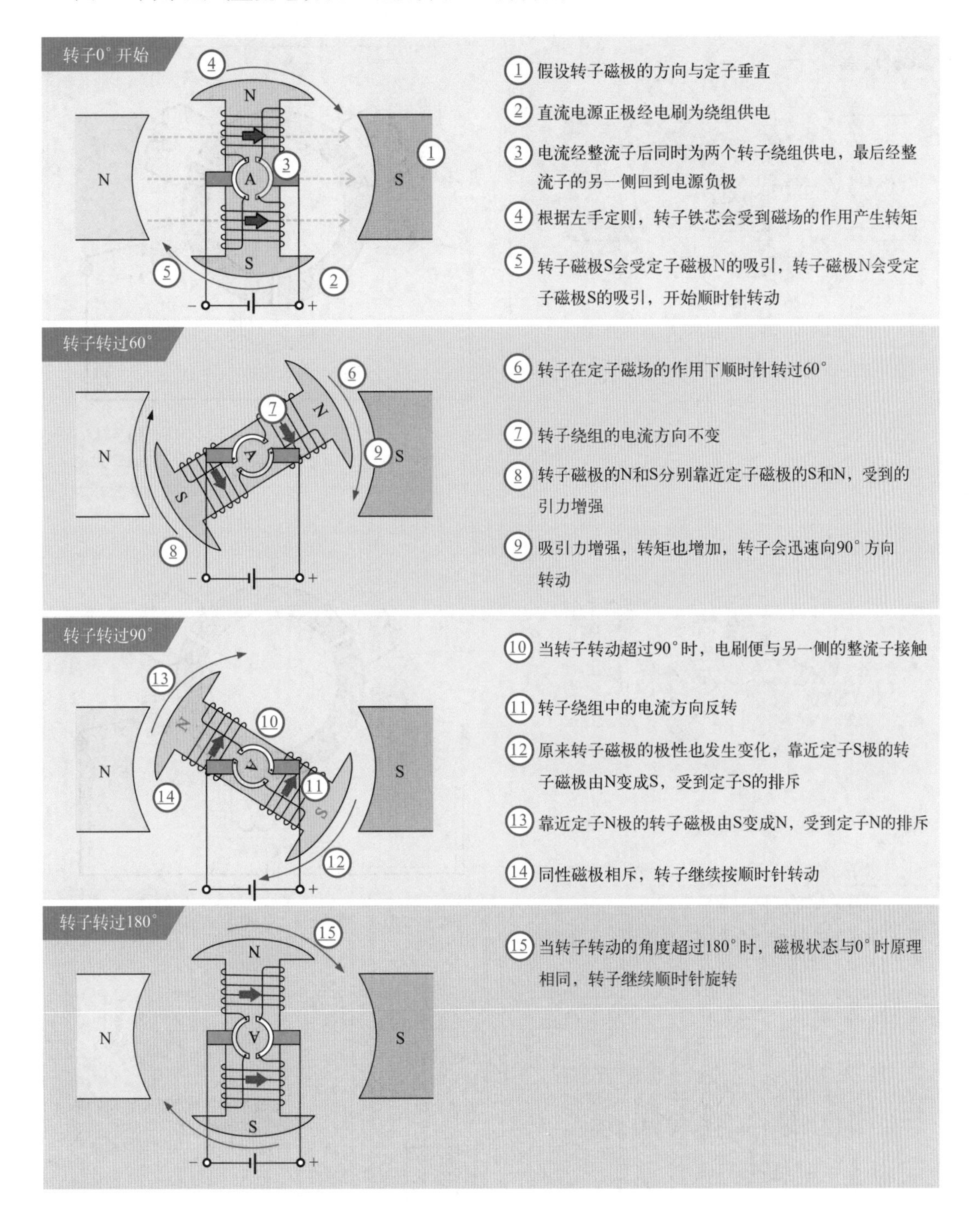
转子0° 开始
N
S
A
①假设转子磁极的方向与定子垂直
②直流电源正极经电刷为绕组供电
③电流经整流子后同时为两个转子绕组供电，最后经整流子的另一侧回到电源负极
④根据左手定则，转子铁芯会受到磁场的作用产生转矩
⑤转子磁极S会受定子磁极N的吸引，转子磁极N会受定子磁极S的吸引，开始顺时针转动
转子转过60°
⑥转子在定子磁场的作用下顺时针转过60°
⑦转子绕组的电流方向不变
⑧转子磁极的N和S分别靠近定子磁极的S和N，受到的引力增强
⑨吸引力增强，转矩也增加，转子会迅速向90°方向转动
转子转过90°
⑩当转子转动超过90°时，电刷便与另一侧的整流子接触
⑪转子绕组中的电流方向反转
⑫原来转子磁极的极性也发生变化，靠近定子S极的转子磁极由N变成S，受到定子S的排斥
⑬靠近定子N极的转子磁极由S变成N，受到定子N的排斥
⑭同性磁极相斥，转子继续按顺时针转动
转子转过180°
⑮当转子转动的角度超过180°时，磁极状态与0°时原理相同，转子继续顺时针旋转

图 4-4　永磁式直流电动机（两极转子）的转动原理

提示说明

转子转到 90° 时，电刷位于整流子的空挡，转子绕组中的电流瞬间消失，转子磁场也消失，但转子由于惯性会继续顺时针转动。

4 永磁式直流电动机（三极转子）的转动原理

图 4-5 为永磁式直流电动机（三极转子）的转动原理。

转子0°开始

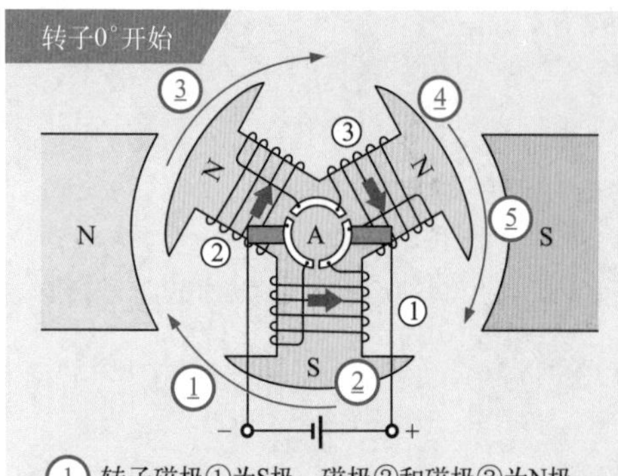
N
S
N
N
S
A
-
+

① 转子磁极①为S极，磁极②和磁极③为N极

② S极处于中心，不受力

③ 左侧的N与定子N靠近，两者相斥

④ 右侧转子的N与定子S靠近，受到吸引

⑤ 转子会受到顺时针的转矩而旋转

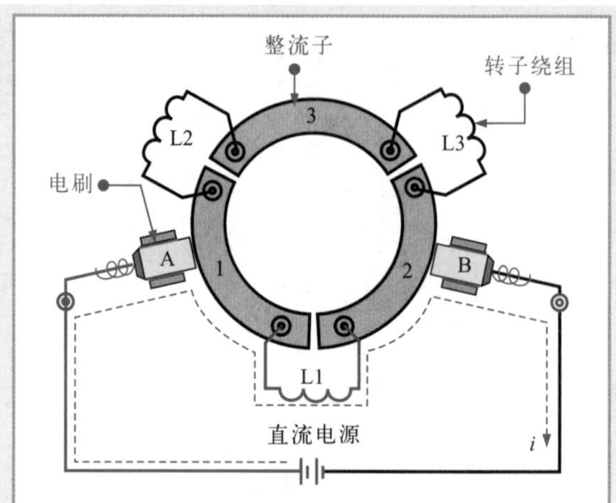
整流子
转子绕组
L2
L3
3
电刷
A
B
1
2
L1
直流电源
i

电刷压接在整流子上，直流电压经电刷A、整流子1、转子绕组L1、整流子2、电刷B形成回路，实现为转子绕组L1供电。

转子转过60°

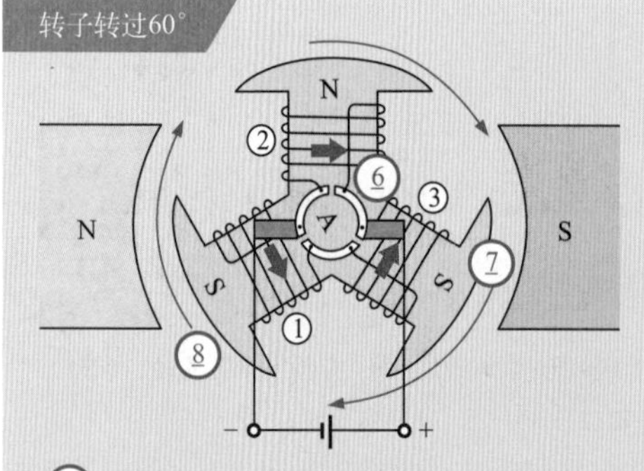
N
N
S
S
S
A
-
+

⑥ 转子转过60°时，电刷与整流子相互位置发生变化

⑦ 转子磁极③的极性由N变成了S，受到定子磁极S的排斥而继续顺时针旋转

⑧ 转子①仍为S极，受到定子N极顺时针方向的吸引

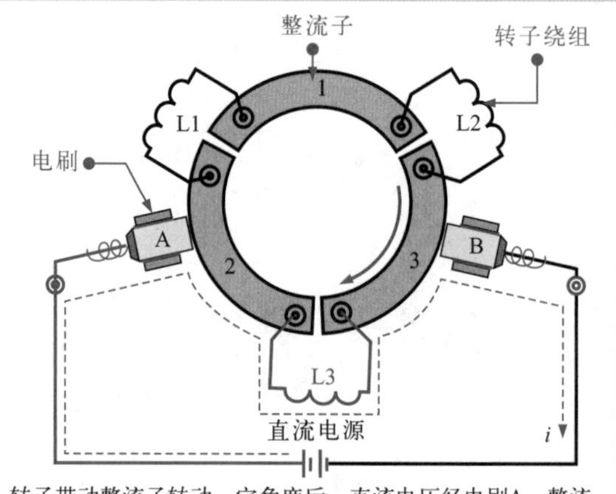
整流子
转子绕组
1
L1
L2
电刷
A
B
2
3
L3
直流电源
i

转子带动整流子转动一定角度后，直流电压经电刷A、整流子2、转子绕组L3、整流子3、电刷B形成回路，实现为转子绕组L3供电。

转子转过120°

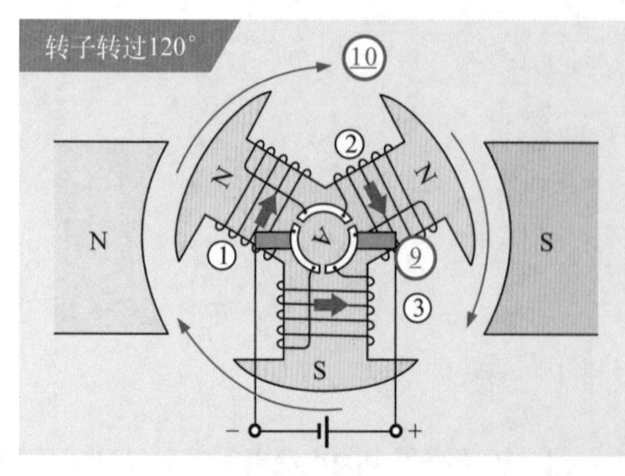
N
S
N
N
S
A
-
+

⑨ 转子转过120°时，电刷与整流子的位置又发生变化

⑩ 磁极由S变成N，与初始位置状态相同，转子继续顺时针转动

整流子的三片滑环会在与转子一同转动的过程中与两个电刷的刷片接触，从而获得电能

图 4-5 永磁式直流电动机（三极转子）的转动原理

4.2 电磁式直流电动机

4.2.1　电磁式直流电动机的结构

如图 4-6 所示，电磁式直流电动机是将用于产生定子磁场的永磁体用电磁铁取代，定子铁芯上绕有绕组（线圈），转子部分是由转子铁芯、绕组（线圈）、整流子及转轴组成的。

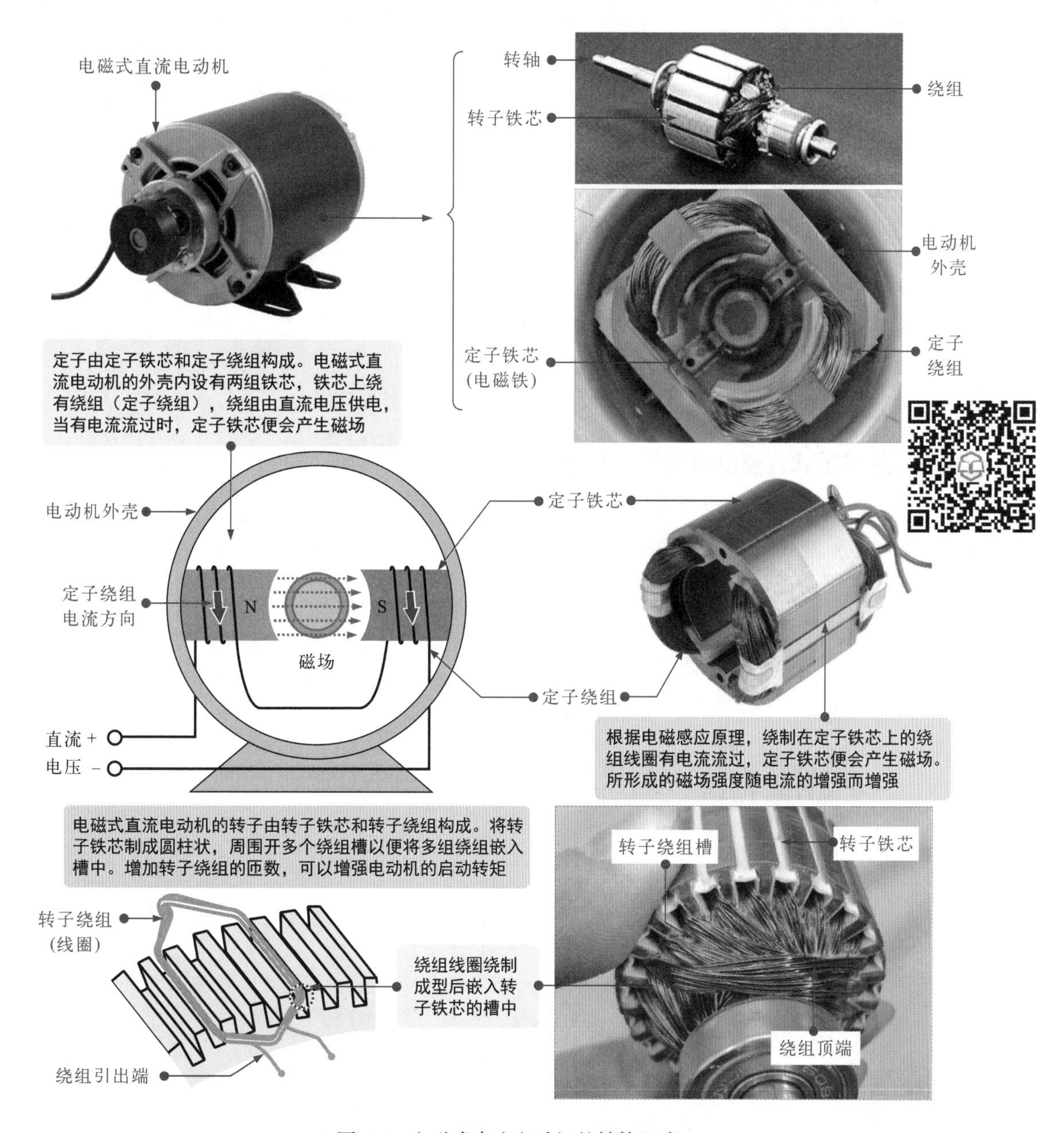
电磁式直流电动机
转轴
转子铁芯
绕组
电动机外壳
定子铁芯（电磁铁）
定子绕组
定子由定子铁芯和定子绕组构成。电磁式直流电动机的外壳内设有两组铁芯，铁芯上绕有绕组（定子绕组），绕组由直流电压供电，当有电流流过时，定子铁芯便会产生磁场
电动机外壳
定子绕组电流方向
N
S
磁场
直流 +
电压 −
定子铁芯
定子绕组
根据电磁感应原理，绕制在定子铁芯上的绕组线圈有电流流过，定子铁芯便会产生磁场。所形成的磁场强度随电流的增强而增强
电磁式直流电动机的转子由转子铁芯和转子绕组构成。将转子铁芯制成圆柱状，周围开多个绕组槽以便将多组绕组嵌入槽中。增加转子绕组的匝数，可以增强电动机的启动转矩
转子绕组（线圈）
绕组引出端
绕组线圈绕制成型后嵌入转子铁芯的槽中
转子绕组槽
转子铁芯
绕组顶端

图 4-6　电磁式直流电动机的结构组成

4.2.2 电磁式直流电动机的原理

1 他励式直流电动机的工作原理

他励式直流电动机的转子绕组和定子绕组分别接到各自的电源上。这种电动机需要两套直流电源供电。图 4-7 为他励式直流电动机的工作原理。

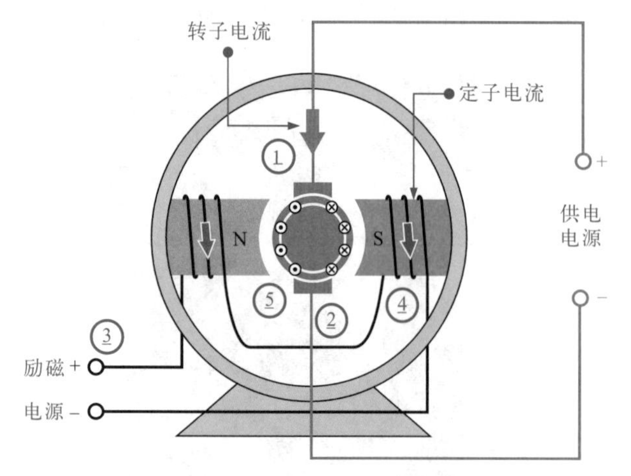

转子电流
定子电流
N
S
供电
电源
励磁 +
电源 –

① 供电电源的正极经电刷、整流子为转子供电

② 直流电源经转子后，由另一侧的电刷、整流子回到电源负极

③ 励磁电源为定子绕组供电

④ 定子绕组中有电流流过产生磁场

⑤ 转子磁极受到定子磁场的作用产生转矩并旋转

图 4-7 他励式直流电动机的工作原理

2 并励式直流电动机的工作原理

并励式直流电动机的转子绕组和定子绕组并联，由一组直流电源供电。电动机的总电流等于转子与定子电流之和。图 4-8 为并励式直流电动机的工作原理。

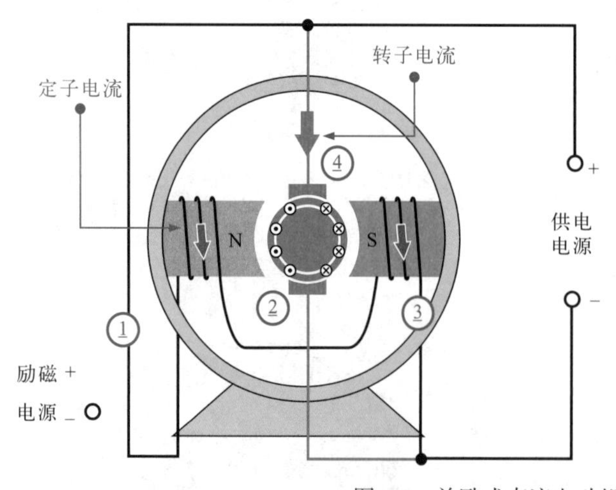

定子电流
转子电流
N
S
供电
电源
励磁 +
电源 _

① 供电电源一路直接为定子绕组供电

② 供电电源的另一路经电刷、整流子后为转子供电

③ 定子绕组中有电流流过产生磁场

④ 转子磁极受到定子磁场的作用产生转矩并旋转

一般并励式电动机定子绕组的匝数很多，导线很细，具有较大的阻值

图 4-8 并励式直流电动机的工作原理

3 串励式直流电动机的工作原理

串励式直流电动机的转子绕组和定子绕组串联，由一组直流电源供电。定子绕组中的电

流就是转子绕组中的电流。图 4-9 为串励式直流电动机的工作原理。

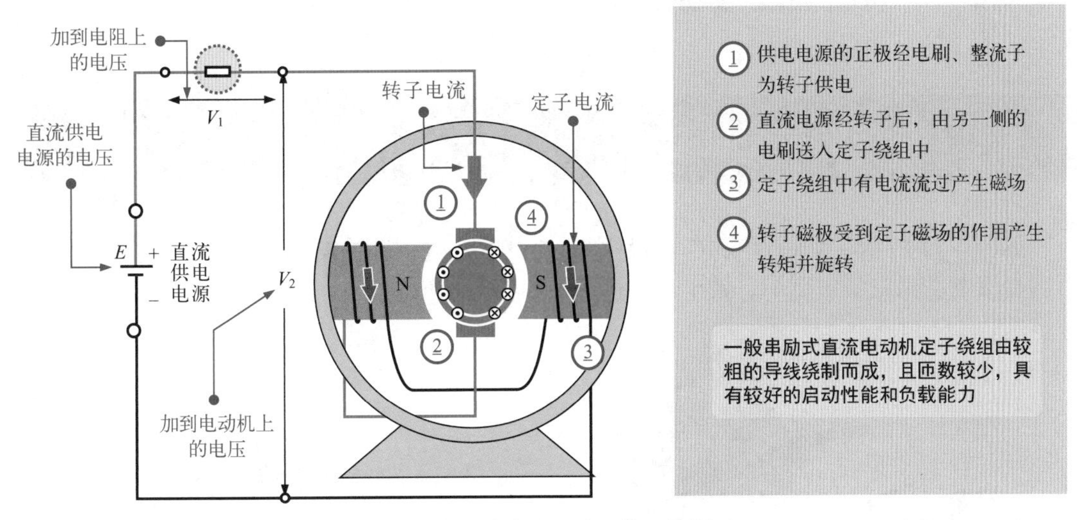
加到电阻上的电压
V_1
直流供电电源的电压
E
直流供电电源
V_2
加到电动机上的电压
转子电流
定子电流
N
S
① 供电电源的正极经电刷、整流子为转子供电
② 直流电源经转子后，由另一侧的电刷送入定子绕组中
③ 定子绕组中有电流流过产生磁场
④ 转子磁极受到定子磁场的作用产生转矩并旋转
一般串励式直流电动机定子绕组由较粗的导线绕制而成，且匝数较少，具有较好的启动性能和负载能力

图 4-9　串励式直流电动机的工作原理

提示说明

在串励式直流电动机的电源供电电路中串入电阻，串励式直流电动机上的电压等于直流供电电源的电压减去电阻上的电压。因此，如果改变电阻器的阻值，则加在串励式直流电动机上的电压便会发生变化，而最终改变定子磁场的强弱，通过这种方式就可以调整电动机的转速。

4 复励式直流电动机的工作原理

复励式直流电动机的定子绕组设有两组：一组与电动机的转子串联；另一组与转子绕组并联。复励式直流电动机根据连接方式可分为和动式复合绕组电动机和差动式复合绕组电动机。图 4-10 为复励式直流电动机的工作原理。

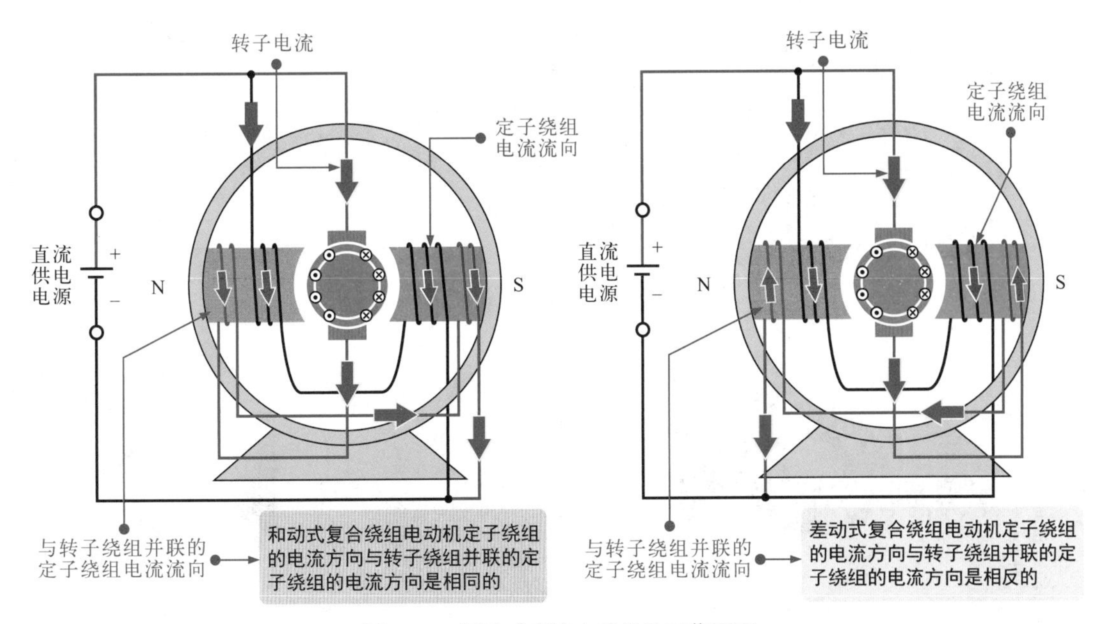
转子电流
定子绕组电流流向
直流供电电源
N
S
与转子绕组并联的定子绕组电流流向
和动式复合绕组电动机定子绕组的电流方向与转子绕组并联的定子绕组的电流方向是相同的
转子电流
定子绕组电流流向
直流供电电源
N
S
与转子绕组并联的定子绕组电流流向
差动式复合绕组电动机定子绕组的电流方向与转子绕组并联的定子绕组的电流方向是相反的

图 4-10　复励式直流电动机的工作原理

4.3 有刷直流电动机

4.3.1 有刷直流电动机的结构

如图 4-11 所示，有刷直流电动机是指内部设置有电刷和换向器部件的一类直流电动机。有刷直流电动机主要由定子、转子、电刷和换向器等构成。

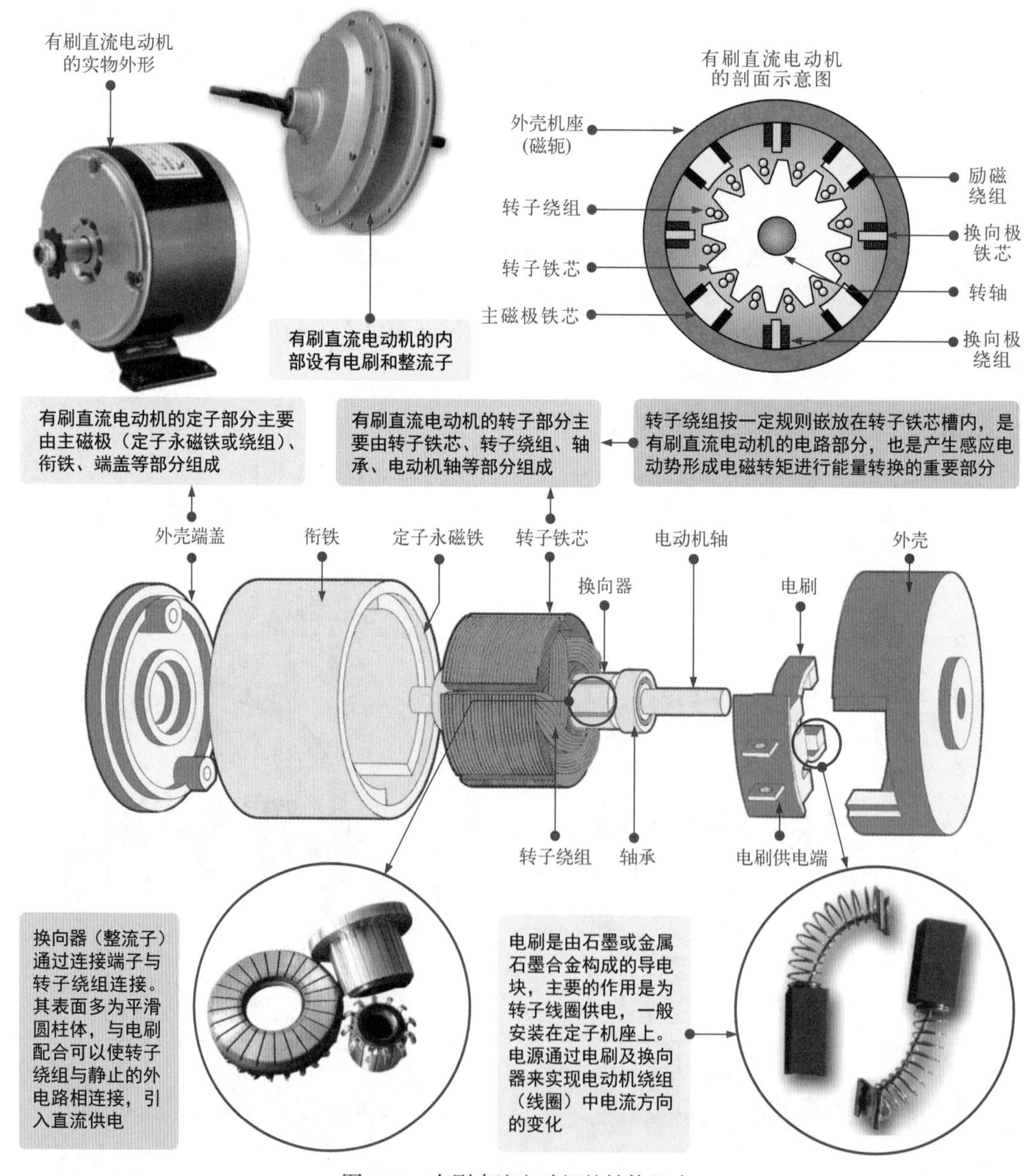
有刷直流电动机的实物外形
有刷直流电动机的内部设有电刷和整流子
有刷直流电动机的剖面示意图
外壳机座（磁轭）
转子绕组
转子铁芯
主磁极铁芯
励磁绕组
换向极铁芯
转轴
换向极绕组
有刷直流电动机的定子部分主要由主磁极（定子永磁铁或绕组）、衔铁、端盖等部分组成
有刷直流电动机的转子部分主要由转子铁芯、转子绕组、轴承、电动机轴等部分组成
转子绕组按一定规则嵌放在转子铁芯槽内，是有刷直流电动机的电路部分，也是产生感应电动势形成电磁转矩进行能量转换的重要部分
外壳端盖
衔铁
定子永磁铁
转子铁芯
电动机轴
外壳
换向器
电刷
转子绕组
轴承
电刷供电端
换向器（整流子）通过连接端子与转子绕组连接。其表面多为平滑圆柱体，与电刷配合可以使转子绕组与静止的外电路相连接，引入直流供电
电刷是由石墨或金属石墨合金构成的导电块，主要的作用是为转子线圈供电，一般安装在定子机座上。电源通过电刷及换向器来实现电动机绕组（线圈）中电流方向的变化

图 4-11　有刷直流电动机的结构组成

4.3.2　有刷直流电动机的原理

1 有刷直流电动机的工作原理

有刷直流电动机工作时，绕组和换向器旋转，主磁极（定子）和电刷不旋转，直流电源经电刷加到转子绕组上，绕组电流方向的交替变化是随电动机转动的换向器及与其相关的电刷位置变化而变化的。图 4-12 为有刷直流电动机的工作原理。

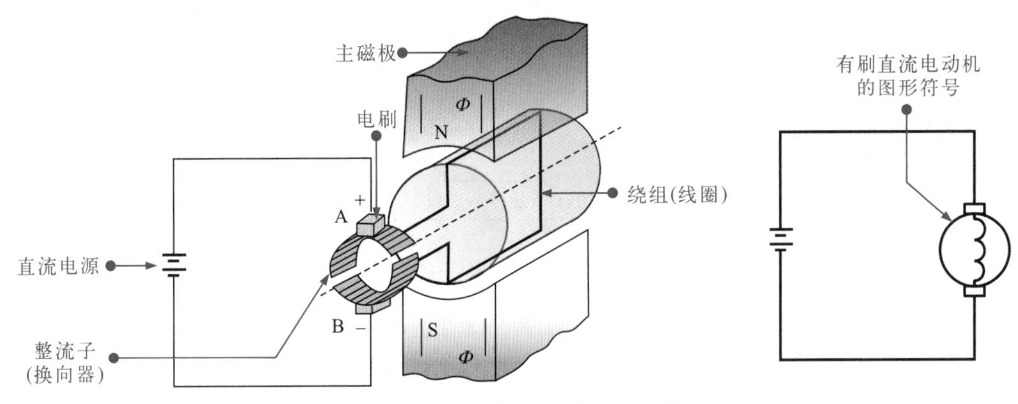
主磁极
电刷
N
S
A
B
绕组(线圈)
直流电源
整流子
(换向器)
有刷直流电动机
的图形符号

图 4-12　有刷直流电动机的工作原理

2 有刷直流电动机的转动过程

图 4-13 为有刷直流电动机接通电源瞬间的工作过程（假设初始位置为 0°）。

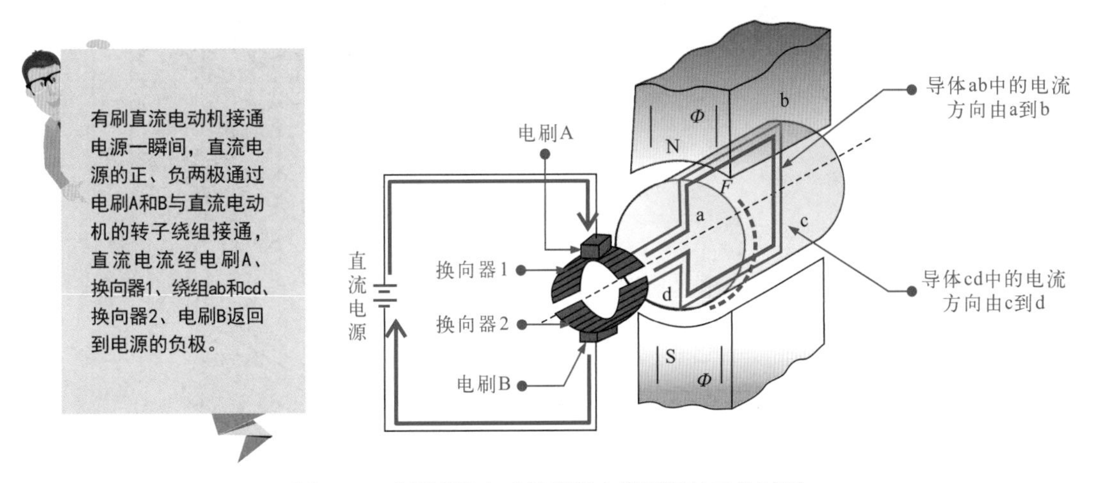
有刷直流电动机接通电源一瞬间，直流电源的正、负两极通过电刷A和B与直流电动机的转子绕组接通，直流电流经电刷A、换向器1、绕组ab和cd、换向器2、电刷B返回到电源的负极。
电刷A
直流电源
换向器1
换向器2
电刷B
导体ab中的电流
方向由a到b
导体cd中的电流
方向由c到d
N
S
a
b
c
d
F

图 4-13　有刷直流电动机接通电源瞬间的工作过程

提示说明

根据电磁感应理论，载流导体 ab 和 cd 在磁场中受到电磁力的作用，受力的方向可根据左手定则判断，因此，两者的受力方向均为逆时针方向，这样就产生一个转矩，从而使转子铁芯逆时针方向旋转。

图 4-14 为有刷直流电动机转子转到 90° 时的工作过程。

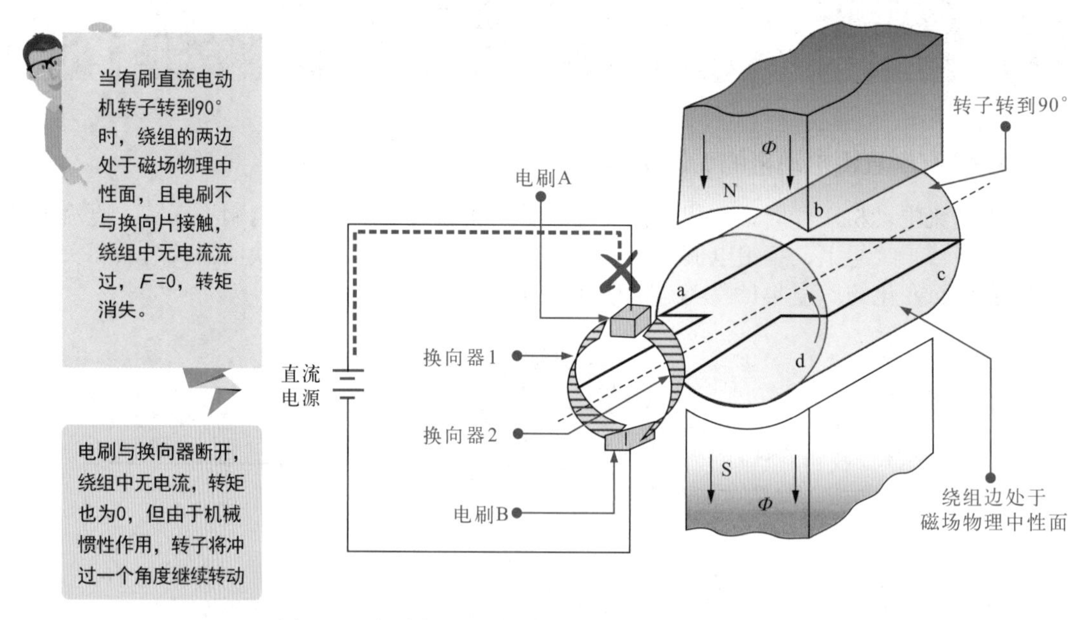
当有刷直流电动机转子转到90°时，绕组的两边处于磁场物理中性面，且电刷不与换向片接触，绕组中无电流流过，F=0，转矩消失。
电刷与换向器断开，绕组中无电流，转矩也为0，但由于机械惯性作用，转子将冲过一个角度继续转动
电刷A
转子转到90°
Φ
N
b
a
c
d
直流
电源
换向器1
换向器2
电刷B
S
Φ
绕组边处于
磁场物理中性面

图 4-14 有刷直流电动机转子转到 90° 时的工作过程

图 4-15 为有刷直流电动机转子接近 180° 时的工作过程。

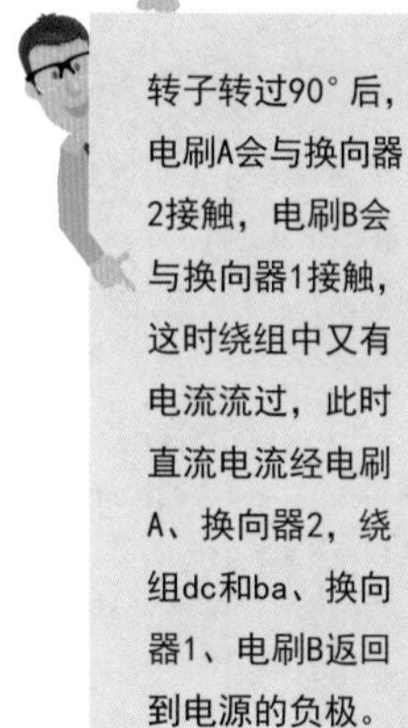
转子转过90°后，电刷A会与换向器2接触，电刷B会与换向器1接触，这时绕组中又有电流流过，此时直流电流经电刷A、换向器2，绕组dc和ba、换向器1、电刷B返回到电源的负极。

转子绕组从一个磁极范围经过中性面到了相对的异性磁极范围时，通过绕组的电流方向已改变一次，因此转子的转动方向保持不变。改变绕组中的电流方向是靠换向器和电刷来完成的

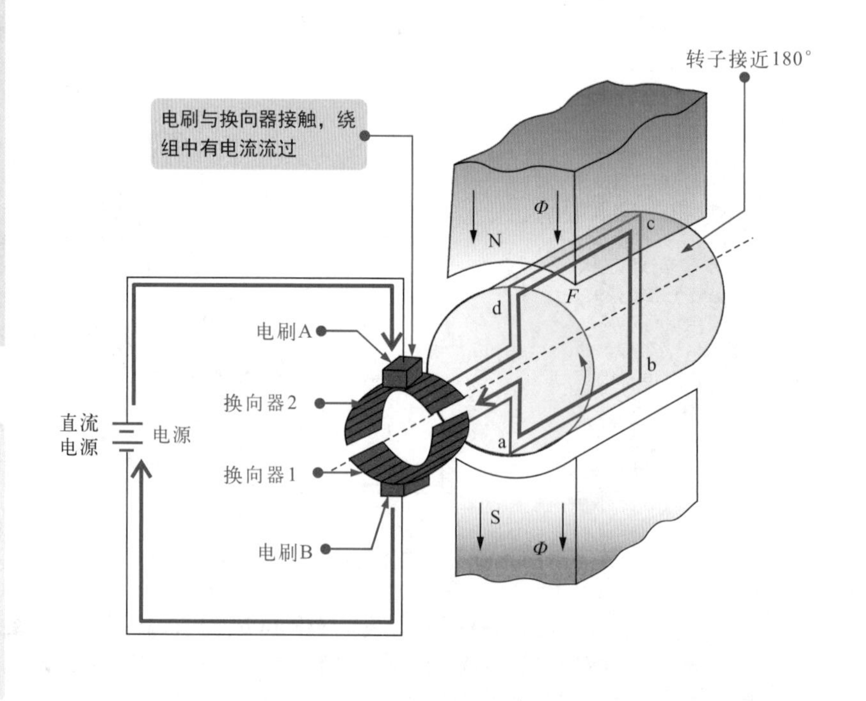
转子接近180°
电刷与换向器接触，绕组中有电流流过
Φ
N
c
d
F
电刷A
换向器2
b
直流
电源
电源
a
换向器1
电刷B
S
Φ

图 4-15 有刷直流电动机转子接近 180° 时的工作过程

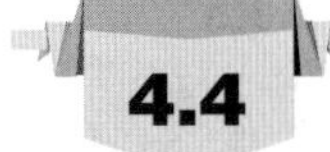

4.4 无刷直流电动机

4.4.1 无刷直流电动机的结构

无刷直流电动机是指没有电刷和换向器的电动机，其转子是由永久磁钢制成的，绕组绕制在定子上。

如图 4-16 所示，无刷直流电动机外形多样，但基本结构相同，都是由外壳、转轴、轴承、定子绕组、转子磁钢、霍尔元件等构成的。

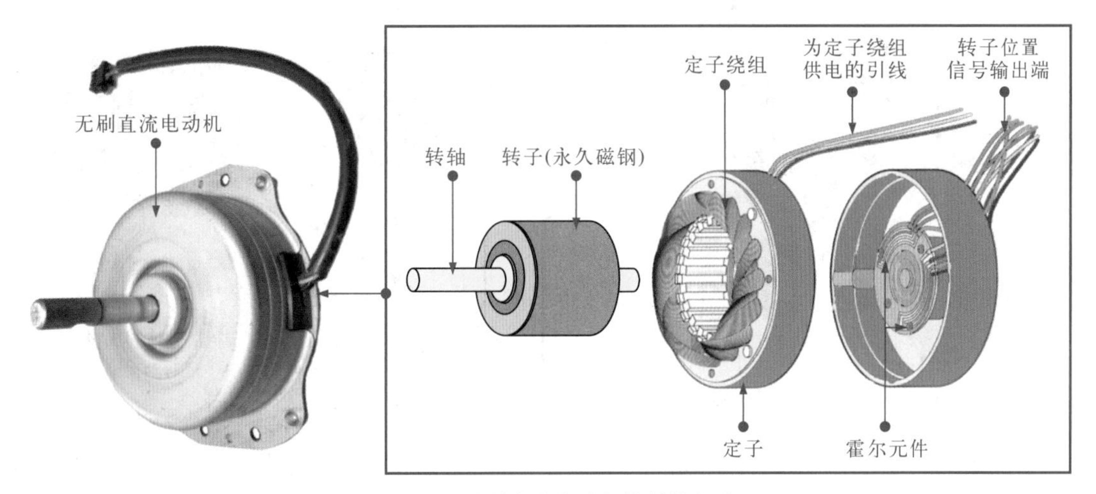
无刷直流电动机
转轴
转子(永久磁钢)
定子绕组
为定子绕组
供电的引线
转子位置
信号输出端
定子
霍尔元件

图 4-16　无刷直流电动机的结构组成

如图 4-17 所示，无刷直流电动机中的霍尔元件是电动机中的传感器件，一般被固定在电动机的定子上。霍尔元件用于检测转子磁极的位置，以便借助该位置信号控制定子绕组中的电流方向和相位，并驱动转子旋转。

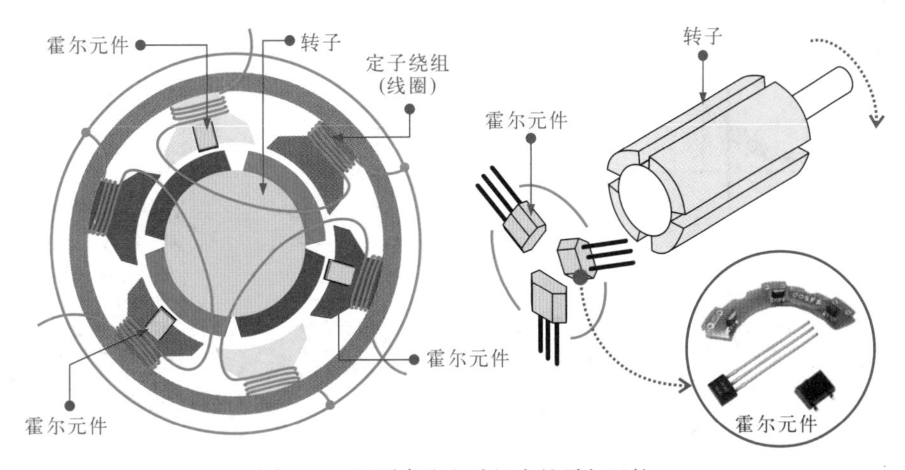
霍尔元件
转子
定子绕组
(线圈)
霍尔元件
霍尔元件
转子
霍尔元件
霍尔元件

图 4-17　无刷直流电动机内的霍尔元件

4.4.2 无刷直流电动机的原理

1 无刷电动机的工作原理

无刷直流电动机定子绕组必须根据转子的磁极方位切换其中的电流方向，才能使转子连续旋转，因此在无刷直流电动机内必须设置一个转子磁极位置的传感器，这种传感器通常采用霍尔元件。图 4-18 为典型霍尔元件的工作原理。

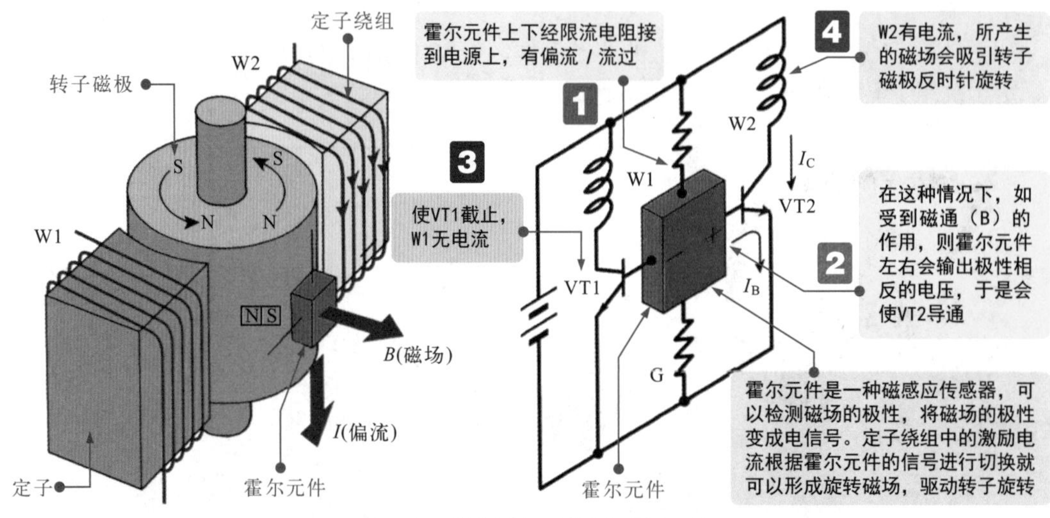
定子绕组
W2
转子磁极
S
S
N
N
W1
N S
B(磁场)
I(偏流)
定子
霍尔元件
霍尔元件上下经限流电阻接到电源上，有偏流 I 流过
1
3
使VT1截止，W1无电流
4
W2有电流，所产生的磁场会吸引转子磁极反时针旋转
W2
W1
I_C
VT2
VT1
I_B
G
2
在这种情况下，如受到磁通（B）的作用，则霍尔元件左右会输出极性相反的电压，于是会使VT2导通
霍尔元件是一种磁感应传感器，可以检测磁场的极性，将磁场的极性变成电信号。定子绕组中的激励电流根据霍尔元件的信号进行切换就可以形成旋转磁场，驱动转子旋转
霍尔元件

图 4-18 典型霍尔元件的工作原理

如图 4-19 所示，霍尔元件安装在无刷直流电动机靠近转子磁极的位置，输出端分别加到两个晶体三极管的基极，用于输出极性相反的电压，控制晶体三极管导通与截止，从而控制绕组中的电流，使其绕组产生磁场，吸引转子连续运转。

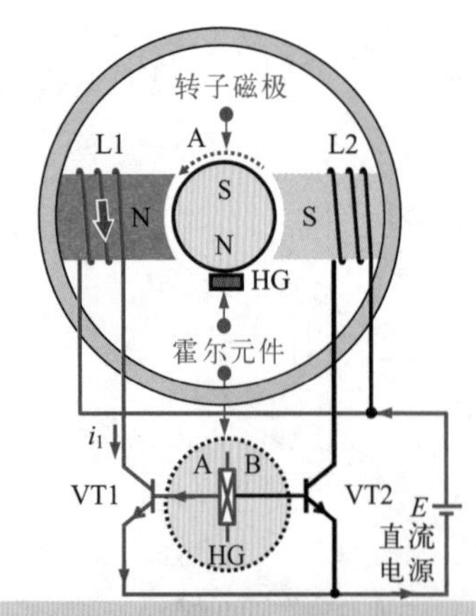
转子磁极
L1
A
L2
N
S
S
N
HG
霍尔元件
i_1
A B
VT1
VT2
E
直流
电源
HG

当N极靠近霍尔元件时，霍尔元件感应磁场信号，并转换成电信号，即其AB端输出左右极性的电信号，A为正、B为负，VT1导通、VT2截止，L1绕组中有电流，L2无电流，L1产生的磁场N极吸引S极，排斥N极，使转子逆时针方向运动

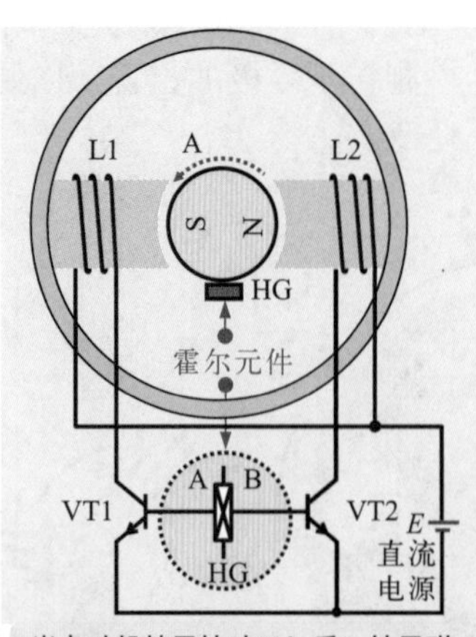
L1
A
L2
S
N
HG
霍尔元件
A B
VT1
VT2
E
直流
电源
HG

当电动机转子转动90°后，转子磁极位置（N、S）发生变化，霍尔元件处于转子磁极N、S的中性位置，无磁场信号，此时霍尔元件无任何信号输出，VT1、VT2均截止，无电流流过，电动机的转子因惯性而继续转动

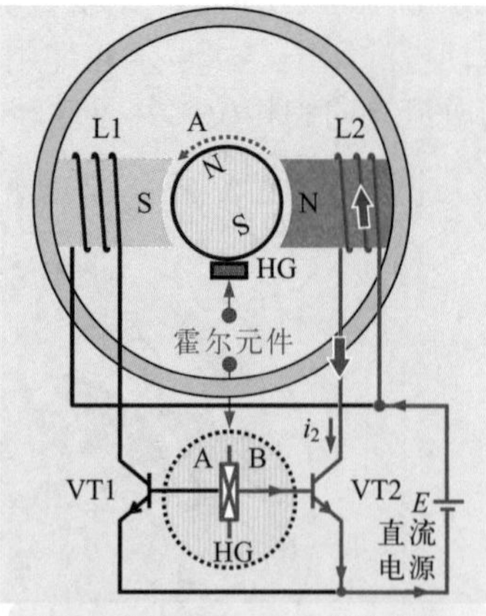
L1
A
L2
S
N
N
S
HG
霍尔元件
i_2
A B
VT1
VT2
E
直流
电源
HG

转子再次转过90°后，S极转到霍尔元件的位置，霍尔元件受到与前次相反的磁极作用，输出B为正，A为负，则VT2导通，VT1截止，L2绕组有电流，靠近转子一侧产生磁场N，并吸引转子S极，使转子继续按逆时针方向转动

图 4-19 霍尔元件对无刷直流电动机的控制过程

2 无刷直流电动机的控制方式

上述无刷直流电动机的结构中有两个死点（区），即当转子转动到N、S极之间的位置为中性点，在此位置霍尔元件感受不到磁场，因而无输出，则定子绕组也会无电流，电动机只能靠惯性转动，如果恰巧电动机停在此位置，则会无法启动。为了克服上述问题，在实践中也开发出多种方式。

图4-20为无刷直流电动机所采用的单极性三相半波通电方式转子转到图示位置时的工作过程。

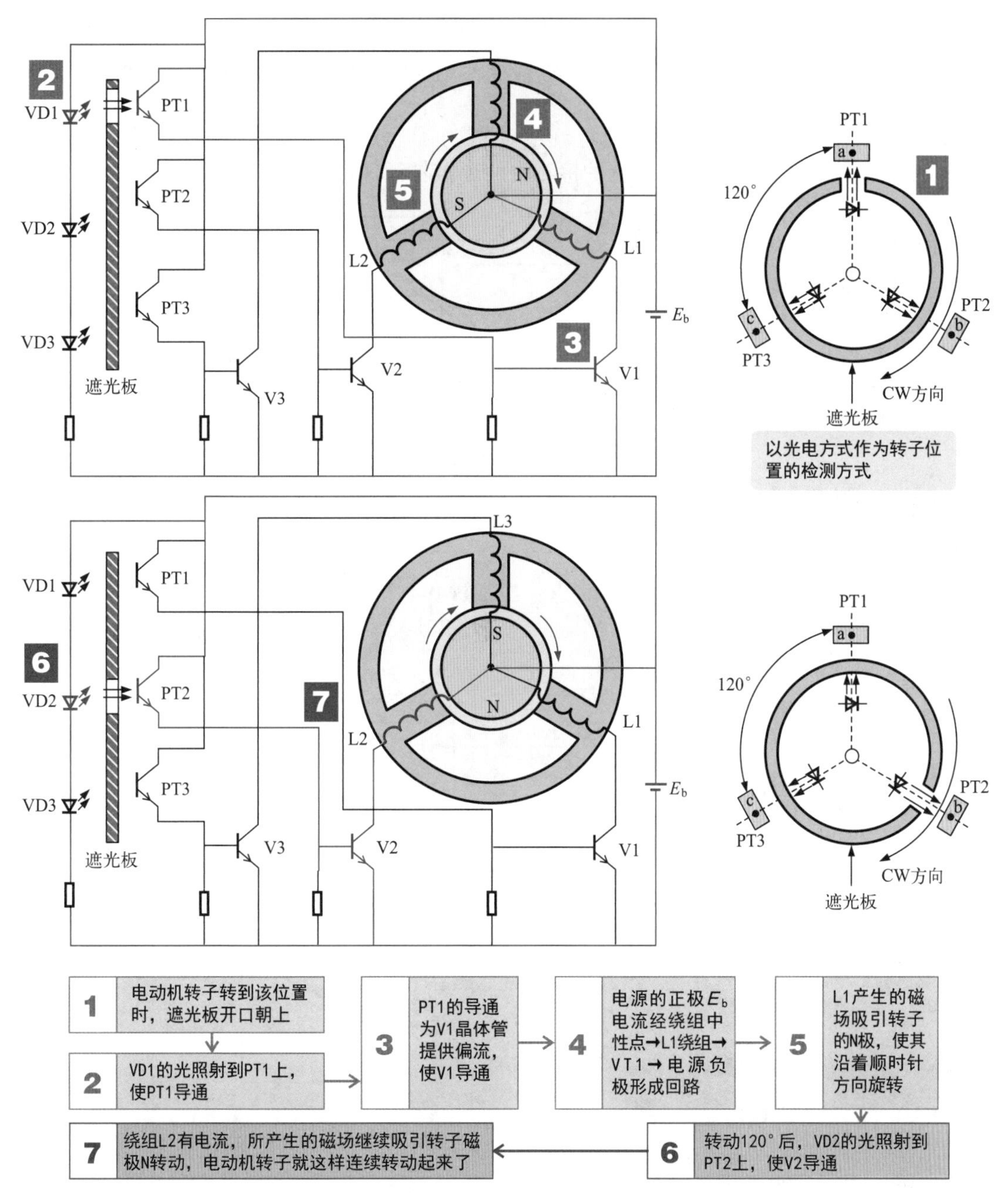

VD1
VD2
VD3
PT1
PT2
PT3
遮光板
V1
V2
V3
L1
L2
L3
N
S
Eb
120°
a
b
c
CW方向
以光电方式作为转子位置的检测方式
1 电动机转子转到该位置时，遮光板开口朝上
2 VD1的光照射到PT1上，使PT1导通
3 PT1的导通为V1晶体管提供偏流，使V1导通
4 电源的正极Eb电流经绕组中性点→L1绕组→VT1→电源负极形成回路
5 L1产生的磁场吸引转子的N极，使其沿着顺时针方向旋转
6 转动120°后，VD2的光照射到PT2上，使V2导通
7 绕组L2有电流，所产生的磁场继续吸引转子磁极N转动，电动机转子就这样连续转动起来了

图4-20　无刷直流电动机单极性三相半波通电方式的工作过程

如图 4-21 所示，单极性两相半波通电方式中的无刷直流电动机中设有两个霍尔元件按 90° 分布，转子为单极（N、S）永久磁钢，定子绕组为两相 4 个励磁绕组。

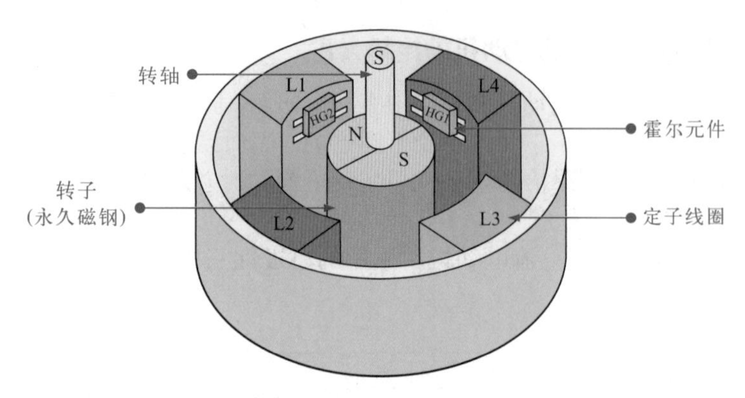

转轴
霍尔元件
转子
(永久磁钢)
定子线圈
L1
L2
L3
L4
HG1
HG2
S
N
S

图 4-21　单极性两相半波通电方式无刷直流电动机的内部结构

如图 4-22 所示，该类型的无刷直流电动机为了形成旋转磁场，由 4 个晶体三极管 V1 ～ V4 驱动各自的绕组，转子位置的检测由两个霍尔元件担当。

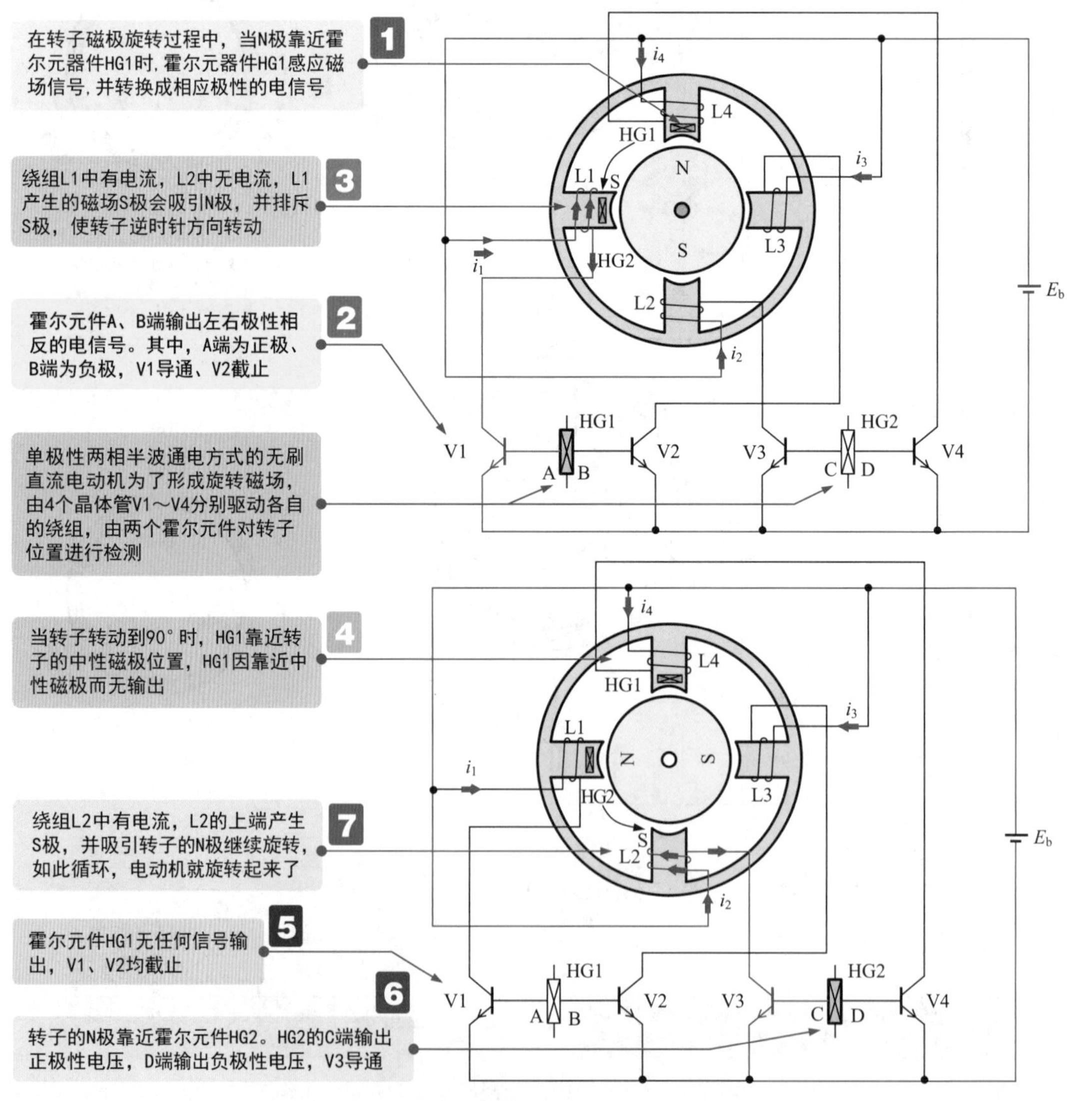

1
在转子磁极旋转过程中，当N极靠近霍尔元器件HG1时，霍尔元器件HG1感应磁场信号，并转换成相应极性的电信号
3
绕组L1中有电流，L2中无电流，L1产生的磁场S极会吸引N极，并排斥S极，使转子逆时针方向转动
2
霍尔元件A、B端输出左右极性相反的电信号。其中，A端为正极、B端为负极，V1导通、V2截止
单极性两相半波通电方式的无刷直流电动机为了形成旋转磁场，由4个晶体管V1～V4分别驱动各自的绕组，由两个霍尔元件对转子位置进行检测
4
当转子转动到90°时，HG1靠近转子的中性磁极位置，HG1因靠近中性磁极而无输出
7
绕组L2中有电流，L2的上端产生S极，并吸引转子的N极继续旋转，如此循环，电动机就旋转起来了
5
霍尔元件HG1无任何信号输出，V1、V2均截止
6
转子的N极靠近霍尔元件HG2。HG2的C端输出正极性电压，D端输出负极性电压，V3导通
i_4
i_3
i_1
i_2
L1
L2
L3
L4
HG1
HG2
N
S
E_b
V1
V2
V3
V4
A
B
C
D

图 4-22　单极性两相半波通电方式的工作过程

如图 4-23 所示，双极性无刷直流电动机中定子绕组的结构和连接方式可以分为三角形连接方式和星形连接方式。

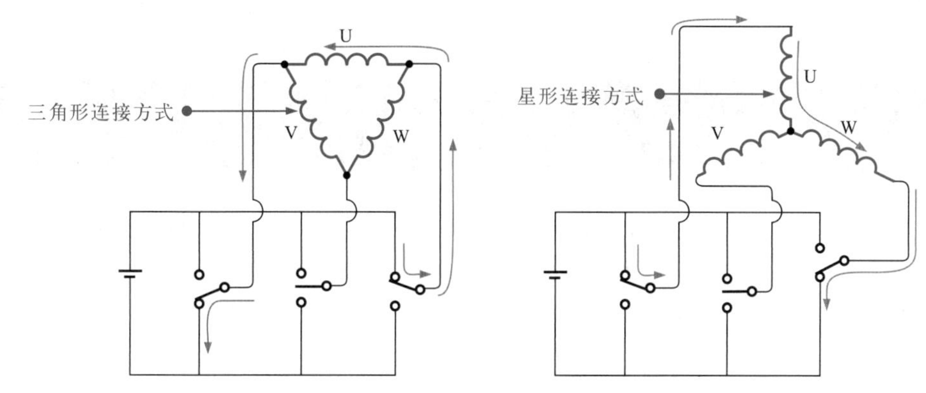
U
三角形连接方式
V
W
星形连接方式
U
V
W

图 4-23　双极性无刷直流电动机定子绕组的结构和连接方式

提示说明

双极性无刷直流电动机通过切换开关，可以使定子绕组中的电流循环导通，并形成旋转磁场。所谓双极性，是指绕组中的电流方向在电子开关的控制下可双向流动，单极性绕组中的电流只能单向流动。

图 4-24为双极性无刷直流电动机三角形绕组的工作过程（循环一周的开关状态和电流通路）。

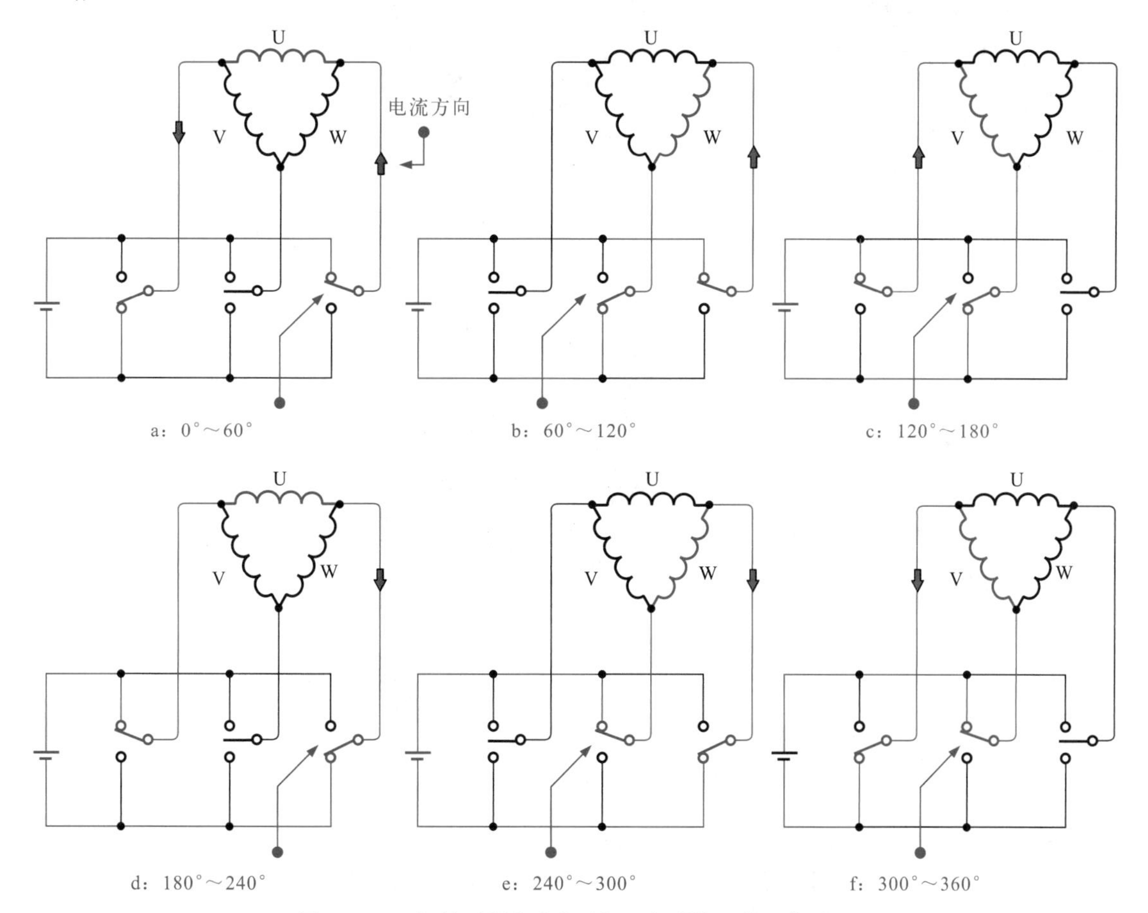
U
V
W
电流方向
a：0°～60°
b：60°～120°
c：120°～180°
d：180°～240°
e：240°～300°
f：300°～360°

图 4-24　双极性无刷直流电动机三角形绕组的工作过程

4.5 交流同步电动机

4.5.1 交流同步电动机的结构

交流同步电动机是指转动速度与供电电源频率同步的电动机。这种电动机工作在电源频率恒定的条件下，其转速也恒定不变，与负载无关。

交流同步电动机在结构上有两种，即转子用直流电驱动励磁的同步电动机和转子不需要励磁的同步电动机。

如图 4-25 所示，转子用直流电驱动励磁的同步电动机主要是由显极式转子、定子、磁场绕组和轴套滑环等构成的。

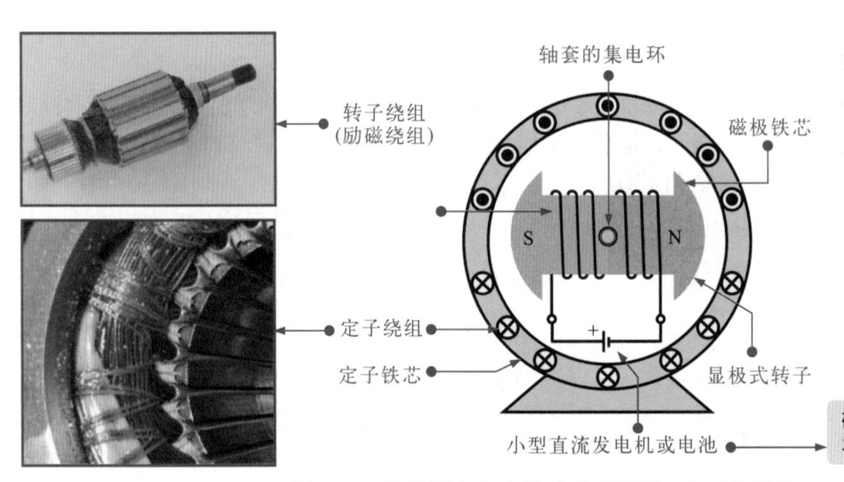
轴套的集电环
转子绕组
(励磁绕组)
磁极铁芯
S
N
+
定子绕组
定子铁芯
显极式转子
小型直流发电机或电池
磁场绕组由一个小型直流发电机或电池供电

图 4-25　转子用直流电驱动励磁的同步电动机结构

如图 4-26 所示，转子不需要励磁的同步电动机主要由显极式转子和定子构成。显极式的表面切成平面，并装有笼型绕组。转子磁极是由磁钢制成的，具有保持磁性的特点，用来产生启动转矩。

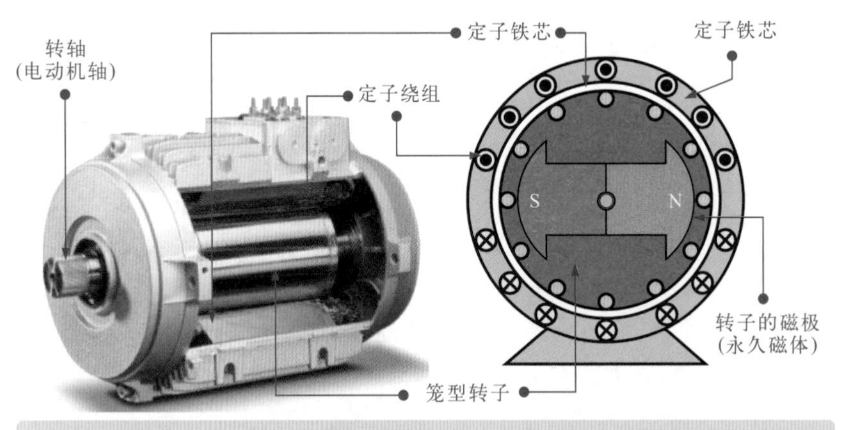
转轴
(电动机轴)
定子铁芯
定子铁芯
定子绕组
S
N
转子的磁极
(永久磁体)
笼型转子
笼型转子磁极用来产生启动转矩，当电动机的转速到达一定值时，转子的显极就跟踪定子绕组的电流频率达到同步，显极的极性是由定子感应出来的，它的极数与定子的极数相等，当转子的速度达到一定值后，转子上的笼型绕组就失去作用，靠转子磁极跟踪定子磁极，使其同步

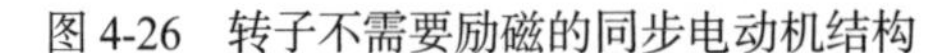

图 4-26　转子不需要励磁的同步电动机结构

提示说明

同步电动机的转子转速 $n=60f/p$（f 为电源频率，p 为电动机中磁极的对数）。

如果磁极对数为 1，电源频率为 50Hz，则电动机的转速为 60×50/1=3000r/min。

如果磁极对数为 2，则转速为 60×50/2=1500r/min。

4.5.2　交流同步电动机的原理

如图 4-27 所示，如果电动机的转子是一个永磁体，具有 N、S 磁极，当该转子置于定子磁场中时，定子磁场的磁极 N 吸引转子磁极 S，定子磁极 S 吸引转子磁极 N。如果此时使定子磁极转动，则由于磁力的作用，因此转子也会随之转动，这就是交流同步电动机的转动原理。

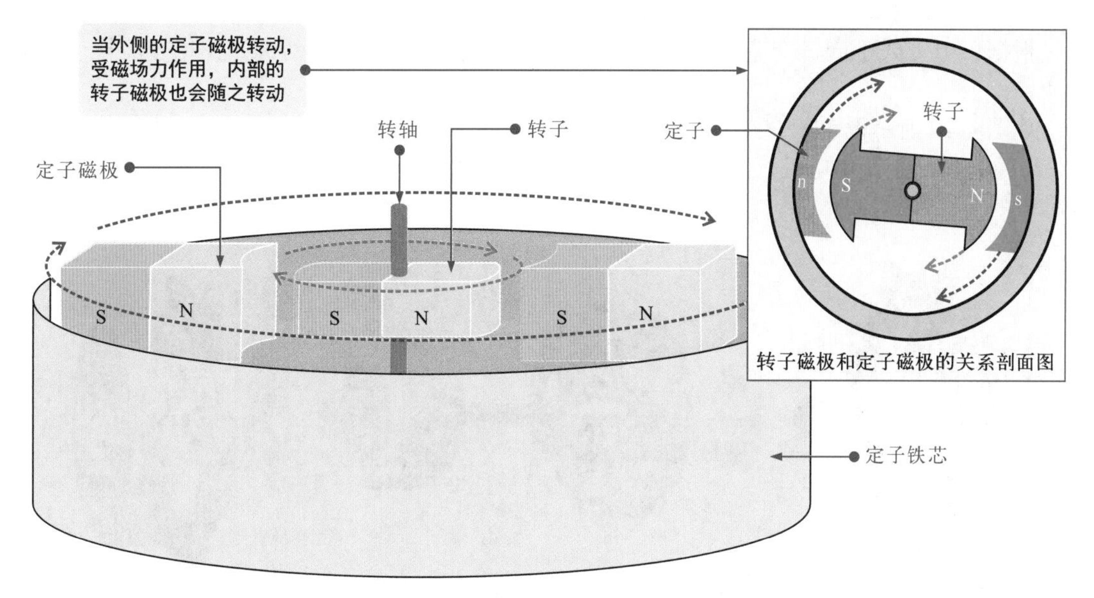
当外侧的定子磁极转动，受磁场力作用，内部的转子磁极也会随之转动
转轴
转子
定子
定子磁极
转子
S
N
S
N
S
N
n
S
N
s
转子磁极和定子磁极的关系剖面图
定子铁芯

图 4-27　交流同步电动机的转动原理

若三相绕组通三相电源代替永磁磁极，则定子绕组在三相交流电源的作用下会形成旋转磁场，定子本身不需要转动，同样可以使转子跟随磁场旋转，如图 4-28 所示。

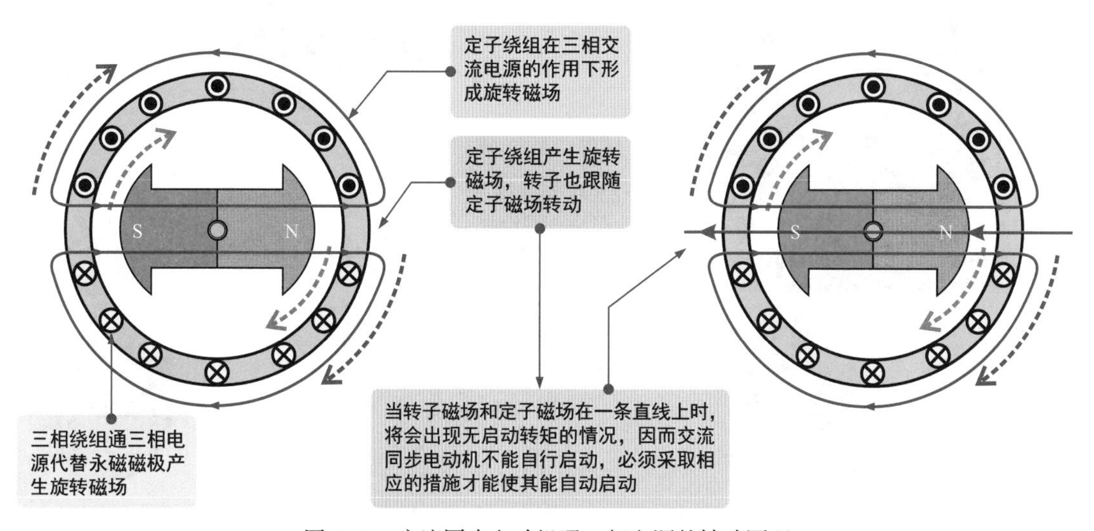
定子绕组在三相交流电源的作用下形成旋转磁场
定子绕组产生旋转磁场，转子也跟随定子磁场转动
S
N
S
N
三相绕组通三相电源代替永磁磁极产生旋转磁场
当转子磁场和定子磁场在一条直线上时，将会出现无启动转矩的情况，因而交流同步电动机不能自行启动，必须采取相应的措施才能使其能自动启动

图 4-28　交流同步电动机通三相电源的转动原理

4.6 交流异步电动机

4.6.1 交流异步电动机的结构

交流异步电动机是指电动机的转动速度与供电电源的频率不同步，其转速始终低于同步转速的一类电动机。

根据供电方式不同，交流异步电动机主要分为单相交流异步电动机和三相交流异步电动机两种。

如图 4-29 所示，单相交流异步电动机是指采用单相电源（一根相线、一根零线构成的交流 220V 电源）进行供电的交流异步电动机。其主要由定子、转子、转轴、轴承、端盖等部分构成的。

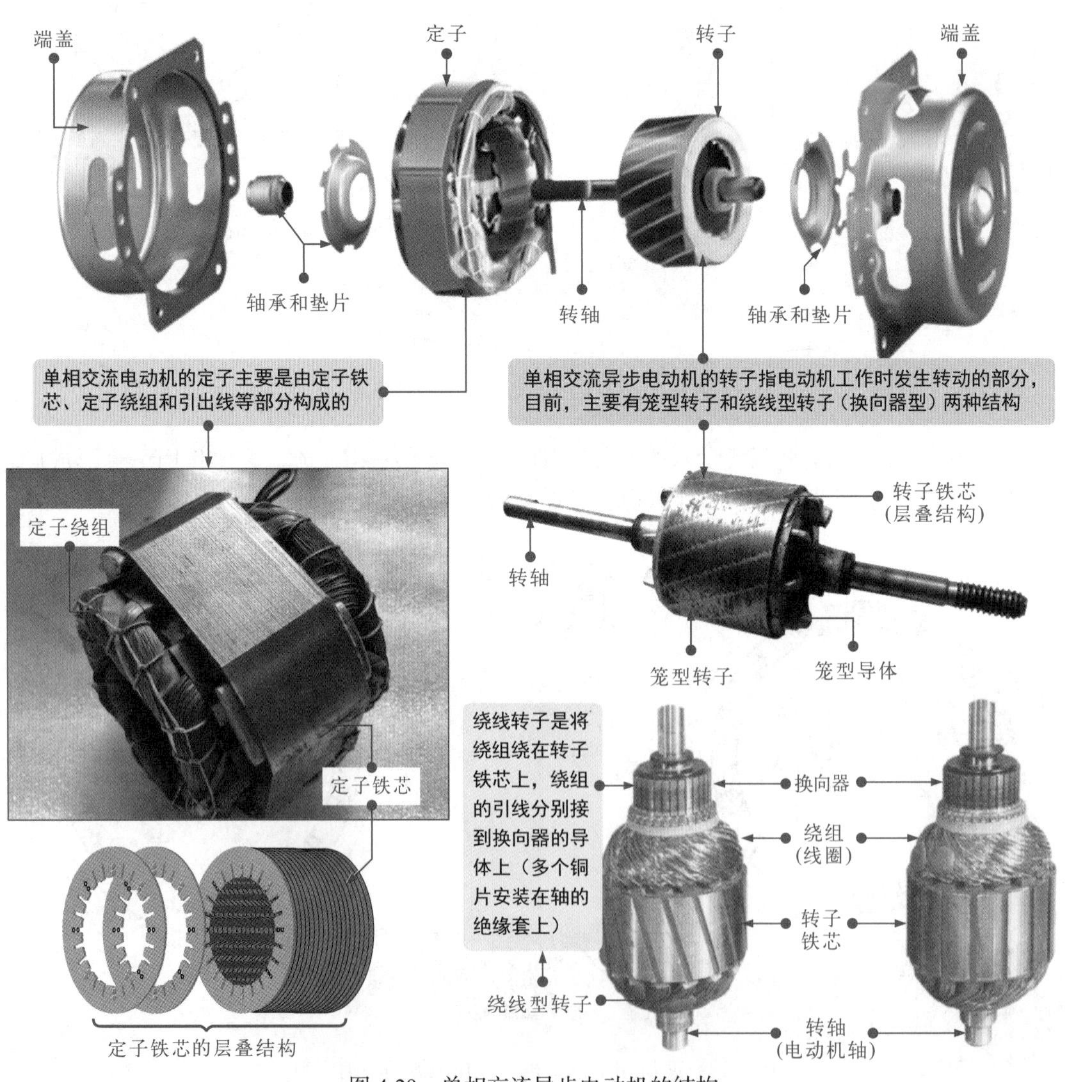
端盖
定子
转子
端盖
轴承和垫片
转轴
轴承和垫片
单相交流电动机的定子主要是由定子铁芯、定子绕组和引出线等部分构成的
单相交流异步电动机的转子指电动机工作时发生转动的部分，目前，主要有笼型转子和绕线型转子（换向器型）两种结构
定子绕组
定子铁芯
定子铁芯的层叠结构
转子铁芯
(层叠结构)
转轴
笼型转子
笼型导体
绕线转子是将绕组绕在转子铁芯上，绕组的引线分别接到换向器的导体上（多个铜片安装在轴的绝缘套上）
换向器
绕组
(线圈)
转子
铁芯
绕线型转子
转轴
(电动机轴)

图 4-29 单相交流异步电动机的结构

三相交流电动机是指具有三相绕组，并由三相交流电源供电的电动机。该电动机的转矩较大、效率较高，多用于大功率动力设备中。

如图 4-30 所示，三相交流异步电动机与单相交流异步电动机的结构相似，同样是由定子、转子、转轴、轴承、端盖、外壳等部分构成的。

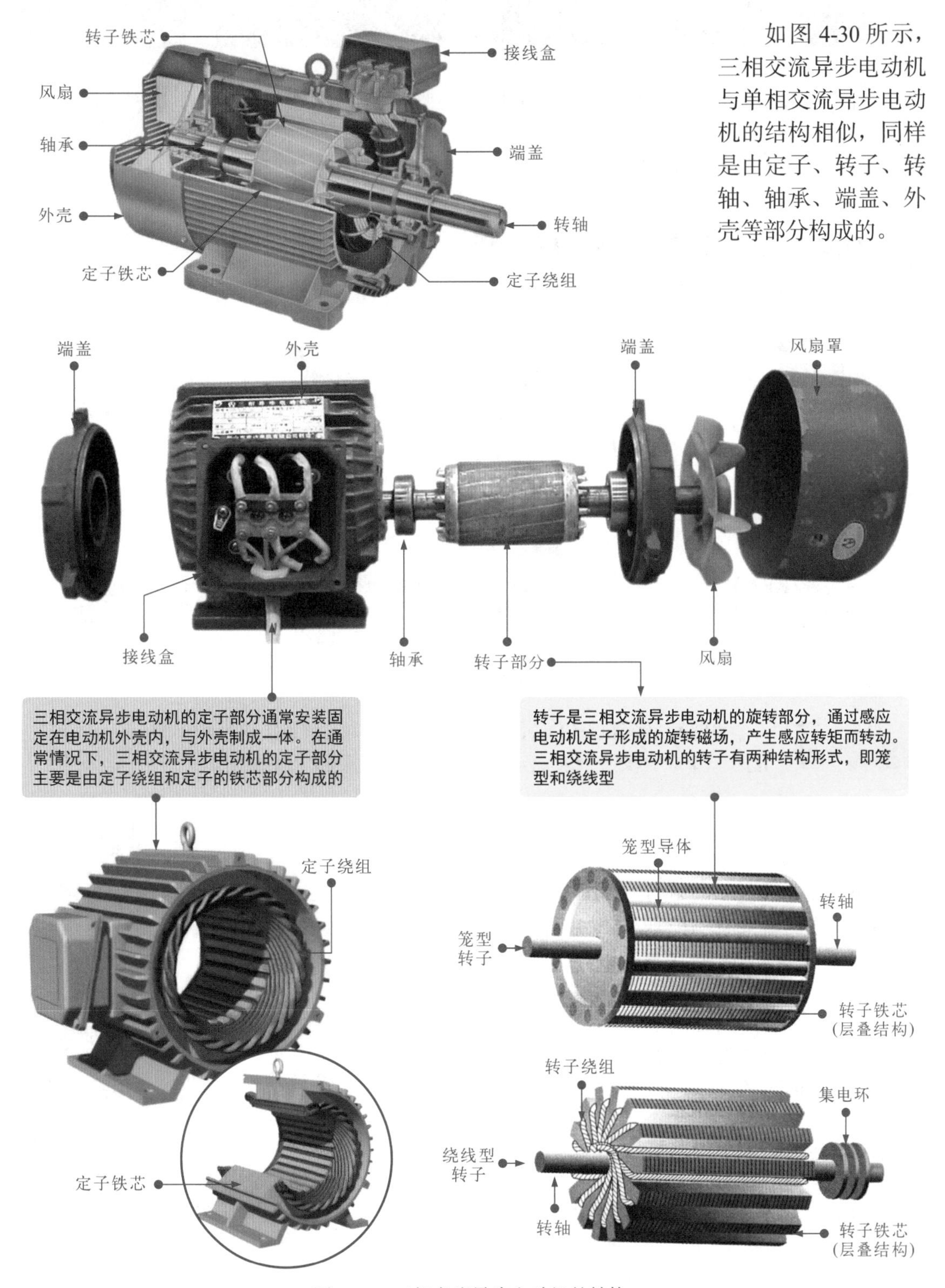

转子铁芯
风扇
轴承
外壳
定子铁芯
接线盒
端盖
转轴
定子绕组
端盖
外壳
端盖
风扇罩
接线盒
轴承
转子部分
风扇
三相交流异步电动机的定子部分通常安装固定在电动机外壳内，与外壳制成一体。在通常情况下，三相交流异步电动机的定子部分主要是由定子绕组和定子的铁芯部分构成的
转子是三相交流异步电动机的旋转部分，通过感应电动机定子形成的旋转磁场，产生感应转矩而转动。三相交流异步电动机的转子有两种结构形式，即笼型和绕线型
定子绕组
定子铁芯
笼型导体
转轴
笼型
转子
转子铁芯
(层叠结构)
转子绕组
集电环
绕线型
转子
转轴
转子铁芯
(层叠结构)

图 4-30　三相交流异步电动机的结构

4.6.2 交流异步电动机的原理

交流异步电动机是在交流供电的条件下，通过转子转动，最终实现将电能转换成机械能的电气设备。

下面我们分别了解单相交流异步电动机和三相交流异步电动机实现这一转换的基本过程。

1 单相交流异步电动机的工作原理

单相交流异步电动机在单相交流供电的条件下工作，工作原理如图 4-31 所示。

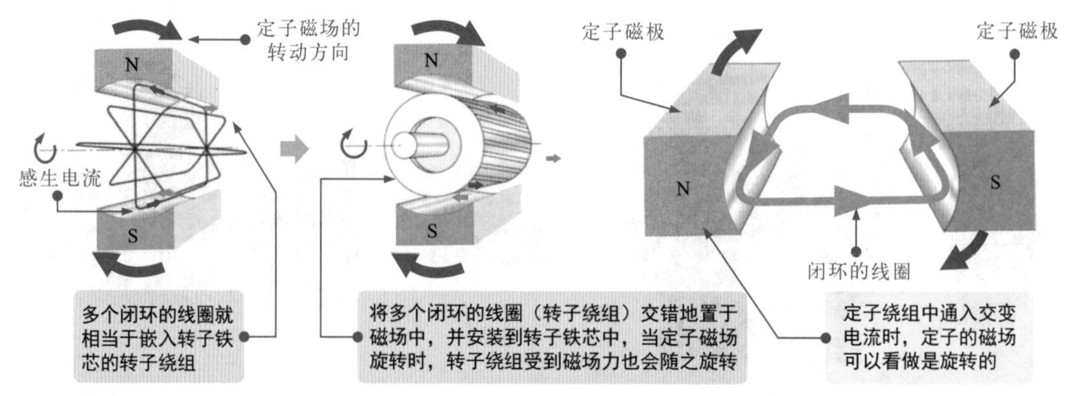
定子磁场的
转动方向
N
S
感生电流
多个闭环的线圈就相当于嵌入转子铁芯的转子绕组
将多个闭环的线圈（转子绕组）交错地置于磁场中，并安装到转子铁芯中，当定子磁场旋转时，转子绕组受到磁场力也会随之旋转
定子磁极
定子磁极
闭环的线圈
定子绕组中通入交变电流时，定子的磁场可以看做是旋转的

图 4-31 单相交流异步电动机的工作原理

提示说明

将闭环的线圈（绕组）置于磁场中，交变的电流加到定子绕组中，所形成的磁场是变化的，闭环的线圈受到磁场的作用会产生电流，从而产生转动力矩。

单相交流电是一种频率为 50Hz 的正弦交流电。如果电动机定子只有一个运行绕组，则当单相交流电加到电动机的定子绕组上时，定子绕组就会产生交变的磁场。该磁场的强弱和方向是随时间按正弦规律变化的，但在空间上是固定的。

如图 4-32 所示， 这个磁场可以分解为两个以相同转矩和旋转方向互为相反的旋转磁场。

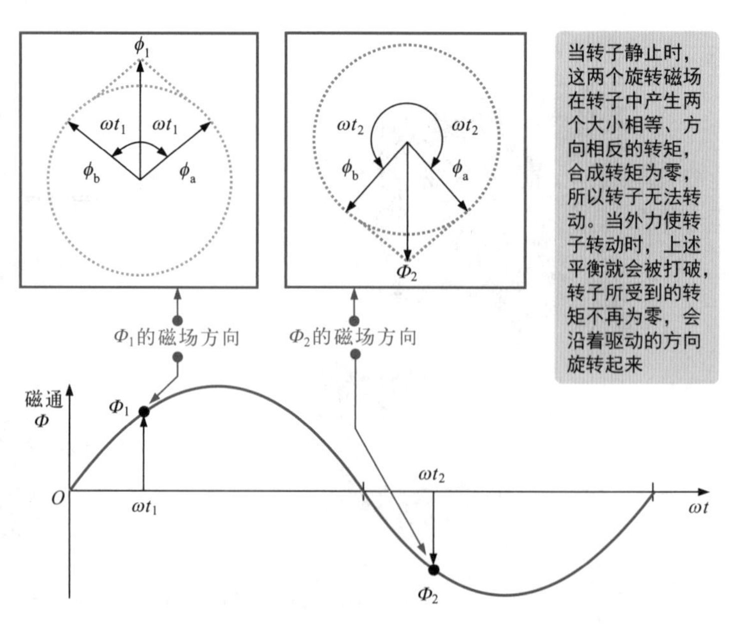
ϕ_1
ωt_1
ϕ_b
ϕ_a
ωt_2
Φ_2
Φ_1的磁场方向
Φ_2的磁场方向
磁通 Φ
Φ_1
O
ωt
当转子静止时，这两个旋转磁场在转子中产生两个大小相等、方向相反的转矩，合成转矩为零，所以转子无法转动。当外力使转子转动时，上述平衡就会被打破，转子所受到的转矩不再为零，会沿着驱动的方向旋转起来

图 4-32 单相交流异步电动机定子交变磁场的分解

如图 4-33 所示，要使单相交流异步电动机能自动启动，通常在电动机的定子上增加一个启动绕组，启动绕组与运行绕组在空间上相差 90°。外加电源经电容或电阻接到启动绕组上，启动绕组的电流与运行绕组相差 90°，这样在空间上相差 90° 的绕组，在外电源的作用下形成相差 90° 的电流，于是空间上就形成了两相旋转磁场。

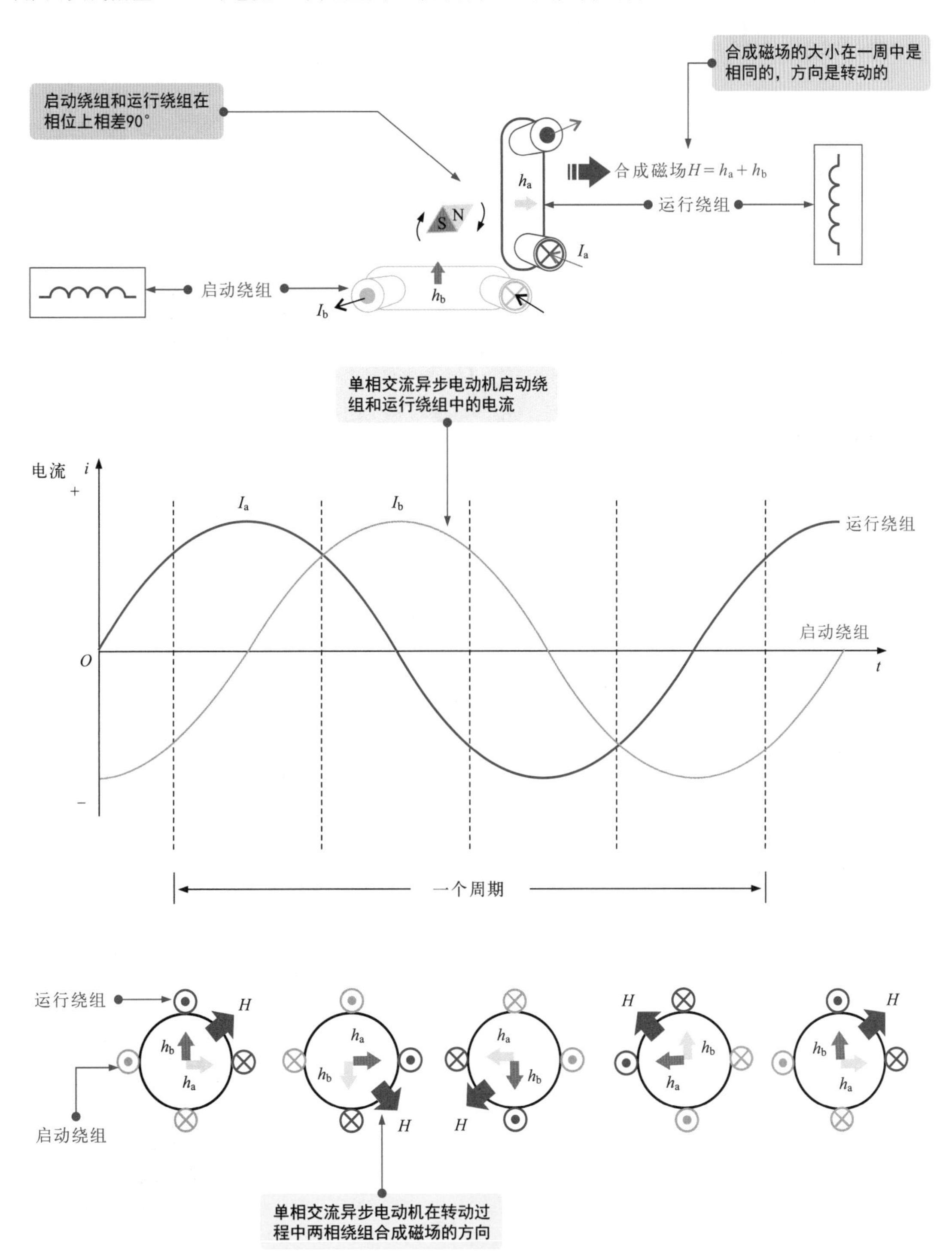
合成磁场的大小在一周中是相同的，方向是转动的
启动绕组和运行绕组在相位上相差90°
合成磁场$H=h_a+h_b$
h_a
I_a
S N
运行绕组
启动绕组
h_b
I_b
单相交流异步电动机启动绕组和运行绕组中的电流
电流 i
+
−
O
t
I_a
I_b
运行绕组
启动绕组
一个周期
运行绕组
启动绕组
H
单相交流异步电动机在转动过程中两相绕组合成磁场的方向

图 4-33 单相交流异步电动机自动启动的工作原理

单相交流异步电动机启动电路的形式有多种，常用的主要有电阻分相式启动，电容分相式启动，离心开关式启动，运行电容、启动电容、离心开关式启动和正、反转切换式启动等。

图 4-34 为采用不同启动方式的单相交流电动机的启动原理。

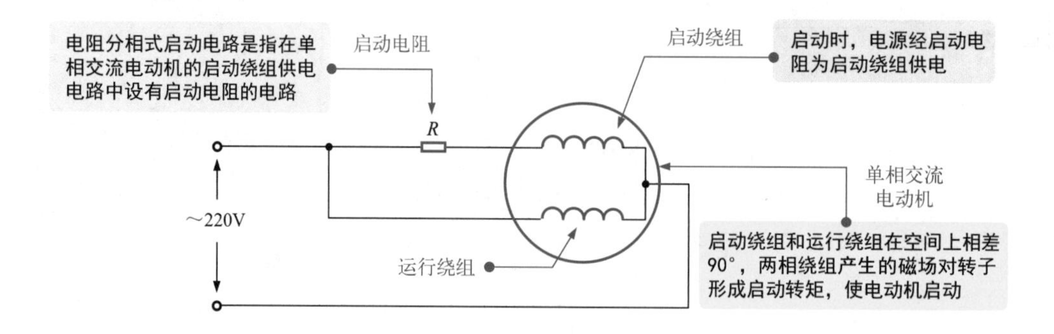
电阻分相式启动电路
电阻分相式启动电路是指在单相交流电动机的启动绕组供电电路中设有启动电阻的电路
启动电阻
R
启动绕组
启动时，电源经启动电阻为启动绕组供电
单相交流电动机
~220V
运行绕组
启动绕组和运行绕组在空间上相差90°，两相绕组产生的磁场对转子形成启动转矩，使电动机启动

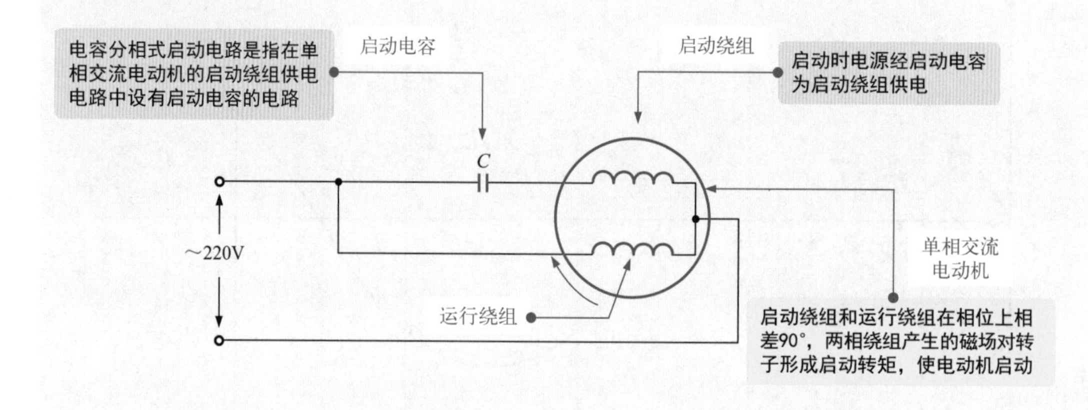
电容分相式启动电路
电容分相式启动电路是指在单相交流电动机的启动绕组供电电路中设有启动电容的电路
启动电容
C
启动绕组
启动时电源经启动电容为启动绕组供电
单相交流电动机
~220V
运行绕组
启动绕组和运行绕组在相位上相差90°，两相绕组产生的磁场对转子形成启动转矩，使电动机启动

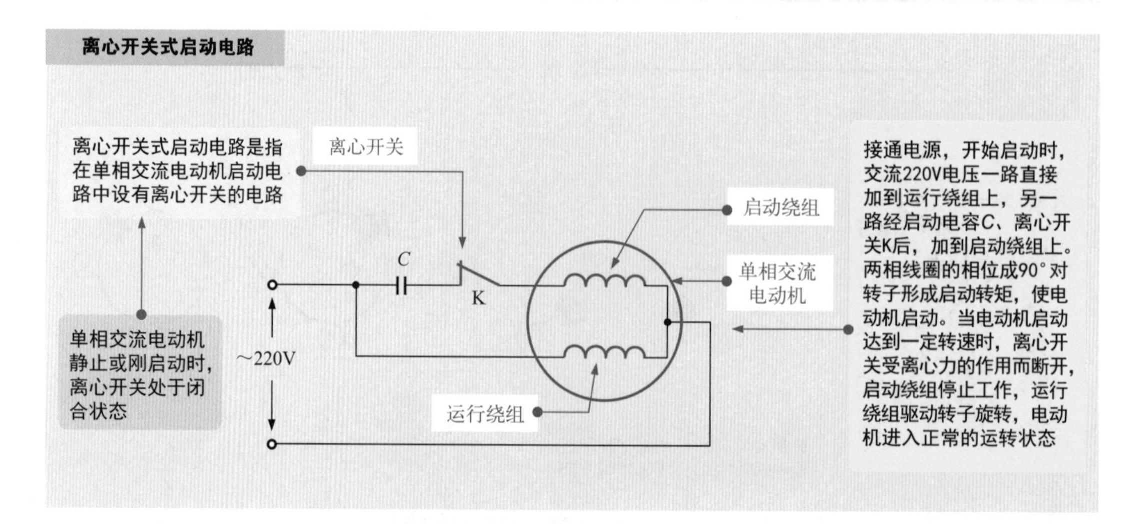
离心开关式启动电路
离心开关式启动电路是指在单相交流电动机启动电路中设有离心开关的电路
离心开关
C
K
启动绕组
单相交流电动机
~220V
运行绕组
单相交流电动机静止或刚启动时，离心开关处于闭合状态
接通电源，开始启动时，交流220V电压一路直接加到运行绕组上，另一路经启动电容C、离心开关K后，加到启动绕组上。两相线圈的相位成90°对转子形成启动转矩，使电动机启动。当电动机启动达到一定转速时，离心开关受离心力的作用而断开，启动绕组停止工作，运行绕组驱动转子旋转，电动机进入正常的运转状态

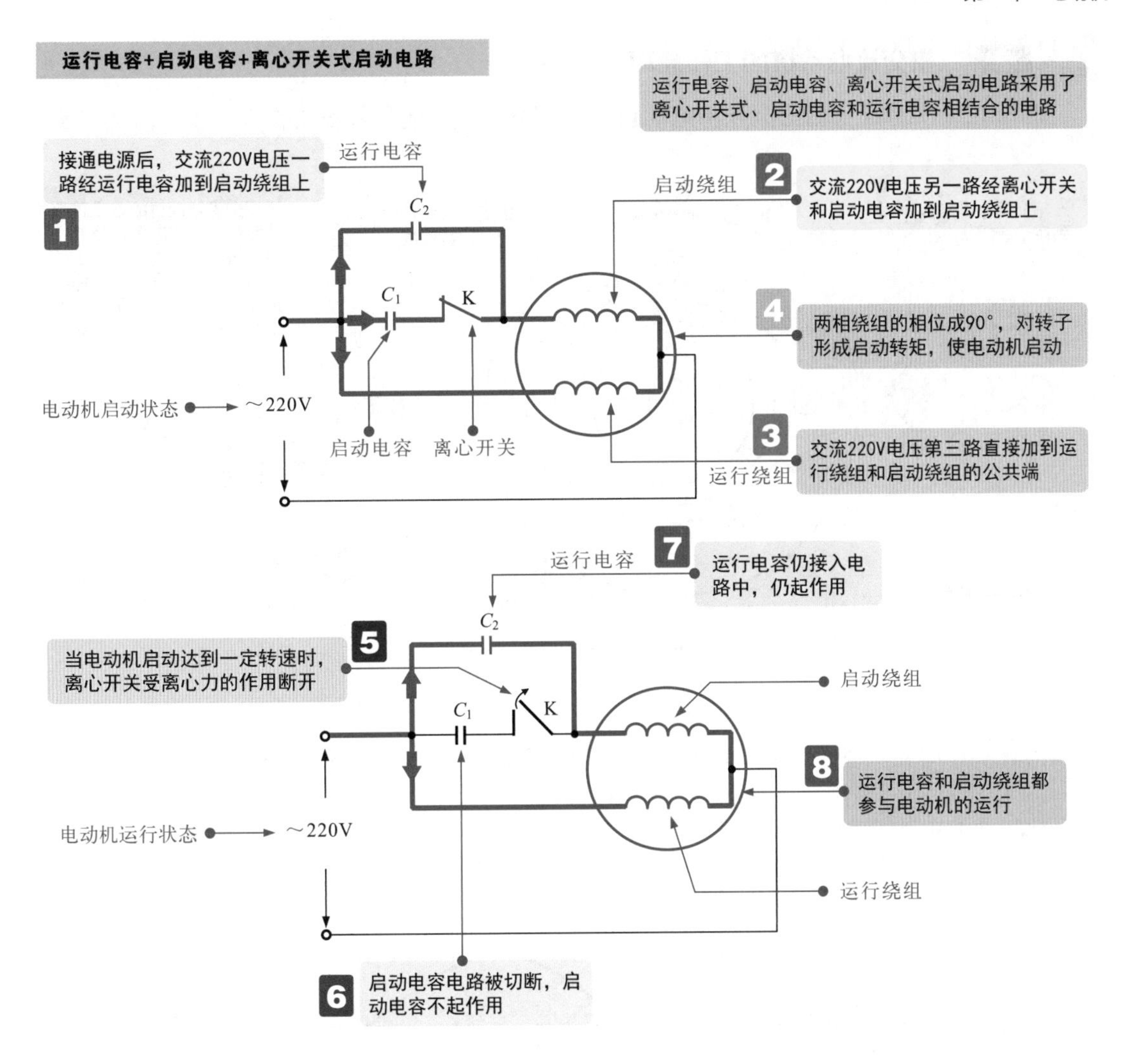
运行电容+启动电容+离心开关式启动电路
运行电容、启动电容、离心开关式启动电路采用了离心开关式、启动电容和运行电容相结合的电路
接通电源后，交流220V电压一路经运行电容加到启动绕组上
运行电容
1
C_2
启动绕组
2
交流220V电压另一路经离心开关和启动电容加到启动绕组上
C_1
K
4
两相绕组的相位成90°，对转子形成启动转矩，使电动机启动
电动机启动状态
～220V
启动电容
离心开关
3
交流220V电压第三路直接加到运行绕组和启动绕组的公共端
运行绕组
运行电容
7
运行电容仍接入电路中，仍起作用
C_2
5
当电动机启动达到一定转速时，离心开关受离心力的作用断开
启动绕组
C_1
K
8
运行电容和启动绕组都参与电动机的运行
电动机运行状态
～220V
运行绕组
6
启动电容电路被切断，启动电容不起作用

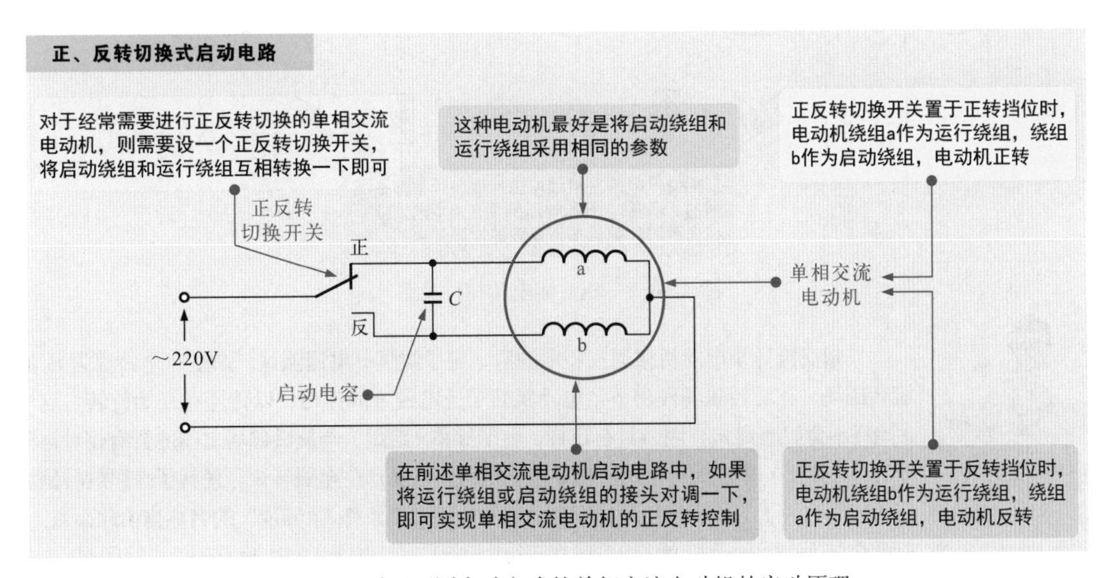
正、反转切换式启动电路
对于经常需要进行正反转切换的单相交流电动机，则需要设一个正反转切换开关，将启动绕组和运行绕组互相转换一下即可
这种电动机最好是将启动绕组和运行绕组采用相同的参数
正反转切换开关置于正转挡位时，电动机绕组a作为运行绕组，绕组b作为启动绕组，电动机正转
正反转
切换开关
正
a
C
单相交流
电动机
反
b
～220V
启动电容
在前述单相交流电动机启动电路中，如果将运行绕组或启动绕组的接头对调一下，即可实现单相交流电动机的正反转控制
正反转切换开关置于反转挡位时，电动机绕组b作为运行绕组，绕组a作为启动绕组，电动机反转

图 4-34　采用不同启动方式的单相交流电动机的启动原理

2 三相交流电动机的工作原理

如图 4-35 所示，三相交流异步电动机在三相交流供电的条件下工作。

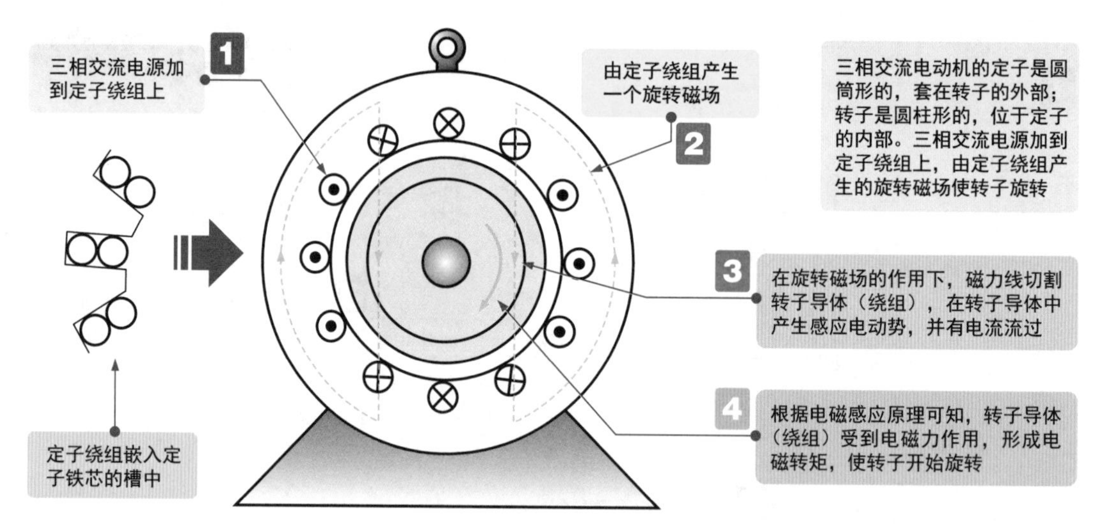
1
三相交流电源加到定子绕组上
2
由定子绕组产生一个旋转磁场
三相交流电动机的定子是圆筒形的，套在转子的外部；转子是圆柱形的，位于定子的内部。三相交流电源加到定子绕组上，由定子绕组产生的旋转磁场使转子旋转
3
在旋转磁场的作用下，磁力线切割转子导体（绕组），在转子导体中产生感应电动势，并有电流流过
4
根据电磁感应原理可知，转子导体（绕组）受到电磁力作用，形成电磁转矩，使转子开始旋转
定子绕组嵌入定子铁芯的槽中

图 4-35　三相交流电动机的转动原理

三相交流异步电动机需要三相交流电源为其提供工作条件，满足工作条件后，三相交流异步电动机的转子之所以会旋转、实现能量转换，是因为转子气隙内有一个沿定子内圆旋转的磁场。图 4-36 为三相交流电的相位关系。

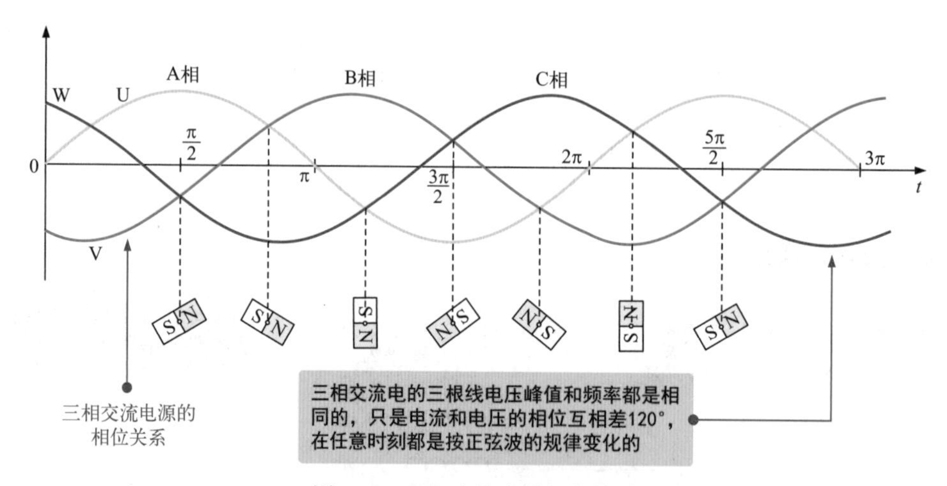
A相
B相
C相
W
U
V
0
t
S N
三相交流电源的相位关系
三相交流电的三根线电压峰值和频率都是相同的，只是电流和电压的相位互相差120°，在任意时刻都是按正弦波的规律变化的

图 4-36　三相交流电的相位关系

提示说明

三相交流异步电动机接通三相电源后，定子绕组有电流流过，产生一个转速为 n_0 的旋转磁场。在旋转磁场作用下，电动机转子受电磁力的作用，以转速 n 开始旋转。这里 n 始终不会加速到 n_0，因为只有这样，转子导体（绕组）与旋转磁场之间才会有相对运动而切割磁力线，转子导体（绕组）中才能产生感应电动势和电流，从而产生电磁转矩，使转子按照旋转磁场的方向连续旋转。定子磁场对转子的异步转矩是异步电动机工作的必要条件，“异步”的名称也由此而来。

图 4-37 为三相交流异步电动机旋转磁场的形成过程。三相交流电源变化一个周期，三相交流异步电动机的旋转磁场转过 1/2 转，每一相定子绕组分为两组，每组有两个绕组，相

当于两个定子磁极。

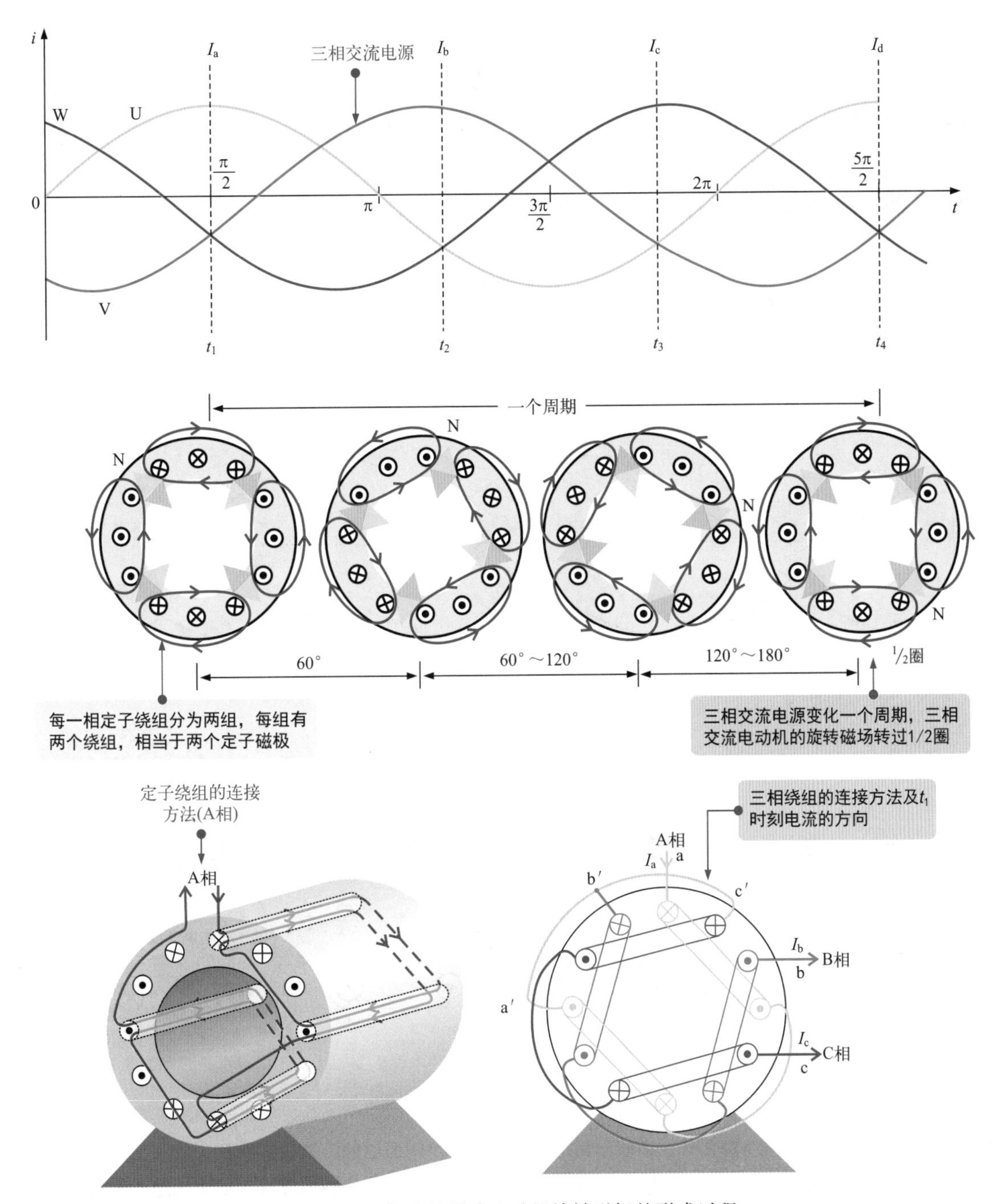
i
三相交流电源
I_a
I_b
I_c
I_d
W
U
V
0
$\frac{\pi}{2}$
π
$\frac{3\pi}{2}$
2π
$\frac{5\pi}{2}$
t
t_1
t_2
t_3
t_4
一个周期
N
60°
60°～120°
120°～180°
½圈
每一相定子绕组分为两组，每组有两个绕组，相当于两个定子磁极
三相交流电源变化一个周期，三相交流电动机的旋转磁场转过1/2圈
定子绕组的连接方法(A相)
A相
三相绕组的连接方法及t_1时刻电流的方向
A相
I_a
a
b′
c′
I_b
B相
b
a′
I_c
C相
c

图 4-37　三相交流异步电动机旋转磁场的形成过程

提示说明

三相交流异步电动机的定子绕组镶在定子铁芯的槽中，定子铁芯与外壳结合在一起，三相绕组在圆周上呈空间均匀分布，每一组绕组都是由多圈构成的，且都是由两组对称分布的绕组构成的。

如图 4-38 所示，三相交流异步电动机合成磁场是指三相绕组产生的旋转磁场的矢量和。当三相交流异步电动机三相绕组加入交流电源时，由于三相交流电源的相位差为 120°，绕组在空间上呈 120° 对称分布，因而可根据三相绕组的分布位置、接线方式、电流方向及时间判别合成磁场的方向。

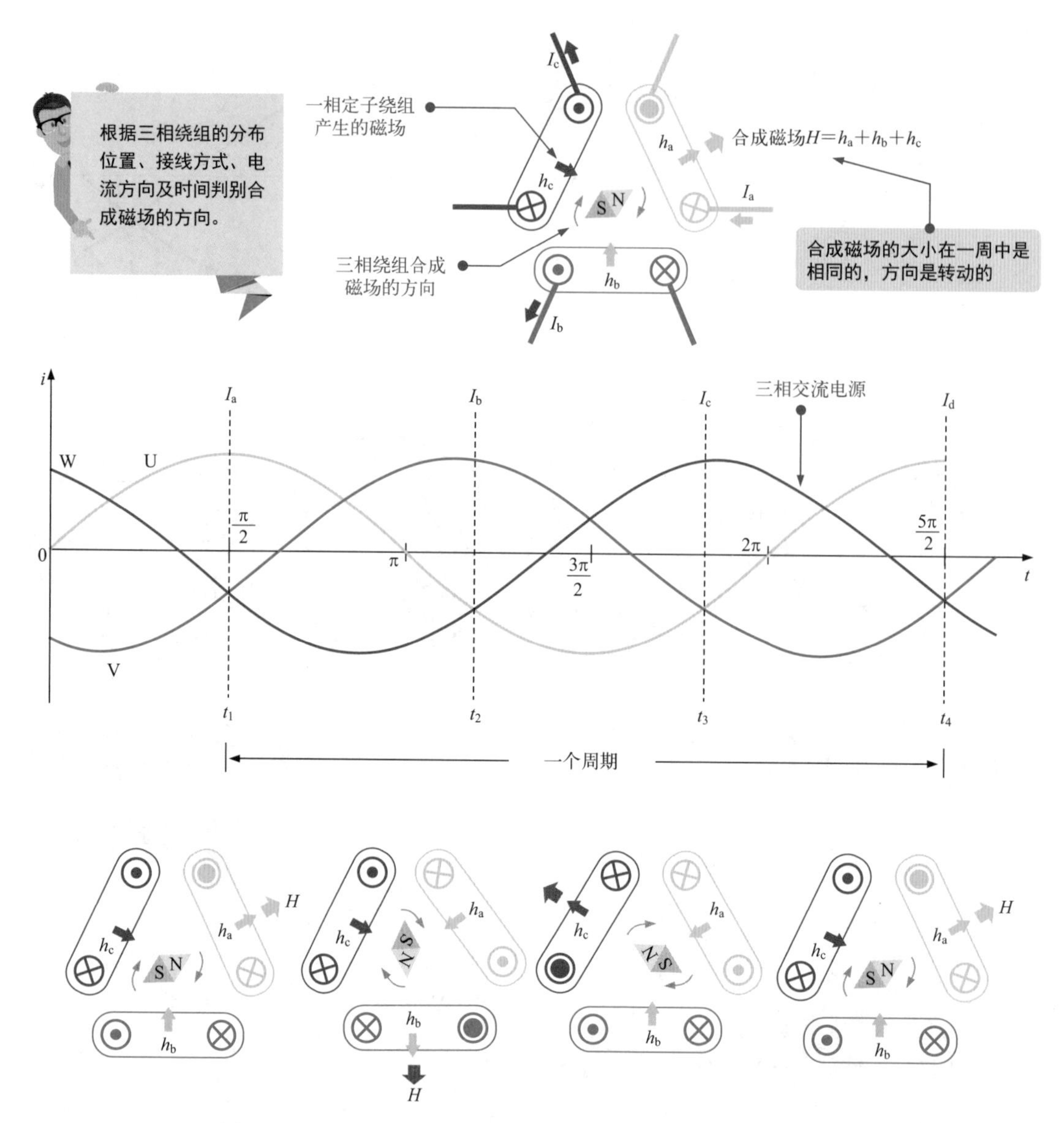

根据三相绕组的分布位置、接线方式、电流方向及时间判别合成磁场的方向。
一相定子绕组产生的磁场
三相绕组合成磁场的方向
合成磁场$H=h_a+h_b+h_c$
合成磁场的大小在一周中是相同的，方向是转动的
三相交流电源
一个周期

图 4-38 三相交流异步电动机合成磁场在不同时间段的变化过程

提示说明

在三相交流异步电动机中，由定子绕组所形成的旋转磁场作用于转子，使转子跟随磁场旋转，转子的转速滞后于磁场，因而转速低于磁场的转速。如果转速增加到旋转磁场的转速，则转子导体与旋转磁场间的相对运动消失，转子中的电磁转矩等于 0。转子的实际转速 n 总是小于旋转磁场的同步转速 n_0，它们之间有一个转速差，反映了转子导体切割磁感应线的快慢程度，常用的这个转速差 n_0-n 与旋转磁场同步转速 n_0 的比值来表示异步电动机的性能，称为转差率，通常用 s 表示，即 $s=(n_0-n)/n_0$。

第5章 导线的加工和连接

5.1 线缆的剥线加工

5.1.1 塑料硬导线的剥线加工

塑料硬导线的剥线加工通常使用钢丝钳、剥线钳、斜口钳或电工刀进行操作，不同的操作工具，具体的剥线方法也有所不同。

1 使用钢丝钳剥削塑料硬导线

如图 5-1 所示，使用钢丝钳剥削塑料硬导线的绝缘层是电工操作中常使用的一种简单快捷的操作方法，一般适用于剥削横截面积小于 4mm^2 的塑料硬导线。

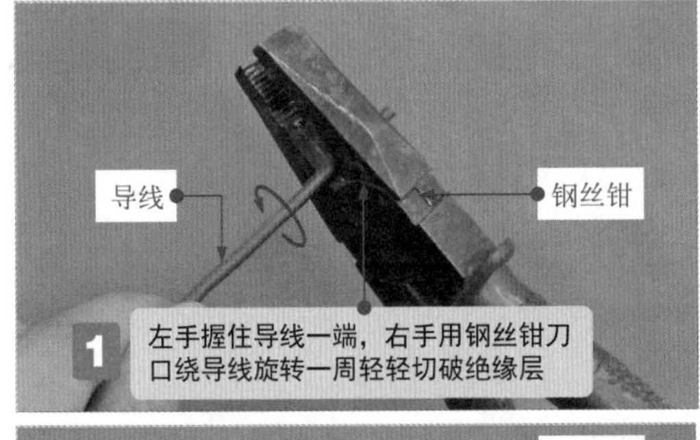
导线
钢丝钳
1
左手握住导线一端，右手用钢丝钳刀口绕导线旋转一周轻轻切破绝缘层

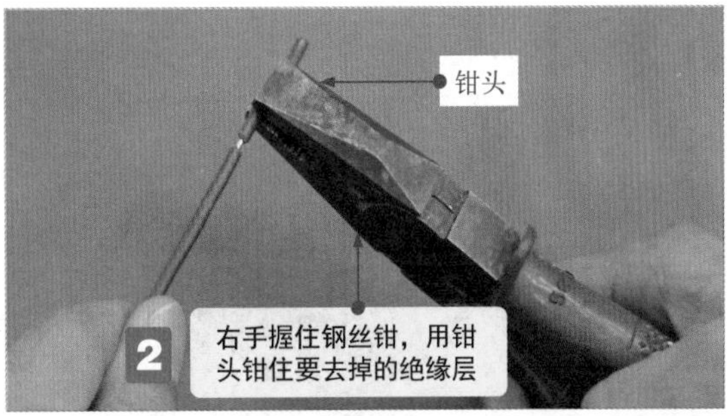
钳头
2
右手握住钢丝钳，用钳头钳住要去掉的绝缘层

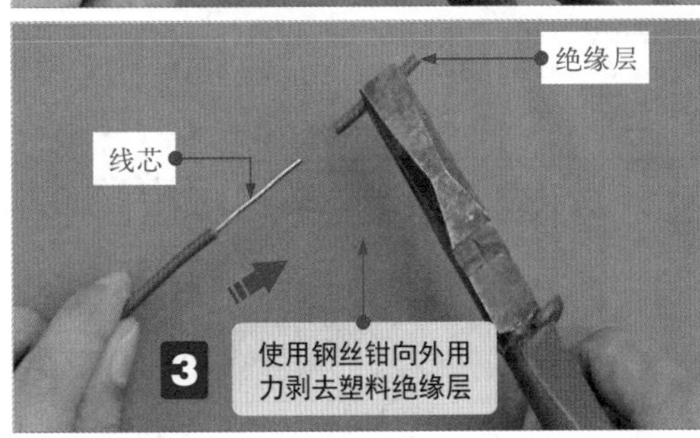
绝缘层
线芯
3
使用钢丝钳向外用力剥去塑料绝缘层

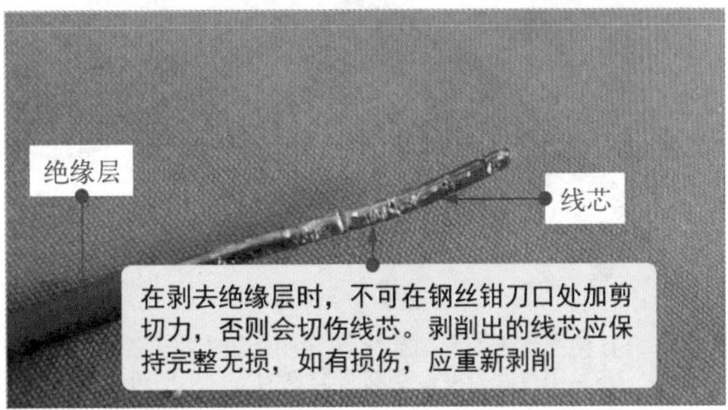
绝缘层
线芯
在剥去绝缘层时，不可在钢丝钳刀口处加剪切力，否则会切伤线芯。剥削出的线芯应保持完整无损，如有损伤，应重新剥削

图 5-1　使用钢丝钳剥削塑料硬导线

2 使用剥线钳剥削塑料硬导线

如图 5-2 所示，使用剥线钳剥削塑料硬导线的绝缘层也是电工操作中比较规范和简单的方法。一般适用于剥削横截面积大于 $4mm^2$ 的塑料硬导线绝缘层。

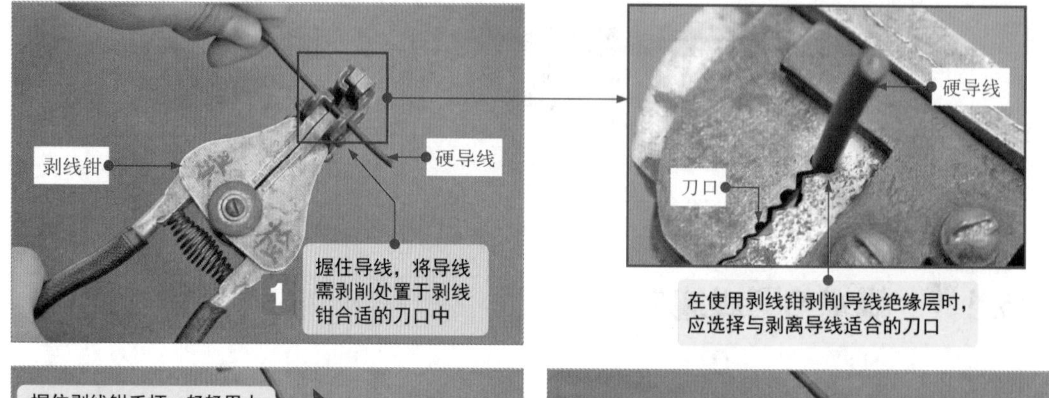

剥线钳
硬导线
握住导线，将导线需剥削处置于剥线钳合适的刀口中
1
硬导线
刀口
在使用剥线钳剥削导线绝缘层时，应选择与剥离导线适合的刀口

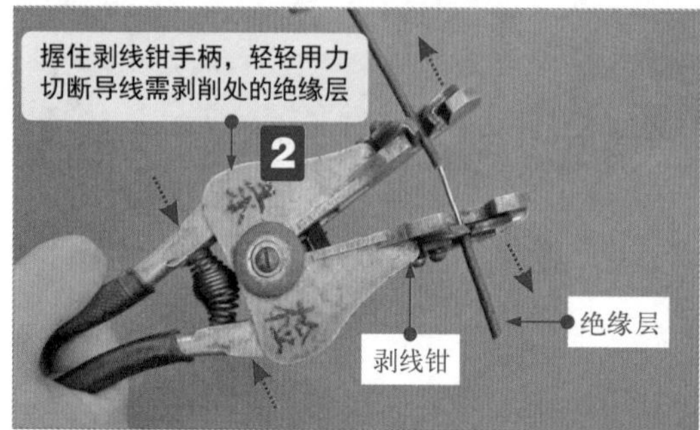

握住剥线钳手柄，轻轻用力切断导线需剥削处的绝缘层
2
绝缘层
剥线钳

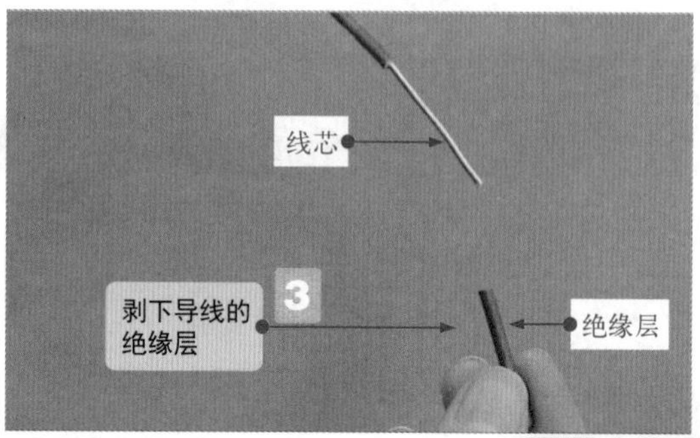

线芯
剥下导线的绝缘层
3
绝缘层

图 5-2　使用剥线钳剥削塑料硬导线的方法

3 使用电工刀剥削塑料硬导线

如图 5-3 所示，一般横截面积大于 $4mm^2$ 塑料硬导线的绝缘层还可以使用电工刀剥削。

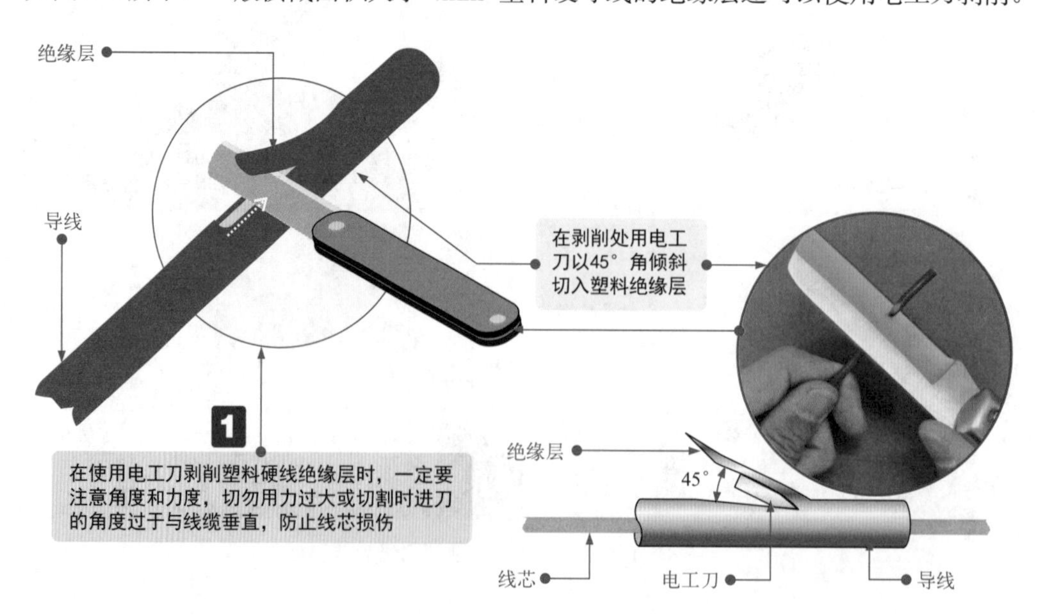

绝缘层
导线
在剥削处用电工刀以45°角倾斜切入塑料绝缘层
1
在使用电工刀剥削塑料硬线绝缘层时，一定要注意角度和力度，切勿用力过大或切割时进刀的角度过于与线缆垂直，防止线芯损伤
绝缘层
45°
线芯
电工刀
导线

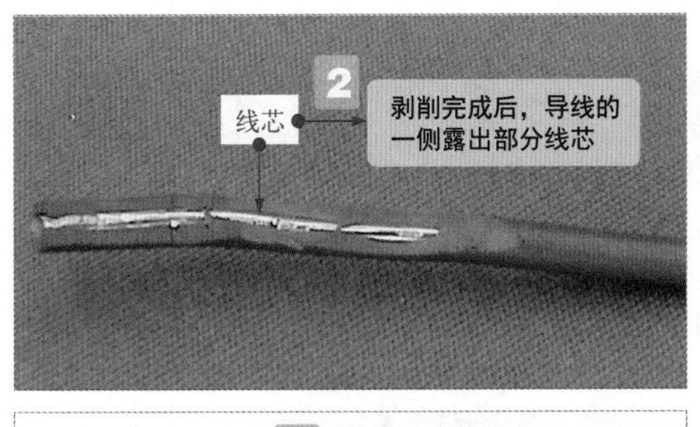
线芯
2
剥削完成后，导线的一侧露出部分线芯

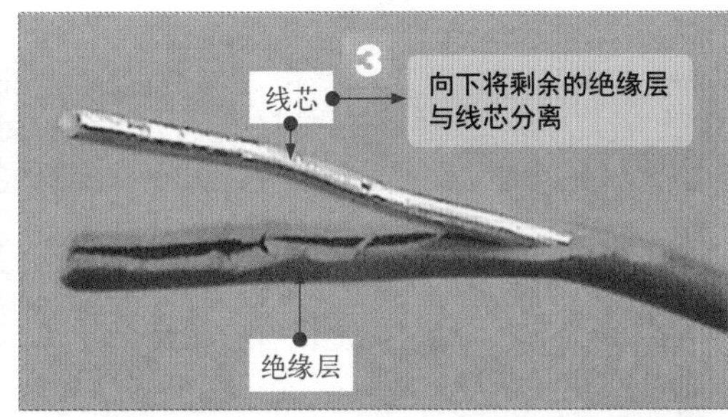
3
线芯
向下将剩余的绝缘层与线芯分离
绝缘层

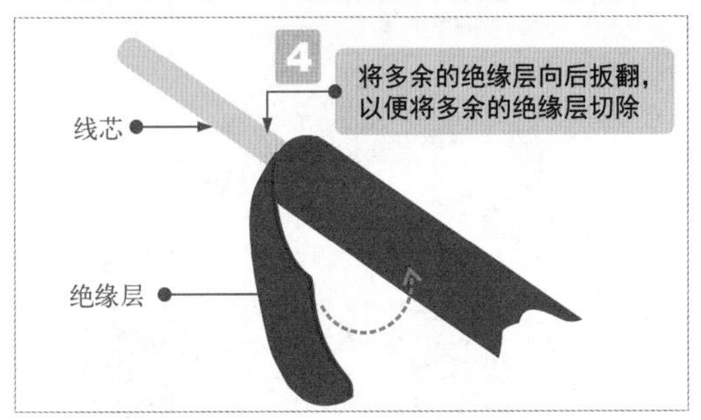
4
将多余的绝缘层向后扳翻，以便将多余的绝缘层切除
线芯
绝缘层

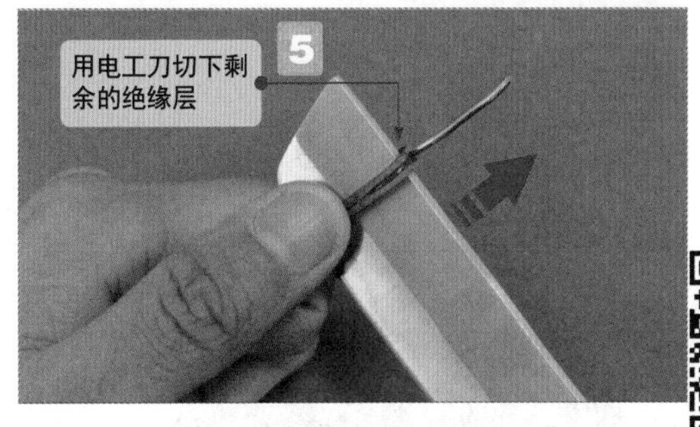
用电工刀切下剩余的绝缘层
5

图 5-3　使用电工刀剥削塑料硬导线绝缘层的方法

5.1.2　塑料软导线的剥线加工

如图 5-4 所示，塑料软导线也是电工常用的一种电气线材。塑料软导线的绝缘层通常采用剥线钳剥削。

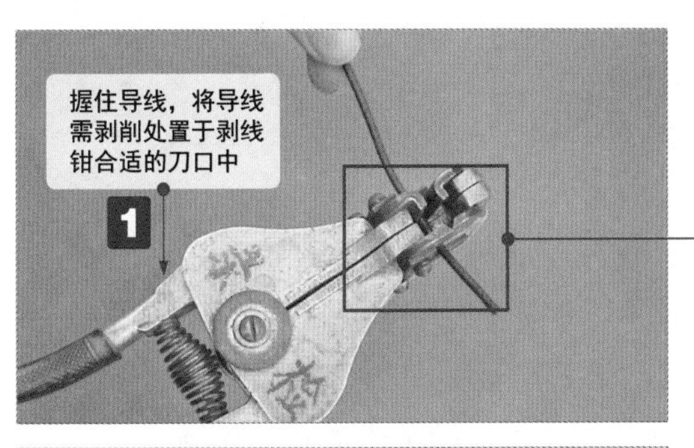
握住导线，将导线需剥削处置于剥线钳合适的刀口中
1

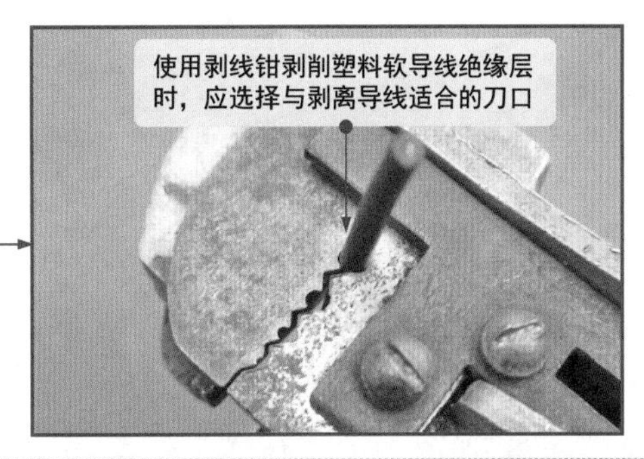
使用剥线钳剥削塑料软导线绝缘层时，应选择与剥离导线适合的刀口

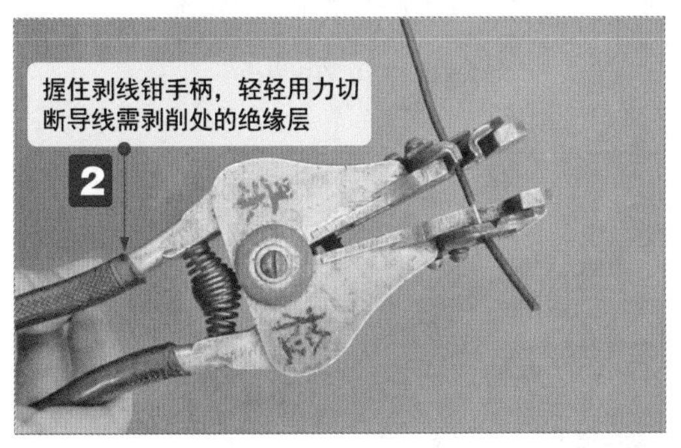
握住剥线钳手柄，轻轻用力切断导线需剥削处的绝缘层
2

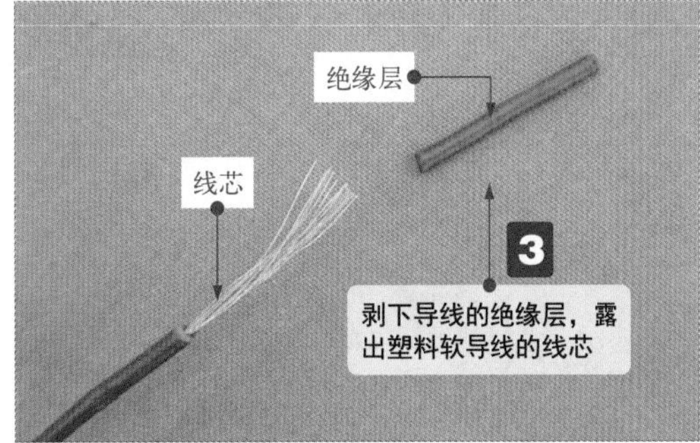
绝缘层
线芯
3
剥下导线的绝缘层，露出塑料软导线的线芯

图 5-4　塑料软导线绝缘层的剥削方法

5.1.3 塑料护套线的剥线加工

如图 5-5 所示，塑料护套线缆是将两根带有绝缘层的导线用护套层包裹在一起，剥削时要先剥削护套层，再分别剥削里面两根导线的绝缘层。塑料护套层通常采用电工刀进行剥削。

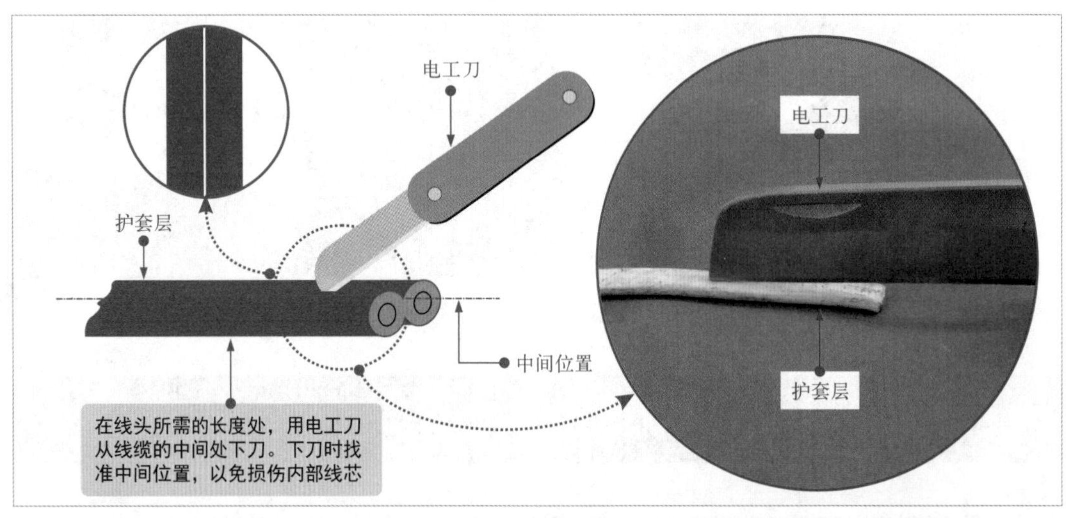
电工刀
护套层
中间位置
在线头所需的长度处，用电工刀从线缆的中间处下刀。下刀时找准中间位置，以免损伤内部线芯
电工刀
护套层

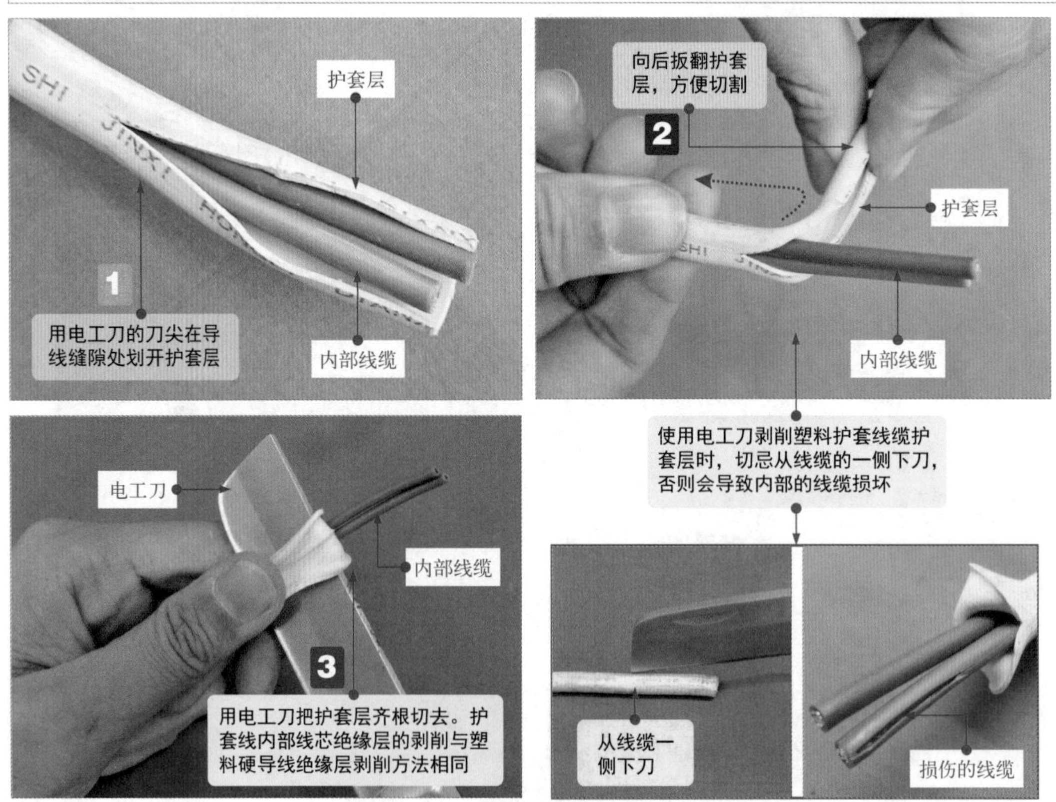
护套层
1
用电工刀的刀尖在导线缝隙处划开护套层
内部线缆
向后扳翻护套层，方便切割
2
护套层
内部线缆
电工刀
内部线缆
3
用电工刀把护套层齐根切去。护套线内部线芯绝缘层的剥削与塑料硬导线绝缘层剥削方法相同
使用电工刀剥削塑料护套线缆护套层时，切忌从线缆的一侧下刀，否则会导致内部的线缆损坏
从线缆一侧下刀
损伤的线缆

图 5-5 塑料护套线护套层的剥削方法

5.1.4　漆包线的剥线加工

如图 5-6 所示，漆包线的绝缘层是将绝缘漆喷涂在线缆上。加工漆包线时，应根据线缆的直径选择合适的加工工具。

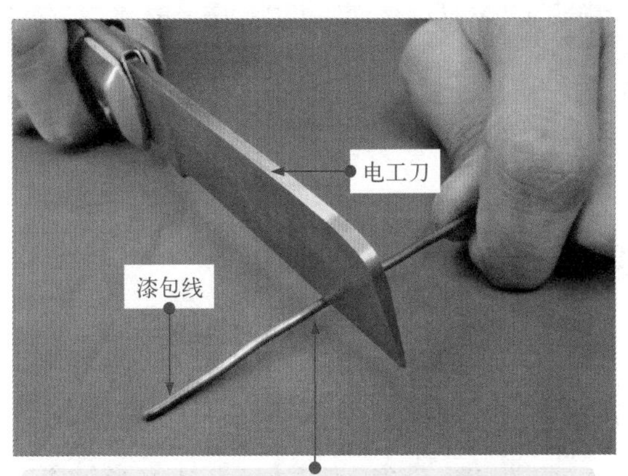
电工刀
漆包线

直径在0.6mm以上的漆包线可以使用电工刀去除绝缘漆。用电工刀轻轻刮去漆包线上的绝缘漆，直至漆层剥落干净

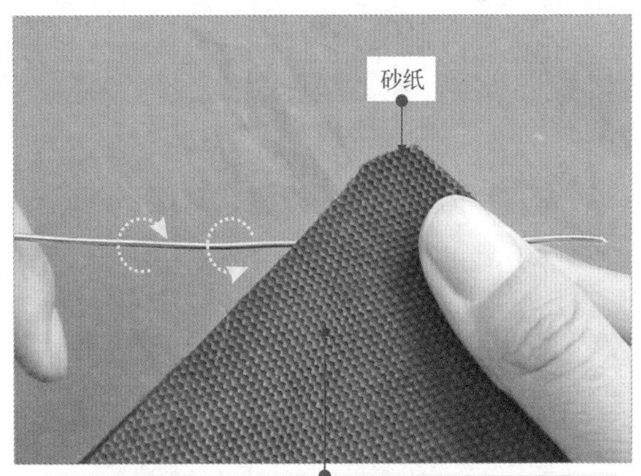
砂纸

直径在0.15～0.6mm的漆包线通常使用细砂纸或布去除绝缘漆。用细砂纸夹住漆包线，旋转线头，去除绝缘漆

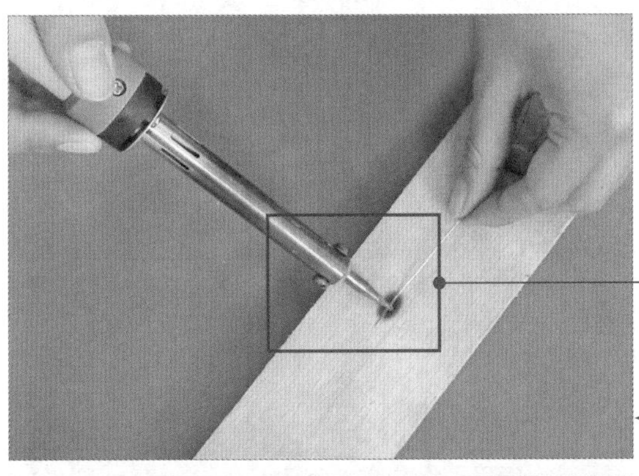

将电烙铁加热并沾锡后在线头上来回摩擦几次去除绝缘漆，同时线头上会有一层焊锡，便于后面的连接操作

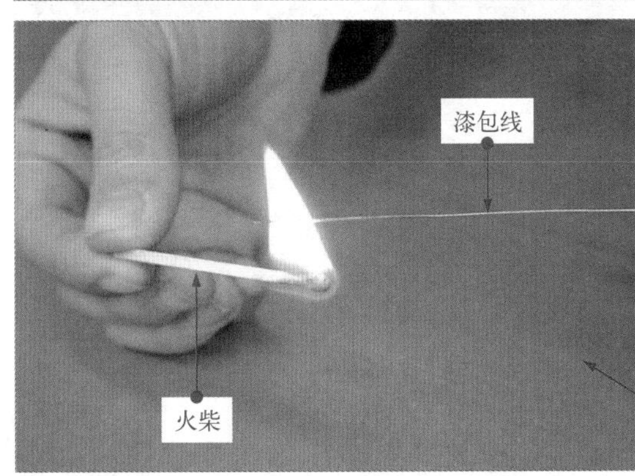
漆包线
火柴

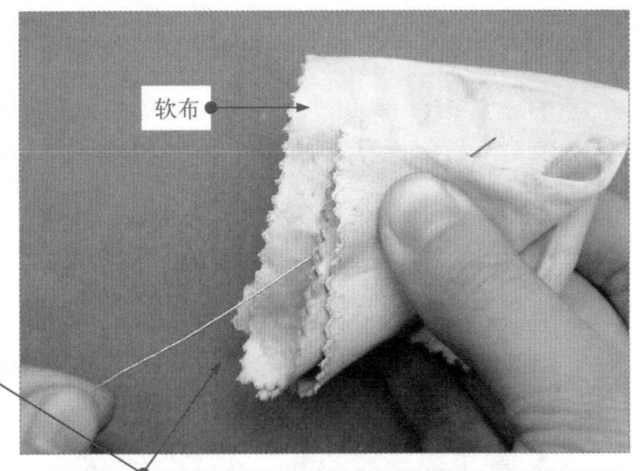
软布

该方法通常是应用于直径在0.15mm以下的漆包线，这类线缆线芯较细，使用刀片或砂纸容易将线芯折断或损伤

在没有电烙铁的情况下，可用火剥落绝缘层。用微火将漆包线线头加热，漆层加热软化后，用软布擦拭即可

图 5-6　漆包线的剥线加工方法

5.2 线缆的连接

在去除了导线线头的绝缘层后，就可进行线缆的连接操作了。下面安排了 4 个连接操作环节，分别是线缆的缠绕连接、线缆的绞接连接、线缆的扭绞连接、线缆的绕接连接。

5.2.1 线缆的缠接

1 单股导线的缠绕式对接

如图 5-7 所示，当连接两根较粗的单股导线时，通常选择缠绕式对接方法。

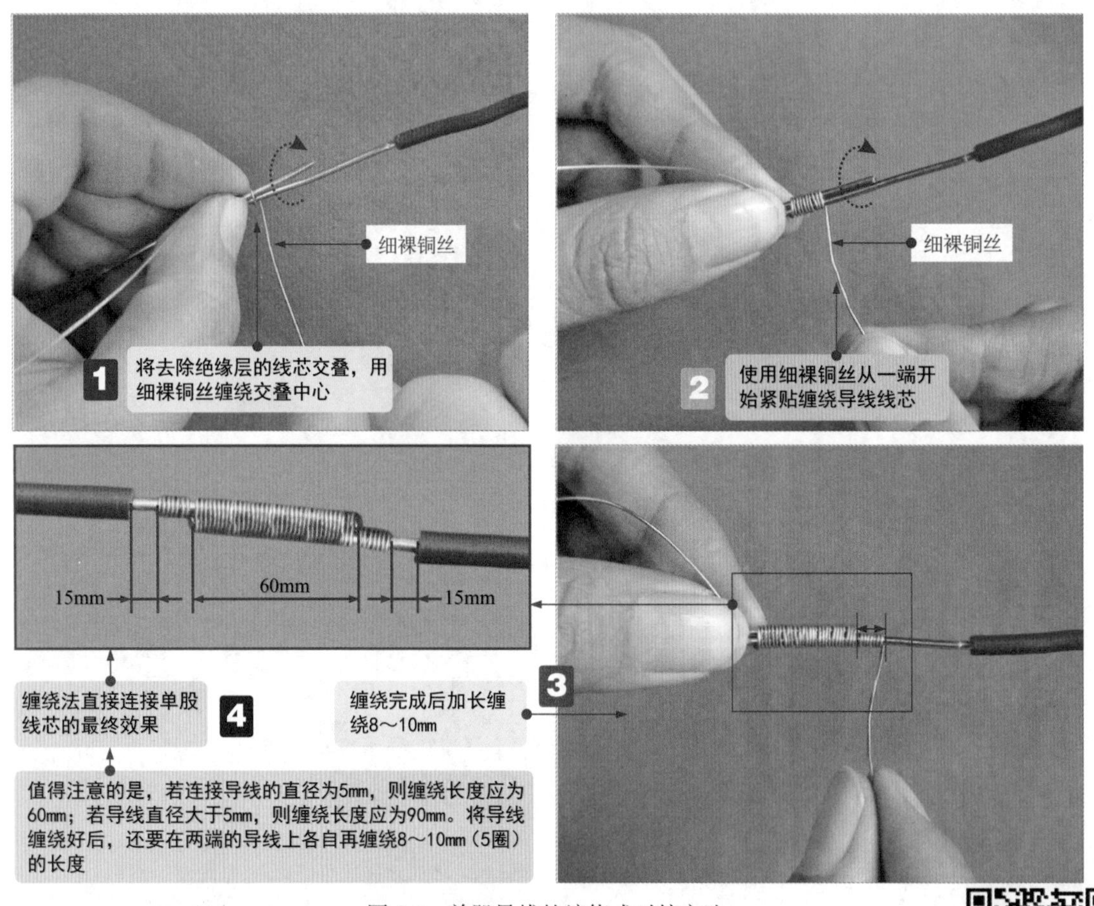
细裸铜丝
1 将去除绝缘层的线芯交叠，用细裸铜丝缠绕交叠中心
细裸铜丝
2 使用细裸铜丝从一端开始紧贴缠绕导线线芯
15mm
60mm
15mm
缠绕法直接连接单股线芯的最终效果
4
缠绕完成后加长缠绕8～10mm
3
值得注意的是，若连接导线的直径为5mm，则缠绕长度应为60mm；若导线直径大于5mm，则缠绕长度应为90mm。将导线缠绕好后，还要在两端的导线上各自再缠绕8～10mm（5圈）的长度

图 5-7 单股导线的缠绕式对接方法

2 单股导线的缠绕式 T 形连接

如图 5-8 所示，当连接一根支路和一根主路单股导线时，通常采用缠绕式 T 形连接。

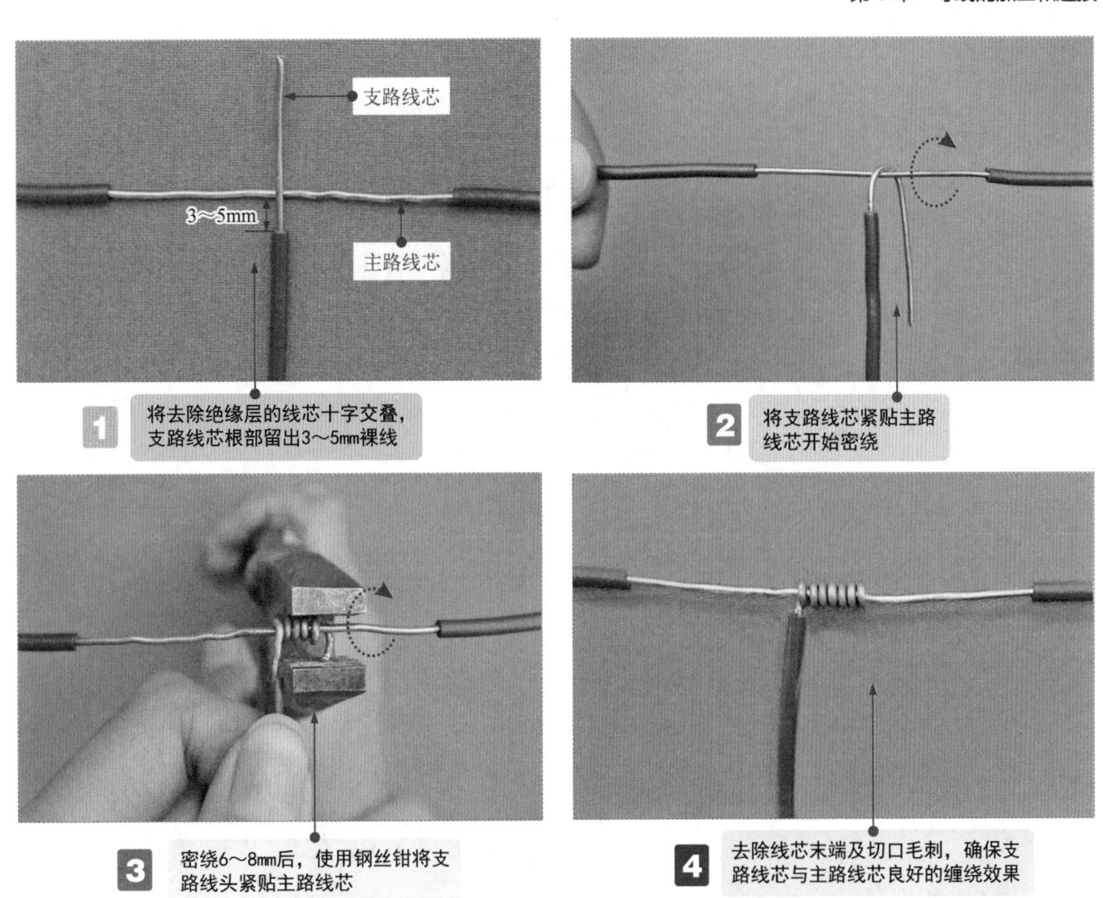
支路线芯
3～5mm
主路线芯
1
将去除绝缘层的线芯十字交叠，
支路线芯根部留出3～5mm裸线
2
将支路线芯紧贴主路
线芯开始密绕
3
密绕6～8mm后，使用钢丝钳将支
路线头紧贴主路线芯
4
去除线芯末端及切口毛刺，确保支
路线芯与主路线芯良好的缠绕效果

图 5-8　单股导线的缠绕式对接方法

提示说明

如图 5-9 所示，对于横截面积较小的单股导线，可以将支路线芯在干线线芯上环绕扣结，然后沿干线线芯顺时针贴绕。

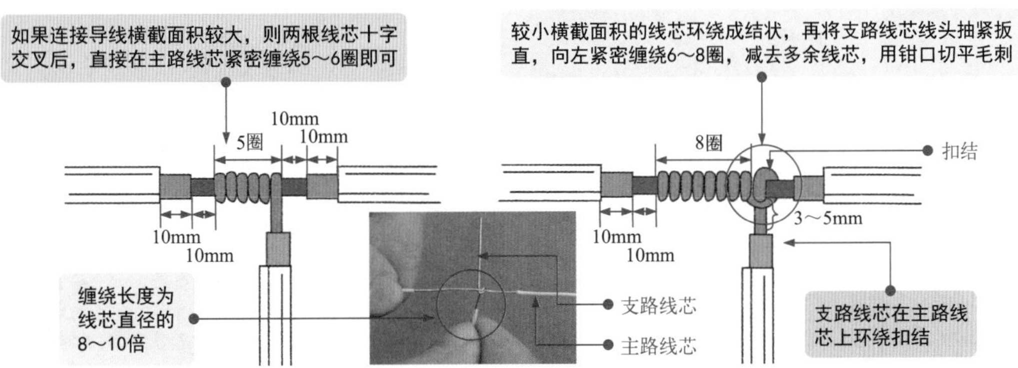
如果连接导线横截面积较大，则两根线芯十字
交叉后，直接在主路线芯紧密缠绕5～6圈即可
10mm
5圈
10mm
10mm
10mm
缠绕长度为
线芯直径的
8～10倍
较小横截面积的线芯环绕成结状，再将支路线芯线头抽紧扳
直，向左紧密缠绕6～8圈，减去多余线芯，用钳口切平毛刺
8圈
扣结
3～5mm
10mm
10mm
支路线芯
主路线芯
支路线芯在主路线
芯上环绕扣结

图 5-9　横截面积较小的单股导线缠绕式 T 形连接

3 多股导线的缠绕式对接

如图 5-10 所示，连接两根多股塑料软导线可采用简单的缠绕式对接方法。

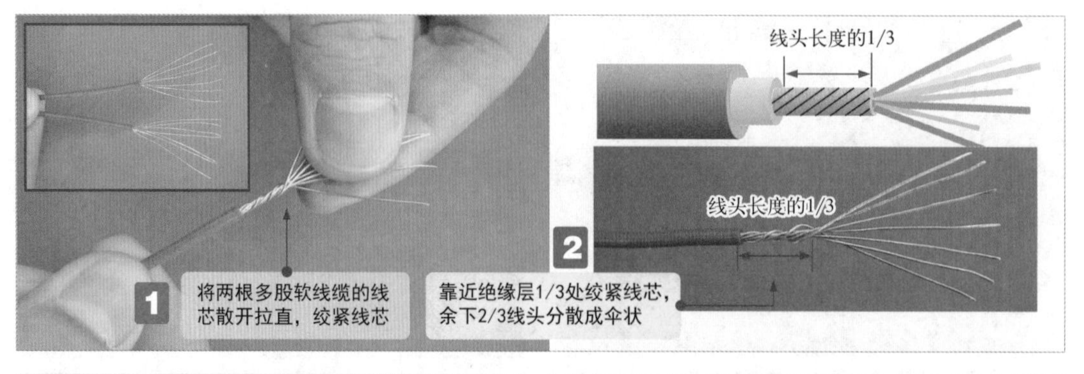
线头长度的1/3
线头长度的1/3
2
靠近绝缘层1/3处绞紧线芯，余下2/3线头分散成伞状

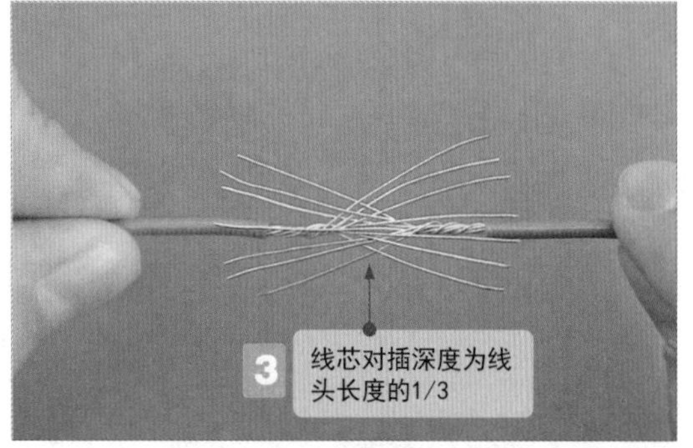
1
将两根多股软线缆的线芯散开拉直，绞紧线芯

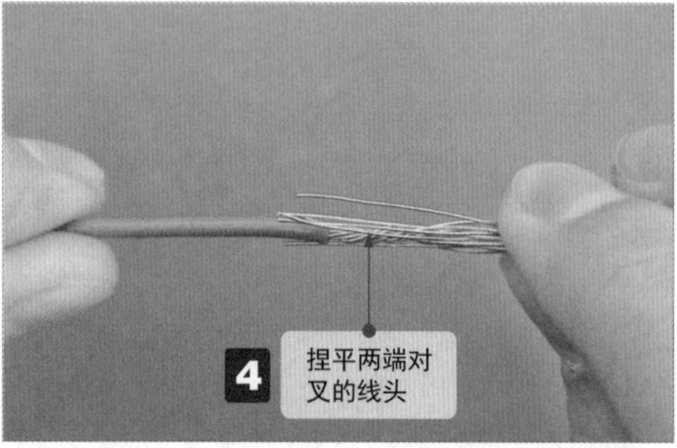

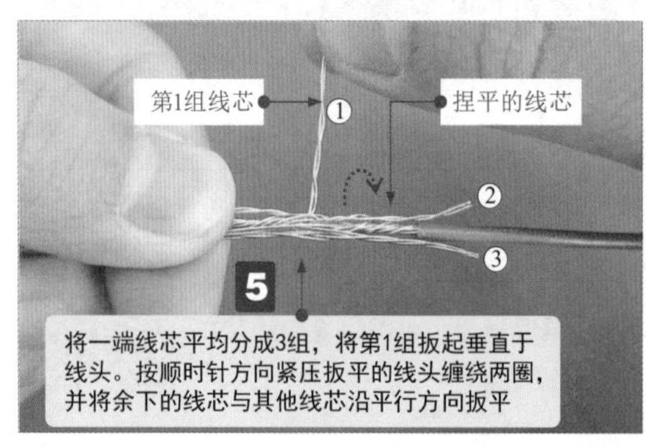
3
线芯对插深度为线头长度的1/3

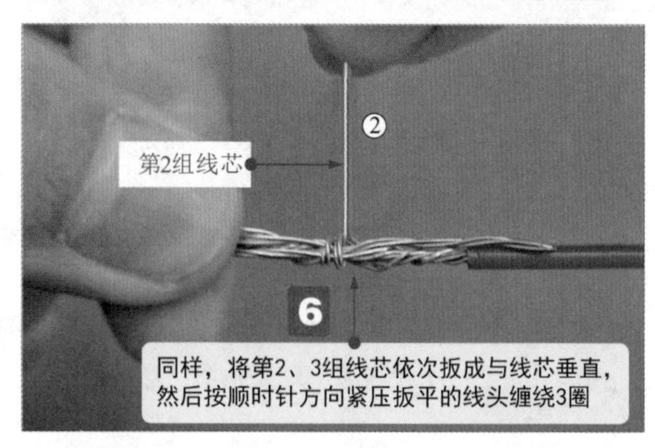
4
捏平两端对叉的线头

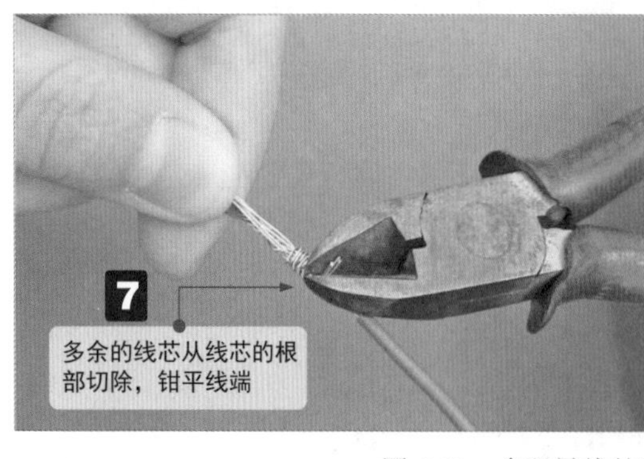
第1组线芯
捏平的线芯
①
②
③
5
将一端线芯平均分成3组，将第1组扳起垂直于线头。按顺时针方向紧压扳平的线头缠绕两圈，并将余下的线芯与其他线芯沿平行方向扳平

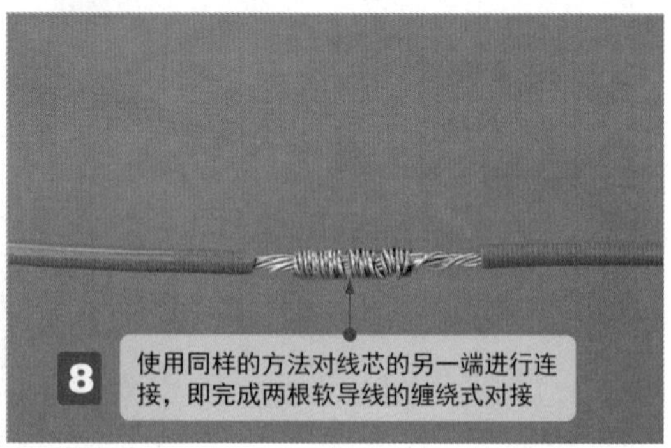
②
第2组线芯
6
同样，将第2、3组线芯依次扳成与线芯垂直，然后按顺时针方向紧压扳平的线头缠绕3圈

7
多余的线芯从线芯的根部切除，钳平线端

8
使用同样的方法对线芯的另一端进行连接，即完成两根软导线的缠绕式对接

图 5-10　多股导线的缠绕式对接方法

4 多股导线的缠绕式 T 形连接

如图 5-11 所示，当连接一根支路多股导线与一根主路多股导线时，通常采用缠绕式 T 形连接的方式。

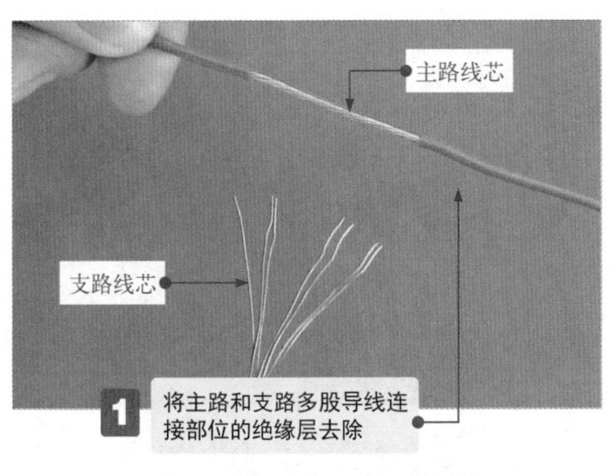
主路线芯
支路线芯
1
将主路和支路多股导线连接部位的绝缘层去除

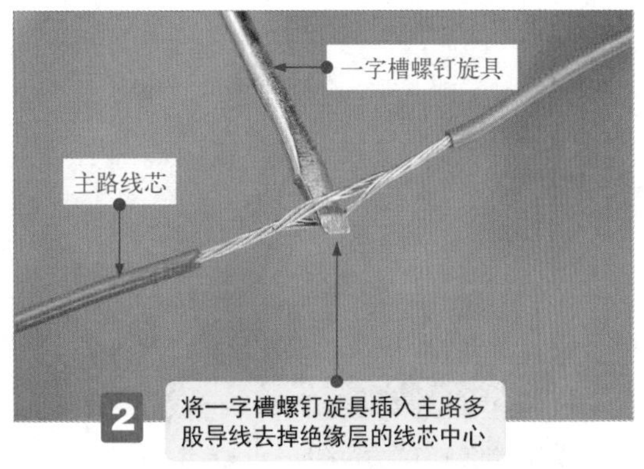
一字槽螺钉旋具
主路线芯
2
将一字槽螺钉旋具插入主路多股导线去掉绝缘层的线芯中心

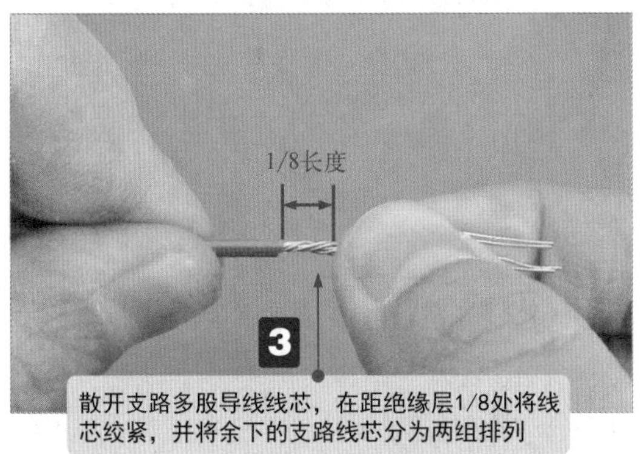
1/8长度
3
散开支路多股导线线芯，在距绝缘层1/8处将线芯绞紧，并将余下的支路线芯分为两组排列

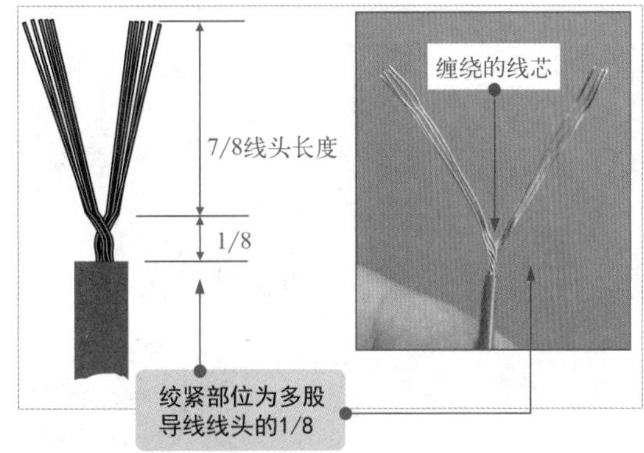
7/8线头长度
1/8
缠绕的线芯
绞紧部位为多股导线线头的1/8

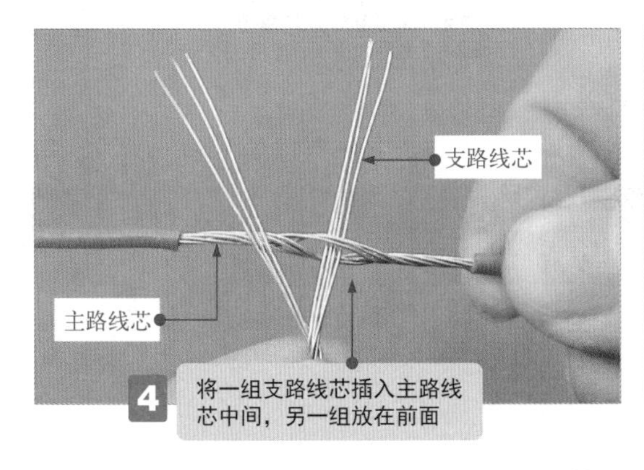
支路线芯
主路线芯
4
将一组支路线芯插入主路线芯中间，另一组放在前面

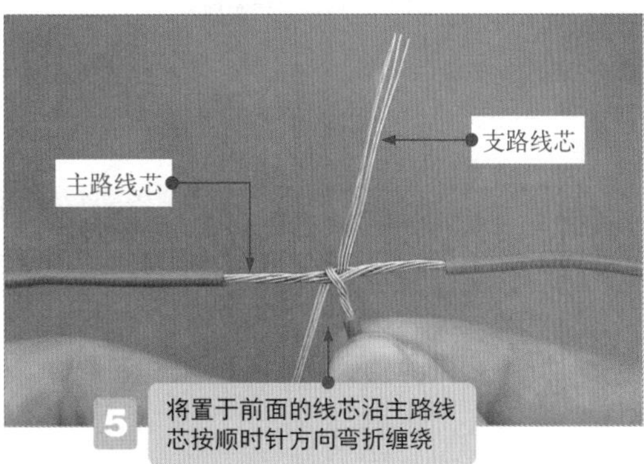
支路线芯
主路线芯
5
将置于前面的线芯沿主路线芯按顺时针方向弯折缠绕

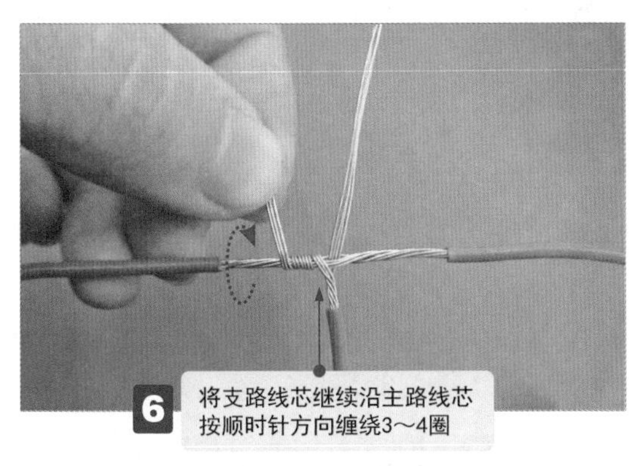
6
将支路线芯继续沿主路线芯按顺时针方向缠绕3～4圈

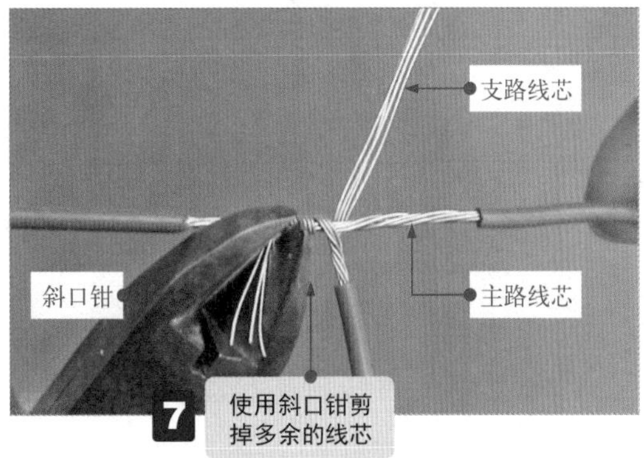
支路线芯
斜口钳
主路线芯
7
使用斜口钳剪掉多余的线芯

图 5-11

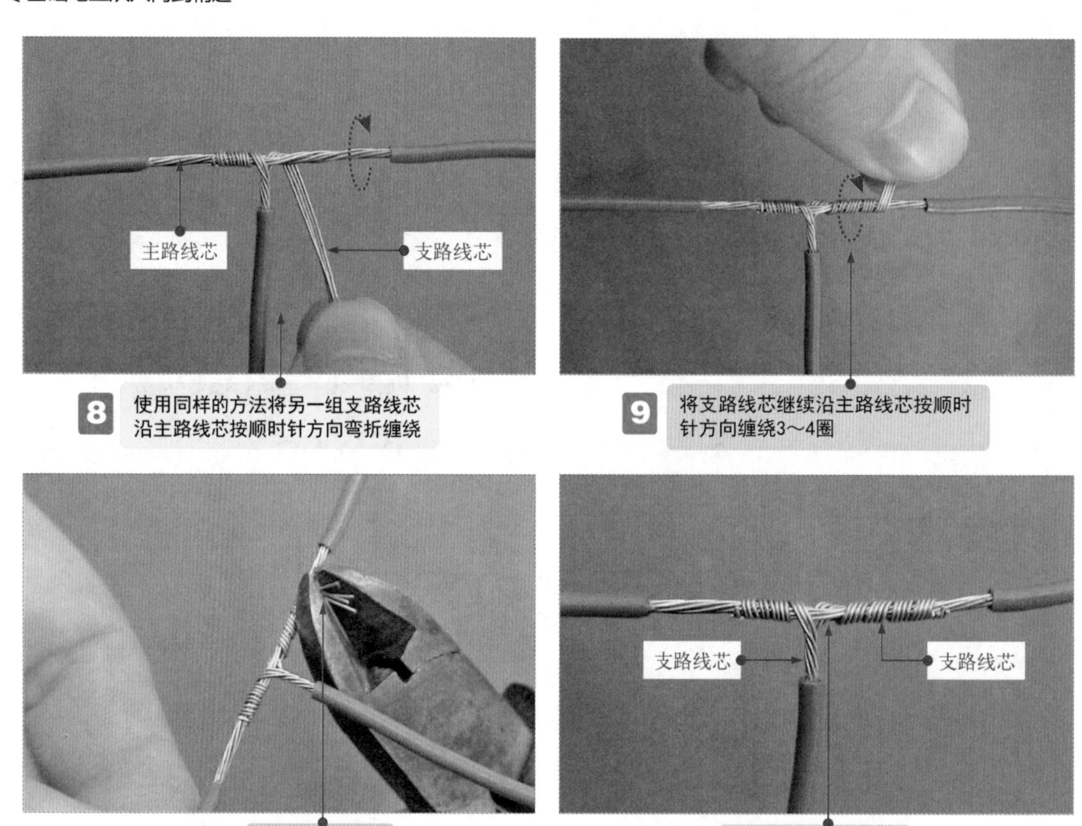
主路线芯
支路线芯
8 使用同样的方法将另一组支路线芯沿主路线芯按顺时针方向弯折缠绕
9 将支路线芯继续沿主路线芯按顺时针方向缠绕3～4圈
10 使用斜口钳剪掉多余的线芯
支路线芯
支路线芯
11 至此即完成两根多股导线的T形连接

图 5-11　多股导线的缠绕式 T 形连接

5.2.2　线缆的绞接

如图 5-12 所示，当连接两根横截面积较小的单股导线时，通常采用绞接（X 形连接）方法。

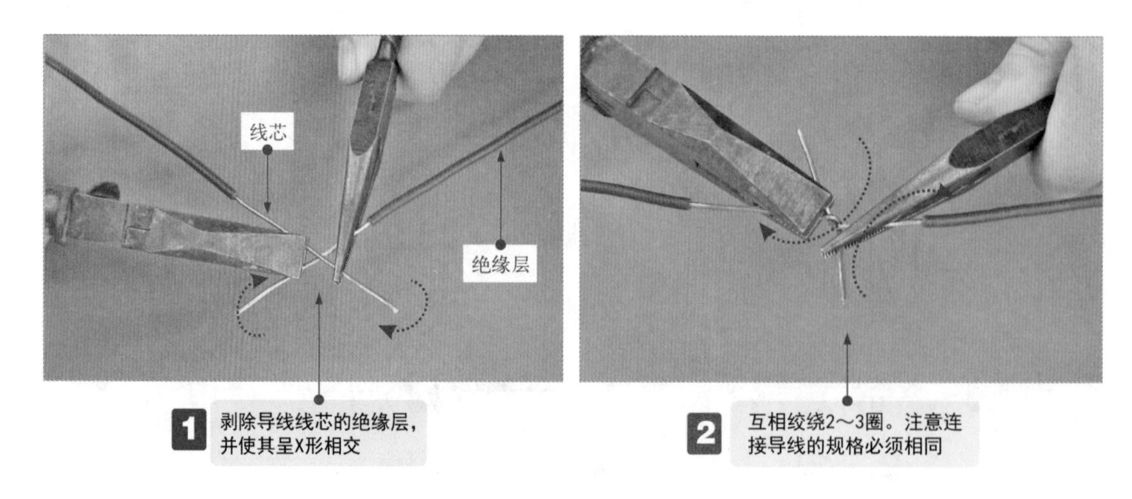
线芯
绝缘层
1 剥除导线线芯的绝缘层，并使其呈X形相交
2 互相绞绕2～3圈。注意连接导线的规格必须相同

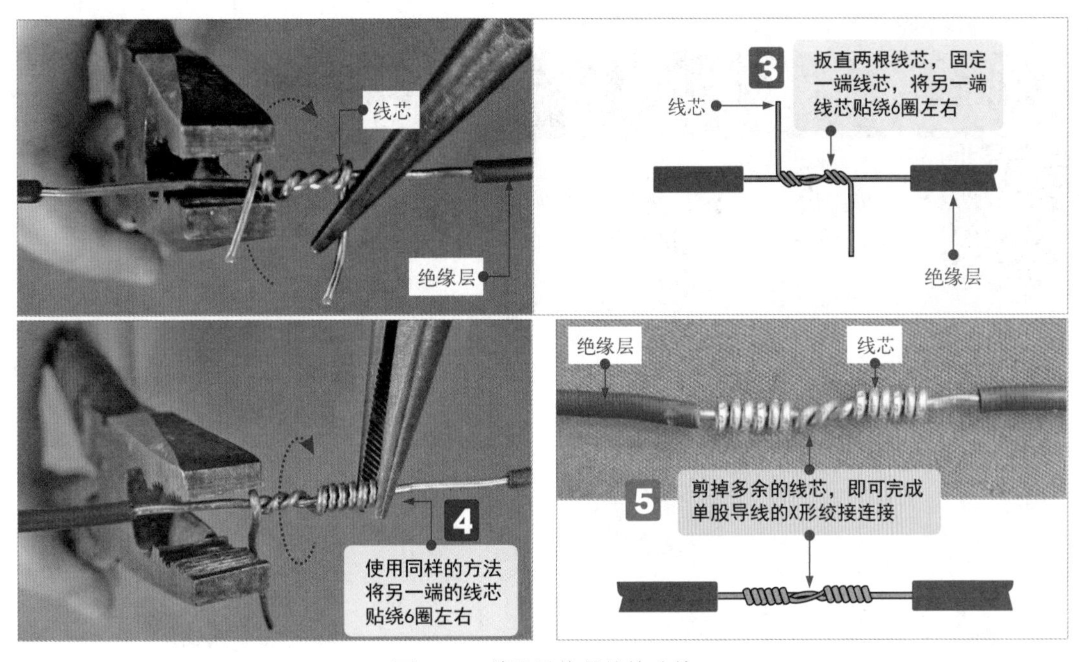
线芯
绝缘层
3
扳直两根线芯，固定一端线芯，将另一端线芯贴绕6圈左右
线芯
绝缘层
4
使用同样的方法将另一端的线芯贴绕6圈左右
绝缘层
线芯
5
剪掉多余的线芯，即可完成单股导线的X形绞接连接

图 5-12　单股导线的绞接连接

5.2.3　线缆的扭接

如图 5-13 所示，扭绞是指将待连接的导线线头平行同向放置，然后将线头同时互相缠绕。

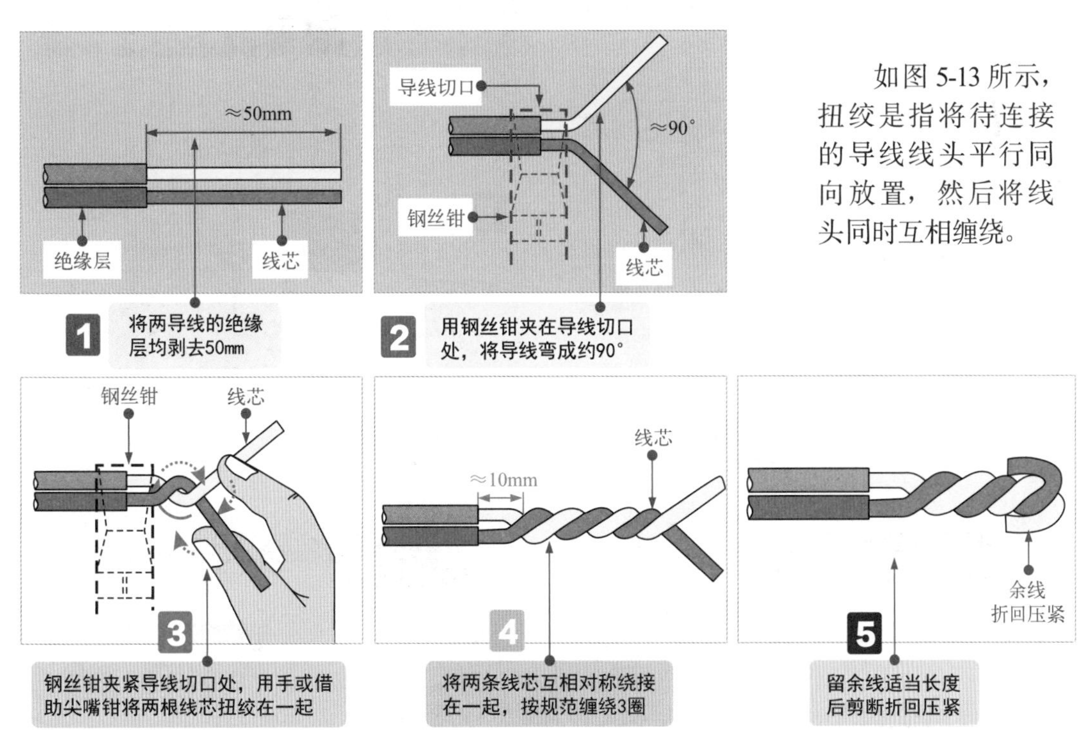
≈50mm
绝缘层
线芯
1
将两导线的绝缘层均剥去50mm
导线切口
≈90°
钢丝钳
线芯
2
用钢丝钳夹在导线切口处，将导线弯成约90°
钢丝钳
线芯
3
钢丝钳夹紧导线切口处，用手或借助尖嘴钳将两根线芯扭绞在一起
≈10mm
线芯
4
将两条线芯互相对称绕接在一起，按规范缠绕3圈
余线
折回压紧
5
留余线适当长度后剪断折回压紧

图 5-13　单股导线的扭绞连接

5.2.4 线缆的绕接

如图 5-14 所示，绕接也称为并头连接，一般适用于三根导线连接时，即将第三根导线线头绕接在另外两根导线线头上的方法。

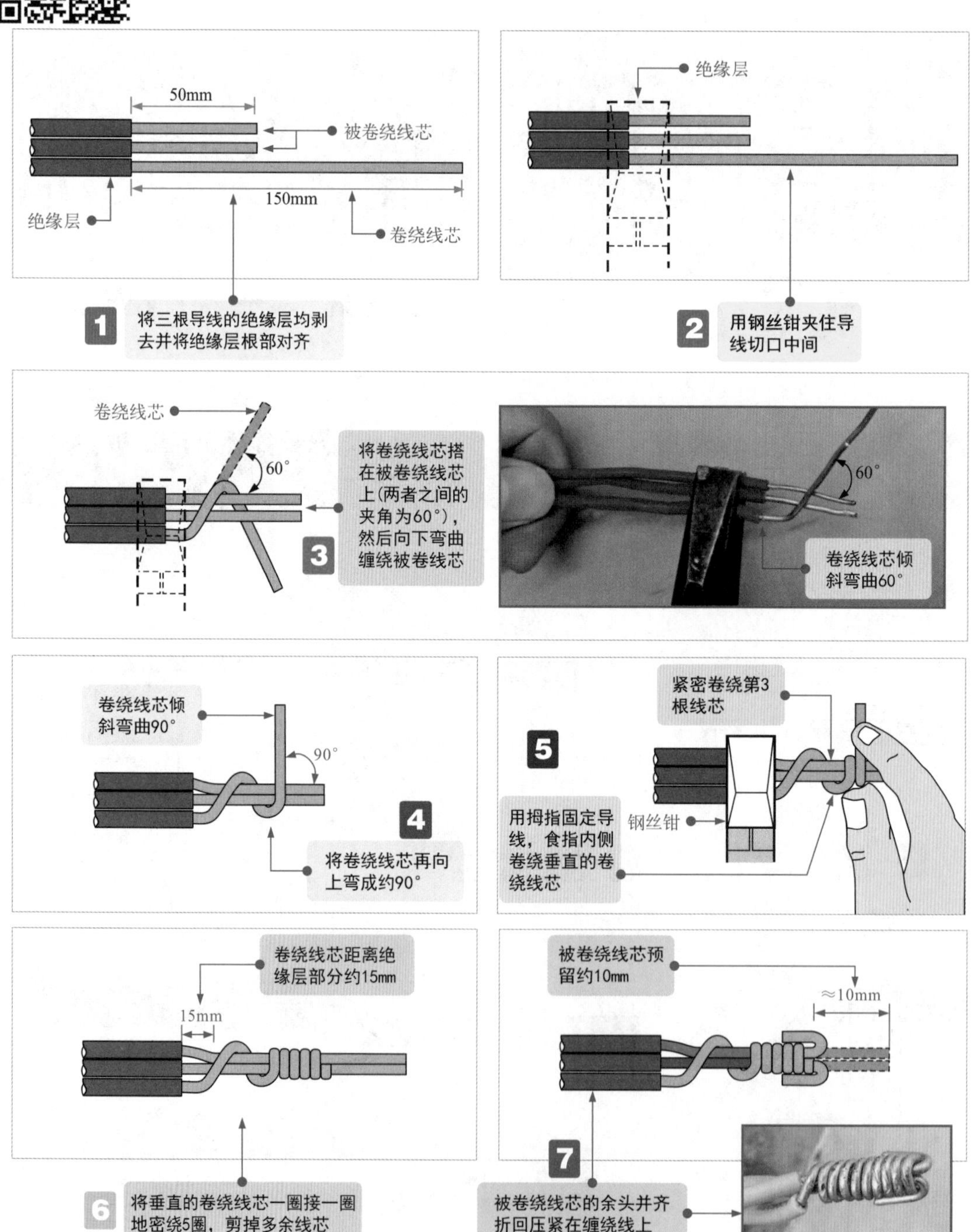
50mm
被卷绕线芯
150mm
绝缘层
卷绕线芯
1
将三根导线的绝缘层均剥去并将绝缘层根部对齐
绝缘层
2
用钢丝钳夹住导线切口中间
卷绕线芯
60°
将卷绕线芯搭在被卷绕线芯上(两者之间的夹角为60°)，然后向下弯曲缠绕被卷线芯
3
60°
卷绕线芯倾斜弯曲60°
卷绕线芯倾斜弯曲90°
90°
4
将卷绕线芯再向上弯成约90°
紧密卷绕第3根线芯
5
用拇指固定导线，食指内侧卷绕垂直的卷绕线芯
钢丝钳
卷绕线芯距离绝缘层部分约15mm
15mm
6
将垂直的卷绕线芯一圈接一圈地密绕5圈，剪掉多余线芯
被卷绕线芯预留约10mm
≈10mm
7
被卷绕线芯的余头并齐折回压紧在缠绕线上

图 5-14 三根单股导线的绕接连接

5.3 线缆连接头的加工

在线缆的加工连接中，加工处理线缆连接头也是电工操作中十分重要的一项技能。根据线缆类型分为塑料硬导线连接头的加工和塑料软导线连接头的加工两种。

5.3.1 塑料硬导线连接头的加工

如图 5-15 所示，塑料硬导线一般可以直接连接，需要平接时，应提前加工连接头，即需将塑料硬导线的线芯加工为大小合适的连接环。

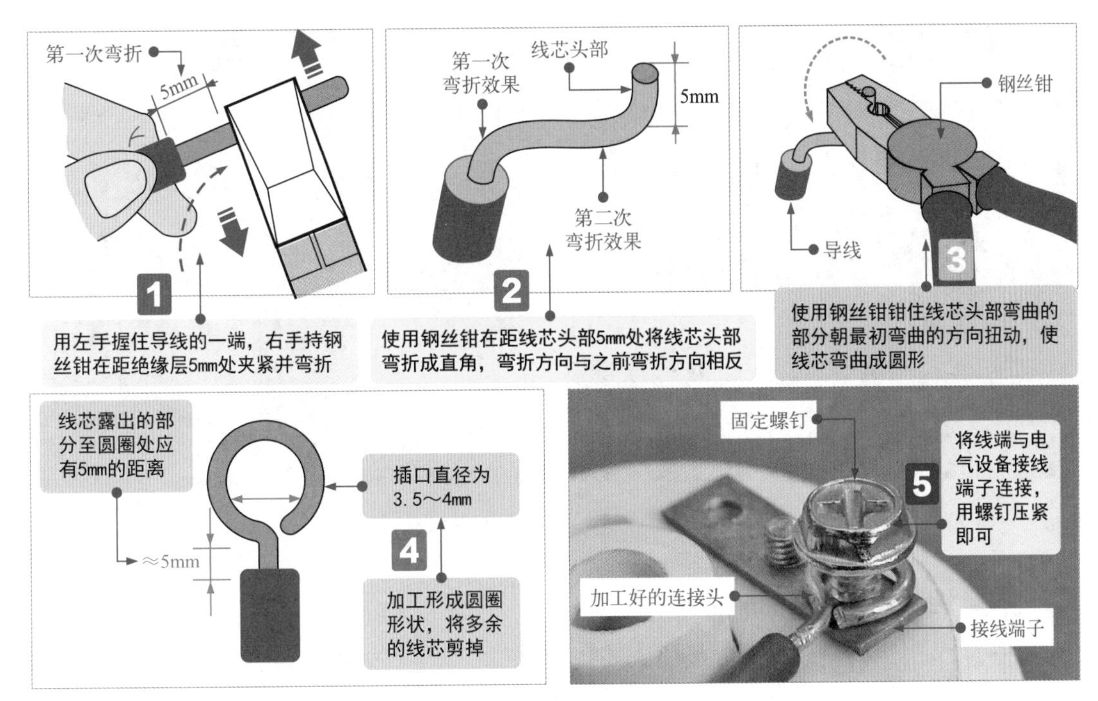

第一次弯折
5mm
1
用左手握住导线的一端，右手持钢丝钳在距绝缘层5mm处夹紧并弯折
第一次弯折效果
线芯头部
5mm
第二次弯折效果
2
使用钢丝钳在距线芯头部5mm处将线芯头部弯折成直角，弯折方向与之前弯折方向相反
钢丝钳
导线
3
使用钢丝钳钳住线芯头部弯曲的部分朝最初弯曲的方向扭动，使线芯弯曲成圆形
线芯露出的部分至圆圈处应有5mm的距离
≈5mm
插口直径为3.5～4mm
4
加工形成圆圈形状，将多余的线芯剪掉
固定螺钉
5
将线端与电气设备接线端子连接，用螺钉压紧即可
加工好的连接头
接线端子

图 5-15　塑料硬导线连接头的加工处理

提示说明

硬导线封端操作中，应当注意连接环弯压质量，若尺寸不规范或弯压不规范，都会影响接线质量，在实际操作过程中，若出现不合规范的封端时，需要剪掉，重新加工，如图 5-16 所示。

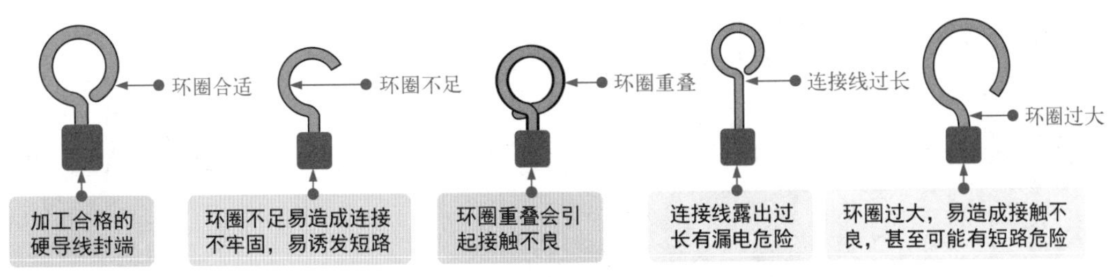

环圈合适
加工合格的硬导线封端
环圈不足
环圈不足易造成连接不牢固，易诱发短路
环圈重叠
环圈重叠会引起接触不良
连接线过长
连接线露出过长有漏电危险
环圈过大
环圈过大，易造成接触不良，甚至可能有短路危险

图 5-16　塑料硬导线封端合格与不合格情况

5.3.2 塑料软导线连接头的加工

塑料软导线在连接使用时，常见的有绞绕式连接头的加工、缠绕式连接头的加工及环形连接头的加工三种形式。

1 绞绕式连接头的加工

如图 5-17 所示，绞绕式加工是将塑料软导线的线芯采用绞绕式操作，需要用一只手握住线缆绝缘层处，另一只手捻住线芯，向一个方向旋转，使线芯紧固整齐即可完成连接头的加工。

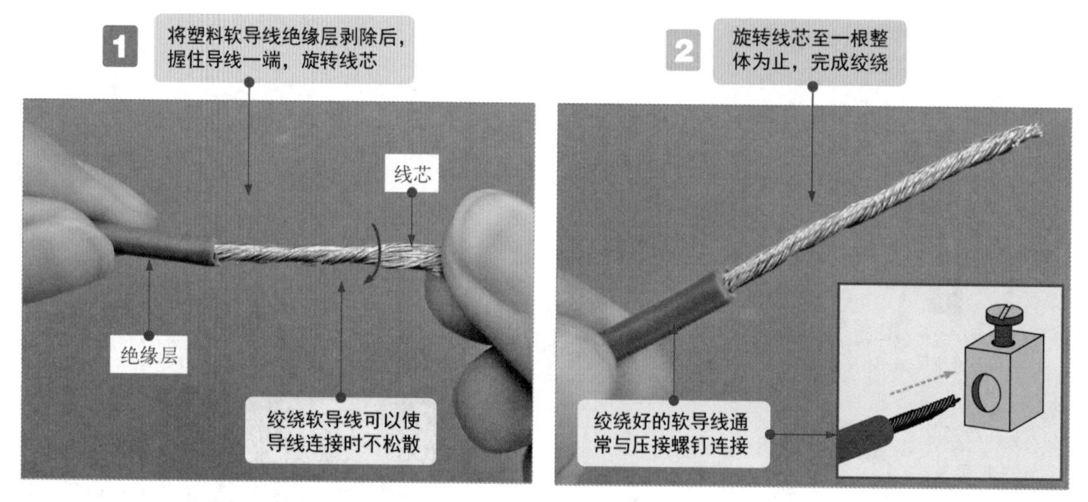
1
将塑料软导线绝缘层剥除后，握住导线一端，旋转线芯
线芯
绝缘层
绞绕软导线可以使导线连接时不松散
2
旋转线芯至一根整体为止，完成绞绕
绞绕好的软导线通常与压接螺钉连接

图 5-17 绞绕式连接头的加工方法

2 缠绕式连接头的加工

如图 5-18 所示，当塑料软导线插入某些连接孔中时，可能由于多股软线缆的线芯过细，无法插入，所以需要在绞绕的基础上，将其中一根线芯沿一个方向由绝缘层处开始向上缠绕，直至缠绕到顶端，完成缠绕式加工。

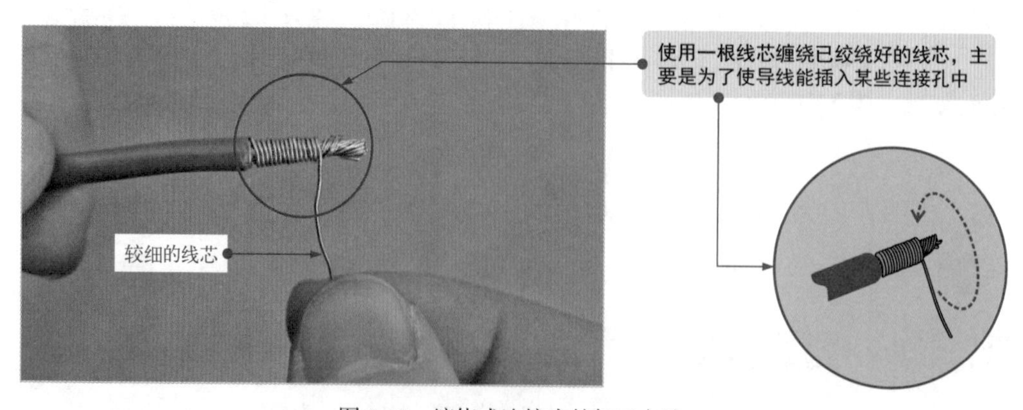
使用一根线芯缠绕已绞绕好的线芯，主要是为了使导线能插入某些连接孔中
较细的线芯

图 5-18 缠绕式连接头的加工方法

3 环形连接头的加工

如图 5-19 所示，将塑料软导线与柱形接线端子连接时，需将线芯加工为环形。

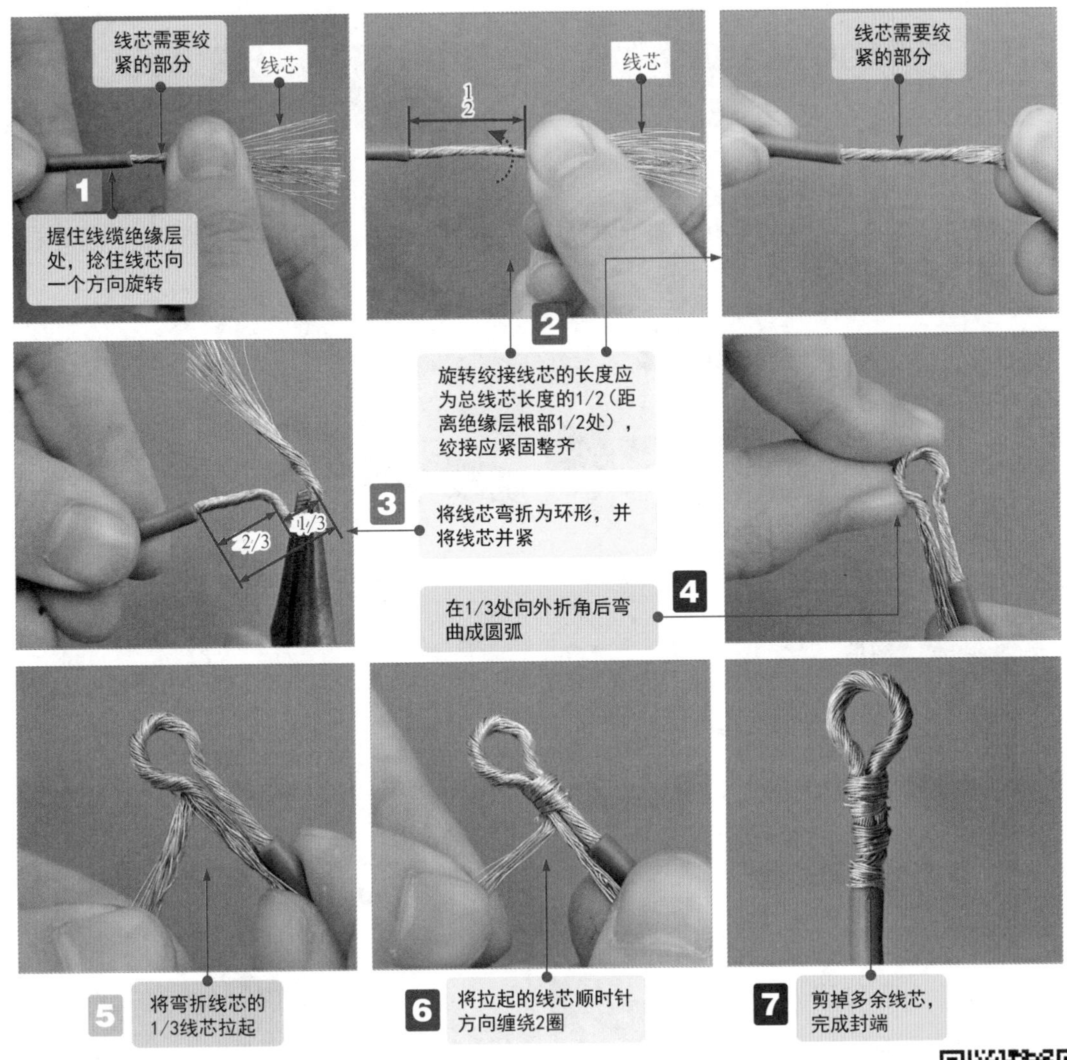
线芯需要绞紧的部分
线芯
1
握住线缆绝缘层处，捻住线芯向一个方向旋转
1/2
线芯
线芯需要绞紧的部分
2
旋转绞接线芯的长度应为总线芯长度的1/2（距离绝缘层根部1/2处），绞接应紧固整齐
2/3
1/3
3
将线芯弯折为环形，并将线芯并紧
4
在1/3处向外折角后弯曲成圆弧
5
将弯折线芯的1/3线芯拉起
6
将拉起的线芯顺时针方向缠绕2圈
7
剪掉多余线芯，完成封端

图 5-19　环形连接头的加工方法

提示说明

线缆的连接头除以上几种加工方式外，还有一种是多股线芯与接线螺钉的连接方法，可在多股导线与接线螺钉连接之前，先将线芯与螺钉绞紧，如图 5-20 所示。

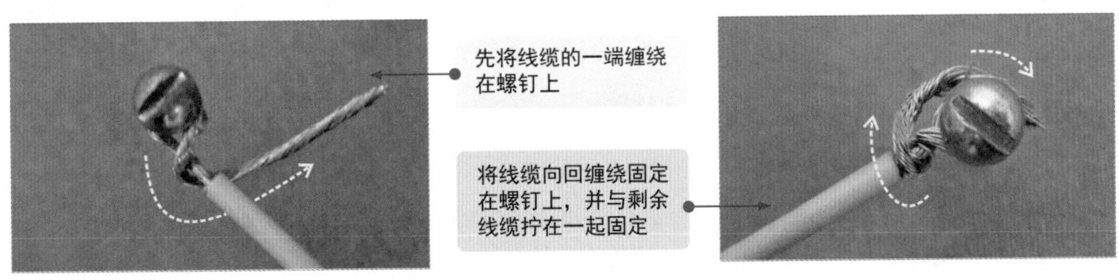
先将线缆的一端缠绕在螺钉上
将线缆向回缠绕固定在螺钉上，并与剩余线缆拧在一起固定

图 5-20　环形连接头的其他加工方法

5.4 线缆焊接与绝缘层恢复

5.4.1 线缆的焊接

如图 5-21 所示，线缆连接完成后，为确保线缆连接牢固，需要对其连接端进行焊接处理，使其连接更为牢固。焊接时，需要对线缆的连接处上锡，再用电烙铁加热，把线芯焊接在一起，完成线缆的焊接。

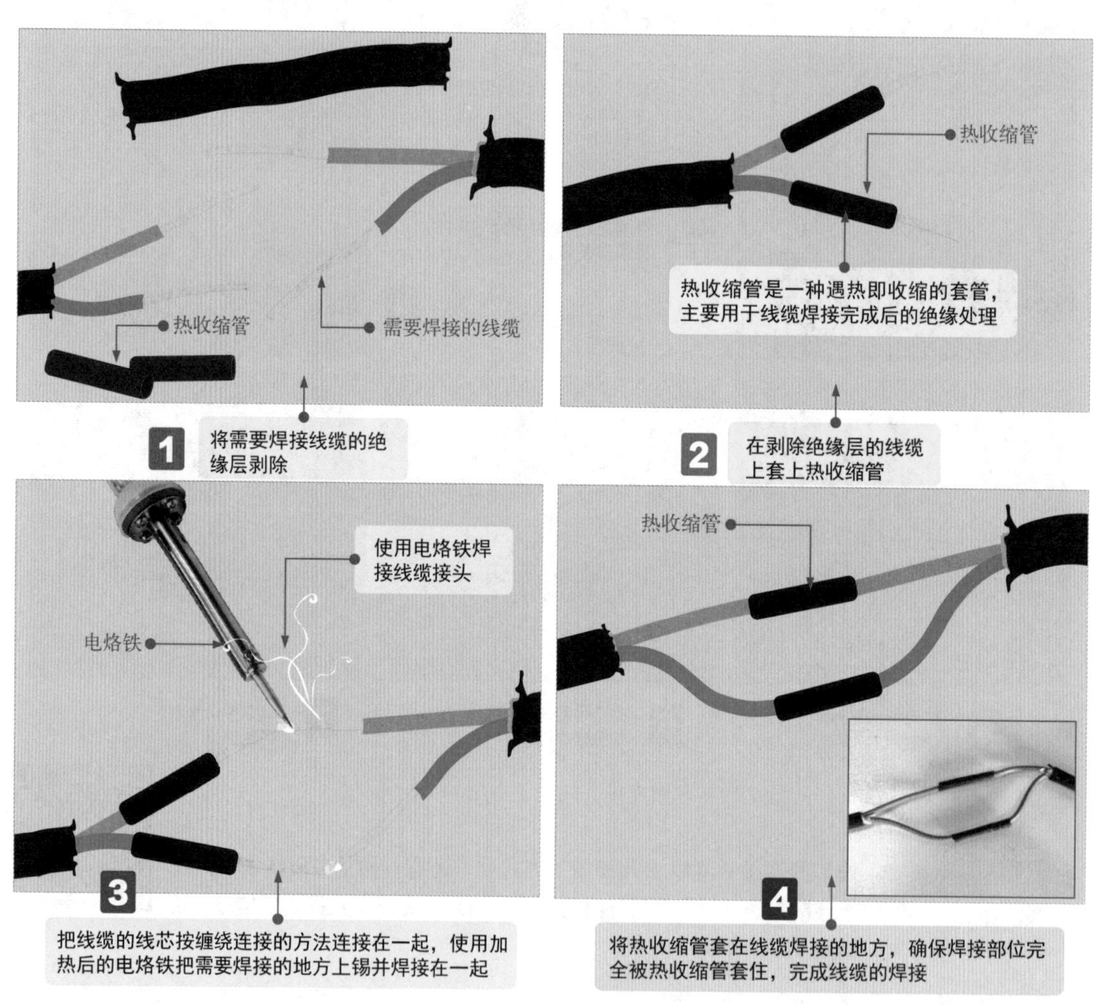
热收缩管
需要焊接的线缆
1
将需要焊接线缆的绝缘层剥除
热收缩管
热收缩管是一种遇热即收缩的套管，主要用于线缆焊接完成后的绝缘处理
2
在剥除绝缘层的线缆上套上热收缩管
使用电烙铁焊接线缆接头
电烙铁
3
把线缆的线芯按缠绕连接的方法连接在一起，使用加热后的电烙铁把需要焊接的地方上锡并焊接在一起
热收缩管
4
将热收缩管套在线缆焊接的地方，确保焊接部位完全被热收缩管套住，完成线缆的焊接

图 5-21　线缆的焊接方法

提示说明

线缆的焊接除了使用绕焊外，还有钩焊、搭焊。其中，钩焊的操作方法是将导线弯成钩形钩在接线端子上，用钳子夹紧后再焊接，这种方法的强度低于绕焊，但操作简便；搭焊的操作方法是用焊锡把导线搭到接线端子上直接焊接，仅用在临时连接或不便于缠、钩的地方及某些接插件上，这种连接最方便，但强度及可靠性最差。

5.4.2　线缆绝缘层的恢复

线缆连接或绝缘层遭到破坏后，必须恢复绝缘性能才可以正常使用，并且恢复后，强度应不低于原有绝缘层。常用的绝缘层恢复方法有两种：一种是使用热收缩管恢复绝缘层；另一种是使用绝缘材料包缠法。

1 使用热收缩管恢复线缆的绝缘层

如图 5-22 所示，使用热收缩管恢复线缆的绝缘层是一种简便、高效的操作方法。该方法可以有效地保护连接处，避免受潮、污垢和腐蚀。

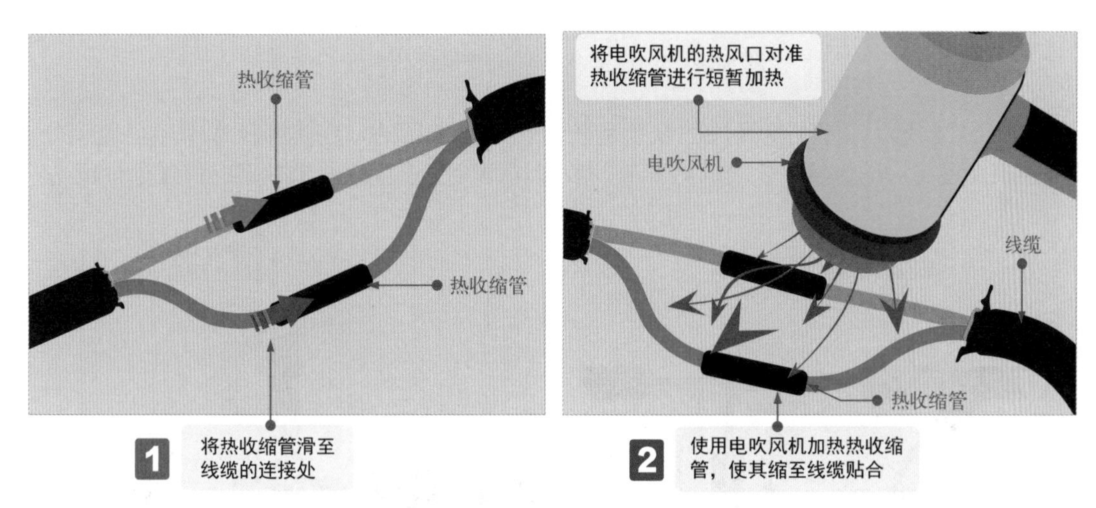
热收缩管
热收缩管
1
将热收缩管滑至线缆的连接处
将电吹风机的热风口对准热收缩管进行短暂加热
电吹风机
线缆
热收缩管
2
使用电吹风机加热热收缩管，使其缩至线缆贴合

图 5-22　使用热收缩管恢复线缆绝缘层的方法

2 使用包缠法恢复线缆的绝缘层

如图 5-23 所示，包缠法是指使用绝缘材料（黄蜡带、涤纶膜带、胶带）缠绕线缆线芯，起到绝缘作用，恢复绝缘功能。以常见的胶带进行导线绝缘层的恢复为例。

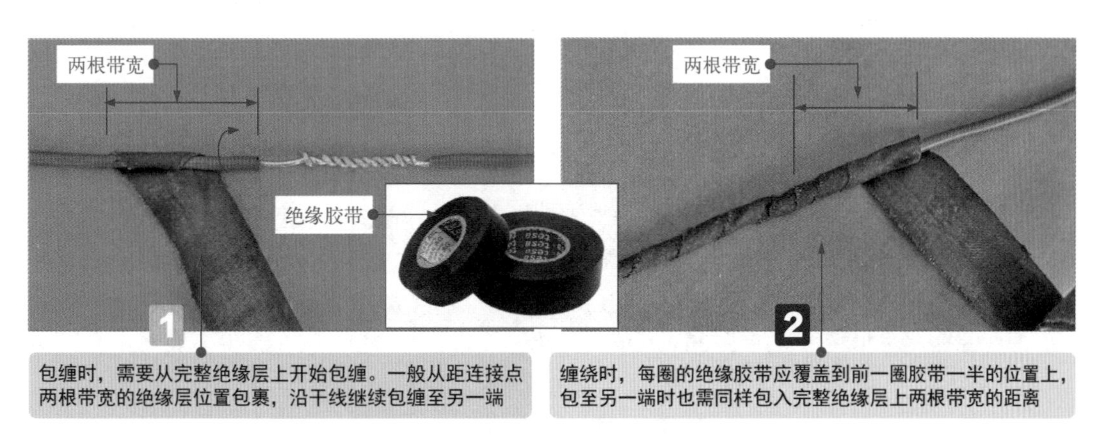
两根带宽
绝缘胶带
1
包缠时，需要从完整绝缘层上开始包缠。一般从距连接点两根带宽的绝缘层位置包裹，沿干线继续包缠至另一端
两根带宽
2
缠绕时，每圈的绝缘胶带应覆盖到前一圈胶带一半的位置上，包至另一端时也需同样包入完整绝缘层上两根带宽的距离

图 5-23　使用包缠法恢复线缆绝缘层的方法

提示说明

一般情况下，在220V线路上恢复导线绝缘时，应先包缠一层黄蜡带（或涤纶薄膜带），再包缠一层绝缘胶带；380V线路恢复绝缘时，先包缠两层或三层黄蜡带（或涤纶薄膜带），再包缠两层绝缘胶带，同时，应严格按照规范进行缠绕操作，如图5-24所示。

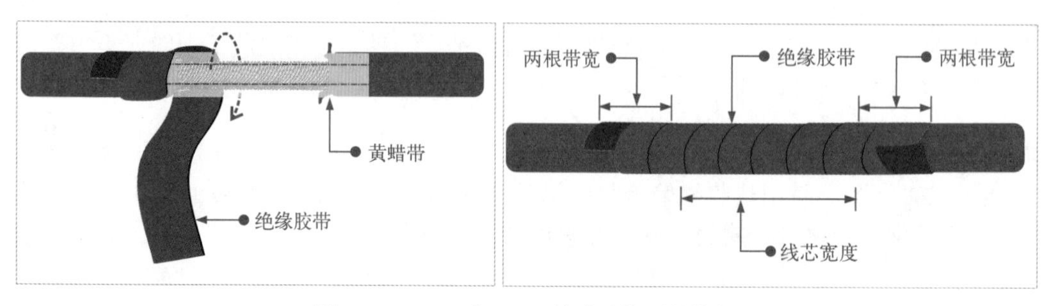
黄蜡带
绝缘胶带
两根带宽
绝缘胶带
两根带宽
线芯宽度

图 5-24　220V 和 380V 线路绝缘层的恢复

如图 5-25 所示，导线绝缘层的恢复是较为普通和常见的，在实际操作中还会遇到分支导线连接点绝缘层的恢复，恢复时，需要用胶带从距分支连接点两根带宽的位置进行包裹。

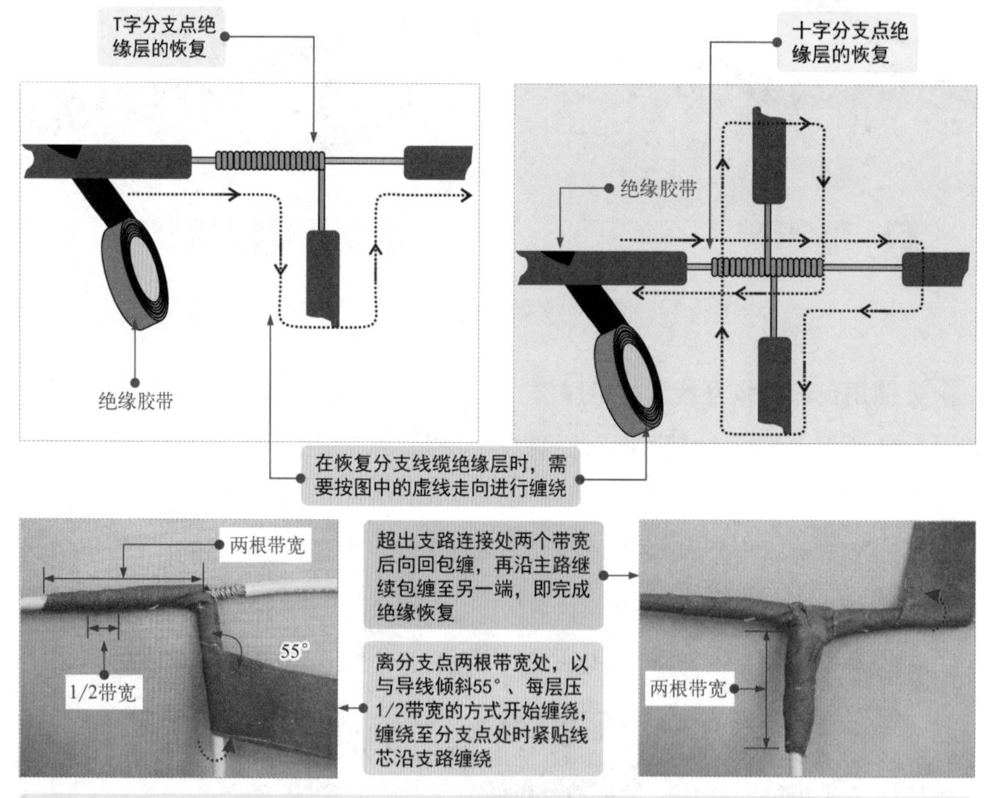
T字分支点绝缘层的恢复
十字分支点绝缘层的恢复
绝缘胶带
绝缘胶带
在恢复分支线缆绝缘层时，需要按图中的虚线走向进行缠绕
两根带宽
1/2带宽
55°
超出支路连接处两个带宽后向回包缠，再沿主路继续包缠至另一端，即完成绝缘恢复
离分支点两根带宽处，以与导线倾斜55°、每层压1/2带宽的方式开始缠绕，缠绕至分支点处时紧贴线芯沿支路缠绕
两根带宽
在包裹线缆时，间距应为1/2带宽，当胶带包至分支点处时，应紧贴线芯沿支路包裹，超出连接处两个带宽后向回包裹，再沿干线继续包缠至另一端

图 5-25　分支线缆连接点绝缘层的恢复方法

第6章

电工焊接

6.1 电焊管路

6.1.1 电焊设备

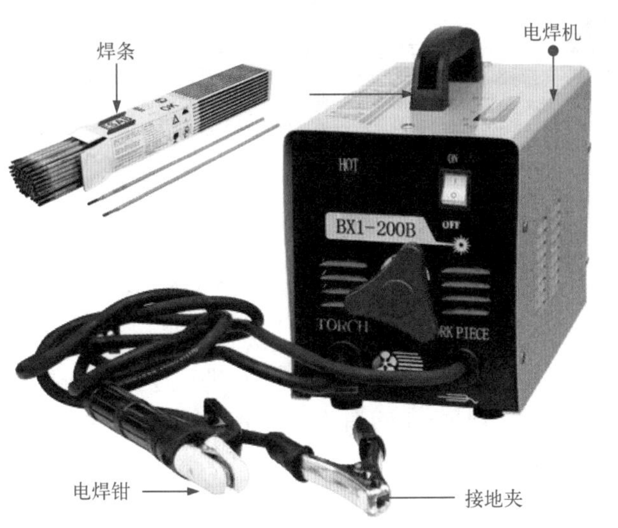

焊条
电焊机
BX1-200B
电焊钳
接地夹

如图6-1所示，电焊设备是利用电能，通过加热加压，借助金属原子的结合与扩散作用，使两件或两件以上的焊件（材料）牢固地连接在一起的焊接设备。

焊接金属管路

图6-1　电焊设备的实物

6.1.2 电焊焊接管路

在对管路进行焊接操作前，应做好焊接前的准备工作。焊接前的准备工作主要包括焊接环境的检查、操作工具的准备和焊接工具的连接。

图6-2为焊接的环境。在施焊操作周围10m范围内不应设有易燃、易爆物，并且保证电焊机放置在清洁、干燥的地方，并且应当在焊接区域中配置灭火器。

在电焊操作前应确保操作现场周围没有易燃、易爆物，电焊机放置在清洁、干燥的地方并准备灭火器
灭火器

图 6-2　电焊环境

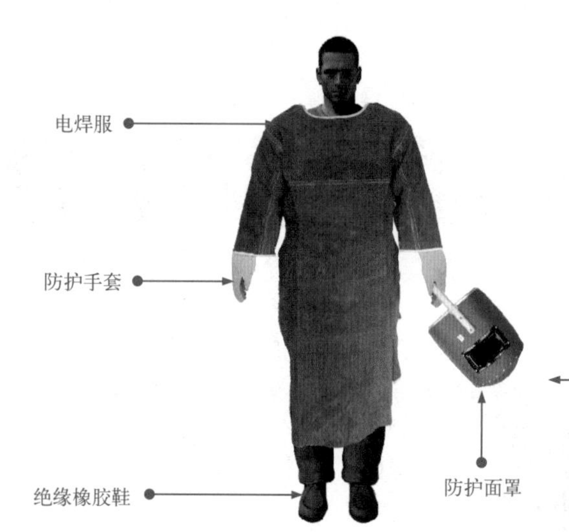
电焊服
防护手套
绝缘橡胶鞋
防护面罩
在穿戴防护工具前，可以使用专用的防护手套检测仪对防护手套的抗压性能进行检查；还应当使用专业的检测仪器对绝缘橡胶鞋进行耐高压等测试，检测合格方可进行使用

如图 6-3 所示，在进行电焊操作前，电焊操作人员应穿戴电焊服、绝缘橡胶鞋和防护手套、防护面罩等安全防护用具，这样可以保证操作人员的人身安全。

图 6-3　穿戴好防护工具的操作人员

如图 6-4 所示，连接电焊钳与接地夹时，将电焊钳通过连接线与电焊机上电焊钳连接孔进行连接（通常带有标识），接地夹通过连接线与电焊机上的接地夹连接孔进行连接；将焊件放置到焊剂垫上，再将接地夹夹至焊件的一端；然后将焊条的加持端夹至电焊钳口即可。

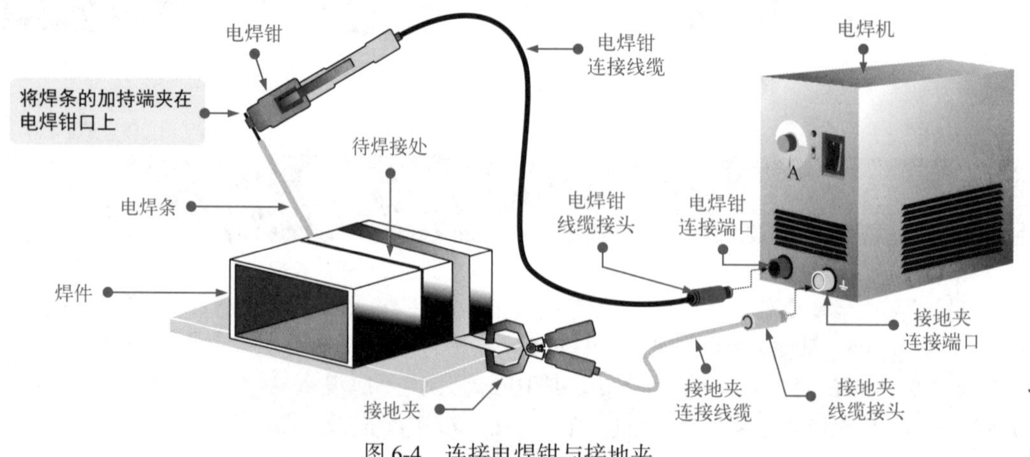
电焊钳
电焊钳
连接线缆
电焊机
将焊条的加持端夹在电焊钳口上
待焊接处
A
电焊条
电焊钳
线缆接头
电焊钳
连接端口
焊件
接地夹
连接端口
接地夹
连接线缆
接地夹
线缆接头
接地夹

图 6-4　连接电焊钳与接地夹

将电焊机的外壳进行保护性接地或接零，如图 6-5 所示，接地装置可以使用铜管或无缝钢管，将其埋入地下深度应当大于 1m，接地电阻应当小于 4Ω；然后使用一根导线将一端连接在接地装置上，另一端连接在电焊机的外壳接地端上。

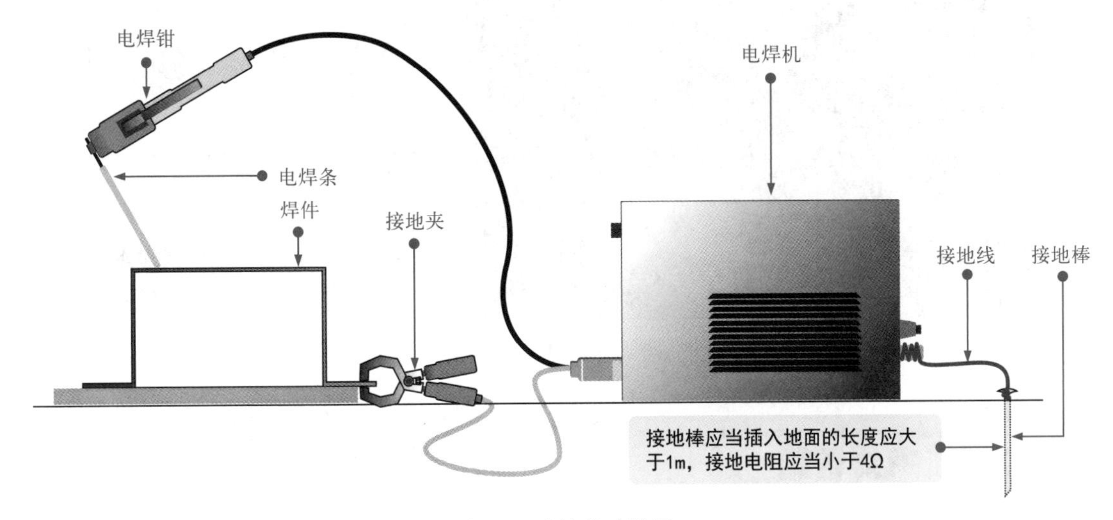
电焊钳
电焊机
电焊条
焊件
接地夹
接地线
接地棒
接地棒应当插入地面的长度应大于1m，接地电阻应当小于4Ω

图 6-5　连接接地装置

再将电焊机与配电箱通过连接线进行连接，并且保证连接线的长度在 2 ～ 3m，在配电箱中应当设有过载保护装置以及刀闸开关等，可以对电焊机的供电进行单独控制，如图 6-6 所示。

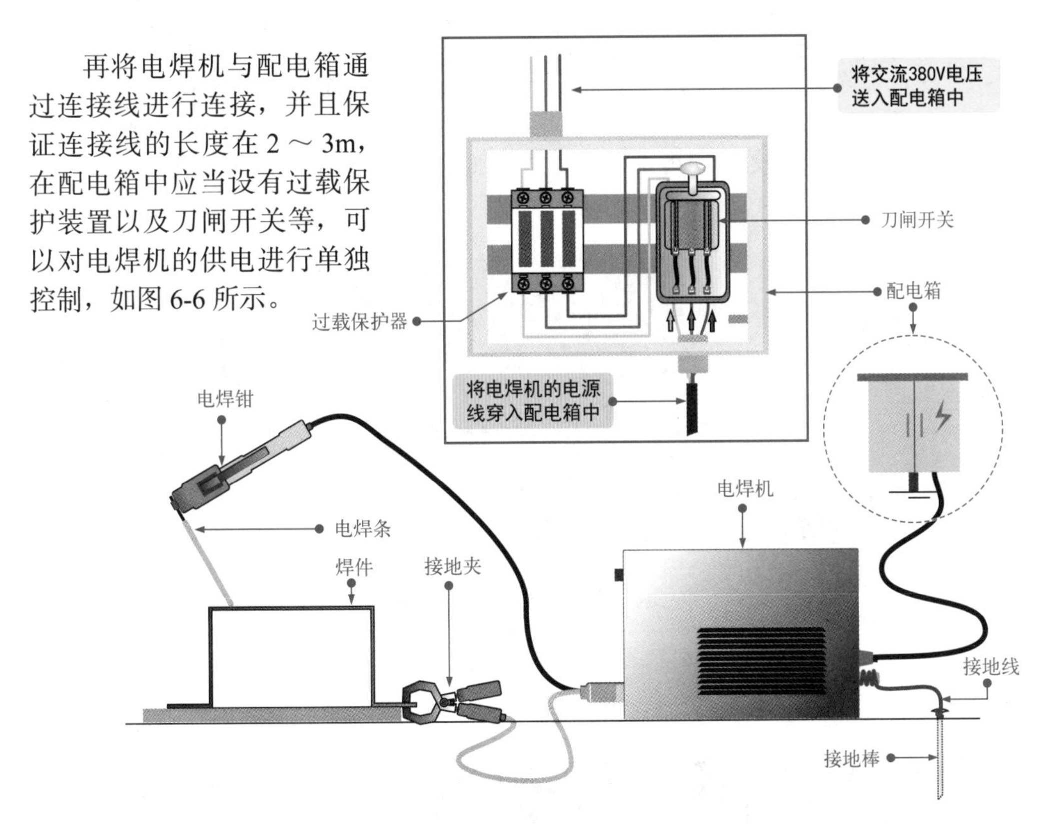
将交流380V电压送入配电箱中
刀闸开关
配电箱
过载保护器
将电焊机的电源线穿入配电箱中
电焊钳
电焊条
焊件
接地夹
电焊机
接地线
接地棒

图 6-6　电焊机与配电箱进行连接

将焊接设备连接好以后，对焊件进行焊接。焊接时，一般采用平焊（蹲式）操作，并佩戴绝缘手套，以防发生触电危险。具体操作如图 6-7 所示。

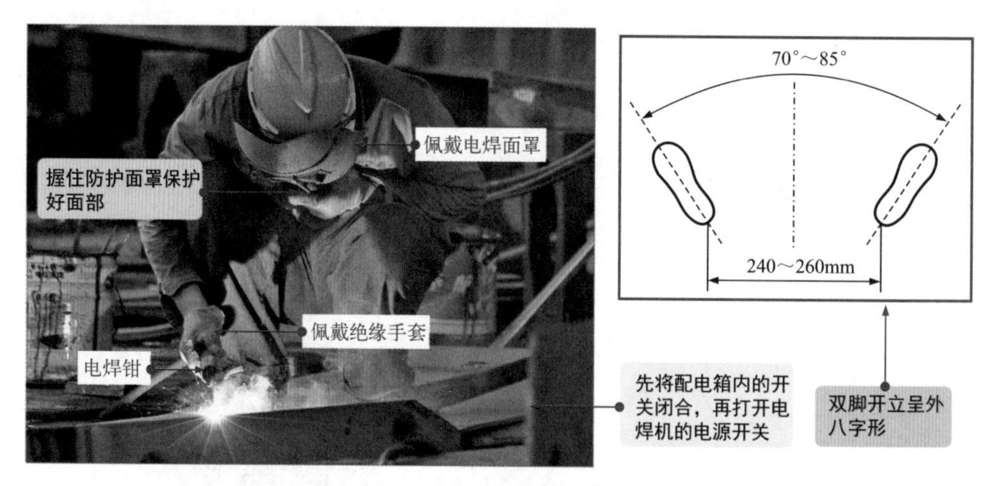
佩戴电焊面罩
握住防护面罩保护好面部
佩戴绝缘手套
电焊钳
70°～85°
240～260mm
先将配电箱内的开关闭合，再打开电焊机的电源开关
双脚开立呈外八字形

图 6-7　电焊焊接管路操作

6.2 气焊管路

6.2.1　气焊设备

如图 6-8 所示，气焊设备是利用可燃气体与助燃气体混合燃烧生成的火焰作为热源，通过熔化焊条，将金属管路焊接在一起。

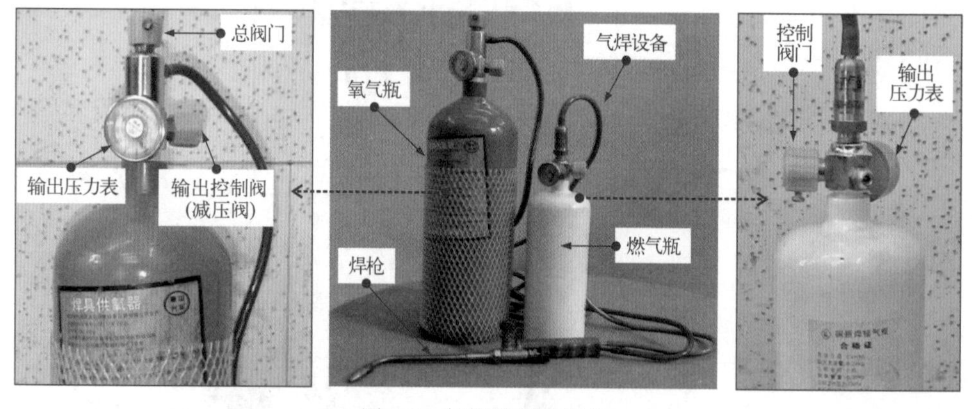
总阀门
输出压力表
输出控制阀
(减压阀)
焊具供氧器
氧气瓶
气焊设备
燃气瓶
焊枪
控制
阀门
输出
压力表

图 6-8　气焊设备的特点

6.2.2　气焊焊接管路

在使用气焊设备焊接管路前，首先需要将气焊设备调整至最佳焊接状态。将氧气瓶和燃气瓶的阀门打开，氧气输出压力保持在 0.3 ～ 0.5MPa，燃气输出压力保持在 0.03 ～ 0.05MPa，

如图 6-9 所示。

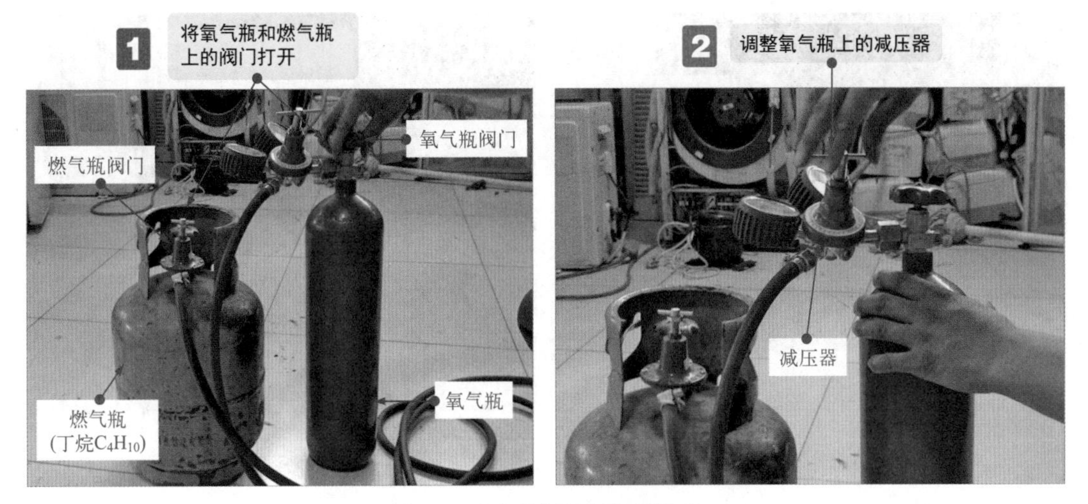
1
将氧气瓶和燃气瓶上的阀门打开
氧气瓶阀门
燃气瓶阀门
燃气瓶
(丁烷C_4H_{10})
氧气瓶
2
调整氧气瓶上的减压器
减压器

图 6-9　准备并调整好气焊设备

在调整好气焊设备后，打开焊枪的燃气控制阀，将打火机置于焊枪口附近进行点火，点火后再打开氧气控制阀，将火焰调整到中性焰，如图 6-10 所示。

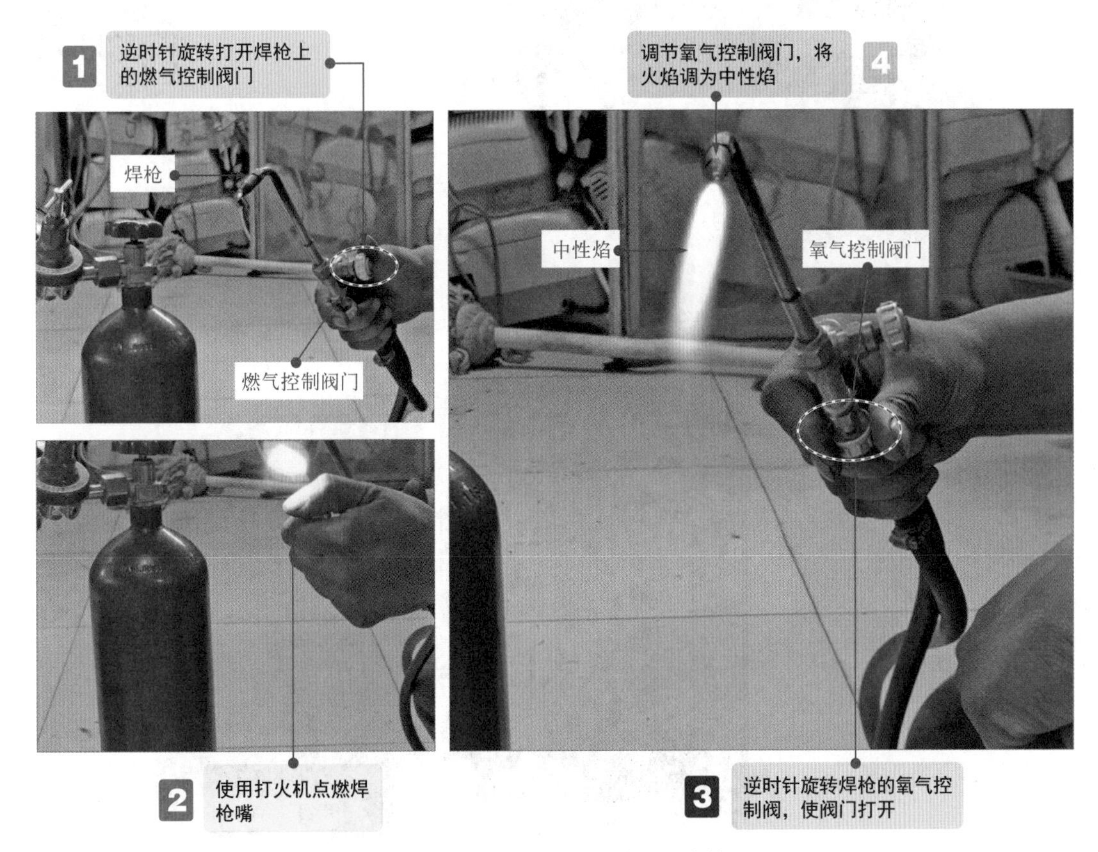
1
逆时针旋转打开焊枪上的燃气控制阀门
焊枪
燃气控制阀门
2
使用打火机点燃焊枪嘴
调节氧气控制阀门，将火焰调为中性焰
4
中性焰
氧气控制阀门
3
逆时针旋转焊枪的氧气控制阀，使阀门打开

图 6-10　打开焊枪阀门并调整火焰

将焊枪对准管路的焊口均匀加热，当管路被加热到一定程度呈暗红色时，把焊条放到焊口处，待焊条熔化并均匀地包围在两根管路的焊接处时即可将焊条取下，如图 6-11 所示。

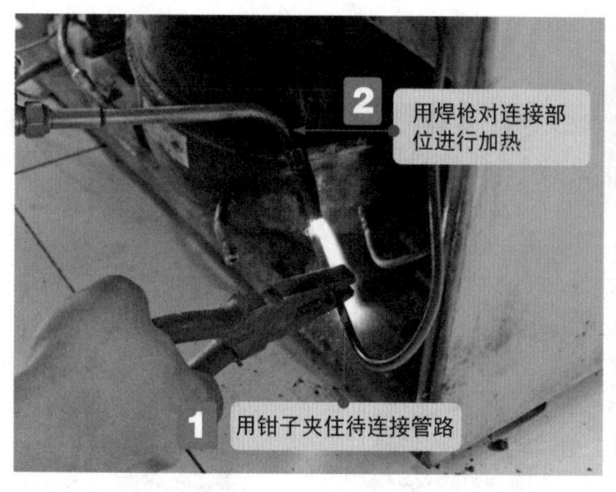
2
用焊枪对连接部位进行加热
1
用钳子夹住待连接管路

加热一段时间后，将焊条靠近焊接部位进行焊接
焊条
3
焊枪

图 6-11　焊接管路

关闭阀门时，先关闭焊枪上的氧气控制阀门，然后关闭焊枪上的燃气控制阀门，若长时间不再使用，还应最后关闭氧气瓶和燃气瓶上的阀门，如图 6-12 所示。

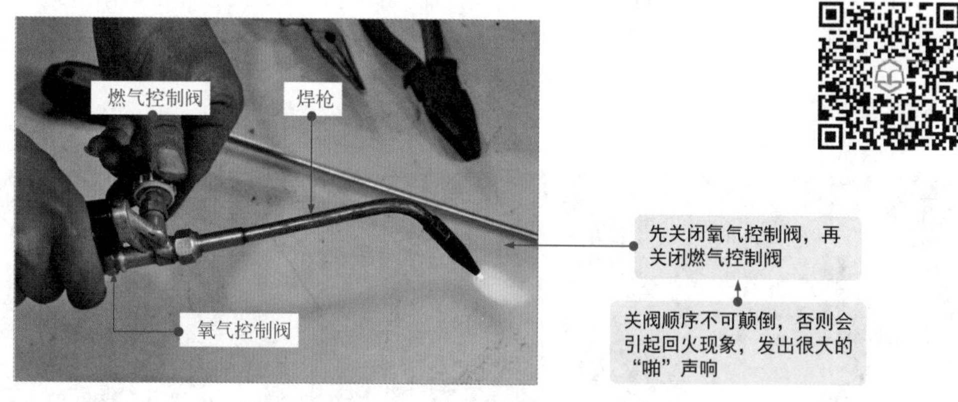
燃气控制阀
焊枪
氧气控制阀
先关闭氧气控制阀，再关闭燃气控制阀
关阀顺序不可颠倒，否则会引起回火现象，发出很大的“啪”声响

图 6-12　关闭阀门

使用焊枪进行拆焊时，拆焊前首先找准拆焊部位，然后对焊接接口处进行加热，待加热一段时间后，用钳子适当用力向上提起管路，将两条管路分离，如图 6-13 所示。

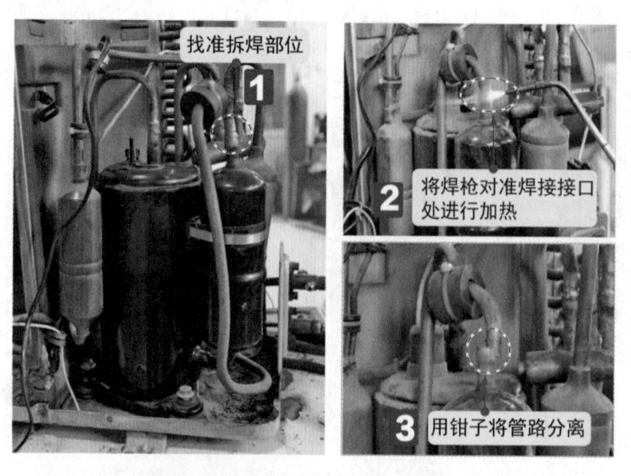
找准拆焊部位
1
2
将焊枪对准焊接接口处进行加热
3
用钳子将管路分离

图 6-13　使用焊枪进行拆焊

6.3 焊接元器件

6.3.1 电烙铁与热风焊机

如图 6-14 所示，电烙铁和热风焊机是电工操作中常用的小型焊接工具，主要用于电子元器件、电气部件及电工线路的焊接作业。

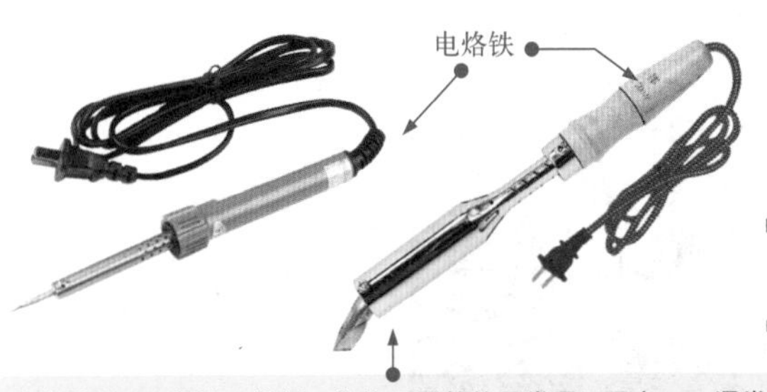
电烙铁
电烙铁是手工焊接、补焊、代换元器件的最常用工具之一。通常，焊接小型元器件时选择功率较小的电烙铁，如果需要大面积焊接或焊接尺寸较大的电气部件时，就要选择功率较大的电烙铁

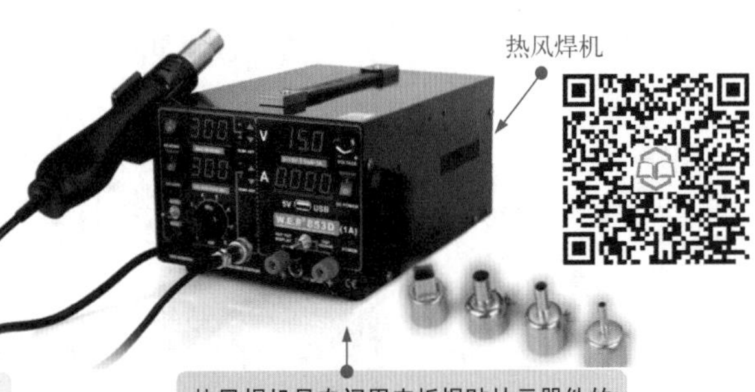
热风焊机
热风焊机是专门用来拆焊贴片元器件的设备，焊枪嘴可以根据贴片元器件的大小和外形进行更换

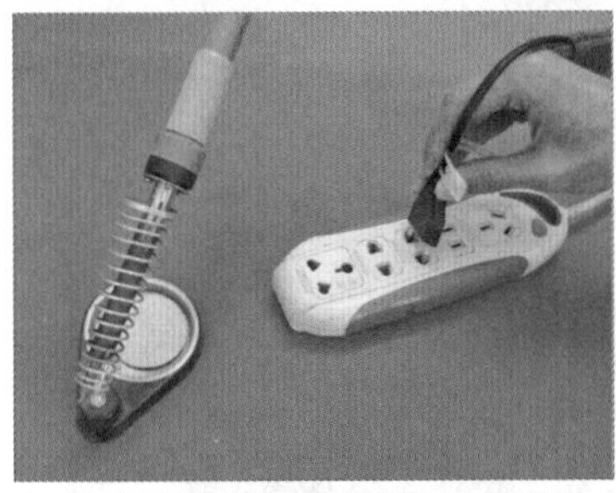

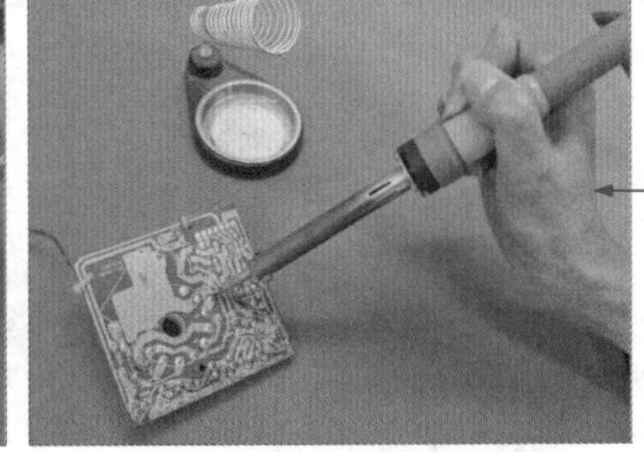
在使用电烙铁时，要先对电烙铁进行预加热，在此过程中，最好将电烙铁放置到烙铁架上，以防发生烫伤或火灾事故。当电烙铁达到工作温度后，用右手握住电烙铁的握柄处，对需要焊接的部位进行焊接。
电烙铁在使用过程中要严格遵循操作规范，使用完毕后要将电烙铁放置于专用放置架上散热，并及时切断电源。注意远离易燃物，避免因电烙铁的余温而造成烫伤或火灾等事故

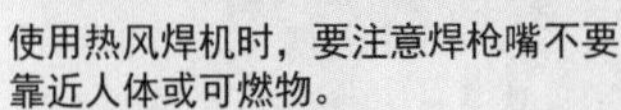
使用热风焊机时，要注意焊枪嘴不要靠近人体或可燃物。
打开热风焊机电源开关后，通过调整旋钮分别对风量和温度进行调节。风量和温度调节完毕，等待几秒，待热风焊机预热完成后，将焊枪口垂直悬空放置于元器件引脚上，并来回移动进行均匀加热，直到引脚焊锡熔化。
注意，风量和温度调节旋钮各有8个挡位，通常将温度旋钮调至5～6挡，风量调节旋钮调至1～2挡或4～5挡

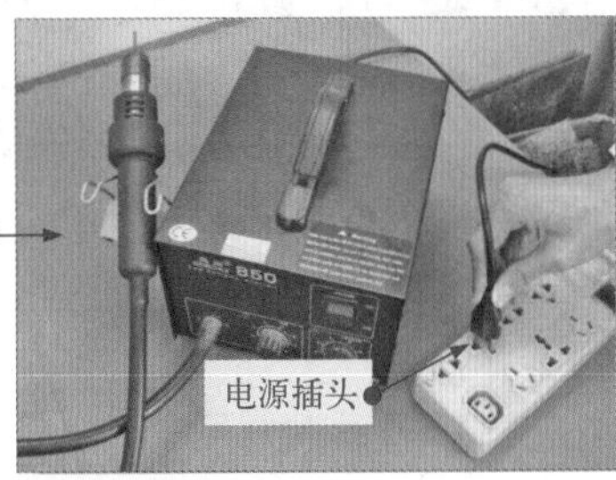
电源插头

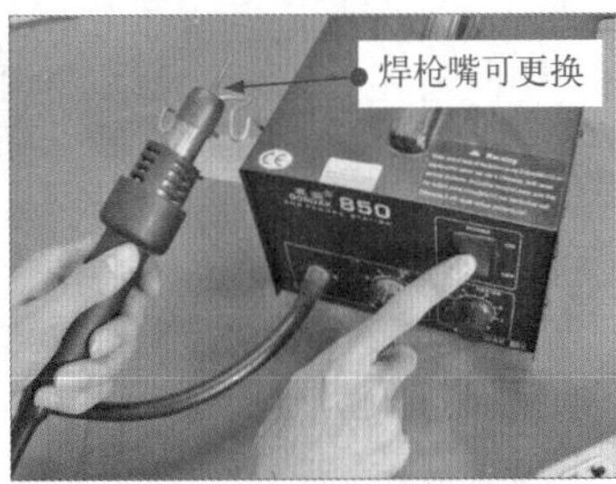
焊枪嘴可更换

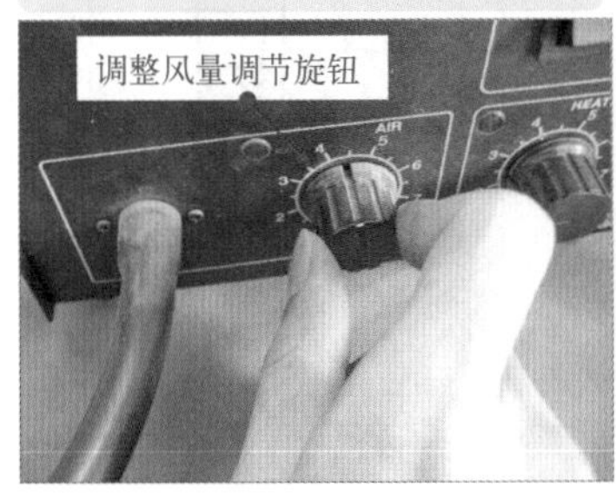
调整风量调节旋钮

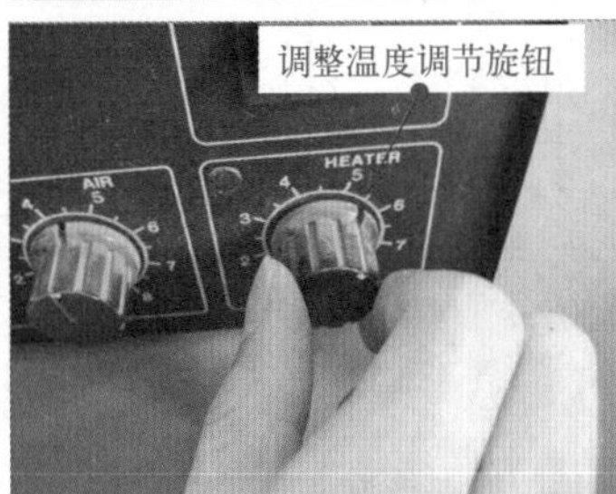
调整温度调节旋钮

图 6-14　电烙铁和热风焊机的特点及使用规范

热熔焊接的方式应用非常广泛，是电工必须掌握的基础技能之一。它主要是采用热熔锡焊的方式完成对小型分立元器件的焊接，这种焊接技术在元器件及电气部件的安装、代换作业中经常使用。

6.3.2 分立元器件的热熔焊

插接式电子元器件的引脚是焊接的关键部分，如图 6-15 所示，在焊接之前需要对引脚部分进行校直、清洁、弯折处理。

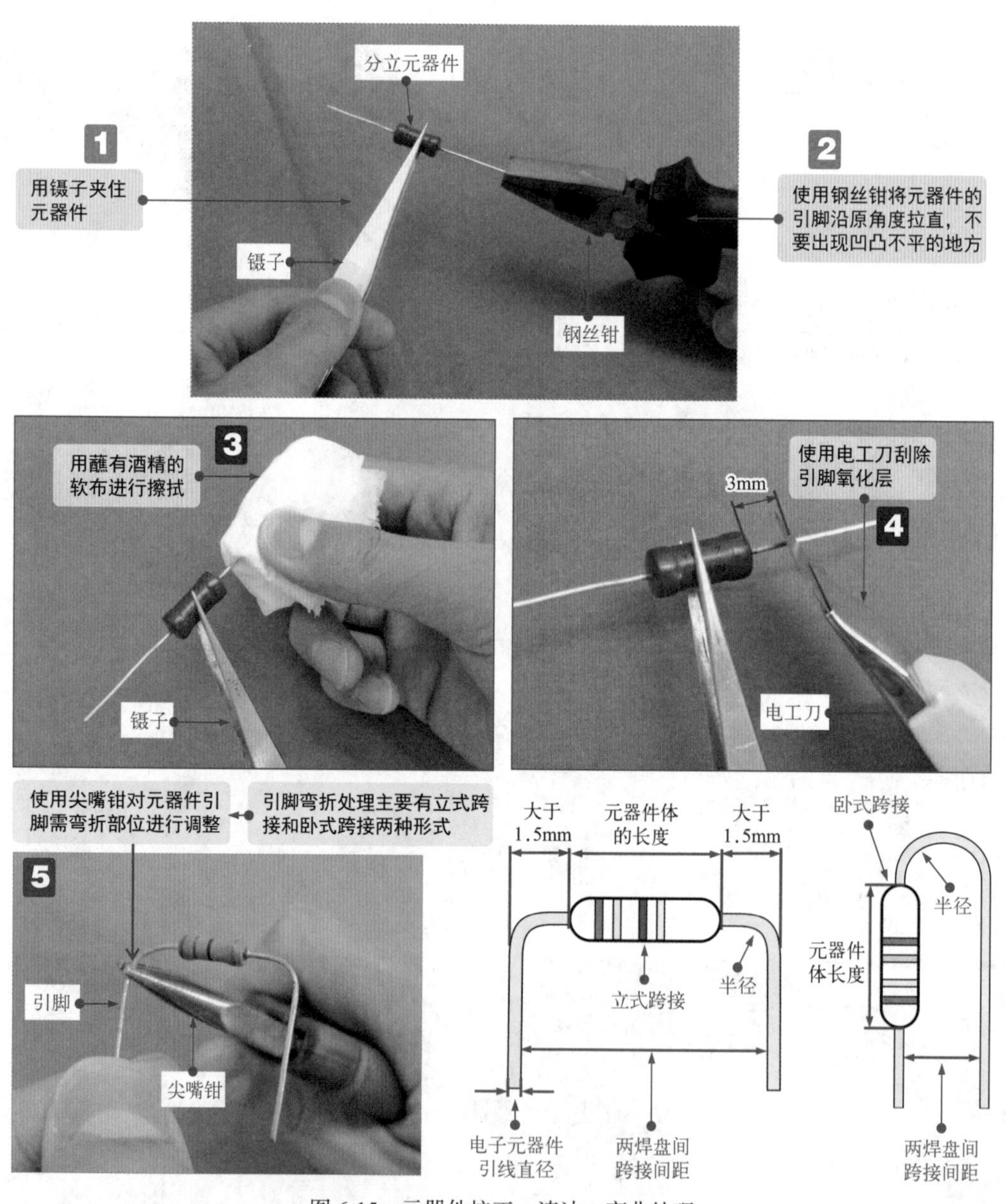
分立元器件
1
用镊子夹住元器件
镊子
2
使用钢丝钳将元器件的引脚沿原角度拉直，不要出现凹凸不平的地方
钢丝钳
3
用蘸有酒精的软布进行擦拭
镊子
使用电工刀刮除引脚氧化层
3mm
4
电工刀
使用尖嘴钳对元器件引脚需弯折部位进行调整
引脚弯折处理主要有立式跨接和卧式跨接两种形式
5
引脚
尖嘴钳
大于1.5mm
元器件体的长度
大于1.5mm
立式跨接
半径
电子元器件引线直径
两焊盘间跨接间距
卧式跨接
半径
元器件体长度
两焊盘间跨接间距

图 6-15 元器件校正、清洁、弯曲处理

对元器件引脚处理完成后，使用镊子夹住元器件外壳，将引脚对应插到电路板的插孔中，如图 6-16 所示。

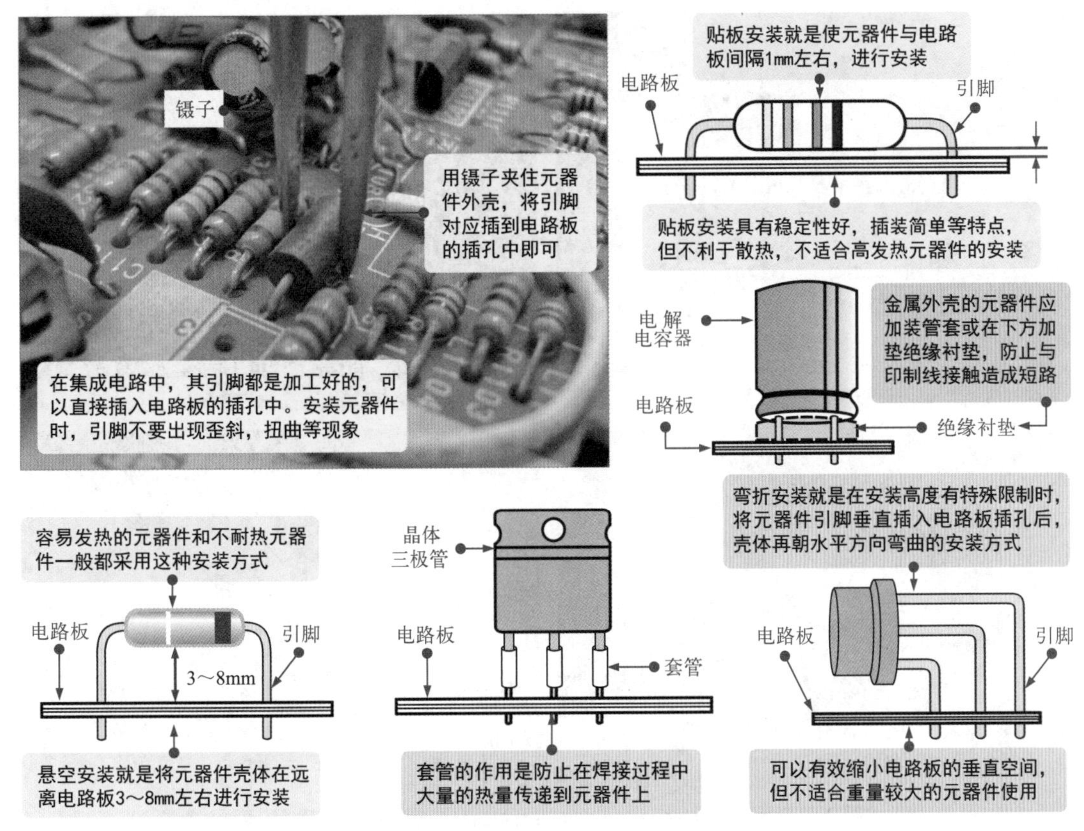
镊子
用镊子夹住元器件外壳，将引脚对应插到电路板的插孔中即可
在集成电路中，其引脚都是加工好的，可以直接插入电路板的插孔中。安装元器件时，引脚不要出现歪斜，扭曲等现象
贴板安装就是使元器件与电路板间隔1mm左右，进行安装
电路板
引脚
贴板安装具有稳定性好，插装简单等特点，但不利于散热，不适合高发热元器件的安装
电解电容器
金属外壳的元器件应加装管套或在下方加垫绝缘衬垫，防止与印制线接触造成短路
电路板
绝缘衬垫
容易发热的元器件和不耐热元器件一般都采用这种安装方式
电路板
引脚
3～8mm
悬空安装就是将元器件壳体在远离电路板3～8mm左右进行安装
晶体三极管
电路板
套管
套管的作用是防止在焊接过程中大量的热量传递到元器件上
弯折安装就是在安装高度有特殊限制时，将元器件引脚垂直插入电路板插孔后，壳体再朝水平方向弯曲的安装方式
电路板
引脚
可以有效缩小电路板的垂直空间，但不适合重量较大的元器件使用

图 6-16　分立元器件的插装方法

由于焊接工具工作温度很高，并且所使用的助焊剂挥发气体对人是有害的，因此焊接操作姿势的正确与否是非常重要的。图 6-17 为焊接操作的正确姿势。

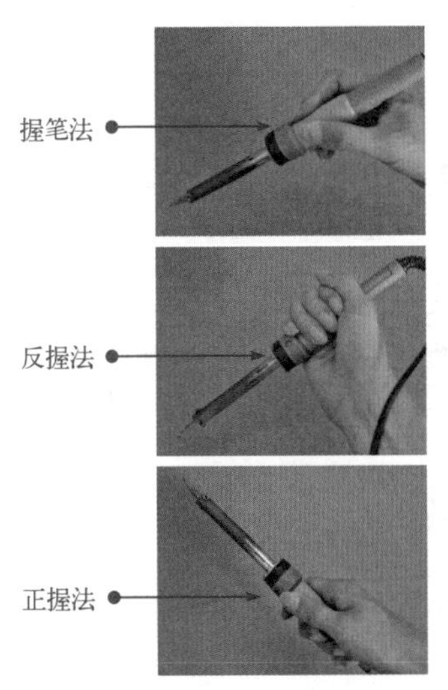
握笔法
反握法
正握法

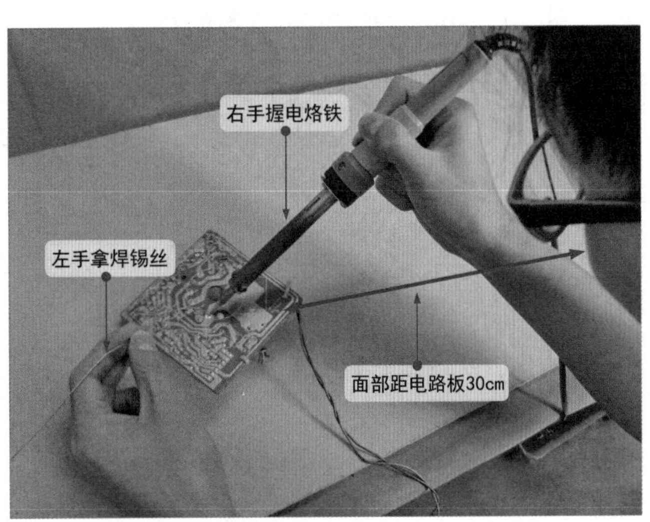
右手握电烙铁
左手拿焊锡丝
面部距电路板30cm

图 6-17　焊接操作的正确姿势

如图 6-18 所示，对元器件进行焊接时，将烙铁头接触焊接点，使焊接部位均匀受热。当焊锡完全润湿焊点，覆盖范围达到要求后，即可移开电烙铁。

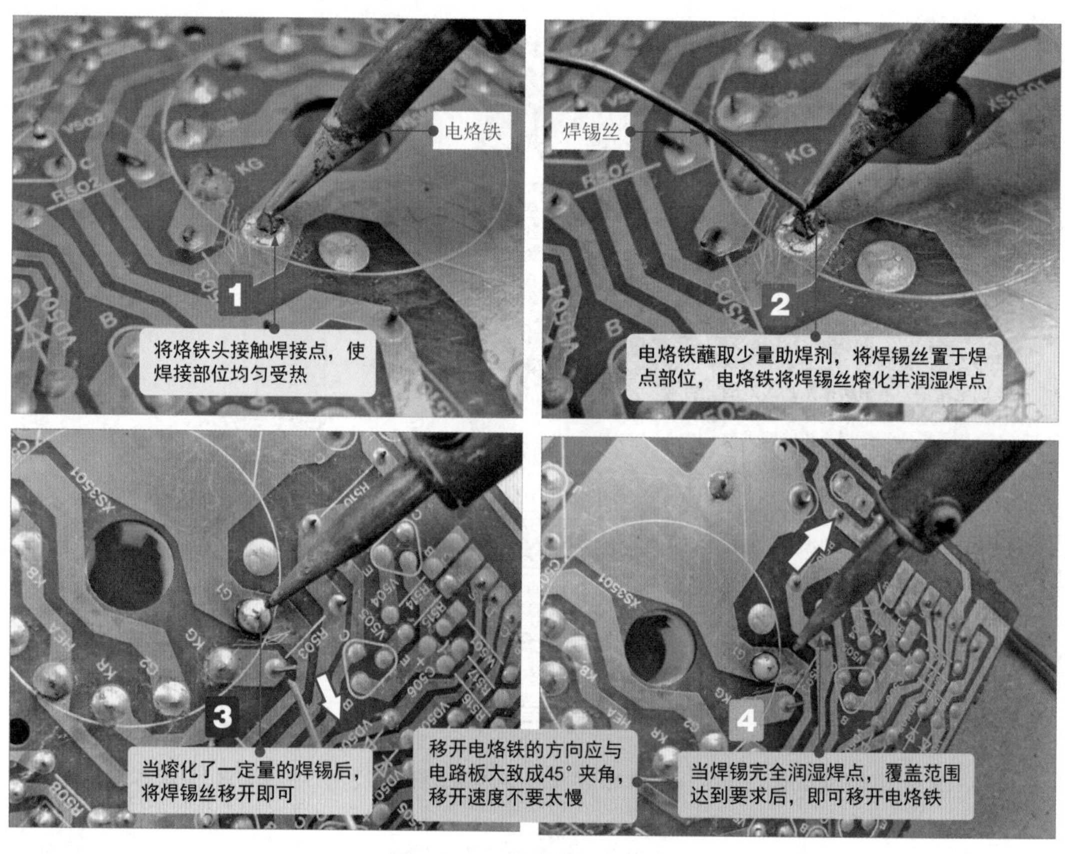
电烙铁
1
将烙铁头接触焊接点，使焊接部位均匀受热
焊锡丝
2
电烙铁蘸取少量助焊剂，将焊锡丝置于焊点部位，电烙铁将焊锡丝熔化并润湿焊点
3
当熔化了一定量的焊锡后，将焊锡丝移开即可
移开电烙铁的方向应与电路板大致成45° 夹角，移开速度不要太慢
4
当焊锡完全润湿焊点，覆盖范围达到要求后，即可移开电烙铁

图 6-18　元器件的焊接方法

提示说明

对于良好的焊点，焊料与被焊接金属界面上应形成牢固的合金层，才能保证良好的导电性能，且焊点也具备一定的机械强度。如图 6-19 所示，焊点的表面应光亮、均匀且干净清洁，不应有毛刺、空隙等瑕疵。

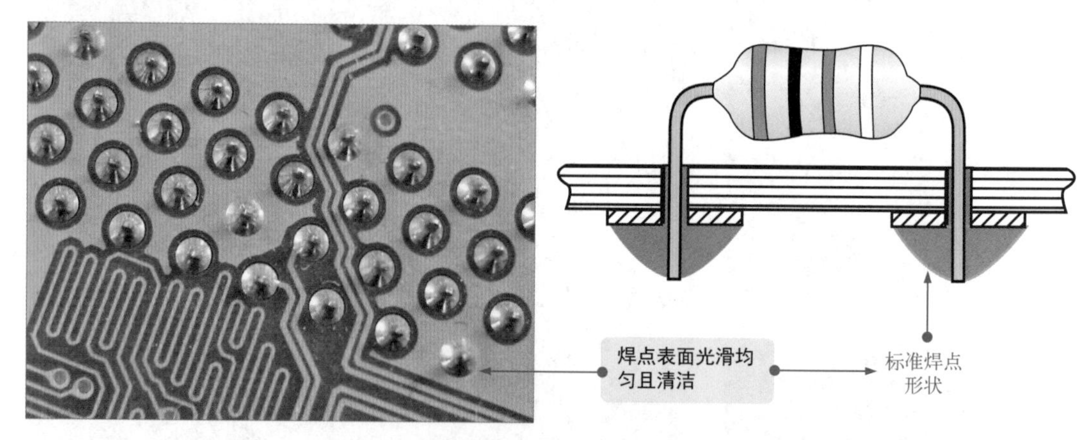
焊点表面光滑均匀且清洁
标准焊点形状

图 6-19　焊接良好的焊点

6.3.3　贴片元器件的吹焊

贴片元器件与分立元器件的功能相同，但体积较小、集成度高。由于贴片元器件都采用自动化安装，因此其引脚都已标准化，焊接之前无需对引脚进行加工。普通贴片元器件多采用热风焊枪吹焊的方式。

根据贴片元器件引脚的大小和形状，选择合适的焊枪嘴进行更换。如图 6-20 所示，使用十字螺钉旋具拧松焊枪嘴上的螺钉，更换焊枪嘴。

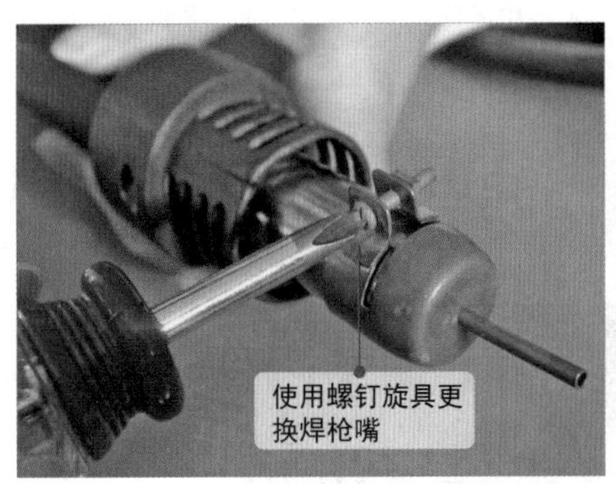
使用螺钉旋具更换焊枪嘴

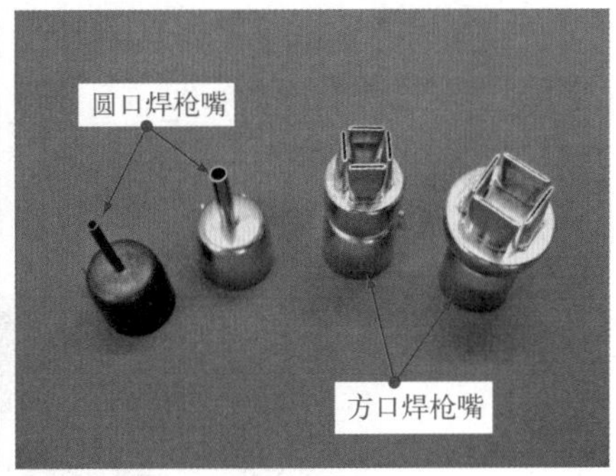
圆口焊枪嘴
方口焊枪嘴

图 6-20　更换焊枪嘴

提示说明

针对不同封装的贴片元器件时，需要更换不同型号的专用焊枪嘴，例如，普通贴片元器件需要使用圆口焊枪嘴；贴片集成电路则需要使用方口焊枪嘴。

在焊接元器件的位置上涂上一层助焊剂，然后将元器件放置在规定位置上，可用镊子微调元器件的位置，如图 6-21 所示。若焊点的焊锡过少，可先熔化一些焊锡再涂抹助焊剂。

蘸有助焊剂的棉签
在焊点及其周围涂抹助焊剂

图 6-21　涂抹助焊剂

接下来打开热风焊机上的电源开关，对热风焊枪的加热温度和送风量进行调整。对于贴片元器件，选择较高的温度和较小的风量即可满足焊接要求。将温度调节旋钮调至 5 ～ 6 挡，风量调节旋钮调至 1 ～ 2 挡，如图 6-22 所示。

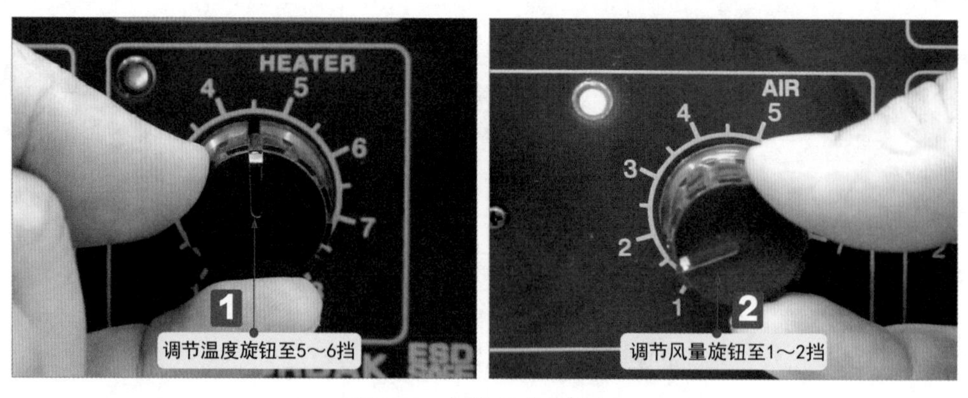
HEATER
AIR
1
调节温度旋钮至5～6挡
2
调节风量旋钮至1～2挡

图 6-22　调节温度和风度

当热风焊机预热完成后，将焊枪垂直悬空置于元器件引脚上方，对引脚进行加热，加热过程中，焊枪嘴在各引脚间做往复移动，均匀加热各引脚，如图 6-23 所示。当引脚焊料熔化后，先移开热风焊枪，待焊料凝固后，再移开镊子。

焊枪垂直悬空，与元器件保持一定距离
镊子
往复移动焊枪嘴，均匀加热各引脚

图 6-23　焊接贴片元器件

提示说明

对于贴片元器件，焊点要保证平整，焊锡要适量，不要太多，以免出现连焊，如图 6-24 所示。

焊点有虚焊现象
焊点有连焊现象
焊点平整牢固，不应有连焊

图 6-24　虚焊和连焊现象

第7章 电工布线与设备安装

7.1 明敷线缆

7.1.1 瓷夹配线的明敷

瓷夹配线也称为夹板配线，是指用瓷夹板来支持导线，使导线固定并与建筑物绝缘的一种配线方式。

如图 7-1 所示，固定瓷夹时，可将其埋设在固件上，也可使用胀管螺钉固定。用胀管螺钉固定时，应先在需要固定的位置上进行钻孔，孔的大小应与胀管粗细相同，其深度略长于胀管螺钉的长度，然后将胀管螺钉放入瓷夹底座的固定孔内，进行固定，接着将导线固定在瓷夹的线槽内，最后使用螺钉固定好瓷夹的上盖即可。

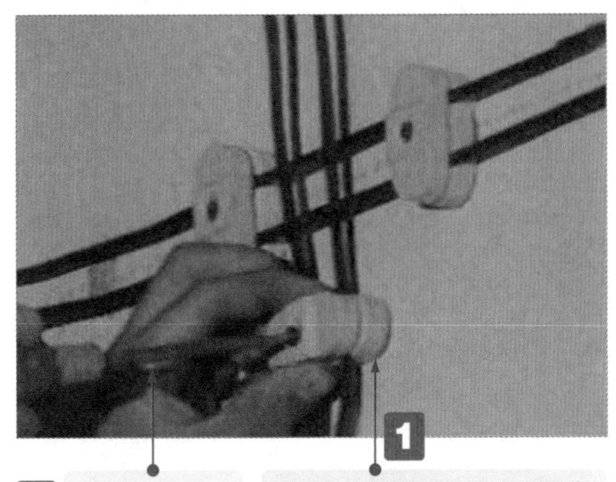

1
2
用螺钉固定好瓷夹的上盖
将瓷夹底座用胀管螺钉进行固定，并将导线固定在瓷夹的线槽内

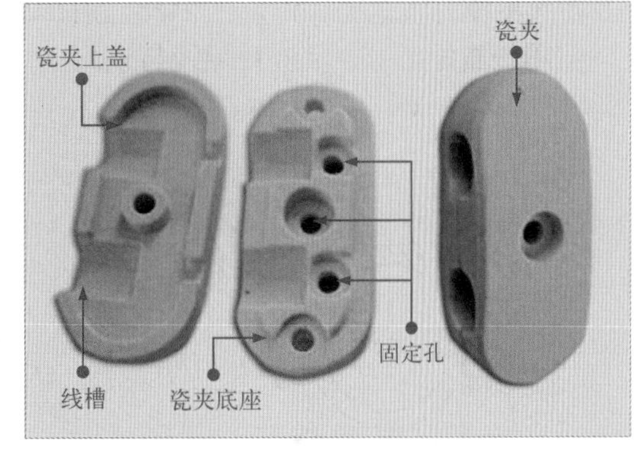

瓷夹上盖
瓷夹
固定孔
线槽
瓷夹底座
用胀管螺钉固定时，应先在需要固定的位置上钻孔，孔的大小应与胀管粗细相同，其深度略长于胀管螺钉的长度

图 7-1 瓷夹的固定

瓷夹配线时，通常会遇到一些障碍，如水管、蒸汽管或转角等。对于该类情况在操作时，应进行相应的保护，如图 7-2 所示。

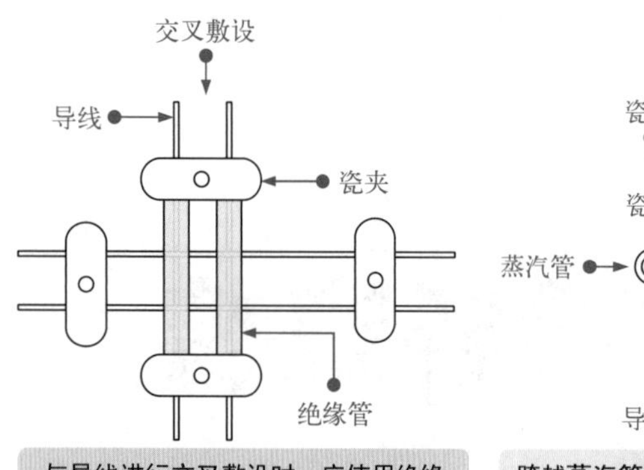
交叉敷设
导线
瓷夹
绝缘管

与导线进行交叉敷设时，应使用绝缘管对导线进行保护，在绝缘管的两端导线上用瓷夹夹牢，防止塑料管移动

跨越蒸汽管敷设
瓷夹
瓷管
蒸汽管
20mm
导线

跨越蒸汽管时，应使用瓷管对导线进行保护，瓷管与蒸汽管保温层外须有20mm的距离

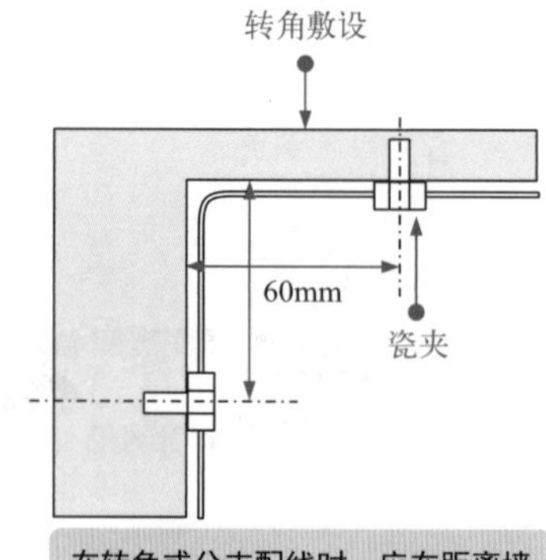
转角敷设
60mm
瓷夹

在转角或分支配线时，应在距离墙面40～60mm处安装一个瓷夹，用来固定线路

图 7-2　瓷夹配线

使用瓷夹配线时，若是需要连接导线时，要将其连接头尽量安装在两瓷夹的中间，避免将导线的接头压在瓷夹内。而且使用瓷夹在室内配线时，绝缘导线与建筑物表面的最小距离不应小于 5mm；使用瓷夹在室外配线时，不能应用在雨雪能够落到导线上的地方进行敷设。

若线路穿墙进户时，一根瓷管内只能穿一根导线，并应有一定的倾斜度。若穿过楼板，应使用保护钢管，并且在楼上距离地面的钢管高度应为 1.8m。

7.1.2　瓷瓶配线的明敷

瓷瓶配线也称为绝缘子配线，是利用瓷瓶支撑并固定导线的一种配线方法，常用于线路的明敷。瓷瓶配线绝缘效果好，机械强度大，主要适用于用电量较大而且较潮湿的场合，允许导线截面积较大。通常情况下，当导线截面积在 $25mm^2$ 以上时，可以使用瓷瓶进行配线。

使用瓷瓶配线时，需要将导线与瓷瓶进行绑扎。在绑扎时通常会采用双绑、单绑以及绑回头几种方式，如图 7-3 所示。

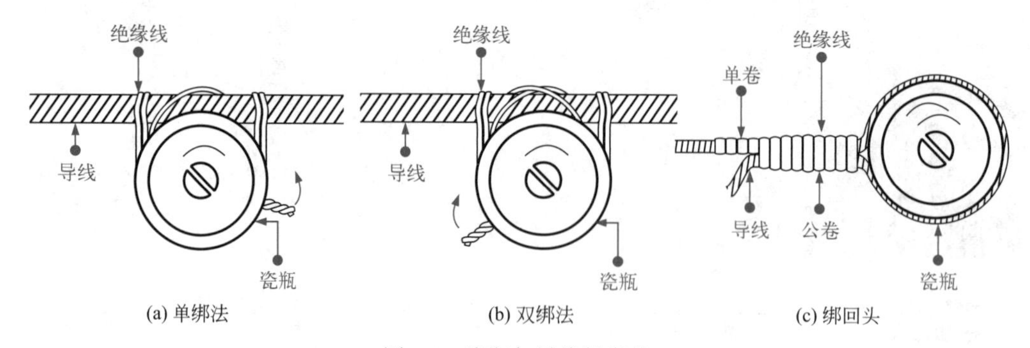
绝缘线
导线
瓷瓶
(a) 单绑法
绝缘线
导线
瓷瓶
(b) 双绑法
绝缘线
单卷
导线
公卷
瓷瓶
(c) 绑回头

图 7-3　瓷瓶与导线的绑扎

单绑方式通常用于不受力瓷瓶或导线截面积在 $6mm^2$ 及以下的绑扎；双绑方式通常用于受力瓷瓶的绑扎，或导线的截面积在 $10mm^2$ 以上的绑扎；绑回头的方式通常是用于终端导线与瓷瓶的绑扎。

瓷瓶配线的过程中，难免会遇到导线之间的分支、交叉或是拐角等操作，对于该类情况进行配线时，应按照相关的规范进行操作，如图 7-4 所示。

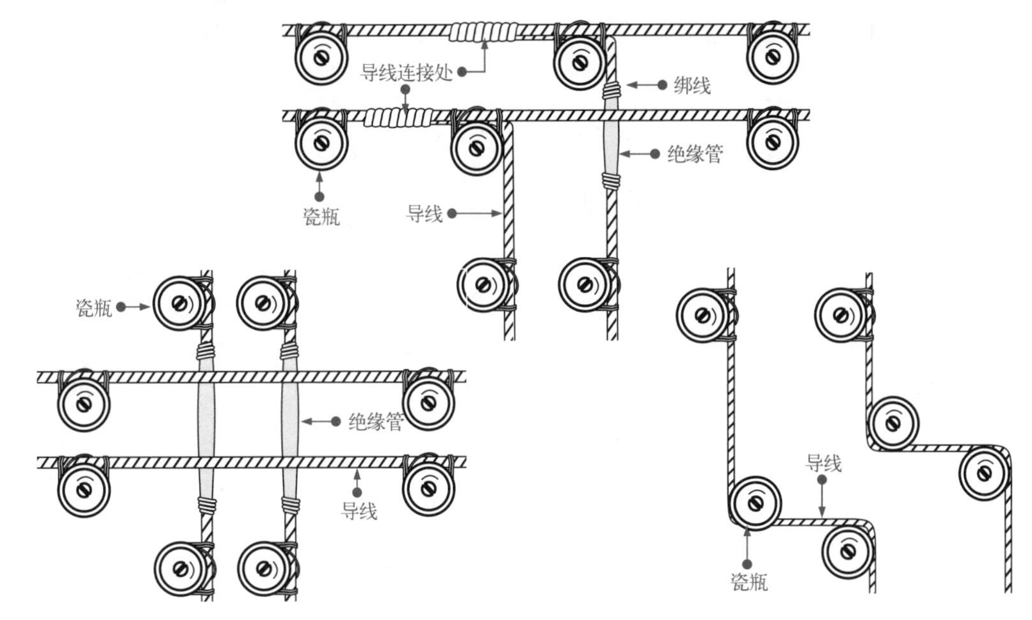
导线连接处
绑线
绝缘管
瓷瓶
导线
瓷瓶
绝缘管
导线
导线
瓷瓶

图 7-4　瓷夹配线

提示说明

导线在分支操作时，需要在分支点处设置瓷瓶，以支撑导线，不使导线受到其他张力。导线相互交叉时，应在距建筑物较近的导线上套绝缘保护管；导线在同一平面内进行敷设时，若遇到有弯曲的情况，瓷瓶需要装设在导线曲折角的内侧。

7.1.3　金属管配线的明敷

金属管配线是指使用金属材质的管制品，将线路敷设于相应的场所，是一种常见的配线方式，室内和室外都适用。采用金属管配线可以使导线能够很好地受到保护，并且能减少因线路短路而发生火灾的可能性。

金属管明敷配线时，有时要根据敷设现场的环境要求对金属管进行弯管操作，使其能够适应当前的需要，如图 7-5 所示。

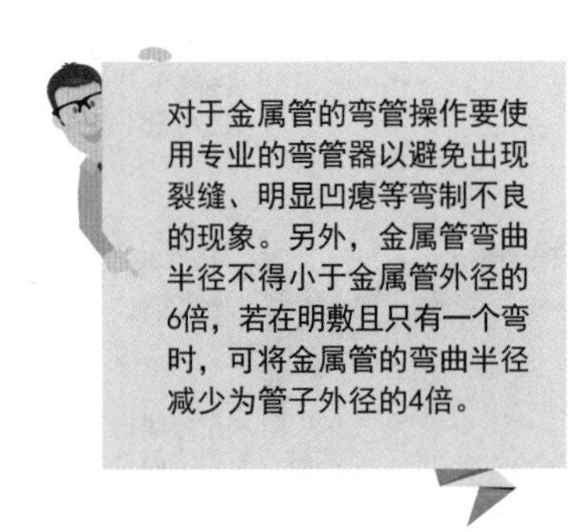
对于金属管的弯管操作要使用专业的弯管器以避免出现裂缝、明显凹瘪等弯制不良的现象。另外，金属管弯曲半径不得小于金属管外径的6倍，若在明敷且只有一个弯时，可将金属管的弯曲半径减少为管子外径的4倍。

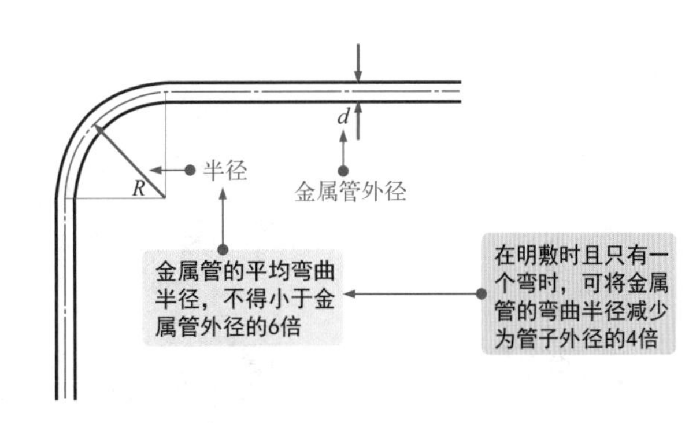
d
R
半径
金属管外径
金属管的平均弯曲半径，不得小于金属管外径的6倍
在明敷时且只有一个弯时，可将金属管的弯曲半径减少为管子外径的4倍

图 7-5　金属管弯头的操作

金属管配线明敷中，若管路较长或有较多弯头时，则需要适当加装接线盒，通常对于无弯头情况，金属管的长度不应超过 30m；对于有一个弯头情况，金属管的长度不应超过 20m；对于有两个弯头情况，金属管的长度不应超过 15m；对于有三个弯头情况，金属管的长度不应超过 8m，如图 7-6 所示。

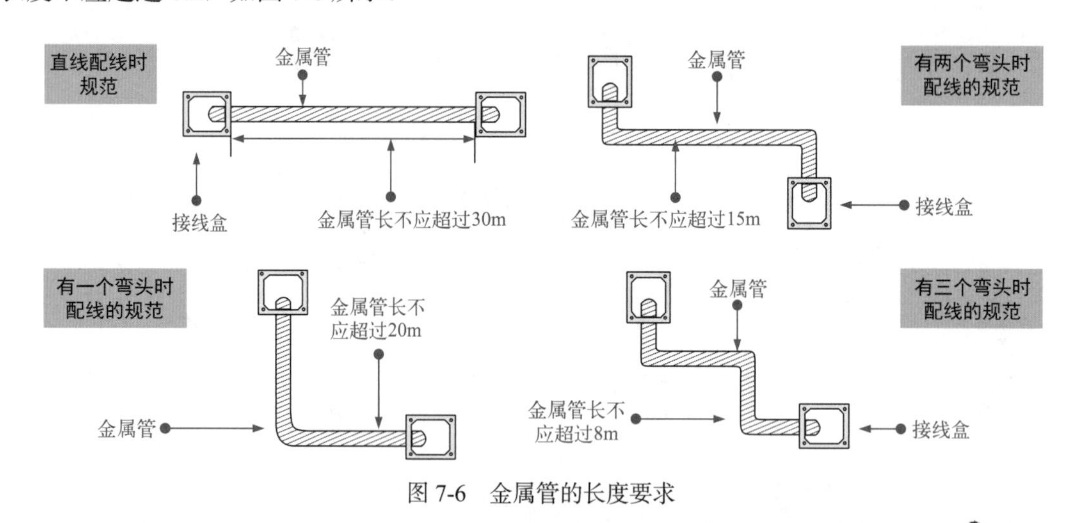
直线配线时规范
金属管
接线盒
金属管长不应超过30m
金属管
有两个弯头时配线的规范
接线盒
金属管长不应超过15m
有一个弯头时配线的规范
金属管长不应超过20m
金属管
金属管
有三个弯头时配线的规范
金属管长不应超过8m
接线盒

图 7-6　金属管的长度要求

7.1.4　塑料线槽配线的明敷

塑料线槽明敷配线时，其内部的导线填充率及载流导线的根数，应满足导线的安全散热要求，并且在塑料线槽的内部不可以有接头、分支接头等。若有接头的情况，可以使用接线盒进行连接，如图 7-7 所示。

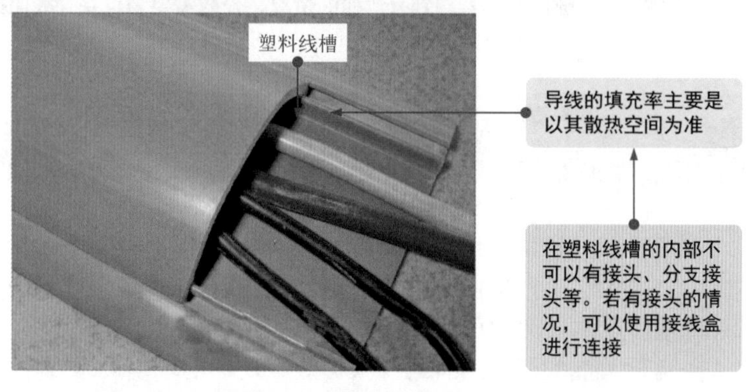
塑料线槽
导线的填充率主要是以其散热空间为准
在塑料线槽的内部不可以有接头、分支接头等。若有接头的情况，可以使用接线盒进行连接

图 7-7　塑料线槽配线

如图 7-8 所示，线缆水平敷设在塑料线槽中可以不绑扎，其槽内的缆线应顺直，尽量不要交叉，在导线进出线槽的部位以及拐弯处应绑扎固定。

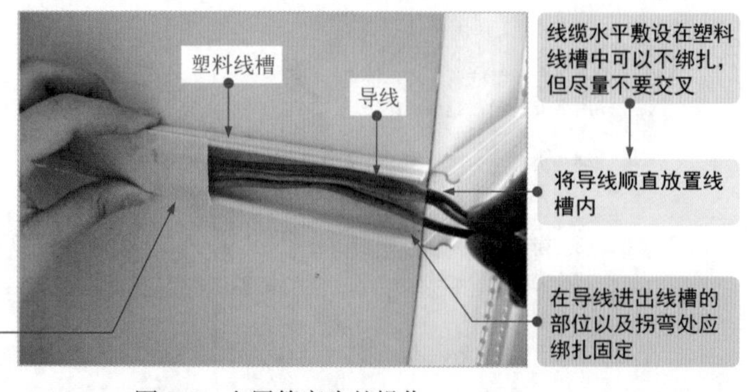
塑料线槽
导线
线缆水平敷设在塑料线槽中可以不绑扎，但尽量不要交叉
将导线顺直放置线槽内
在导线进出线槽的部位以及拐弯处应绑扎固定
若导线在线槽内是垂直配线时，应每间隔1.5m固定一次

图 7-8　金属管弯头的操作

提示说明

有些电工为了节省成本和劳动，将强电导线和弱电导线放置在同一线槽内进行敷设，这样会对弱电设备的通信传输造成影响，是非常错误的行为。另外线槽内的线缆也不宜过多，通常规定在线槽内的导线或是电缆的总截面积不应超过线槽内总截面积的20%。

如图7-9所示，固定线槽时，其固定点之间的距离应根据线槽的规格而定。

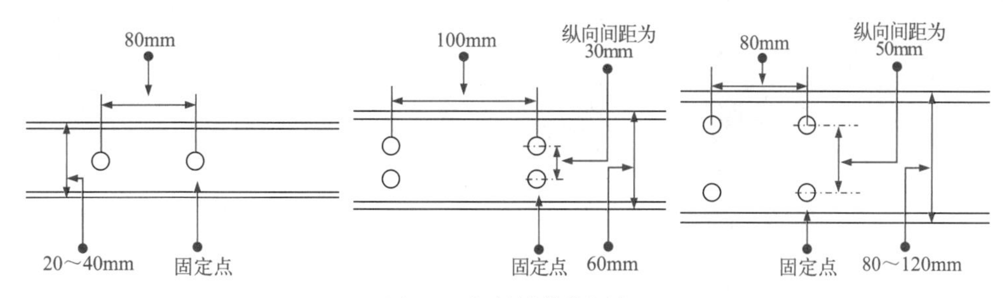
80mm
20～40mm
固定点
100mm
纵向间距为30mm
固定点
60mm
80mm
纵向间距为50mm
固定点
80～120mm

图7-9　塑料线槽的固定

提示说明

塑料线槽的宽度为20～40mm时，其两固定点间的最大距离应为80mm，可采用单排固定法；若塑料线槽的宽度为60mm时，其两固定点的最大距离应为100mm，可采用双排固定法并且固定点纵向间距为30mm；若塑料线槽的宽度为80～120mm时，其固定点之间的距离应为80mm，可采用双排固定法并且固定点纵向间距为50mm。

7.1.5　钢索配线的明敷

钢索配线方式就是指钢索上吊瓷柱配线、吊钢管配线或是塑料护套线配线，同时灯具也可以吊装在钢索上，通常应用于房顶较高的生产厂房内，可以降低灯具安装的高度，提高被照面的亮度，也方便照明灯的布置。

在钢索配线过程中，若钢索的长度不超过50m，可在钢索的一端使用花篮螺栓进行连接；若钢索的长度超过50m时，钢索的两端应均安装花篮螺栓；且钢索的长度每超过50m时，应在中间加装一个花篮螺栓进行连接。图7-10为钢索配线的连接操作。

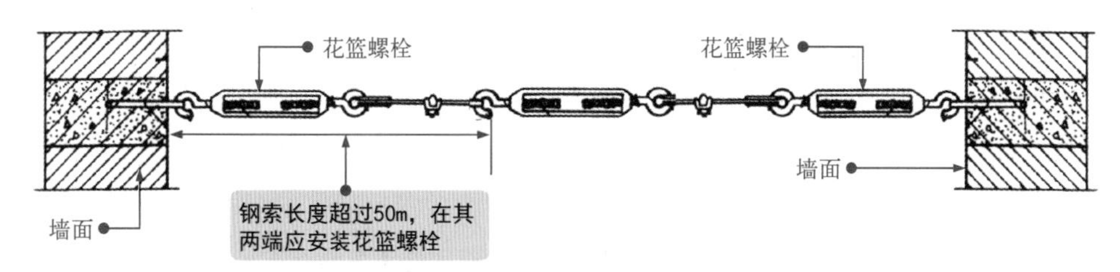
花篮螺栓
花篮螺栓
墙面
墙面
钢索长度超过50m，在其两端应安装花篮螺栓

图7-10　钢索配线的连接操作

钢索配线敷设后，其导线的弧度（弧垂）不应大于0.1m，如不能达到时，应增加吊钩，并且钢索吊钩间的最大间距不超过12m，导线或灯具在钢索上安装时，钢索应能承受全部负载。图7-11为钢索配线时导线的固定。

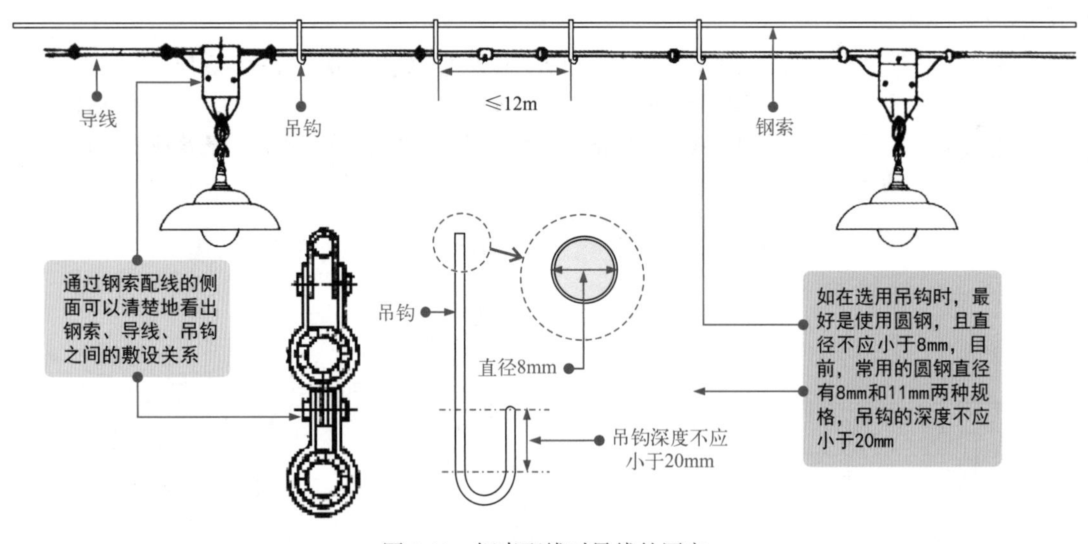
导线
吊钩
≤12m
钢索
通过钢索配线的侧面可以清楚地看出钢索、导线、吊钩之间的敷设关系
吊钩
直径8mm
吊钩深度不应小于20mm
如在选用吊钩时，最好是使用圆钢，且直径不应小于8mm，目前，常用的圆钢直径有8mm和11mm两种规格，吊钩的深度不应小于20mm

图 7-11　钢索配线时导线的固定

7.2 暗敷线缆

7.2.1 金属管配线的暗敷

暗敷是指将导线穿管并埋设在墙内、地板下或顶棚内进行配线。金属管配线暗敷主要是指将导线穿于金属管内，然后埋设在墙内或是地板下的一种配线敷设方式。

金属管暗敷通常采用直埋操作，为了减小直埋管在沉陷时连接管口处对导线的剪切力，在加工金属管管口时可以将其做成喇叭形，如图 7-12 所示，若是将金属管口伸出地面时，应距离地面 25 ～ 50mm。

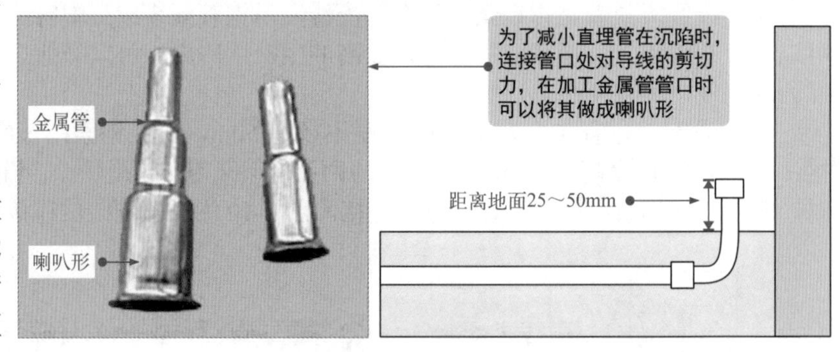
金属管
喇叭形
为了减小直埋管在沉陷时，连接管口处对导线的剪切力，在加工金属管管口时可以将其做成喇叭形
距离地面25～50mm

图 7-12　金属管管口的操作

提示说明

金属管暗敷配线若遇到弯头情况，金属管弯头弯曲的半径不应小于管外径的 6 倍；敷设于地下或是混凝土的楼板时，金属管的弯曲半径不应小于管外径的 10 倍。

金属管暗敷转角应大于 90°。为了便于导线的穿过，敷设金属管时，每根金属管的转弯点不应多于两个，并且不可以有 S 形拐角。

由于金属管暗敷配线内部穿线的难度较大，所以选用的管径要大一点，一般管内填充物最多为总空间的 30% 左右。

在连接金属管时，可使用管箍连接，也可以使用接线盒进行连接，如图 7-13 所示。

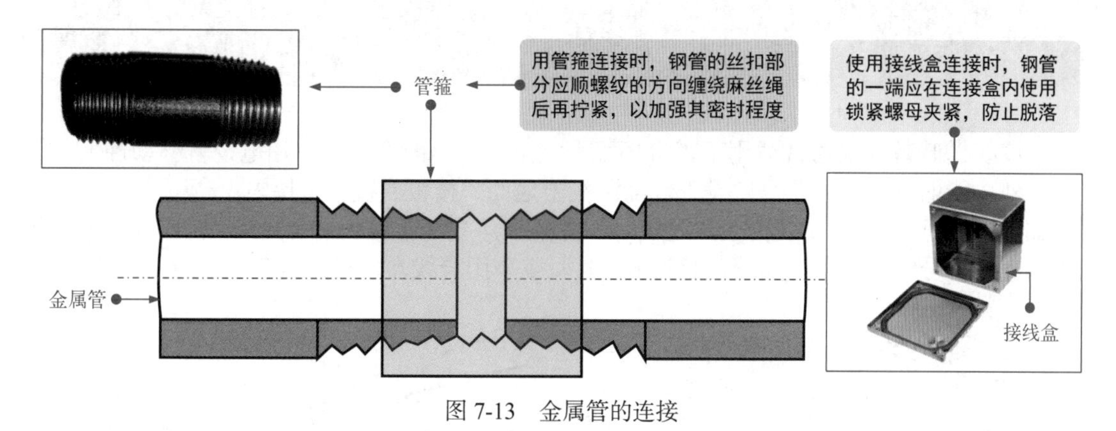

管箍
用管箍连接时，钢管的丝扣部分应顺螺纹的方向缠绕麻丝绳后再拧紧，以加强其密封程度
使用接线盒连接时，钢管的一端应在连接盒内使用锁紧螺母夹紧，防止脱落
金属管
接线盒

图 7-13　金属管的连接

7.2.2　塑料线管配线的暗敷

塑料线管暗敷设是指将塑料线管埋入墙壁内的一种配线方式。塑料线管暗敷配线时，一般在土建砌砖时预埋，否则应先在砖墙上留槽或开槽，然后在砖缝里打入木榫并钉上钉子，再用铁丝将线管绑扎在钉子上，并进一步将钉子钉入墙中加以固定。另外，暗敷线管管壁的厚度应不小于 3mm。如图 7-14 所示，为了便于导线的穿越，塑料线管的弯头部分要有明显的圆弧，角度一般不应小于 90°，不可以出现管内弯瘪的现象。

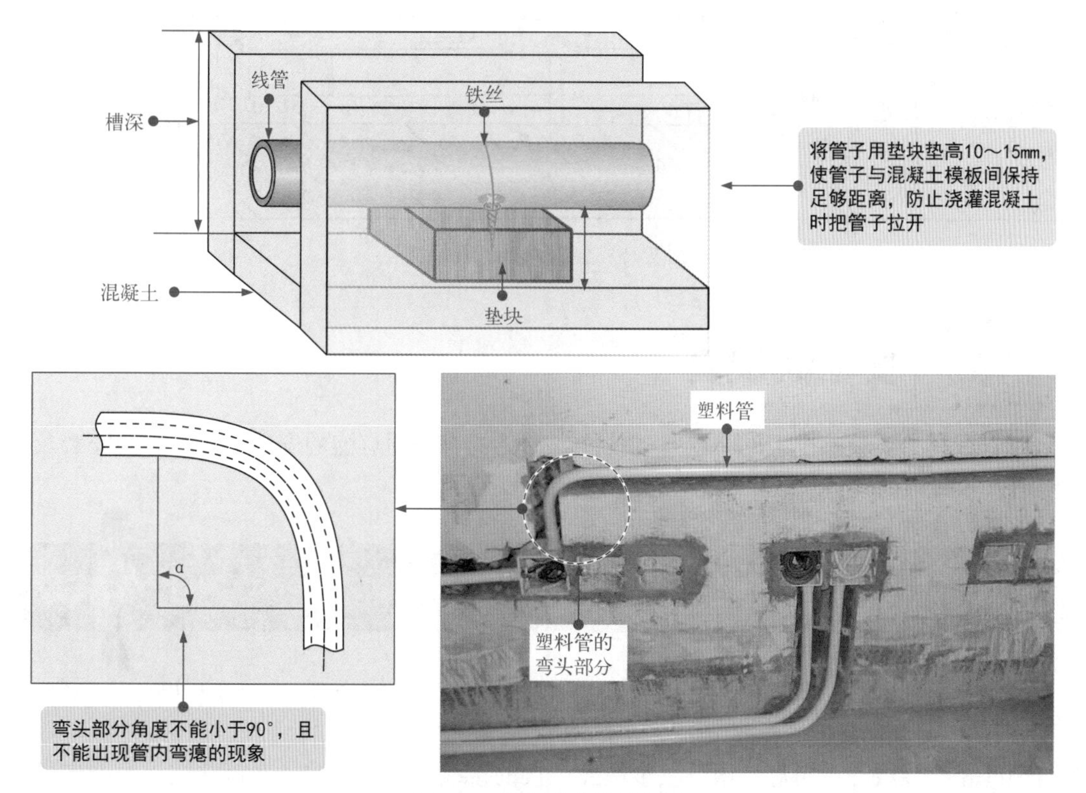

线管
铁丝
槽深
将管子用垫块垫高10～15mm，使管子与混凝土模板间保持足够距离，防止浇灌混凝土时把管子拉开
混凝土
垫块
塑料管
α
塑料管的弯头部分
弯头部分角度不能小于90°，且不能出现管内弯瘪的现象

图 7-14　塑料线管暗敷配线

7.2.3 金属线槽配线的暗敷

金属线槽暗敷配线通常适用于正常环境下大空间且隔断变化多、用电设备移动性大或敷设有多种功能的场所，主要是敷设于现浇混凝土地面、楼板或楼板垫层内。

如图 7-15 所示，金属线槽暗敷配线时，为便于穿线，金属线槽在交叉 / 转弯或是分支处配线时应设置分线盒；若线路长度超过 6m 时，应采用分线盒进行连接。

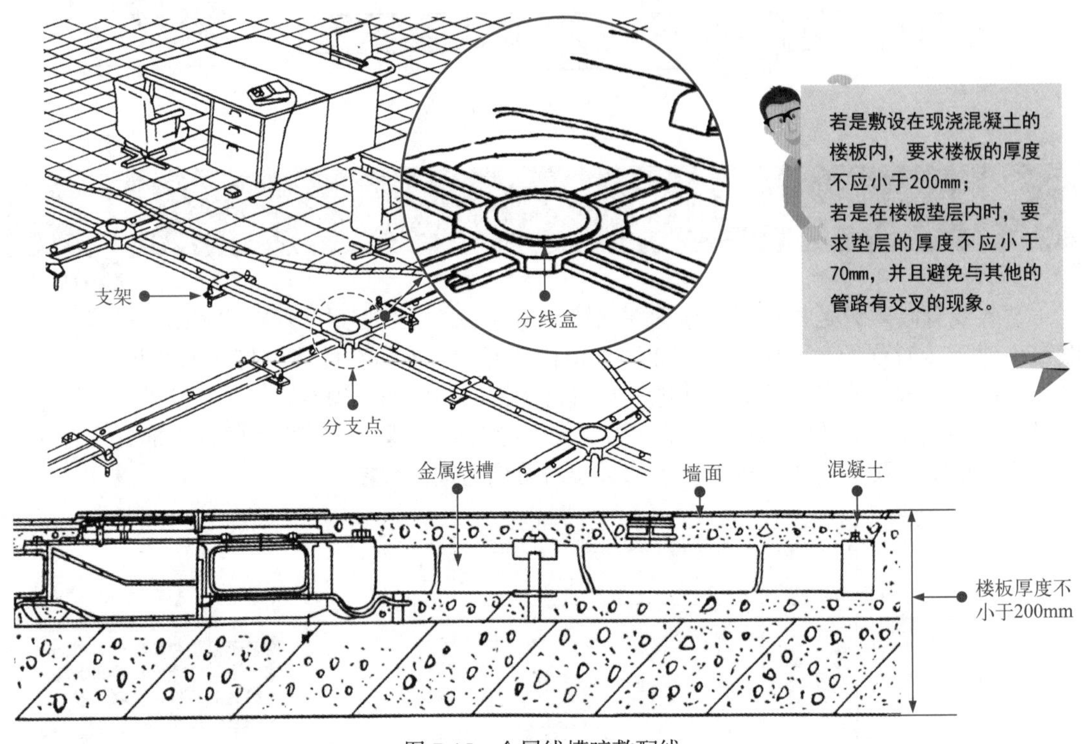
支架
分线盒
分支点
若是敷设在现浇混凝土的楼板内，要求楼板的厚度不应小于200mm；
若是在楼板垫层内时，要求垫层的厚度不应小于70mm，并且避免与其他的管路有交叉的现象。
金属线槽
墙面
混凝土
楼板厚度不小于200mm

图 7-15 金属线槽暗敷配线

7.3 安装照明灯具

照明灯具的安装是电工的一项基础技能。常见的有照明灯泡的安装、日光灯的安装及节能灯的安装等。

7.3.1 普通照明灯泡的安装

采用普通照明灯泡照明是最常见的一种照明方式，这种照明灯具的安装操作比较简单，如图 7-16 所示，在照明灯座的顶端，有两个接线柱，其中与灯口内顶部铜片连接的接线柱是灯座的相线接线柱；与灯口内螺纹金属套连接的接线柱是灯座的零线接线柱。这两个接线柱分别用以连接供电线的相线和零线。

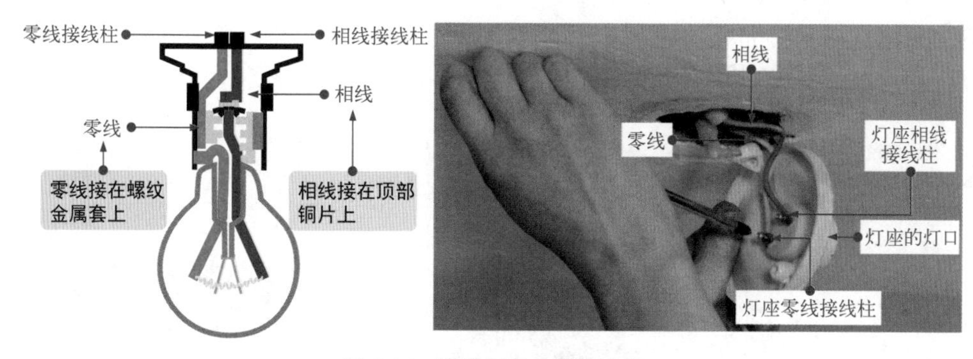
零线接线柱
相线接线柱
相线
零线
零线接在螺纹金属套上
相线接在顶部铜片上
相线
零线
灯座相线接线柱
灯座的灯口
灯座零线接线柱

图 7-16　照明灯座的安装连接

接下来，如图 7-17 所示，拧紧灯座两侧的固定螺钉，使灯座固定牢固，然后将灯泡由灯口顺时针旋入，直至旋紧在灯座的灯口中，照明灯具安装完毕。

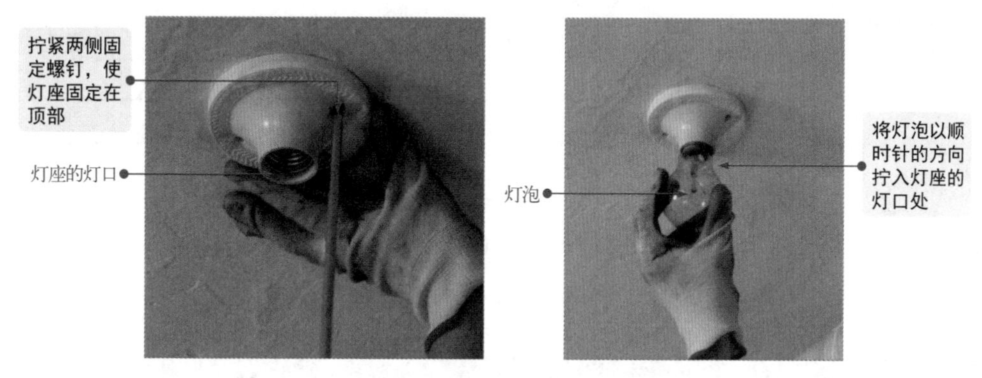
拧紧两侧固定螺钉，使灯座固定在顶部
灯座的灯口
灯泡
将灯泡以顺时针的方向拧入灯座的灯口处

图 7-17　普通照明灯泡的安装

7.3.2　日光灯的安装

日光灯是室内常用的照明工具，可满足家庭、办公、商场、超市等场所的照明需要，应用范围十分广泛。图 7-18 为日光灯的安装示意图。

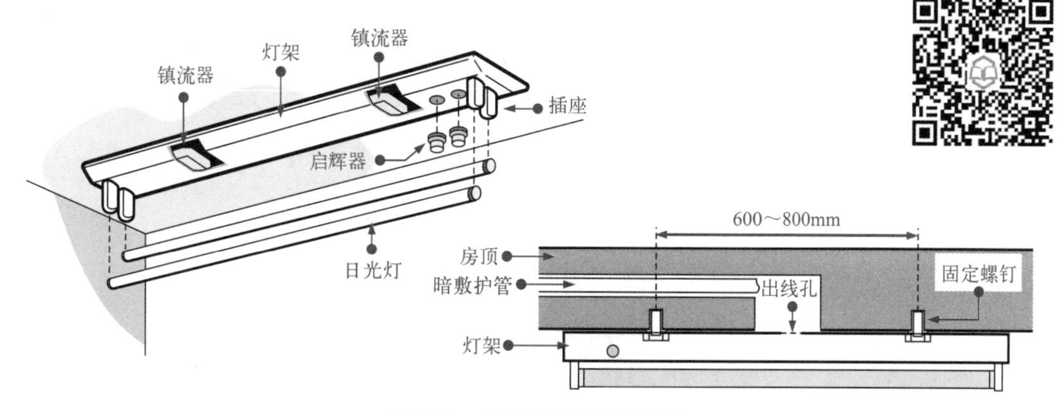
镇流器
灯架
镇流器
插座
启辉器
日光灯
600～800mm
房顶
暗敷护管
出线孔
固定螺钉
灯架

图 7-18　日光灯的安装示意图

日光灯的线路连接如图 7-19 所示。将布线时预留的照明支路线缆与灯架内的电线相连；将相线与镇流器连接线进行连接；零线与日光灯灯架连接线进行连接。

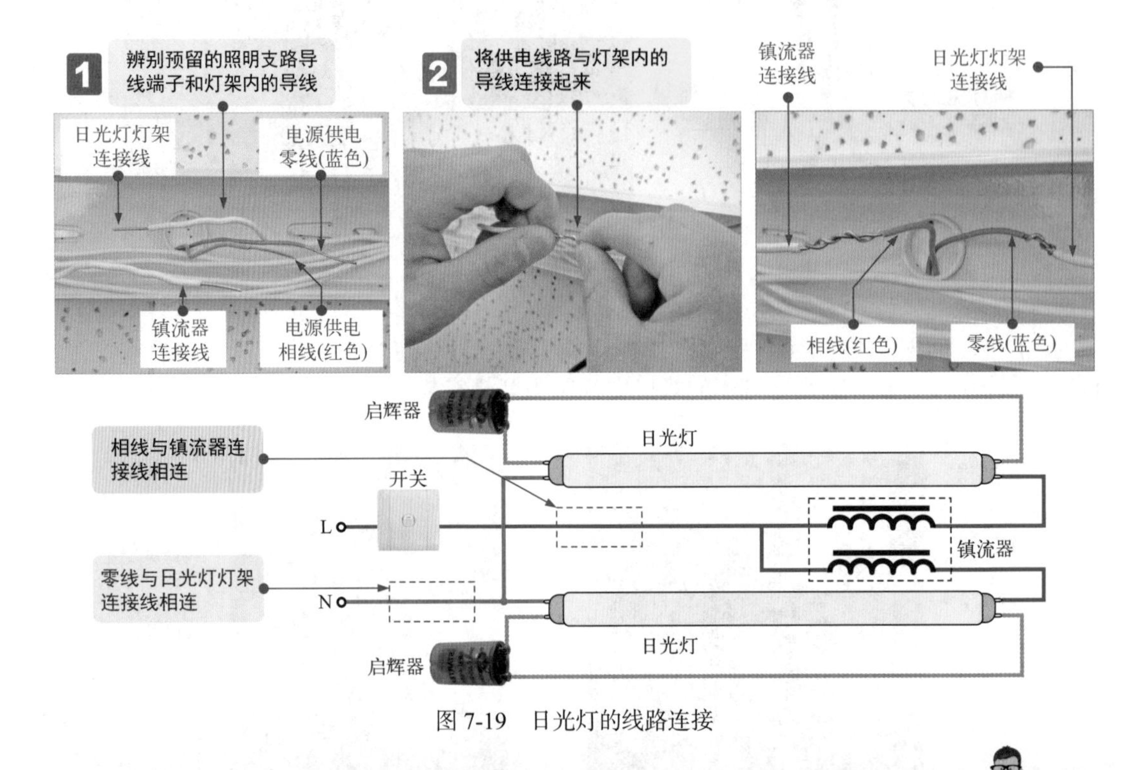
1
辨别预留的照明支路导线端子和灯架内的导线
日光灯灯架连接线
电源供电零线(蓝色)
镇流器连接线
电源供电相线(红色)
2
将供电线路与灯架内的导线连接起来
镇流器连接线
日光灯灯架连接线
相线(红色)
零线(蓝色)
启辉器
日光灯
相线与镇流器连接线相连
开关
L
镇流器
零线与日光灯灯架连接线相连
N
日光灯
启辉器

图 7-19 日光灯的线路连接

7.3.3 节能灯的安装

节能灯的安装方式与照明灯泡的安装类似。图 7-20 为节能灯的安装。

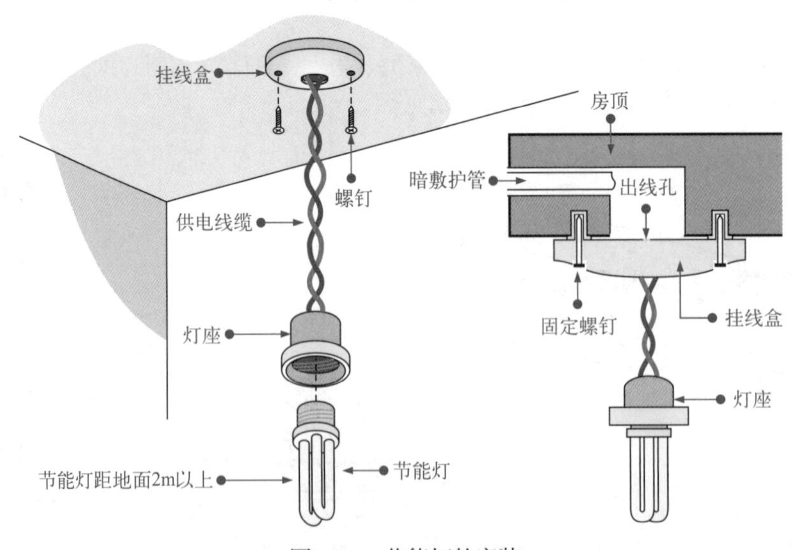
挂线盒
螺钉
供电线缆
灯座
节能灯
节能灯距地面2m以上
房顶
暗敷护管
出线孔
固定螺钉
挂线盒
灯座

图 7-20 节能灯的安装

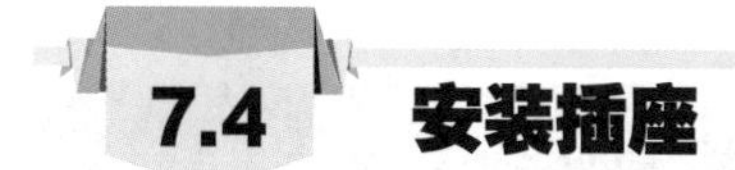

7.4 安装插座

7.4.1　电源插座的安装

电源插座的安装是将入户的供电线引入接线盒中与电源插座进行连接，并将电源插座固定在接线盒上。以常用五孔电源插座为例，图 7-21 为其接线关系图。

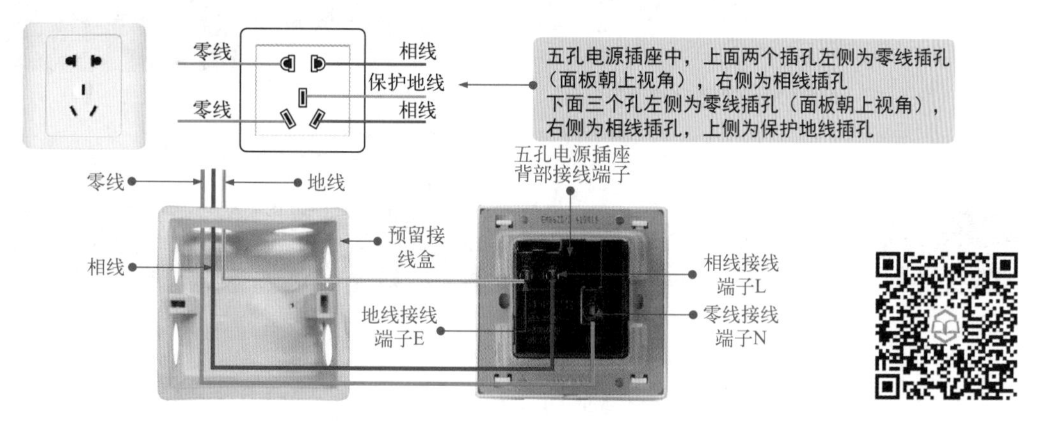

零线
相线
保护地线
零线
相线
五孔电源插座中，上面两个插孔左侧为零线插孔（面板朝上视角），右侧为相线插孔
下面三个孔左侧为零线插孔（面板朝上视角），右侧为相线插孔，上侧为保护地线插孔
五孔电源插座背部接线端子
零线
地线
预留接线盒
相线
相线接线端子L
零线接线端子N
地线接线端子E

图 7-21　五孔电源插座的接线关系

图 7-22 为五孔电源插座的安装方法。

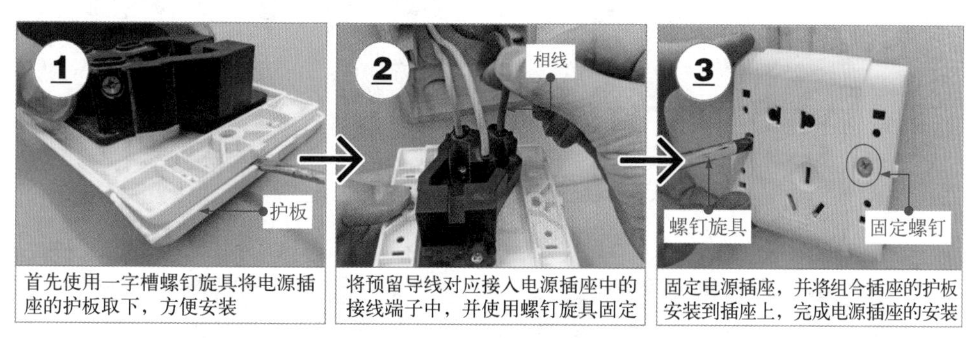

1
护板
首先使用一字槽螺钉旋具将电源插座的护板取下，方便安装
2
相线
将预留导线对应接入电源插座中的接线端子中，并使用螺钉旋具固定
3
螺钉旋具
固定螺钉
固定电源插座，并将组合插座的护板安装到插座上，完成电源插座的安装

图 7-22　五孔电源插座的安装方法

提示说明

常见的电源插座还有三孔电源插座、带开关的电源插座，其安装方法与五孔电源插座相同，不同的是接线的具体关系，如图 7-23 所示。

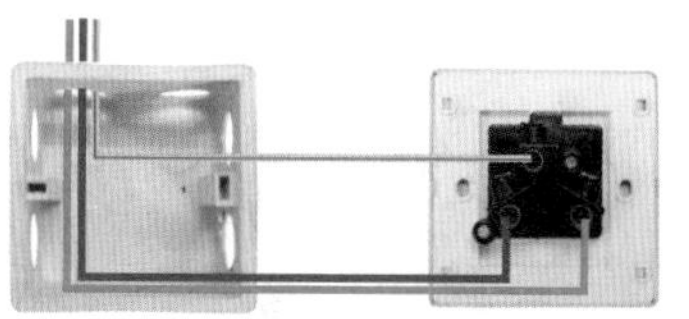

(a) 三孔电源插座的接线关系

(b) 带开关电源插座的接线关系

图 7-23　三孔电源插座和带开关电源插座的接线关系

7.4.2 网络插座的安装

图 7-24 为网络插座的安装连接。

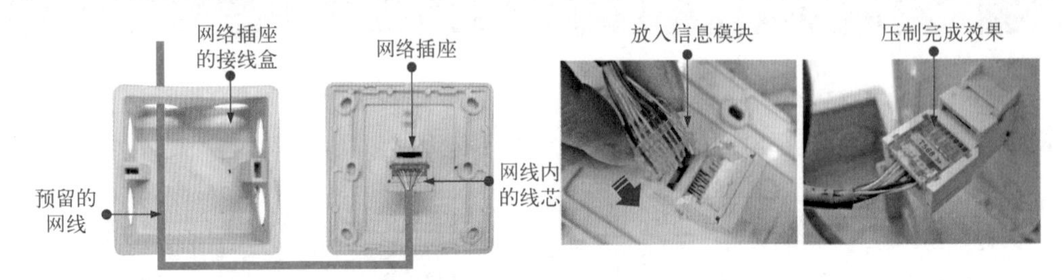

网络插座
的接线盒
网络插座
放入信息模块
压制完成效果
网线内
的线芯
预留的
网线

图 7-24 网络插座的安装连接

7.4.3 有线电视插座的安装

图 7-25 为有线电视插座的安装连接。

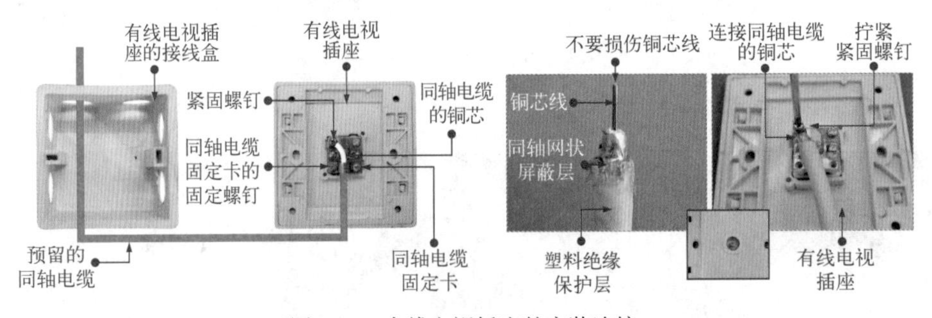

有线电视插
座的接线盒
有线电视
插座
紧固螺钉
同轴电缆
的铜芯
同轴电缆
固定卡的
固定螺钉
预留的
同轴电缆
同轴电缆
固定卡
不要损伤铜芯线
铜芯线
同轴网状
屏蔽层
塑料绝缘
保护层
连接同轴电缆
的铜芯
拧紧
紧固螺钉
有线电视
插座

图 7-25 有线电视插座的安装连接

7.4.4 电话插座的安装

图 7-26 为电话插座的安装连接。

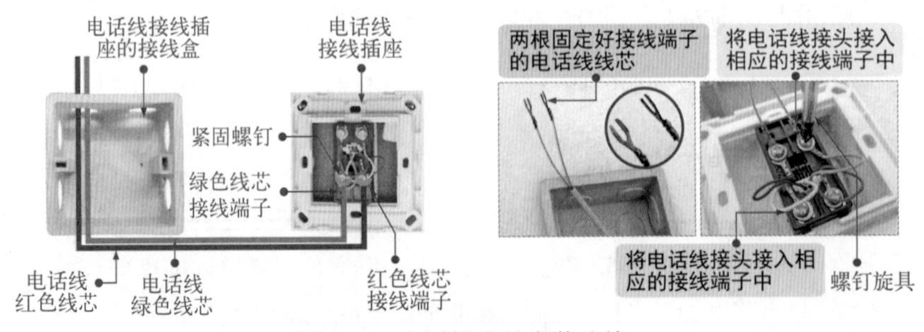

电话线接线插
座的接线盒
电话线
接线插座
紧固螺钉
绿色线芯
接线端子
电话线
红色线芯
电话线
绿色线芯
红色线芯
接线端子
两根固定好接线端子
的电话线线芯
将电话线接头接入
相应的接线端子中
将电话线接头接入相
应的接线端子中
螺钉旋具

图 7-26 电话插座的安装连接

7.5 安装开关

7.5.1 单控开关的安装

一般来说，单控开关就是用单个开关实现对电气设备（如照明灯具）的简单控制。图7-27为单控开关的安装连接关系。

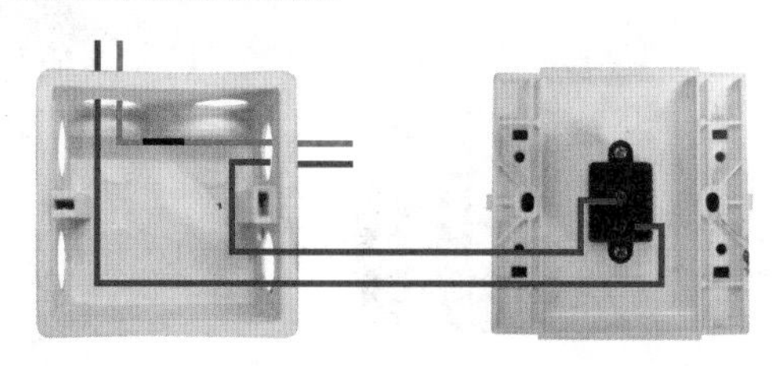

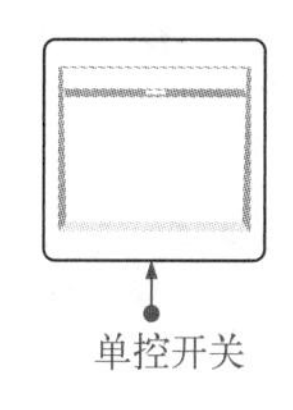
单控开关

图7-27　单控开关的安装连接关系

单控开关的具体安装和接线施工操作如图7-28所示。

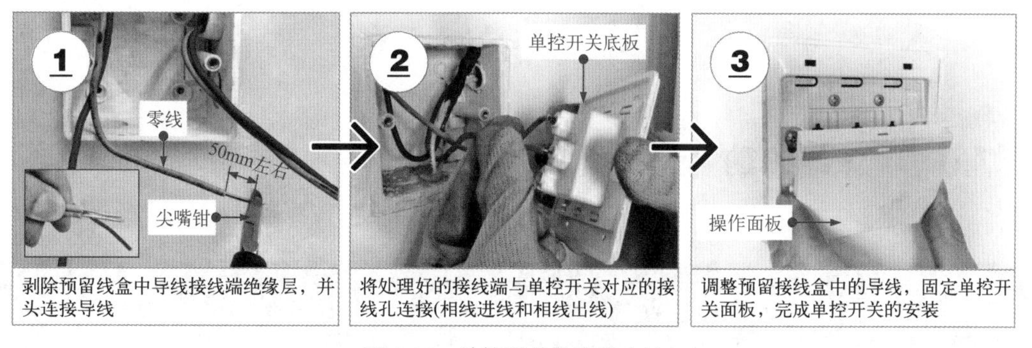
1
零线
50mm左右
尖嘴钳
剥除预留线盒中导线接线端绝缘层，并头连接导线
2
单控开关底板
将处理好的接线端与单控开关对应的接线孔连接(相线进线和相线出线)
3
操作面板
调整预留接线盒中的导线，固定单控开关面板，完成单控开关的安装

图7-28　单控开关的安装方法

7.5.2 多控开关的安装

多控开关是指一个开关有多种控制功能。以常见的双控开关为例，双控开关用于对同一照明灯进行两地联控，操作两地任一处的开关都可以控制照明灯的点亮与熄灭。图7-29为双控开关的接线关系。

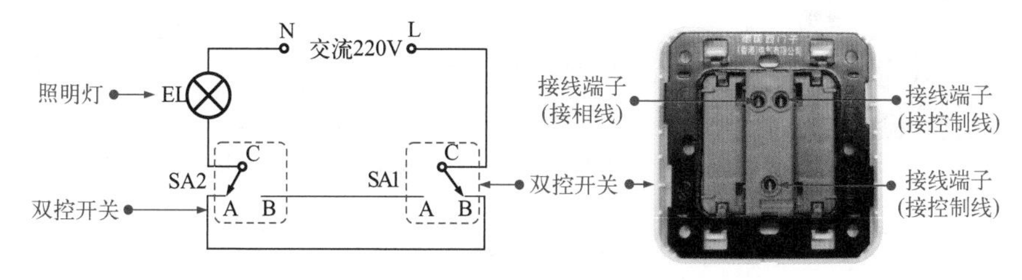
N
交流220V
L
照明灯
EL
C
SA2
A B
双控开关
C
SA1
A B
双控开关
接线端子
(接相线)
接线端子
(接控制线)
接线端子
(接控制线)

图7-29　双控开关的接线关系

双控开关的具体安装和接线施工操作如图 7-30 所示。

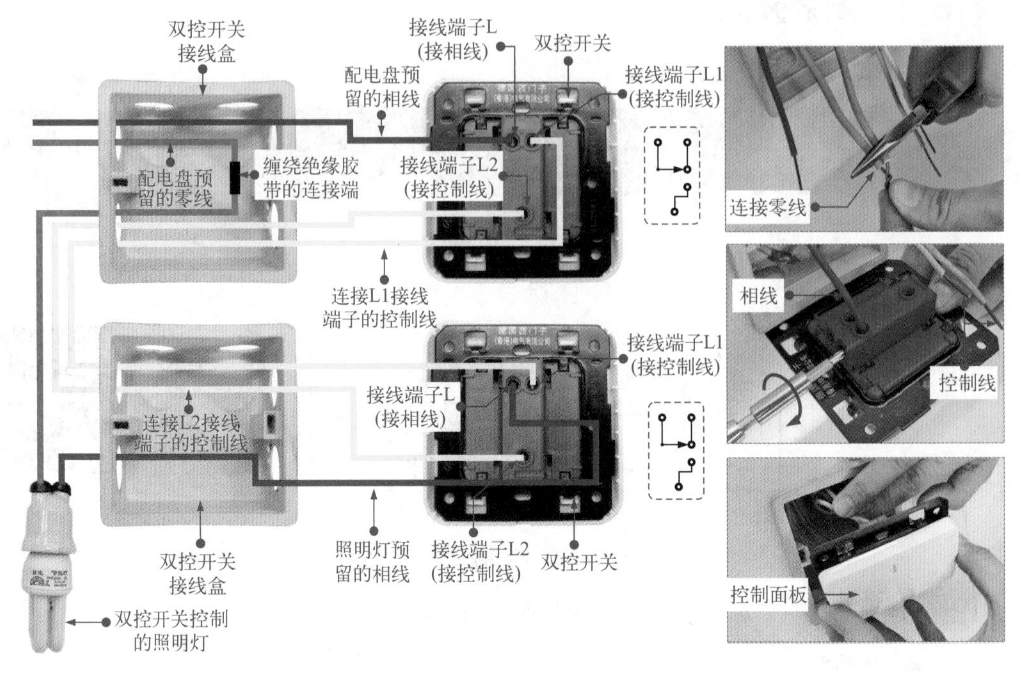
双控开关
接线盒
接线端子L
(接相线)
双控开关
配电盘预
留的相线
接线端子L1
(接控制线)
缠绕绝缘胶
带的连接端
配电盘预
留的零线
接线端子L2
(接控制线)
连接零线
相线
连接L1接线
端子的控制线
接线端子L1
(接控制线)
接线端子L
(接相线)
控制线
连接L2接线
端子的控制线
双控开关
接线盒
照明灯预
留的相线
接线端子L2
(接控制线)
双控开关
控制面板
双控开关控制
的照明灯

图 7-30　双控开关的安装连接

7.6 安装电动机

7.6.1 电动机的安装

电动机作为一种动力拖动设备，通常与被拖动设备配合工作实现动能的传递。为确保电动机正常工作，需要将电动机安装固定到指定的工作位置，并与被拖动设备连接，如图 7-31 所示。

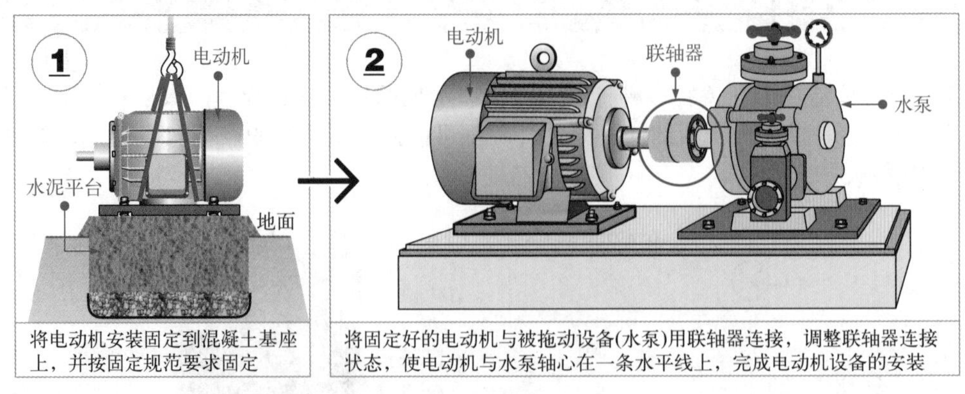
1
电动机
水泥平台
地面
将电动机安装固定到混凝土基座上，并按固定规范要求固定
2
电动机
联轴器
水泵
将固定好的电动机与被拖动设备(水泵)用联轴器连接，调整联轴器连接状态，使电动机与水泵轴心在一条水平线上，完成电动机设备的安装

图 7-31　电动机的安装方法

7.6.2　电动机的接线

电动机的接线包括电动机绕组接线和电动机与控制线路接线两部分。

1 电动机绕组接线

将电动机固定好以后，就需要将供电线缆的三根相线连接到三相异步电动机的接线柱上。

普通电动机一般将三相端子共 6 根导线引出到接线盒内。电动机的接线方法一般有两种：星形（Y）和三角形（△）接法。如图 7-32 所示，将三相异步电动机的接线盖打开，在接线盖内测标有该电动机的接线方式，根据控制要求按照接线图接线即可。

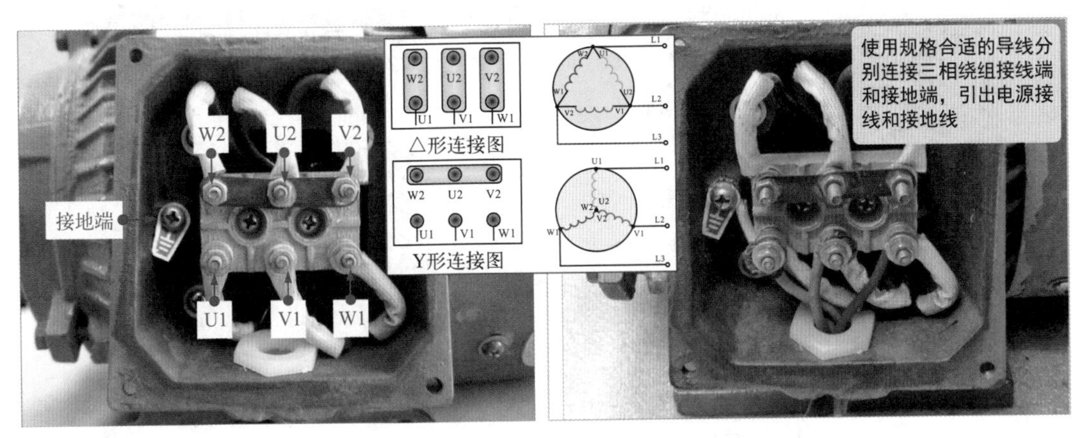
W2
U2
V2
接地端
U1
V1
W1
△形连接图
Y形连接图
使用规格合适的导线分别连接三相绕组接线端和接地端，引出电源接线和接地线

图 7-32　电动机绕组的接线方法

2 电动机与控制电路接线

控制电路的接线需要先在控制箱内合理布置电气部件，然后根据实际拖动控制要求连接电气部件和电动机，确保接线无误后固定控制箱即可，如图 7-33 所示。

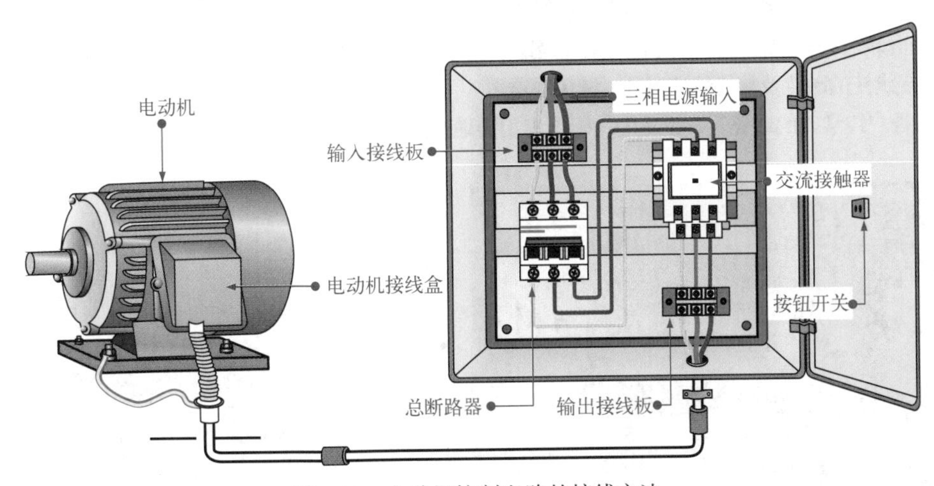
电动机
三相电源输入
输入接线板
交流接触器
电动机接线盒
按钮开关
总断路器
输出接线板

图 7-33　电动机控制电路的接线方法

7.7 安装配电设备

7.7.1 配电箱的安装

如图 7-34 所示，安装配电箱时，一般可先将总断路器、分支断路器安装到配电箱指定位置，然后根据接线原则布线，预留出电能表接线端子后，装入电能表并与预留接线端子连接。

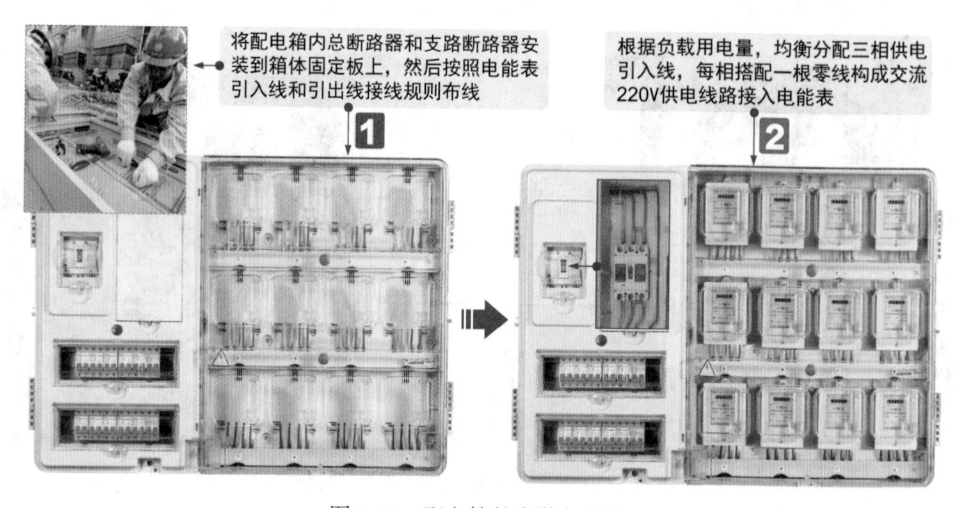
将配电箱内总断路器和支路断路器安装到箱体固定板上，然后按照电能表引入线和引出线接线规则布线
1
根据负载用电量，均衡分配三相供电引入线，每相搭配一根零线构成交流220V供电线路接入电能表
2

图 7-34 配电箱的安装与接线

配电箱的安装连接过程中应注意以下几点。

- **将电度表的输入相线和零线与楼道的相线和零线接线端连接，图 7-35 为连接关系。连接时，将接线端上的固定螺钉拧松，再将相线、零线、接地线的线头弯成 U 形，连接到相应的接线端上，拧紧螺钉。**
- **配电箱与进户线接线柱连接时应先连接地线和零线，再连接相线。同时应注意，在线路连接时，不要触及到接线柱的触片及导线的裸露处，避免触电。**
- **将进户线送入的或建筑物设定的供配电专用接地线固定在配电箱的外壳上。**

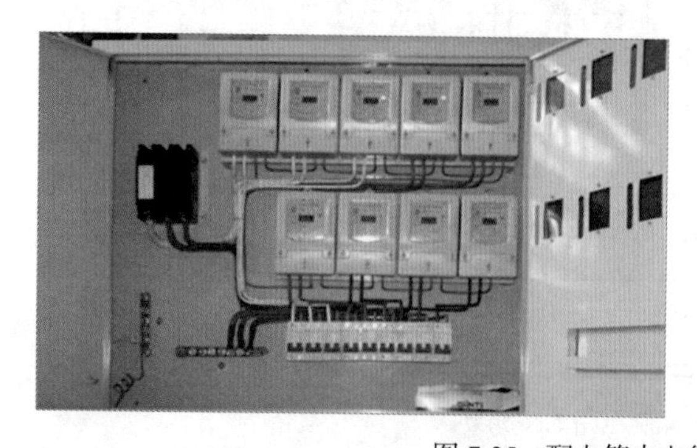

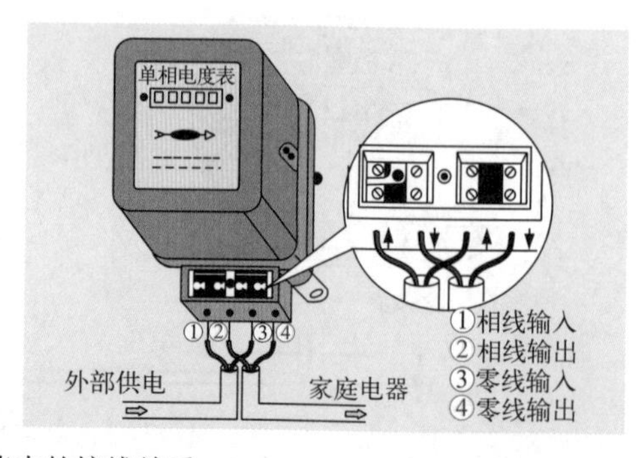
单相电度表
①②③④
外部供电
家庭电器
①相线输入
②相线输出
③零线输入
④零线输出

图 7-35 配电箱中电能表的接线关系

7.7.2　配电盘的安装

明确配电盘的安装位置及安装方式，先将配电盘的整体安装在对应的槽内（采用嵌入式安装），再安装对应的支路断路器，最后将配电箱送来的线缆与配电盘中的断路器连接，即可完成配电盘的安装，如图 7-36 所示。

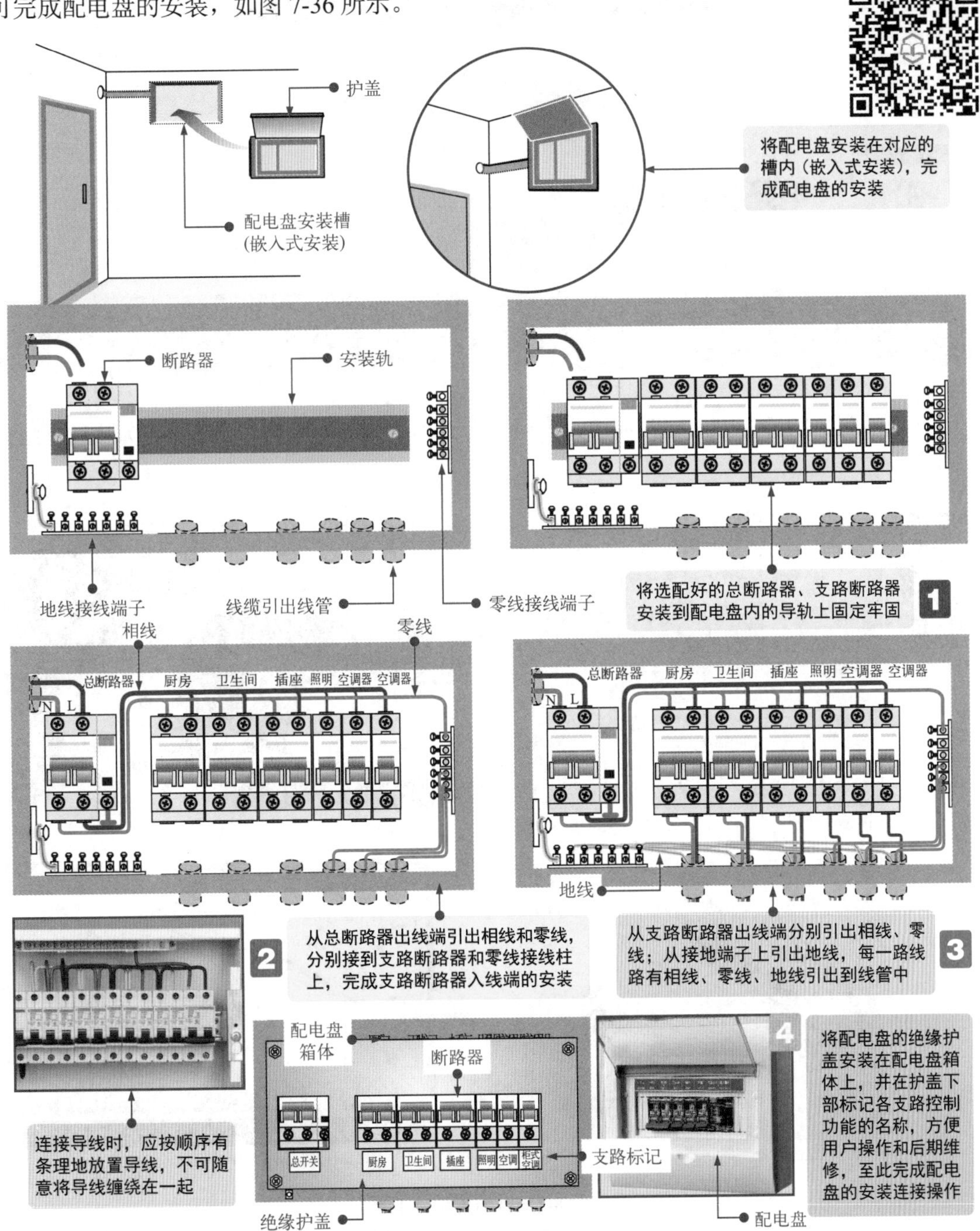
护盖
配电盘安装槽
(嵌入式安装)
将配电盘安装在对应的槽内（嵌入式安装），完成配电盘的安装
断路器
安装轨
地线接线端子
线缆引出线管
零线接线端子
将选配好的总断路器、支路断路器安装到配电盘内的导轨上固定牢固
1
相线
零线
总断路器
厨房
卫生间
插座
照明
空调器
空调器
N
L
地线
从总断路器出线端引出相线和零线，分别接到支路断路器和零线接线柱上，完成支路断路器入线端的安装
2
从支路断路器出线端分别引出相线、零线；从接地端子上引出地线，每一路线路有相线、零线、地线引出到线管中
3
连接导线时，应按顺序有条理地放置导线，不可随意将导线缠绕在一起
配电盘
箱体
断路器
总开关
厨房
卫生间
插座
照明
空调
柜式空调
支路标记
绝缘护盖
配电盘
4
将配电盘的绝缘护盖安装在配电盘箱体上，并在护盖下部标记各支路控制功能的名称，方便用户操作和后期维修，至此完成配电盘的安装连接操作

图 7-36　配电盘的安装方法

第8章 电工检测技能

8.1 电阻器的检测

8.1.1 普通电阻器的检测

普通电阻器的检测方法比较简单，一般借助万用表检测阻值即可。图 8-1 为普通电阻器的检测方法。

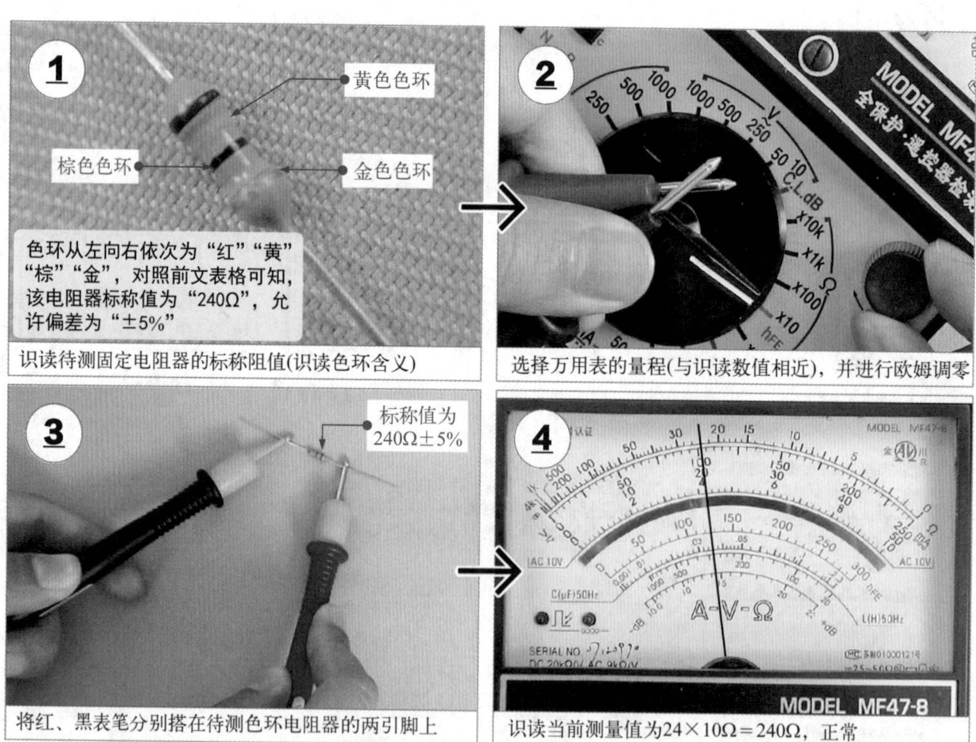

1
黄色色环
棕色色环
金色色环
色环从左向右依次为“红”“黄”“棕”“金”，对照前文表格可知，该电阻器标称值为“240Ω”，允许偏差为“±5%”
识读待测固定电阻器的标称阻值(识读色环含义)
2
MODEL MF4
选择万用表的量程(与识读数值相近)，并进行欧姆调零
3
标称值为240Ω±5%
将红、黑表笔分别搭在待测色环电阻器的两引脚上
4
MODEL MF47-8
A-V-Ω
MODEL MF47-8
识读当前测量值为24×10Ω＝240Ω，正常

图 8-1 普通电阻器的检测方法

8.1.2　敏感电阻器的检测

1 热敏电阻器的检测方法

检测热敏电阻器，可以使用万用表检测不同温度下的热敏电阻器阻值，根据检测结果判断热敏电阻器是否正常，如图 8-2 所示。

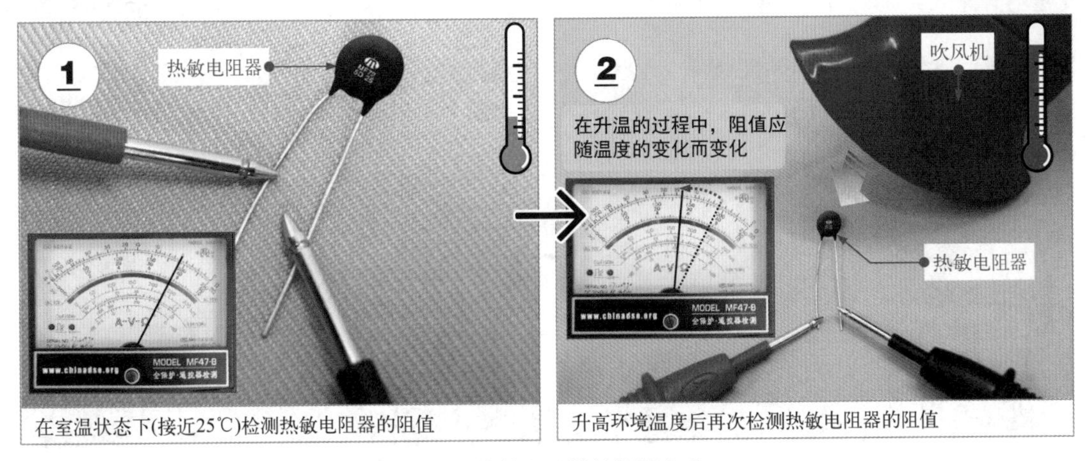
1
热敏电阻器
2
吹风机
在升温的过程中，阻值应随温度的变化而变化
热敏电阻器
在室温状态下(接近25℃)检测热敏电阻器的阻值
升高环境温度后再次检测热敏电阻器的阻值

图 8-2　热敏电阻器的检测方法

提示说明

实测常温下热敏电阻器的阻值若为 350Ω，接近标称值或与标称值相同，则表明该热敏电阻在常温下正常。使用吹风机升高环境温度时，万用表的指针随温度的变化而摆动，表明热敏电阻器基本正常；若温度变化阻值不变，则说明该热敏电阻器性能不良。

若热敏电阻器的阻值随温度的升高而增大，则为正温度系数热敏电阻器（FTC）；

若热敏电阻器的阻值随温度的升高而降低，则为负温度系数热敏电阻器（NTC）。

2 光敏电阻器的检测方法

检测光敏电阻器时，可使用万用表通过测量待测光敏电阻器在不同光线下的阻值来判断光敏电阻器是否损坏，如图 8-3 所示。

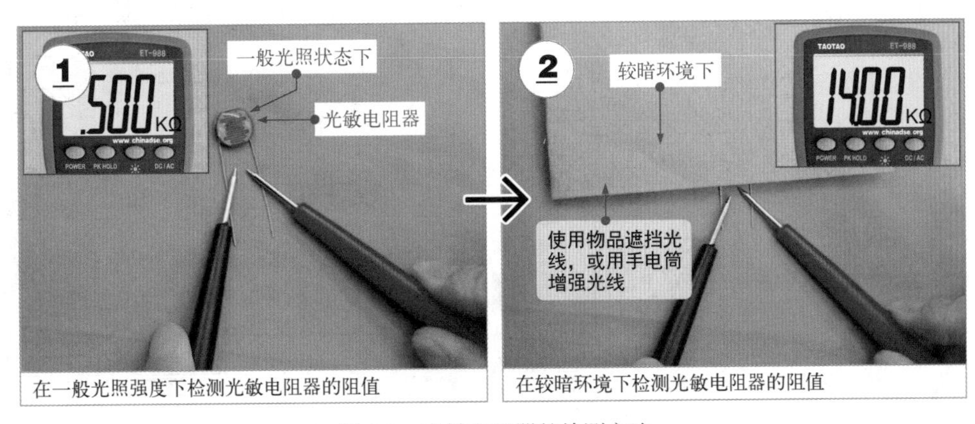
1
.500 KΩ
一般光照状态下
光敏电阻器
2
较暗环境下
14.00 KΩ
使用物品遮挡光线，或用手电筒增强光线
在一般光照强度下检测光敏电阻器的阻值
在较暗环境下检测光敏电阻器的阻值

图 8-3　光敏电阻器的检测方法

提示说明

使用万用表的电阻测量挡，分别在明亮条件下和暗淡条件下检测光敏电阻器阻值的变化。若光敏电阻器的电阻值随着光照强度的变化而发生变化，表明待测光敏电阻器性能正常；

若光照强度变化时，光敏电阻器的电阻值无变化或变化不明显，则多为光敏电阻器感应光线变化的灵敏度低或本身性能不良。

3 湿敏电阻器的检测方法

检测湿敏电阻器时，可通过改变湿度条件，用万用表检测湿敏电阻器的阻值变化情况来判别好坏，如图 8-4 所示。

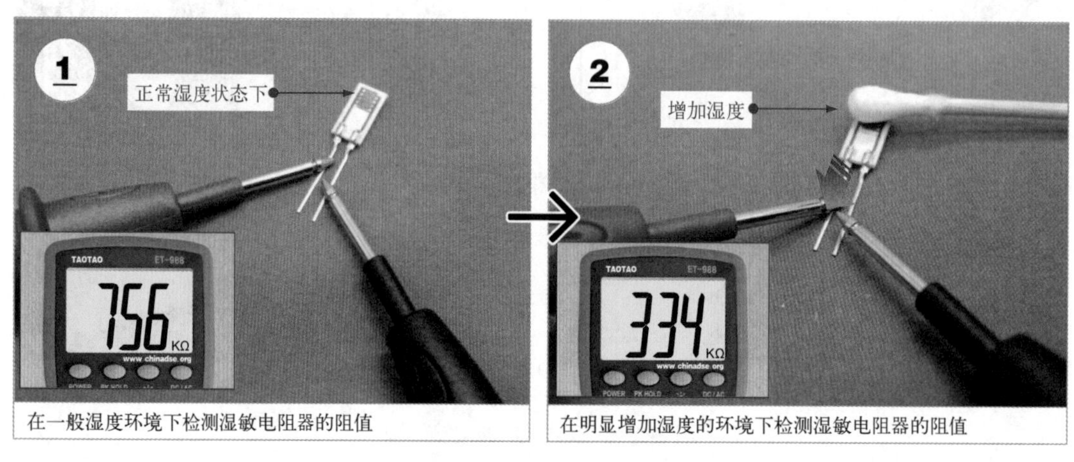
1
正常湿度状态下
756 KΩ
2
增加湿度
334 KΩ

在一般湿度环境下检测湿敏电阻器的阻值

在明显增加湿度的环境下检测湿敏电阻器的阻值

图 8-4　湿敏电阻器的检测方法

提示说明

在正常情况下，湿敏电阻器的电阻值应随湿度的变化而发生变化；若湿度发生变化，湿敏电阻器的阻值无变化或变化不明显，多为湿敏电阻器感应湿度变化的灵敏度低或性能异常；若湿敏电阻器的阻值趋近于零或无穷大，则该湿敏电阻器已经损坏。

若湿敏电阻器的阻值随湿度的升高而增大，则为正湿度系数湿敏电阻器；

若湿敏电阻器的阻值随湿度的升高而减小，则为负湿度系数湿敏电阻器。

4 气敏电阻器的检测方法

不同类型气敏电阻器可检测的气体类别不同。检测时，应根据气敏电阻器的具体功能改变其周围可测气体的浓度，同时用万用表检测气敏电阻器本身或所在电路，根据数据变化的情况来判断好坏。

气敏电阻器正常工作需要一定的工作环境，判断气敏电阻器的好坏需要将其置于电路环境中，满足其对气体的检测条件，再进行检测。例如，分别在普通环境下和丁烷气体浓度较大环境下检测气敏电阻器的阻值，如图 8-5 所示。

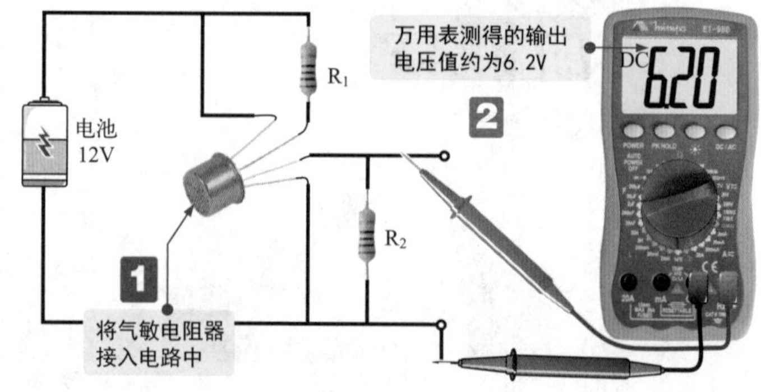
万用表测得的输出
电压值约为6. 2V
DC 6.20
2
R1
电池
12V
R2
1
将气敏电阻器
接入电路中

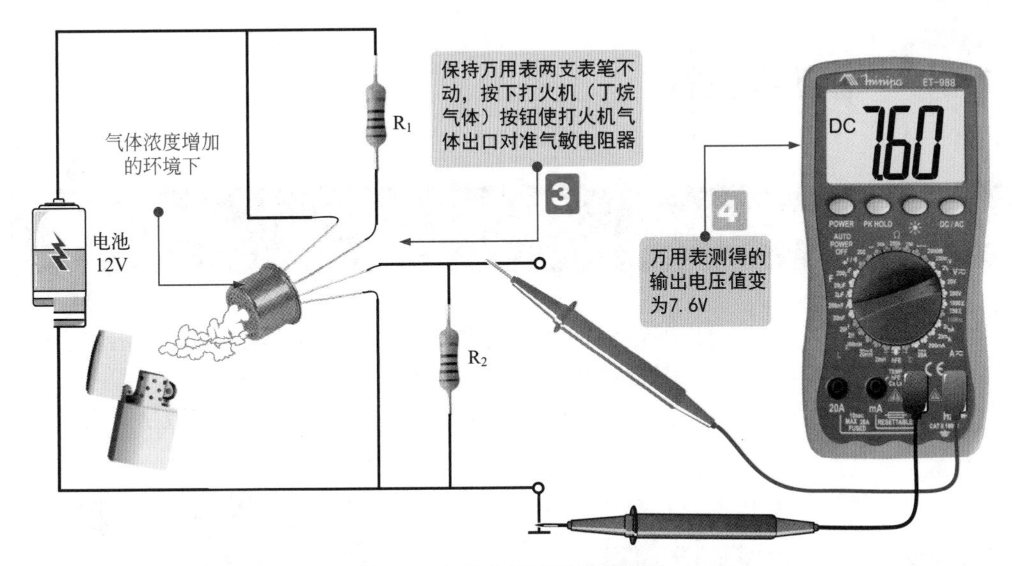
保持万用表两支表笔不动，按下打火机（丁烷气体）按钮使打火机气体出口对准气敏电阻器
3
气体浓度增加的环境下
电池
12V
R_1
R_2
4
万用表测得的输出电压值变为7. 6V
DC 7.60
ET-988
POWER
PK HOLD
DC / AC

图 8-5　气敏电阻器的检测方法

提示说明

根据实测结果可对气敏电阻器的好坏作出判断：

将气敏电阻器放置在电路中（单独检测气敏电阻器不容易测出其阻值的变化特点，在其工作状态下很明显），若气敏电阻器所检测气体浓度发生变化，则相应其所在电路中的电压参数也应发生变化，否则多为气敏电阻器损坏。

5 压敏电阻器的检测方法

如图 8-6 所示，检测压敏电阻器，可以使用数字万用表对开路状态下的压敏电阻器阻值进行检测，根据检测结果判断压敏电阻器是否正常。

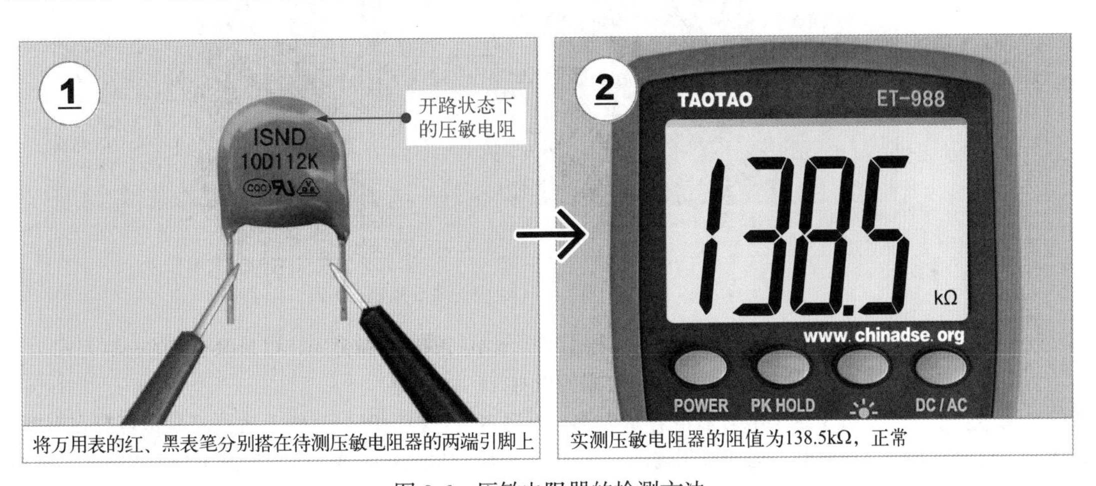
1
开路状态下的压敏电阻
ISND
10D112K
2
TAOTAO
ET-988
138.5
kΩ
www. chinadse. org
POWER
PK HOLD
DC / AC
将万用表的红、黑表笔分别搭在待测压敏电阻器的两端引脚上
实测压敏电阻器的阻值为138.5kΩ，正常

图 8-6　压敏电阻器的检测方法

提示说明

在正常情况下，压敏电阻器的电阻值很大（一般大于 10kΩ），若出现阻值偏小的现象多是压敏电阻器已损坏。但应注意的是，在彩色电视机消磁电路中的压敏电阻器为负阻特性，其常态下的阻值只有 100Ω 左右。

8.2 电容器的检测

8.2.1 普通电容器的检测

检测普通电容器，通常可以使用数字万用表粗略测量电容器的电容量，然后将实测结果与电容器的标称电容量相比较，即可判断待测无极性电容器的性能状态。

如图 8-7 所示，识读待测电容器的标称电容量，并根据识读数值设定数字万用表的电容测量挡位，然后用数字万用表检测待测电容器的电容量。

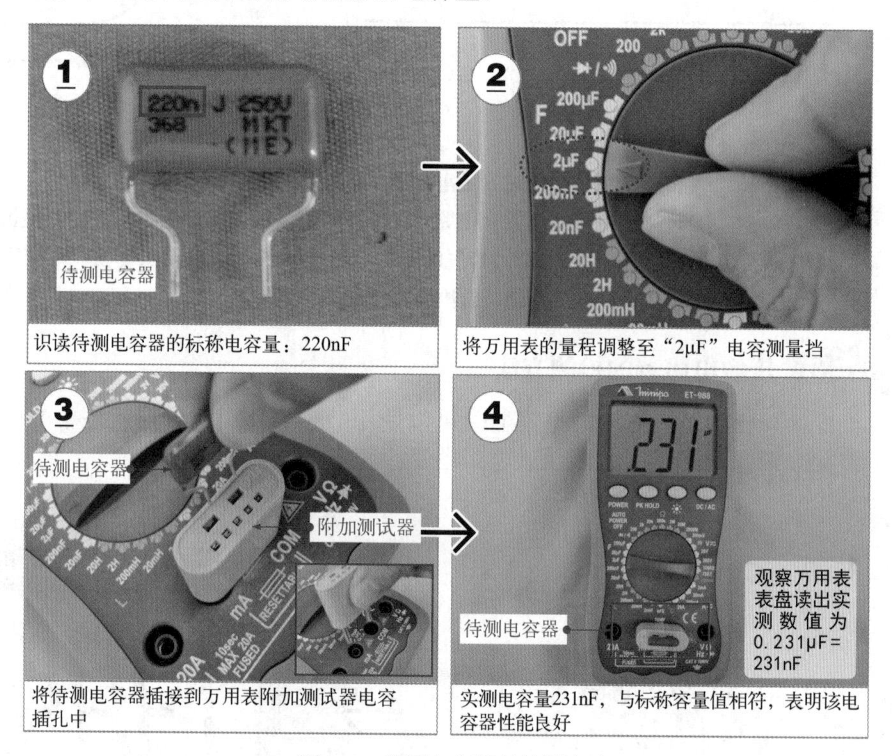

1
220n J 250V
368 MKT
待测电容器
识读待测电容器的标称电容量：220nF
2
OFF
200
200μF
20μF
2μF
200nF
20nF
20H
2H
200mH
将万用表的量程调整至“2μF”电容测量挡
3
待测电容器
附加测试器
COM
20A
将待测电容器插接到万用表附加测试器电容插孔中
4
231
待测电容器
观察万用表表盘读出实测数值为0.231μF=231nF
实测电容量231nF，与标称容量值相符，表明该电容器性能良好

图 8-7 普通电容器的检测方法

提示说明

在检测无极性电容器时，根据电容器不同的电容量范围，可采取不同的检测方式。

◆ 电容量小于 10pF 电容器的检测

由于这类电容器电容量太小，万用表进行检测时，只能大致检测其是否存在漏电、内部短路或击穿现象。检测时，可用万用表的“×10k”欧姆挡检测其阻值，正常情况下应为无穷大。若检测阻值为零，则说明所测电容器漏电损坏或内部击穿。

◆ 电容量为 10pF ~ 0.01μF 电容器的检测

这类电容器可在连接晶体管放大元件的基础上，检测其充放电现象，即将电容器的充放电过程予以放大，然后再用万用表的“×1k”欧姆挡检测。正常情况下，万用表指针应有明显摆动，说明其充放电性能正常。

◆ 电容量 0.01μF 以上电容器的检测

检测该类电容器，可直接用万用表的“×10k”欧姆挡检测电容器有无充放电过程，以及内部有无短路或漏电现象。

8.2.2　电解电容器的检测

检测电解电容器，一般可通过检测其电容量或漏电电阻来判断性能好坏。电容量的检测方法与普通电容器的检测方法相同。

漏电电阻一般可借助指针万用表进行检测，如图 8-8 所示。

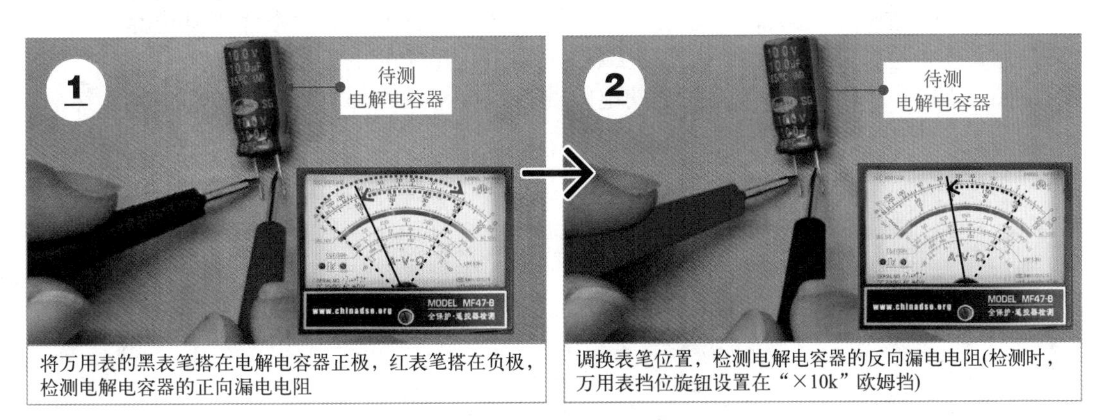
1
待测
电解电容器
MODEL MF47-B
2
待测
电解电容器
MODEL MF47-B
将万用表的黑表笔搭在电解电容器正极，红表笔搭在负极，检测电解电容器的正向漏电电阻
调换表笔位置，检测电解电容器的反向漏电电阻(检测时，万用表挡位旋钮设置在“×10k”欧姆挡)

图 8-8　电解电容器漏电电阻的检测方法

提示说明

在正常情况下，在刚接通的瞬间，万用表的指针会向右（电阻小的方向）摆动一个较大的角度。当表针摆动到最大角度后，接着表针又会逐渐向左摆回，直至表针停止在一个固定位置（一般为几十万欧姆），这说明该电解电容器有明显的充放电过程，所测得的阻值即为该电解电容器的正向漏电阻值，正向漏电电阻越大，说明电容器的性能越好，漏电流也越小。

反向漏电电阻一般小于正向漏电电阻。若测得的电解电容器正反向漏电电阻值很小（几十万欧以下），则表明电解电容器的性能不良，不能使用。

若指针不摆动或摆动到电阻为零的位置后不返回，以及刚开始摆动时摆动到一定的位置后不返回，均表示电解电容器性能不良。

若检测大容量电解电容器，检测前需要对电解电容器进行放电操作，这是因为大容量电解电容器在工作中可能会有很多电荷，如短路会产生很强的电流，为防止损坏万用表或引发电击事故，应先用电阻对其放电。

通常，对电解电容器漏电电阻进行检测时，会遇各种情况，通过对不同的检测结果的分析可以大致判断电解电容器的损坏原因，如图 8-9 所示。

使用万用表检测时，若表笔接触到电解电容器的引脚后，表针摆动到一个角度后随即向回稍微摆动一点，即未摆回到较大的阻值，此时可以说明该电解电容器漏电严重

若万用表的表笔接触到电解电容器的引脚后，表针即向右摆动，并无回摆现象，指针指示一个很小的阻值或阻值趋近于零欧姆，则说明当前所测电解电容器已被击穿短路

若万用表的表笔接触到电解电容器的引脚后，表针并未摆动，仍指示阻值很大或趋于无穷大，则说明该电解电容器中的电解质已干涸，失去电容量

图 8-9　根据结果判断电解电容器的损坏原因

8.3 电感器的检测

8.3.1 普通电感器的检测

在实际应用中，普通电感器通常以电感量和直流电阻等性能参数体现其电路功能，因此，检测普通电感器，一般使用万用表粗略测量其直流电阻和电感量即可。

如图 8-10 所示，借助指针万用表的电阻测量挡位检测色环电感器的直流电阻，然后根据实测结果大致判断电感器的基本性能。

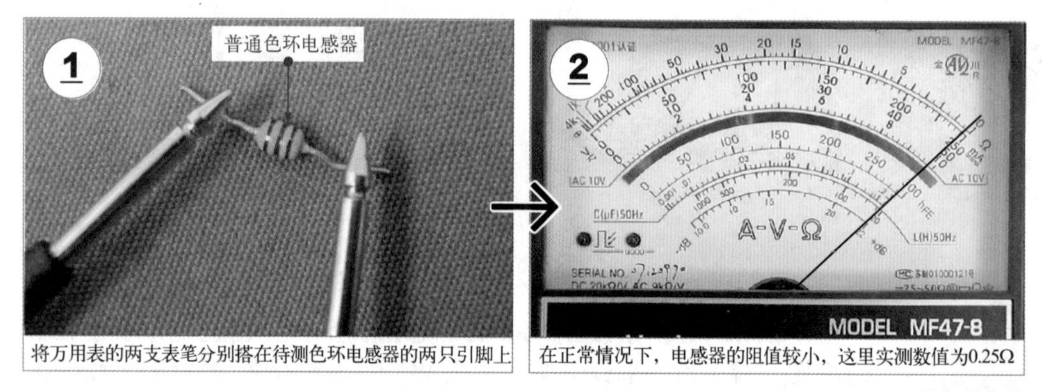
1
普通色环电感器
2
A-V-Ω
MODEL MF47-8
将万用表的两支表笔分别搭在待测色环电感器的两只引脚上
在正常情况下，电感器的阻值较小，这里实测数值为0.25Ω

图 8-10 普通电感器电阻值的检测方法

一般情况下，色环电感器的直流电阻值偏小，为几欧姆左右。若实测电感器直流电阻为无穷大，表明电感器内部线圈或引出端已断路。

图 8-11 为普通电感器电感量的检测方法。

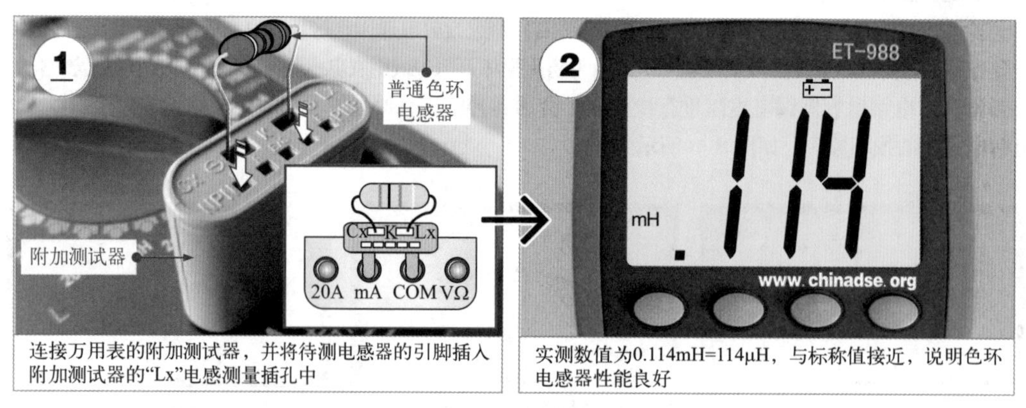
1
普通色环
电感器
附加测试器
Cx K Lx
20A mA COM VΩ
2
ET-988
mH
.114
www.chinadse.org
连接万用表的附加测试器，并将待测电感器的引脚插入附加测试器的“Lx”电感测量插孔中
实测数值为0.114mH=114μH，与标称值接近，说明色环电感器性能良好

图 8-11 普通电感器电感量的检测方法

在正常情况下，检测色环电感的电感量为“0.114mH”，根据单位换算公式 $1\mu H=10^{-3}mH$，即 $0.114mH\times10^{3}=114\mu H$，与该色环电感的标称容量值基本相符。若测得的电感量与电感器的标称电感量相差较大，则说明电感器性能不良，可能已损坏。

8.3.2　电感线圈的检测

由于电感线圈电感量的可调性，在一些电路设计、调整或测试环节，通常需要了解其当前精确的电感量值，需借助专用的电感电容测量仪测量，如图 8-12 所示。

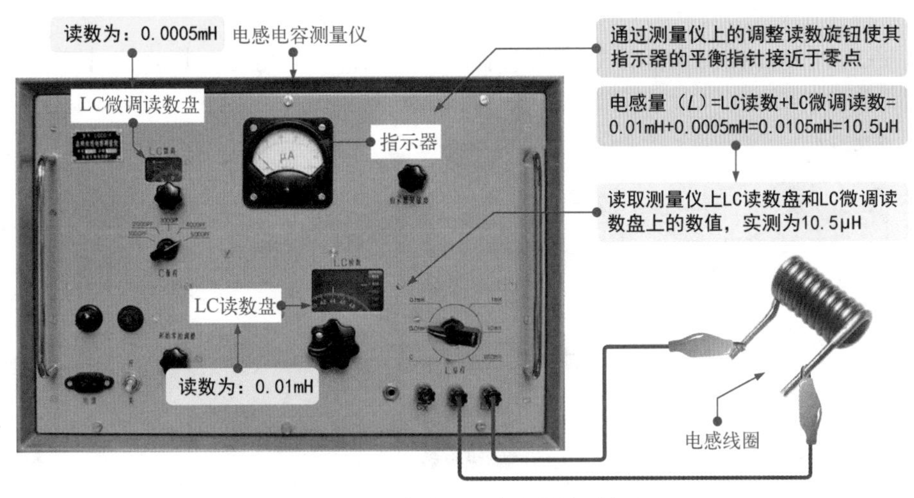
读数为：0.0005mH
电感电容测量仪
通过测量仪上的调整读数旋钮使其指示器的平衡指针接近于零点
LC微调读数盘
指示器
电感量（L）=LC读数+LC微调读数=0.01mH+0.0005mH=0.0105mH=10.5μH
读取测量仪上LC读数盘和LC微调读数盘上的数值，实测为10.5μH
LC读数盘
读数为：0.01mH
电感线圈

图 8-12　电感线圈电感量的检测方法

8.4　二极管的检测

8.4.1　整流二极管的检测

如图 8-13 所示，整流二极管主要利用二极管的单向导电特性实现整流功能，判断整流二极管好坏可利用这一特性，用万用表检测整流二极管正、反向导通电压。

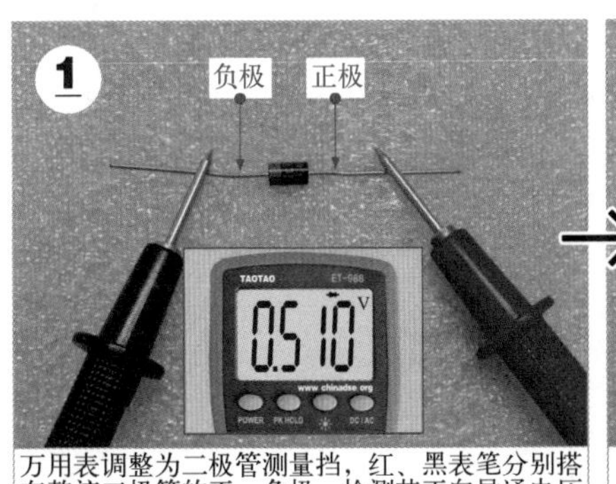
1
负极
正极
0.510
万用表调整为二极管测量挡，红、黑表笔分别搭在整流二极管的正、负极，检测其正向导通电压

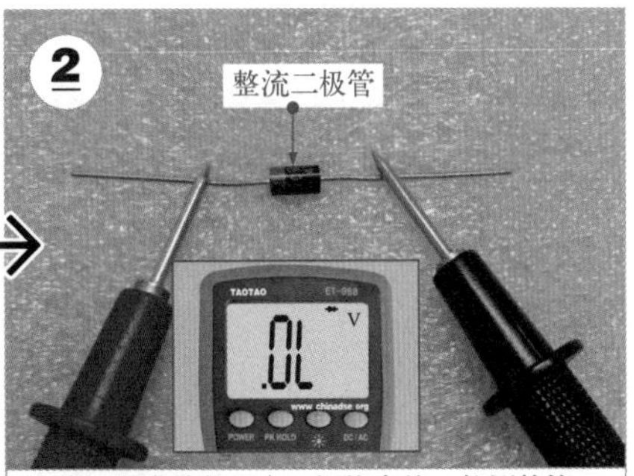
2
整流二极管
.0L
保持万用表挡位不变，调换表笔，检测整流二极管的反向导通电压

图 8-13　整流二极管的检测方法

提示说明

在正常情况下，整流二极管有一定的正向导通电压，但没有反向导通电压。若实测整流二极管的正向导通电压在 0.2 ~ 0.3V 内，则说明该整流二极管为锗材料制作；若实测在 0.6 ~ 0.7V 范围内，则说明所测整流二极管为硅材料；若测得电压不正常，说明整流二极管不良。

8.4.2 发光二极管的检测

如图 8-14 所示，检测发光二极管的性能，可借助万用表电阻挡粗略测量其正、反向阻值判断性能好坏。

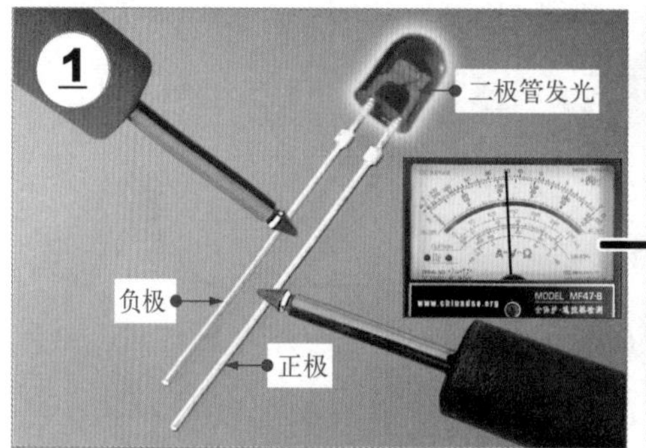
1
二极管发光
负极
正极
MODEL MF47-8
将万用表的挡位旋钮调至“×1k”欧姆挡，并欧姆调零，黑表笔搭在发光二极管的正极引脚上，红表笔搭在负极引脚上

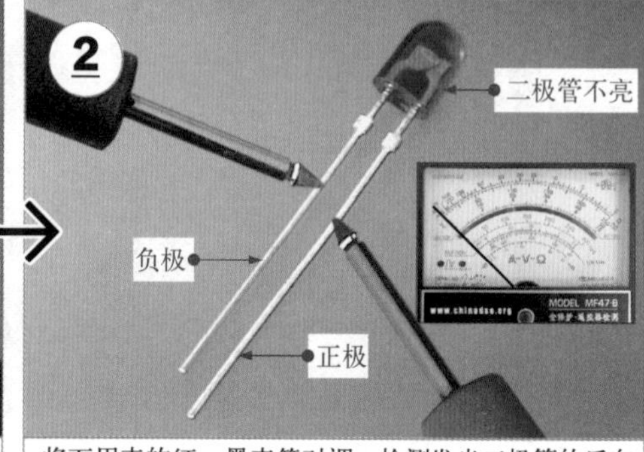
2
二极管不亮
负极
正极
MODEL MF47-8
将万用表的红、黑表笔对调，检测发光二极管的反向阻值

图 8-14　发光二极管的检测方法

提示说明

由于万用表内压作用，检测正向阻值时，发光二极管发光，且测得正向阻值为 20kΩ；检测反向阻值时，二极管不发光，测得反向阻值为无穷大，发光二极管良好。

若正向阻值和反向电阻都趋于无穷大，则发光二极管存在断路故障；

若正向阻值和反向电阻都趋于 0，则发光二极管存在击穿短路；

若正向电阻和反向电阻数值都很小，可以断定该发光二极管已被击穿。

8.4.3 光敏二极管的检测

光敏二极管通常作为光电传感器检测环境光线信息。检测光敏二极管一般需要搭建测试电路，检测光照与电流的关系或性能，如图 8-15 所示。

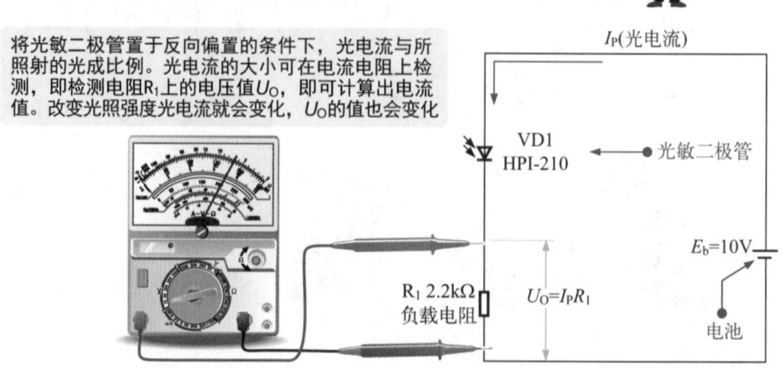
将光敏二极管置于反向偏置的条件下，光电流与所照射的光成比例。光电流的大小可在电流电阻上检测，即检测电阻R1上的电压值UO，即可计算出电流值。改变光照强度光电流就会变化，UO的值也会变化
IP(光电流)
VD1
HPI-210
光敏二极管
Eb=10V
R1 2.2kΩ
负载电阻
UO=IPR1
电池

图 8-15　搭建电路检测光敏二极管

8.5 三极管与晶闸管的检测

8.5.1　三极管的检测

对三极管的检测是电子产品设计、生产、调试、维修中非常基础的操作技能。三极管好坏，一般可通过检测其引脚间阻值、放大倍数和特性曲线来判断。

1 检测三极管引脚间阻值判断性能好坏

以 NPN 型三极管为例，借助万用表分别检测 NPN 型三极管三个引脚中两两之间的电阻值，根据检测结果判断出 NPN 型三极管的好坏，如图 8-16 所示。

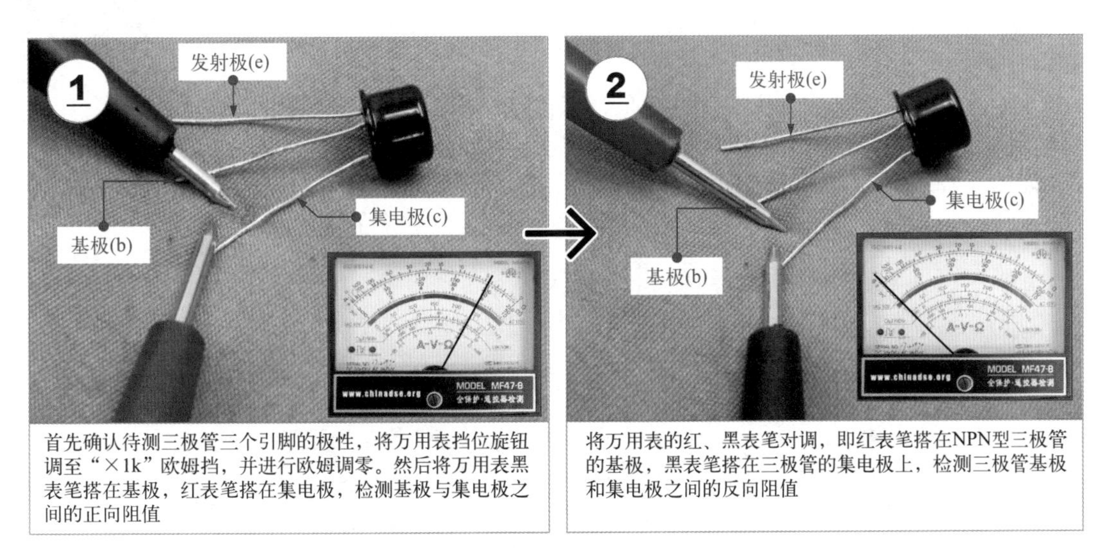
1
发射极(e)
基极(b)
集电极(c)
首先确认待测三极管三个引脚的极性，将万用表挡位旋钮调至“×1k”欧姆挡，并进行欧姆调零。然后将万用表黑表笔搭在基极，红表笔搭在集电极，检测基极与集电极之间的正向阻值
2
发射极(e)
集电极(c)
基极(b)
将万用表的红、黑表笔对调，即红表笔搭在NPN型三极管的基极，黑表笔搭在三极管的集电极上，检测三极管基极和集电极之间的反向阻值

图 8-16　NPN 型三极管引脚间阻值的检测方法

提示说明

NPN 型三极管另外两组引脚间的正、反向阻值检测方法与上述操作相同。

在正常情况下，NPN 型三极管引脚间阻值应为：

基极与集电极之间有一定的正向阻值，反向阻抗为无穷大；

基极与发射极极之间有一定的正向阻值，反向阻抗为无穷大；

集电极与发射极之间的正、反向阻值均为无穷大。

PNP 型三极管引脚间阻值的检测方法和判断结构相同。不同的是，用指针万用表检测 PNP 型三极管时正、反向阻值方向不同。在正常情况下，红表笔搭在基极上，黑表笔搭在 PNP 型三极管的集电极上，检测 b 与 c 之间的正向阻值，调换表笔检测反向阻值。

2 检测三极管的放大倍数判断其性能

三极管的放大能力是其最基本的性能之一。一般可使用数字万用表上的晶体管放大倍数检测插孔粗略测量三极管的放大倍数。

图 8-17 为三极管放大倍数的检测方法。

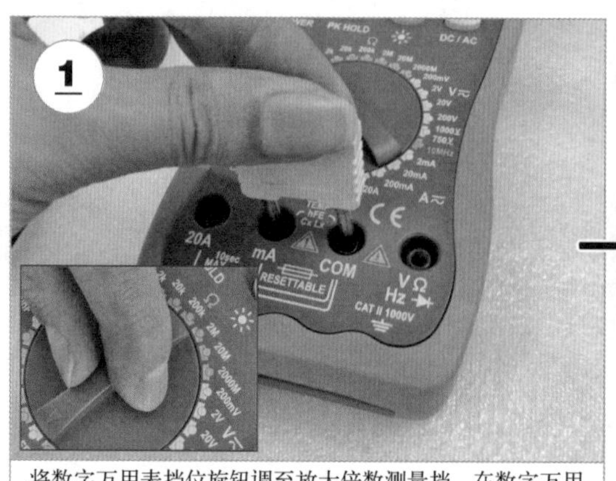
1
COM
RESETTABLE
CAT II 1000V

将数字万用表挡位旋钮调至放大倍数测量挡，在数字万用表相应插孔中安装附加测试器

2
TAOTAO
ET-988
hFE
080
POWER
PK HOLD
DC / AC

将待测NPN型三极管，按附加测试器NPN一侧标识的引脚插孔对应插入，实测该三极管放大倍数h_{EF}为80，正常

图 8-17　三极管放大倍数的检测方法

3 三极管特性曲线的检测方法

使用万用表检测三极管引脚间的阻值，只能用于大致判断三极管的好坏，若要了解一些具体特性参数，需要使用专用的半导体特性图示仪测试其特性曲线。

如图 8-18 所示，根据待测三极管确定半导体特性图示仪旋钮的设定范围，将待测三极管插接到半导体特性图示仪检测插孔中，屏幕上即可显示相应的特性曲线。

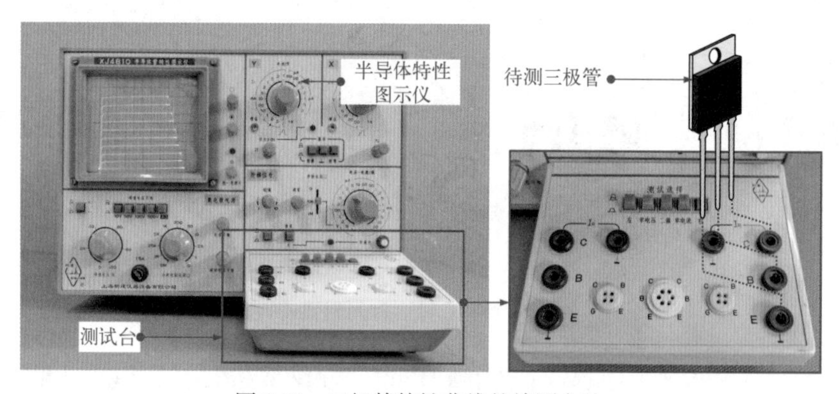
半导体特性
图示仪
待测三极管
测试台

图 8-18　三极管特性曲线的检测方法

提示说明

NPN 型三极管与 PNP 型三极管性能（特性曲线）的检测方法相同，只是两种类型三极管的特性曲线正好相反，如图 8-19 所示。

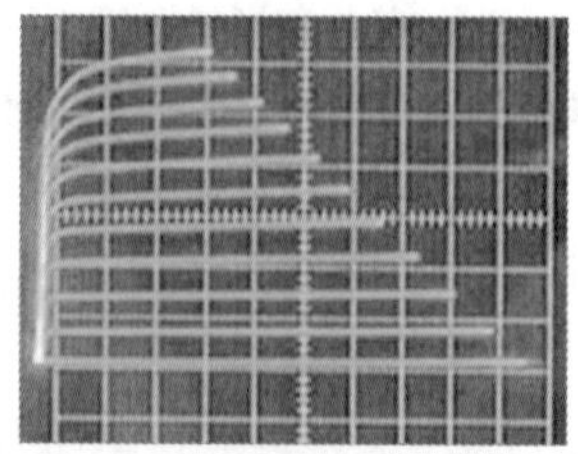

NPN型三极管的输出特性曲线

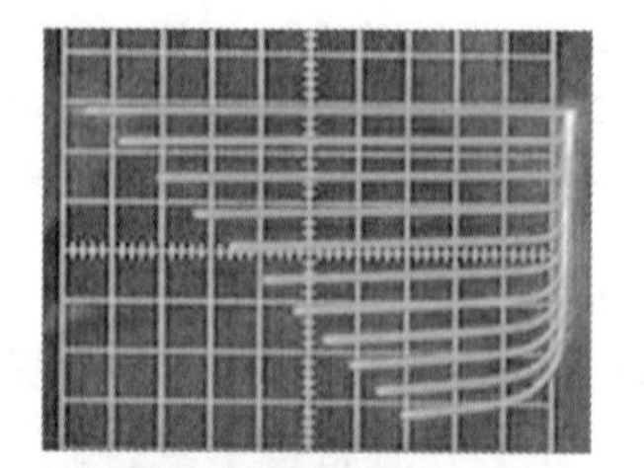

PNP型三极管的输出特性曲线

图 8-19　NPN 型和 PNP 型三极管的特性曲线

8.5.2　晶闸管的检测

晶闸管作为一种可控整流器件，采用阻值检测方法无法判断内部开路状态。因此一般不直接用万用表检测阻值判断，但可借助万用表检测其触发能力。

图 8-20 为单向晶闸管触发能力的具体检测方法。

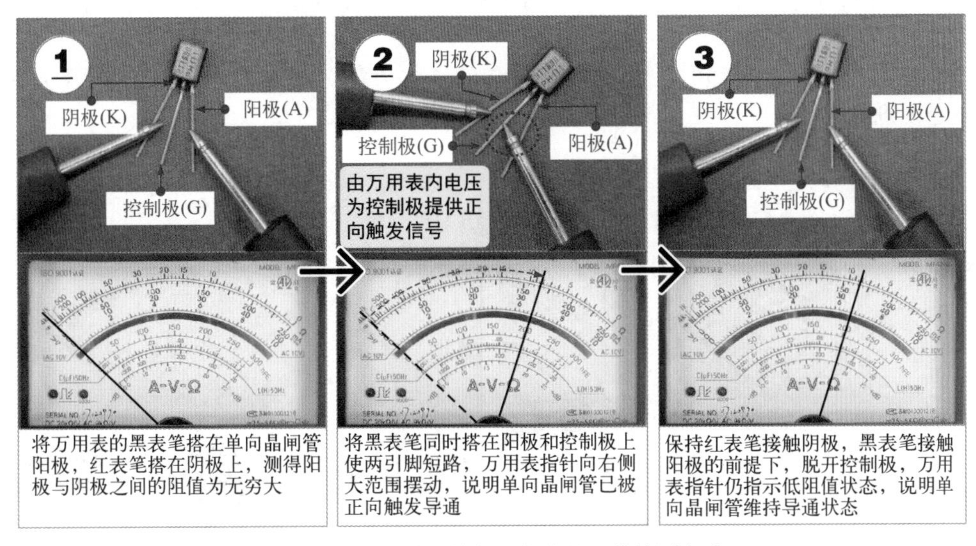
1
阴极(K)
阳极(A)
控制极(G)
2
阴极(K)
控制极(G)
阳极(A)
由万用表内电压为控制极提供正向触发信号
3
阴极(K)
阳极(A)
控制极(G)
A-V-Ω
将万用表的黑表笔搭在单向晶闸管阳极，红表笔搭在阴极上，测得阳极与阴极之间的阻值为无穷大
将黑表笔同时搭在阳极和控制极上使两引脚短路，万用表指针向右侧大范围摆动，说明单向晶闸管已被正向触发导通
保持红表笔接触阴极，黑表笔接触阳极的前提下，脱开控制极，万用表指针仍指示低阻值状态，说明单向晶闸管维持导通状态

图 8-20　单向晶闸管触发能力的具体检测方法

提示说明

双向晶闸管触发能力的检测方法与单向晶闸管触发能力的检测方法基本相同，只是所测晶闸管引脚极性不同，如图 8-21 所示。在正常情况下，用万用表检测【选择“×1”欧姆挡（输出电流大）】双向晶闸管的触发能力应满足以下规律。

◆ 万用表的红表笔搭在双向晶闸管的第一电极（T1）上，黑表笔搭在第二电极（T2）上，测得阻值应为无穷大。

◆ 将黑表笔同时搭在 T2 和 G 上，使两引脚短路，即加上触发信号，这时万用表指针会向右侧大范围摆动，说明双向晶闸管已导通（导通方向：T2 → T1）。

◆ 若将表笔对换后进行检测，发现万用表指针向右侧大范围摆动，说明双向晶闸管另一方向也导通（导通方向：T1 → T2）。

◆ 黑表笔脱开 G 极，只接触第一电极（T1），万用表指针仍指示低阻值状态，说明双向晶闸管维持通态，即被测双向晶闸管具有触发能力。

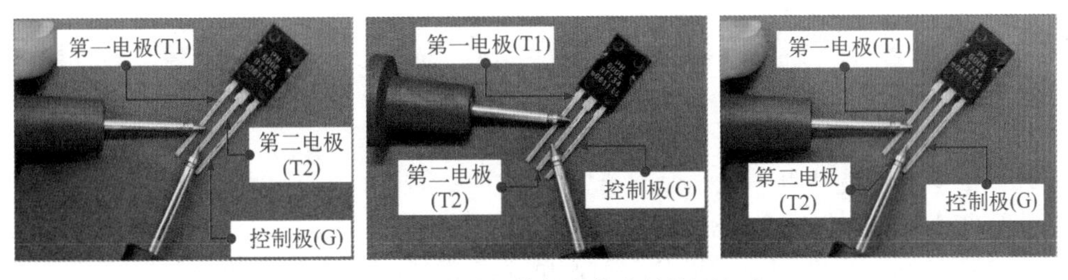
第一电极(T1)
第二电极(T2)
控制极(G)
第一电极(T1)
第二电极(T2)
控制极(G)
第一电极(T1)
第二电极(T2)
控制极(G)

图 8-21　双向晶闸管触发能力的检测方法

8.6 开关与保护器的检测

8.6.1 开关的检测

结合开关的功能特点，检测开关时，可先通过外观直接判断开关性能是否正常，然后借助万用表对其本身的性能进行检测。

下面以常见的常开按钮开关为例介绍检测的基本方法。图 8-22 为常开按钮开关的检测和性能好坏判断方法。

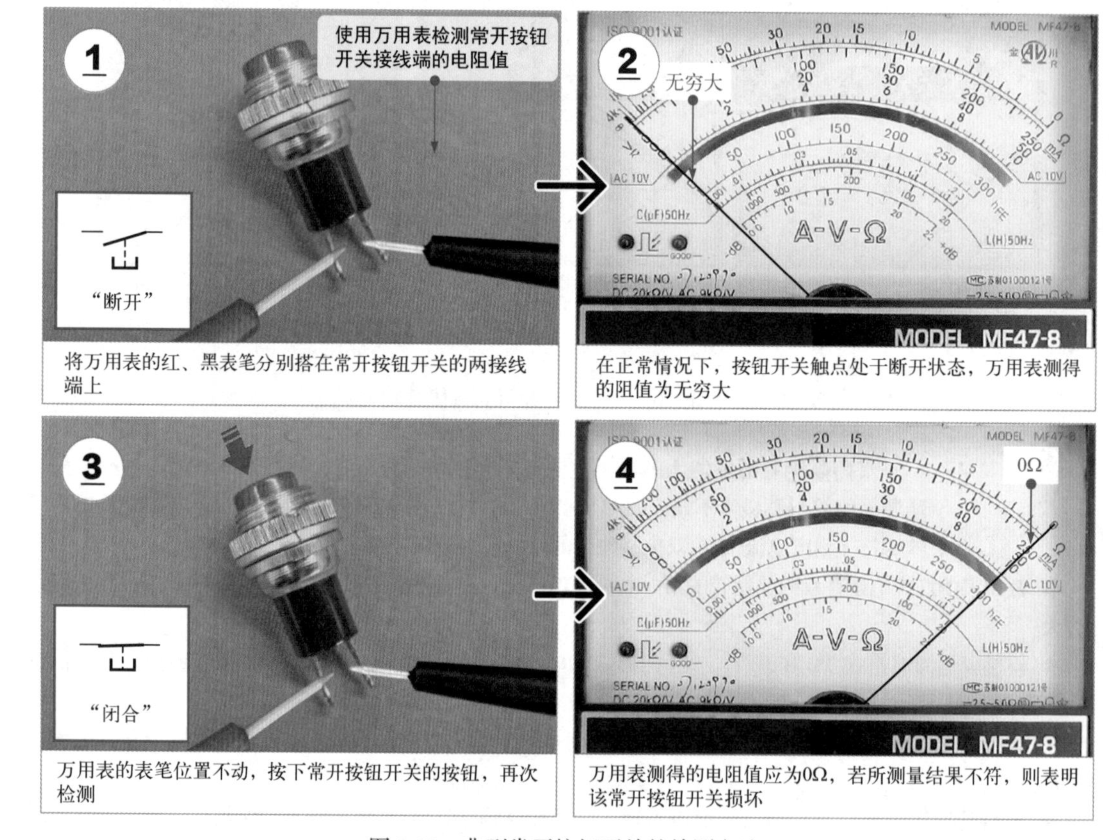
1
使用万用表检测常开按钮开关接线端的电阻值
“断开”
将万用表的红、黑表笔分别搭在常开按钮开关的两接线端上
2
无穷大
MODEL MF47-8
在正常情况下，按钮开关触点处于断开状态，万用表测得的阻值为无穷大
3
“闭合”
万用表的表笔位置不动，按下常开按钮开关的按钮，再次检测
4
0Ω
MODEL MF47-8
万用表测得的电阻值应为0Ω，若所测量结果不符，则表明该常开按钮开关损坏

图 8-22　典型常开按钮开关的检测方法

8.6.2 保护器的检测

结合保护器的功能特点，检测保护器主要是在保护器件的初始状态和保护状态下，检测保护器件的动作情况，以此判断保护器件的性能状态。

下面以常见的漏电保护器为例介绍检测的基本方法。图 8-23 为漏电保护器的检测和性能好坏判断方法。

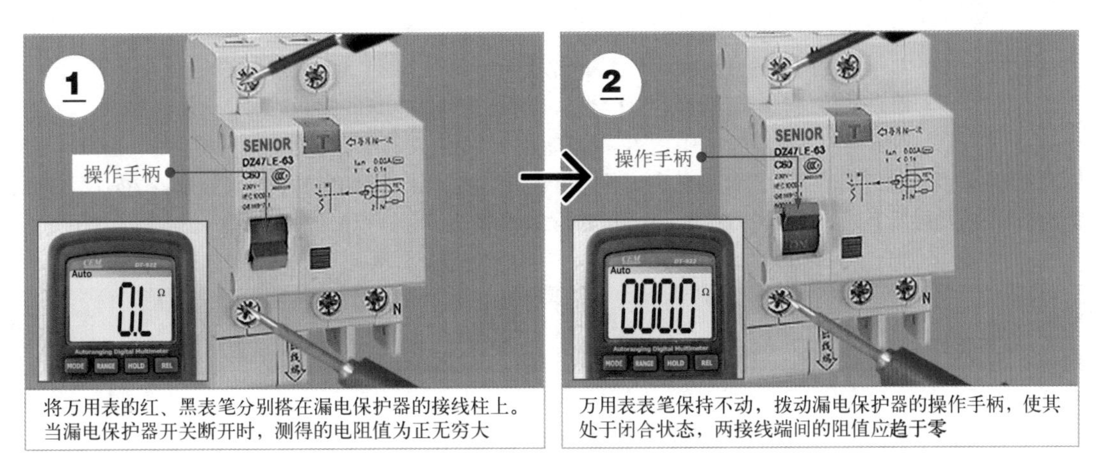
1
操作手柄
Auto
0.L
将万用表的红、黑表笔分别搭在漏电保护器的接线柱上。当漏电保护器开关断开时，测得的电阻值为正无穷大
2
操作手柄
Auto
000.0
万用表表笔保持不动，拨动漏电保护器的操作手柄，使其处于闭合状态，两接线端间的阻值应趋于零

图 8-23　漏电保护器的检测方法

提示说明

判断漏电保护器的好坏：

◆ **若测得低压熔断器的各组开关在断开状态下，其阻值均为无穷大，在闭合状态下，均为零，则表明该漏电保护器正常。**

◆ **若测得漏电保护器的开关在断开状态下，其阻值为零，则表明漏电保护器内部触点粘连损坏。**

◆ **若测得漏电保护器的开关在闭合状态下，其阻值为无穷大，则表明漏电保护器内部触点断路损坏。**

◆ **若测得漏电保护器内部的各组开关有任何一组损坏，均说明该漏电保护器损坏。**

8.7　接触器与变压器的检测

8.7.1　接触器的检测

检测接触器可借助万用表检测接触器各引脚间（包括线圈间、常开触点间、常闭触点间）阻值；或在路状态下，检测线圈未得电或得电状态下，触点所控制电路的通断状态来判断性能好坏。

如图 8-24 所示，以典型交流接触器为例介绍接触器的检测方法。

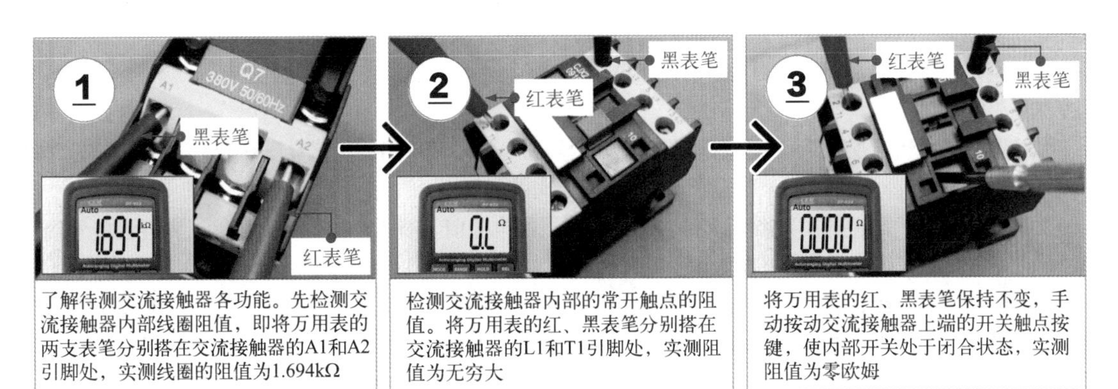
1
Q7
380V 50/60Hz
A1
A2
黑表笔
红表笔
Auto
1.694 kΩ
了解待测交流接触器各功能。先检测交流接触器内部线圈阻值，即将万用表的两支表笔分别搭在交流接触器的A1和A2引脚处，实测线圈的阻值为1.694kΩ
2
黑表笔
红表笔
Auto
0.L
检测交流接触器内部的常开触点的阻值。将万用表的红、黑表笔分别搭在交流接触器的L1和T1引脚处，实测阻值为无穷大
3
红表笔
黑表笔
Auto
000.0
将万用表的红、黑表笔保持不变，手动按动交流接触器上端的开关触点按键，使内部开关处于闭合状态，实测阻值为零欧姆

图 8-24　接触器的检测方法

提示说明

使用同样的方法将万用表的两表笔分别搭在 L2 和 T2、L3 和 T3、NO 端引脚处，对触点的接通与断开状态进行检测。当交流接触器内部线圈通电时，会使内部开关触点吸合；当内部线圈断电时，内部触点断开。因此，对该交流接触器进行检测时，需依次对其内部线圈阻值及内部开关在开启与闭合状态时的阻值进行检测。由于是断电检测交流接触器的好坏，因此需要按动交流接触器上端的开关触点按键，强制将触点闭合检测。

8.7.2 电力变压器的检测

电力变压器的体积一般较大，且附件较多。检测电力变压器时，检测其绝缘电阻和绕组直流电阻是两种有效的检测手段。

1 电力变压器绝缘电阻的检测方法

如图 8-25 所示，使用兆欧表测量电力变压器的绝缘电阻是检测设备绝缘状态最基本的方法。这种测量手段能有效地发现设备受潮、部件局部脏污、绝缘击穿、瓷件破裂、引线接外壳以及老化等问题。

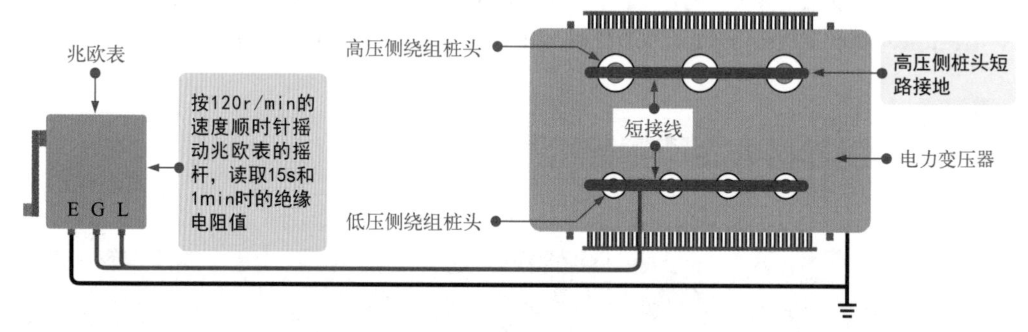
兆欧表
按120r/min的速度顺时针摇动兆欧表的摇杆，读取15s和1min时的绝缘电阻值
E G L
高压侧绕组桩头
低压侧绕组桩头
短接线
高压侧桩头短路接地
电力变压器

图 8-25　电力变压器绝缘电阻的检测方法

检测电力变压器的绝缘电阻主要分低压绕组对外壳的绝缘电阻测量、高压绕组对外壳的绝缘电阻测量和高压绕组对低压绕组的绝缘电阻测量。以低压绕组对外壳的绝缘电阻测量为例。将高、低压侧的绕组桩头用短接线连接。接好兆欧表，按 120r/min 的速度顺时针摇动兆欧表的摇杆，读取 15s 和 1min 时的绝缘电阻值。将实测数据与标准值进行比对，即可完成测量。

高压绕组对外壳的绝缘电阻测量则是将“线路”端子接三相变压器高压侧绕组桩头，“接地”端子与三相变压器接地连接即可。

若检测高压绕组对低压绕组的绝缘电阻时，将“线路”端子接三相变压器高压侧绕组桩头，“接地”端子接低压侧绕组桩头，并将“屏蔽”端子接三相变压器外壳。

另外需要注意的是，使用兆欧表测量三相变压器绝缘电阻前，要断开电源，并拆除或断开设备外接的连接线缆，使用绝缘棒等工具对三相变压器充分放电（约 5min 为宜）。

接线测量时，要确保测试线的接线准确无误。测量完毕，断开兆欧表时要先将“电路”端测试引线与测试桩头分开后，再降低兆欧表摇速，否则会烧坏兆欧表。测量完毕，在对三相变压器测试桩头充分放电后，方可允许拆线。

2 电力变压器绕组阻值的检测方法

电力变压器绕组阻值的测量主要是用来检查变压器绕组接头的焊接质量是否良好、绕组层匝间有无短路、分接开关各个位置接触是否良好以及绕组或引出线有无折断等情况。

如图 8-26 所示，借助直流电桥可精确测量电力变压器绕组的阻值。

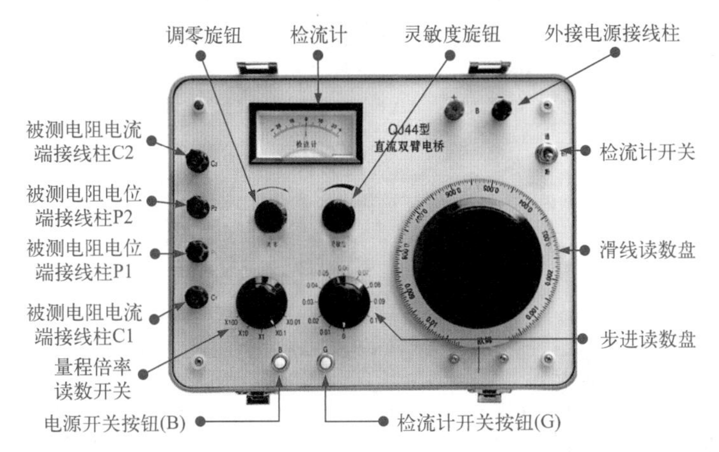

调零旋钮
检流计
灵敏度旋钮
外接电源接线柱
QJ44型
直流双臂电桥
被测电阻电流端接线柱C2
被测电阻电位端接线柱P2
被测电阻电位端接线柱P1
被测电阻电流端接线柱C1
量程倍率读数开关
电源开关按钮(B)
检流计开关
滑线读数盘
步进读数盘
检流计开关按钮(G)

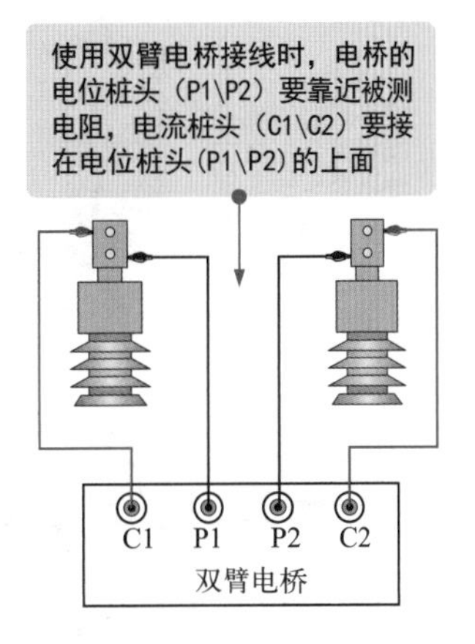

使用双臂电桥接线时，电桥的电位桩头（P1\P2）要靠近被测电阻，电流桩头（C1\C2）要接在电位桩头(P1\P2)的上面
C1
P1
P2
C2
双臂电桥

图 8-26　电力变压器绕组阻值的检测方法

提示说明

在测量前，将待测变压器的绕组与接地装置连接，进行放电操作。放电完成后拆除一切连接线。连接好电桥对变压器各相绕组（线圈）的直流电阻值进行测量。估计被测变压器绕组的阻值，将电桥倍率旋钮置于适当位置，检流计灵敏度旋钮调至最低位置，将非被测线圈短路接地。先打开电源开关按钮（B）充电，充足电后按下检流计开关按钮（G），迅速调节测量臂，使检流计指针向检流计刻度中间的零位线方向移动，增大灵敏度微调，待指针平稳停在零位上时记录被测线圈电阻值（被测线圈电阻值 = 倍率数 × 测量臂电阻值）。测量完毕，为防止在测量具有电感的直流电阻时其自感电动势损坏检流计，应先按检流计开关按钮（G），再放开电源开关按钮（B）。

8.7.3　电源变压器的检测

变压器的主要功能是实现电压的传输和变换。因此，检测电源变压器时，除检测绕组阻值外，还可在通电条件下检测其输入和输出的电压值，来判断变压器的性能。

检测前，需要首先确认电源变压器的一次、二次绕组引脚功能或相关参数值，如图 8-27 所示，为通电检测做好准备。

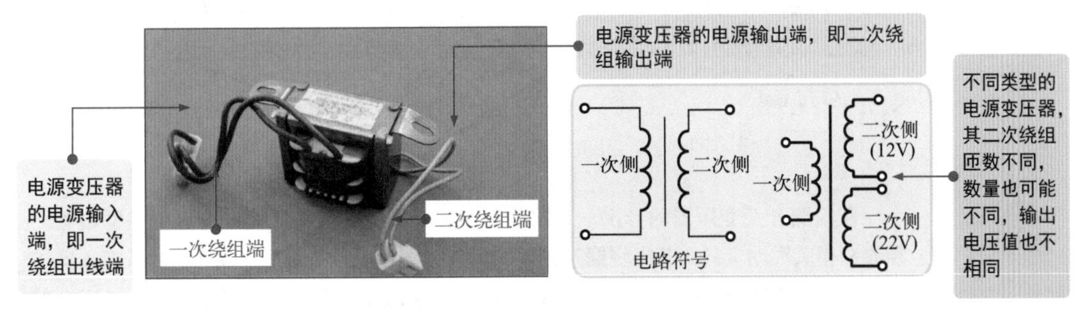

电源变压器的电源输入端，即一次绕组出线端
一次绕组端
二次绕组端
电源变压器的电源输出端，即二次绕组输出端
一次侧
二次侧
一次侧
二次侧 (12V)
二次侧 (22V)
电路符号
不同类型的电源变压器，其二次绕组匝数不同，数量也可能不同，输出电压值也不相同

图 8-27　电源变压器检测前的准备工作

如图 8-28 所示，在通电的情况下，检测电源变压器输入电压值和输出电压值，正常情况下输出端应有变换后的电压输出。

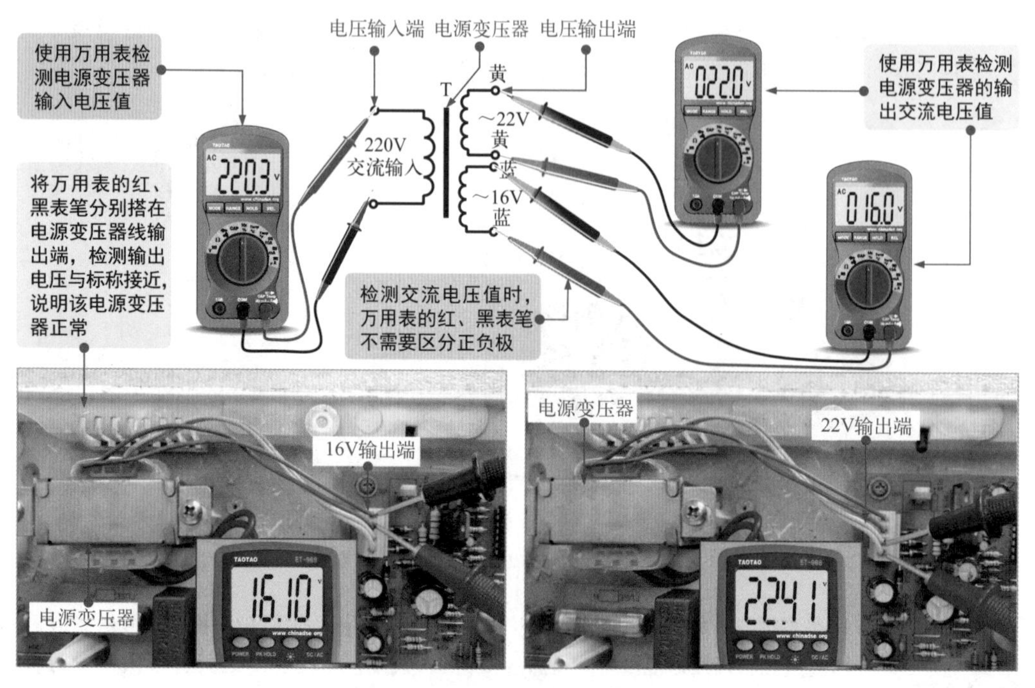
电压输入端
电源变压器
电压输出端
使用万用表检测电源变压器输入电压值
使用万用表检测电源变压器的输出交流电压值
将万用表的红、黑表笔分别搭在电源变压器线输出端，检测输出电压与标称接近，说明该电源变压器正常
220V 交流输入
T
黄
~22V
黄
蓝
~16V
蓝
检测交流电压值时，万用表的红、黑表笔不需要区分正负极
16V输出端
电源变压器
电源变压器
22V输出端

图 8-28 电源变压器的检测方法

8.7.4 开关变压器的检测

判断开关变压器是否正常时，通常可以在开路状态下检测开关变压器的一次绕组和二次绕组的电阻值，再根据检测的结果进行判断，如图 8-29 所示。

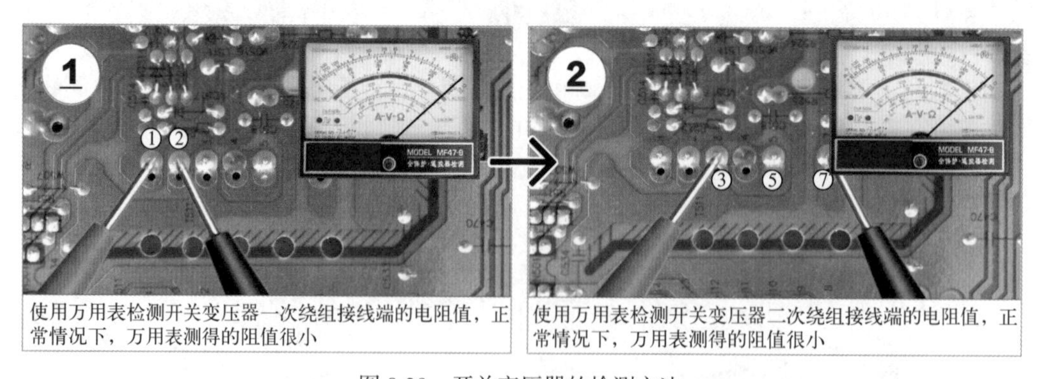
1
2
使用万用表检测开关变压器一次绕组接线端的电阻值，正常情况下，万用表测得的阻值很小
使用万用表检测开关变压器二次绕组接线端的电阻值，正常情况下，万用表测得的阻值很小

图 8-29 开关变压器的检测方法

提示说明

在检测开关变压器的一次、二次绕组时，不同的开关变压器的电阻值差别很大，必须参照相关数据资料，若出现偏差较大的情况，则说明开关变压器损坏。开关变压器的一次绕组和二次绕组之间的绝缘电阻值应为 1MΩ 以上，若出现 0Ω 或有远小于 1MΩ 的情况，则开关变压器绕组间可能有短路故障或绝缘性能不良。

第 9 章

电动机的拆卸与检修

9.1 直流电动机的拆卸

在检修电动机时，无论是对内部电气部件的检修，还是对机械部件连接状态以及磨损情况进行核查，都需要掌握电动机的拆卸技能。

9.1.1 有刷直流电动机的拆卸

如图 9-1 所示，以电动自行车中的有刷直流电动机为例，拆卸有刷直流电动机主要分为拆卸端盖、分离有刷直流电动机的定子和转子、拆卸电刷及电刷架等环节。

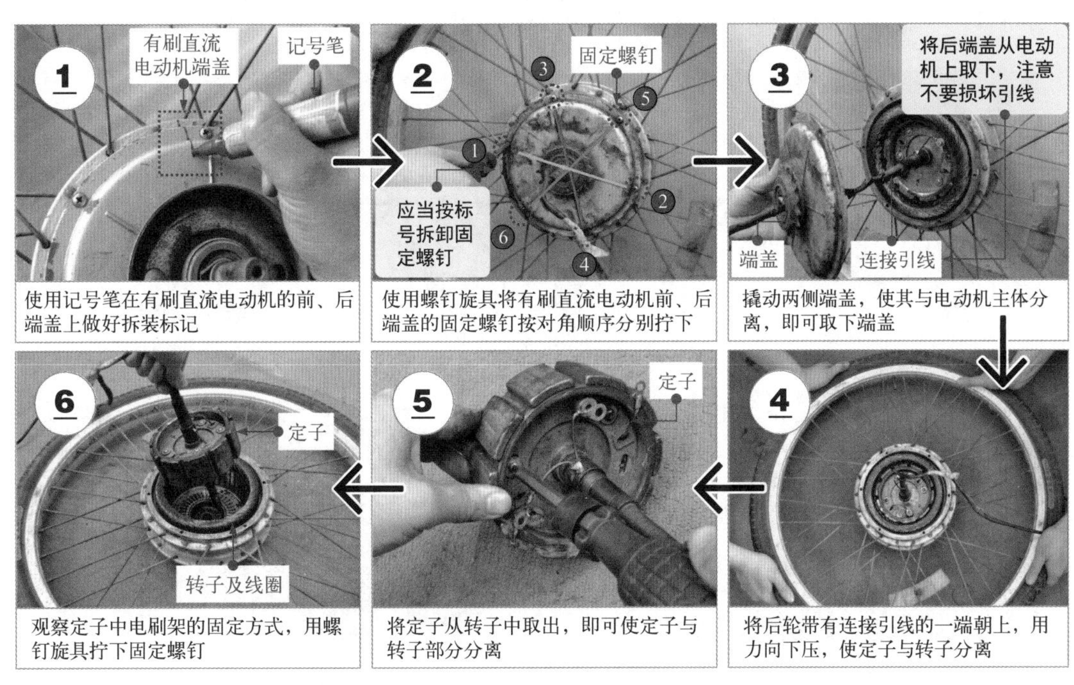

1
有刷直流电动机端盖
记号笔
使用记号笔在有刷直流电动机的前、后端盖上做好拆装标记
2
固定螺钉
应当按标号拆卸固定螺钉
使用螺钉旋具将有刷直流电动机前、后端盖的固定螺钉按对角顺序分别拧下
3
将后端盖从电动机上取下，注意不要损坏引线
端盖
连接引线
撬动两侧端盖，使其与电动机主体分离，即可取下端盖
4
将后轮带有连接引线的一端朝上，用力向下压，使定子与转子分离
5
定子
将定子从转子中取出，即可使定子与转子部分分离
6
定子
转子及线圈
观察定子中电刷架的固定方式，用螺钉旋具拧下固定螺钉

图 9-1

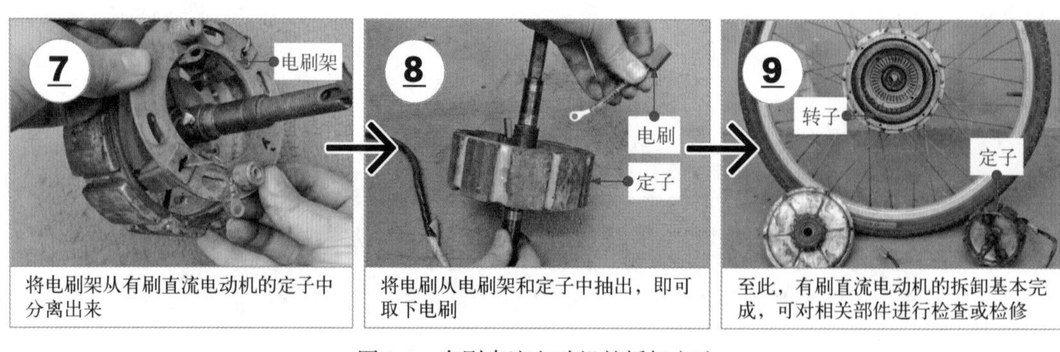
7
电刷架
将电刷架从有刷直流电动机的定子中分离出来
8
电刷
定子
将电刷从电刷架和定子中抽出，即可取下电刷
9
转子
定子
至此，有刷直流电动机的拆卸基本完成，可对相关部件进行检查或检修

图 9-1　有刷直流电动机的拆卸方法

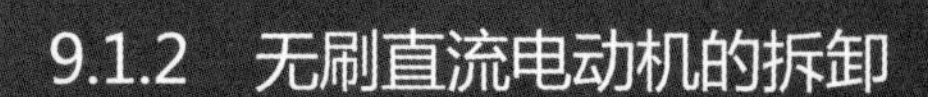

9.1.2　无刷直流电动机的拆卸

如图 9-2 所示，以电动自行车中的无刷直流电动机为例，拆卸无刷直流电动机主要分为拆卸端盖、分离电动机的定子和转子等环节。

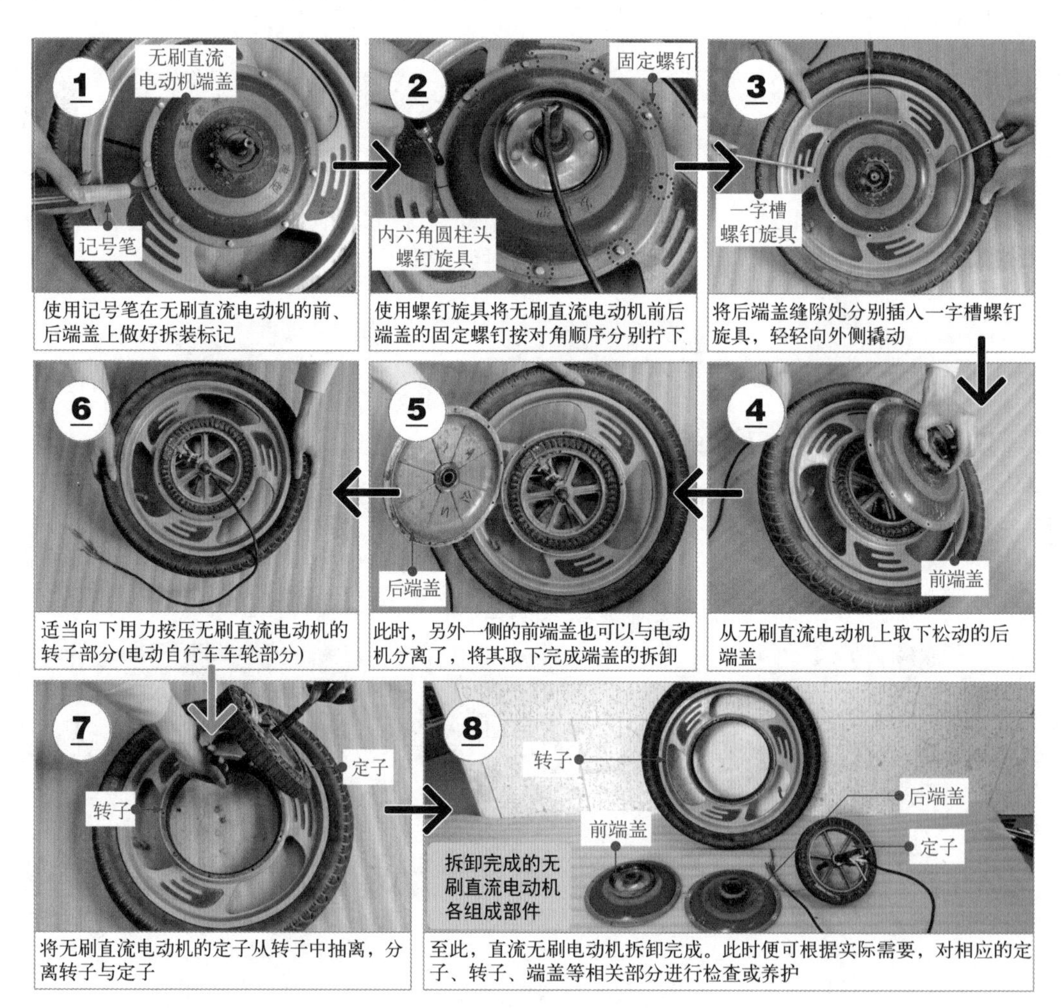
1
无刷直流电动机端盖
记号笔
使用记号笔在无刷直流电动机的前、后端盖上做好拆装标记
2
固定螺钉
内六角圆柱头螺钉旋具
使用螺钉旋具将无刷直流电动机前后端盖的固定螺钉按对角顺序分别拧下
3
一字槽螺钉旋具
将后端盖缝隙处分别插入一字槽螺钉旋具，轻轻向外侧撬动
4
前端盖
从无刷直流电动机上取下松动的后端盖
5
后端盖
此时，另外一侧的前端盖也可以与电动机分离了，将其取下完成端盖的拆卸
6
适当向下用力按压无刷直流电动机的转子部分(电动自行车车轮部分)
7
定子
转子
将无刷直流电动机的定子从转子中抽离，分离转子与定子
8
转子
后端盖
前端盖
定子
拆卸完成的无刷直流电动机各组成部件
至此，直流无刷电动机拆卸完成。此时便可根据实际需要，对相应的定子、转子、端盖等相关部分进行检查或养护

图 9-2　无刷直流电动机的拆卸方法

9.2 交流电动机的拆卸

9.2.1　单相交流电动机的拆卸

如图 9-3 所示，单相交流电动机的结构多种多样，但其基本的拆卸方法大致相同，这里我们以常见的电风扇中的单相交流电动机为例，了解一下这种类型电动机的具体拆卸方法。

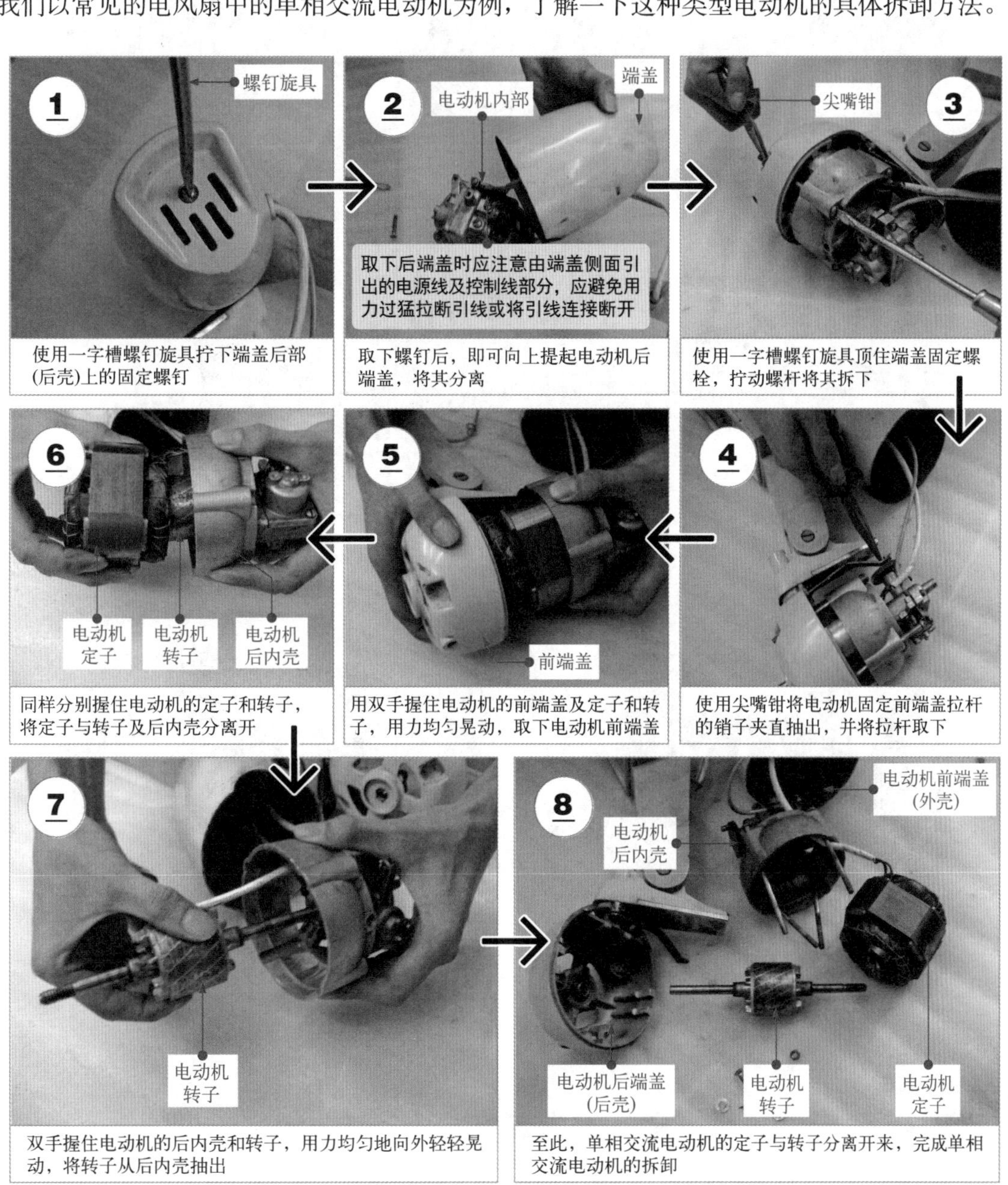
1
螺钉旋具
使用一字槽螺钉旋具拧下端盖后部(后壳)上的固定螺钉
2
电动机内部
端盖
取下后端盖时应注意由端盖侧面引出的电源线及控制线部分，应避免用力过猛拉断引线或将引线连接断开
取下螺钉后，即可向上提起电动机后端盖，将其分离
3
尖嘴钳
使用一字槽螺钉旋具顶住端盖固定螺栓，拧动螺杆将其拆下
4
使用尖嘴钳将电动机固定前端盖拉杆的销子夹直抽出，并将拉杆取下
5
前端盖
用双手握住电动机的前端盖及定子和转子，用力均匀晃动，取下电动机前端盖
6
电动机定子
电动机转子
电动机后内壳
同样分别握住电动机的定子和转子，将定子与转子及后内壳分离开
7
电动机转子
双手握住电动机的后内壳和转子，用力均匀地向外轻轻晃动，将转子从后内壳抽出
8
电动机前端盖(外壳)
电动机后内壳
电动机后端盖(后壳)
电动机转子
电动机定子
至此，单相交流电动机的定子与转子分离开来，完成单相交流电动机的拆卸

图 9-3　单相交流电动机的拆卸方法

9.2.2　三相交流电动机的拆卸

如图 9-4 所示，三相交流电动机的结构也是多种多样的，但其基本的拆卸方法大致相同，这里我们以常见的三相交流电动机为例，了解一下这种类型电动机的具体拆卸方法。

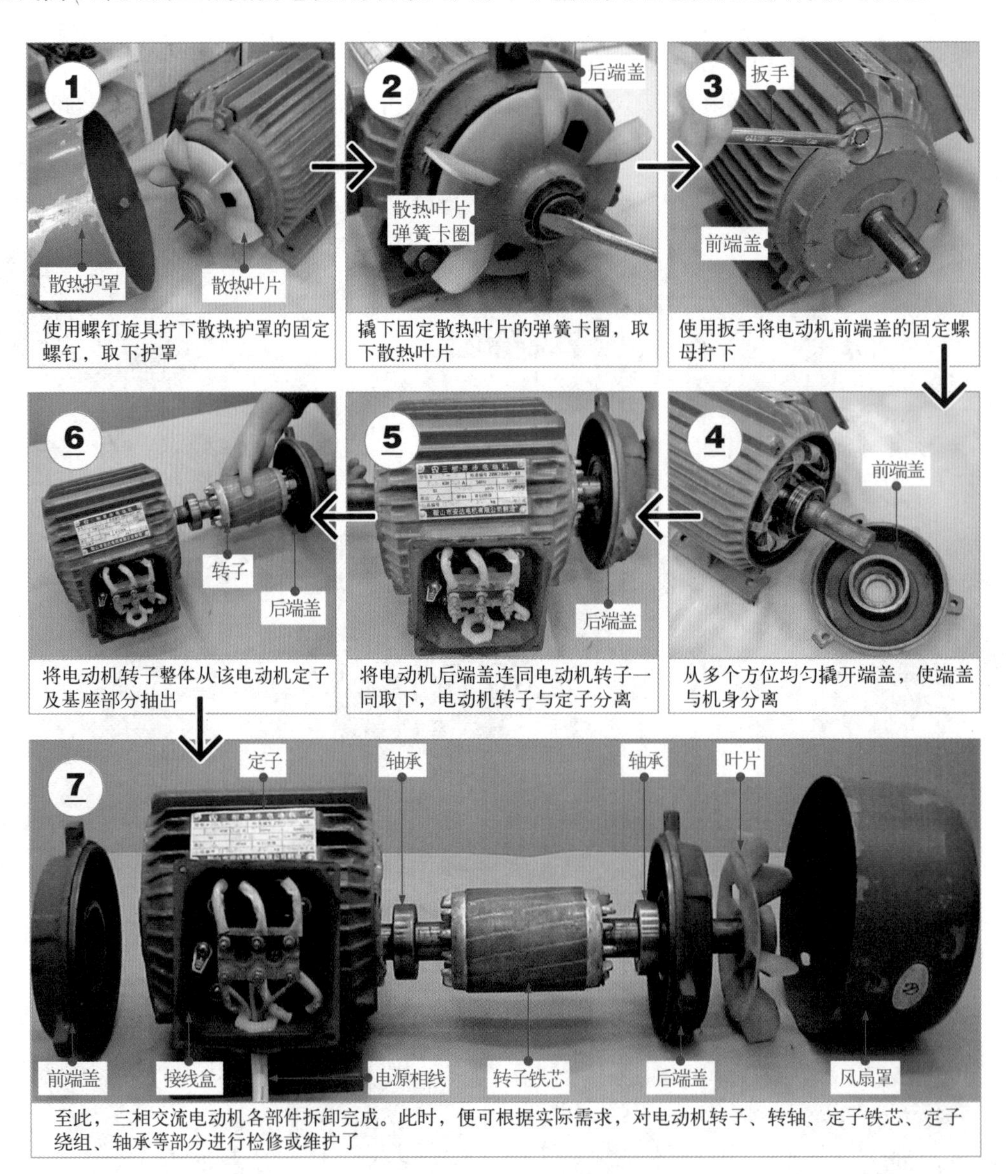
1
散热护罩
散热叶片
使用螺钉旋具拧下散热护罩的固定螺钉，取下护罩
2
后端盖
散热叶片
弹簧卡圈
撬下固定散热叶片的弹簧卡圈，取下散热叶片
3
扳手
前端盖
使用扳手将电动机前端盖的固定螺母拧下
4
前端盖
从多个方位均匀撬开端盖，使端盖与机身分离
5
后端盖
将电动机后端盖连同电动机转子一同取下，电动机转子与定子分离
6
转子
后端盖
将电动机转子整体从该电动机定子及基座部分抽出
7
定子
轴承
轴承
叶片
前端盖
接线盒
电源相线
转子铁芯
后端盖
风扇罩
至此，三相交流电动机各部件拆卸完成。此时，便可根据实际需求，对电动机转子、转轴、定子铁芯、定子绕组、轴承等部分进行检修或维护了

图 9-4　三相交流电动机的拆卸方法

9.3　电动机的常用检测方法

电动机作为一种以绕组（线圈）为主要电气部件的动力设备，在检测时，主要是对绕组及传动状态进行检测，包括绕组阻值、绝缘电阻值、空载电流及转速等方面。

9.3.1　电动机绕组阻值的检测

绕组是电动机的主要组成部件，在电动机的实际应用中，其损坏的概率相对较高。检测时，一般可用万用表的电阻挡进行粗略检测，也可以使用万用电桥进行精确检测，进而判断绕组有无短路或断路故障。

如图 9-5 所示，用万用表检测电动机绕组的阻值是一种比较常用、简单易操作的测试方法，该方法可粗略检测出电动机内各相绕组的阻值，根据检测结果可大致判断出电动机绕组有无短路或断路故障。

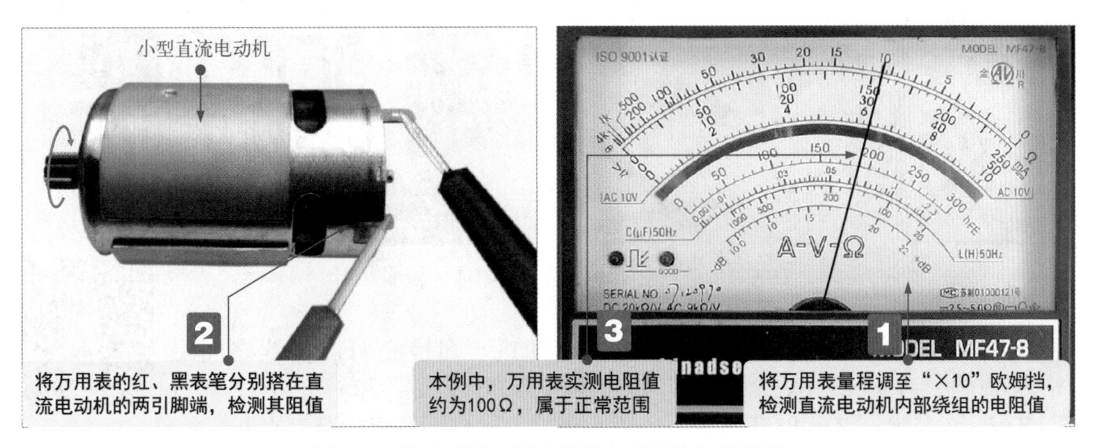
小型直流电动机
2
将万用表的红、黑表笔分别搭在直流电动机的两引脚端，检测其阻值
3
本例中，万用表实测电阻值约为100Ω，属于正常范围
1
将万用表量程调至“×10”欧姆挡，检测直流电动机内部绕组的电阻值
MODEL MF47-8
A-V-Ω

图 9-5　借助万用表粗略测量电动机绕组的阻值

如图 9-6 所示，普通直流电动机是通过电源和换向器为绕组供电，这种电动机有两根引线。检测直流电动机绕组阻值时，相当于检测一个电感线圈的电阻值，因此应能检测到一个固定的数值，当检测一些小功率直流电动机时，其因受万用表内电流的驱动而会旋转。

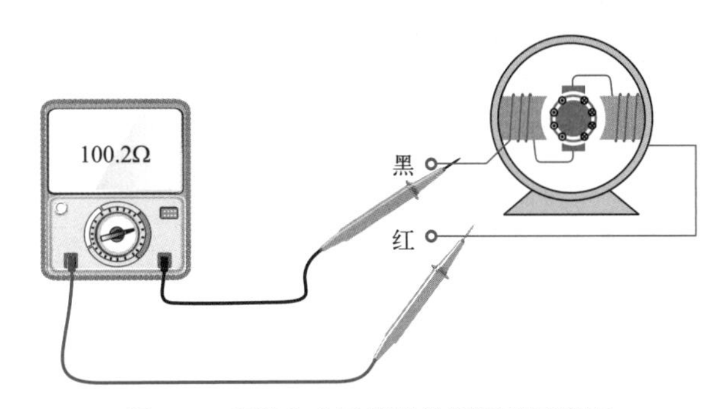
100.2Ω
黑
红

图 9-6　直流电动机绕组检测原理示意图

提示说明

判断直流电动机本身的性能时，除检测绕组的电阻值外，还需要对绝缘电阻值进行检测，检测方法可参考前文的操作步骤。正常情况下，电阻值应为无穷大，若测得的电阻值很小或为 0Ω，则说明直流电动机的绝缘性能不良，内部导电部分可能与外壳相连。

如图 9-7 所示，用万用表分别检测单相交流电动机绕组的阻值，根据检测结果可大致判断该类电动机内部绕组有无短路或断路情况。

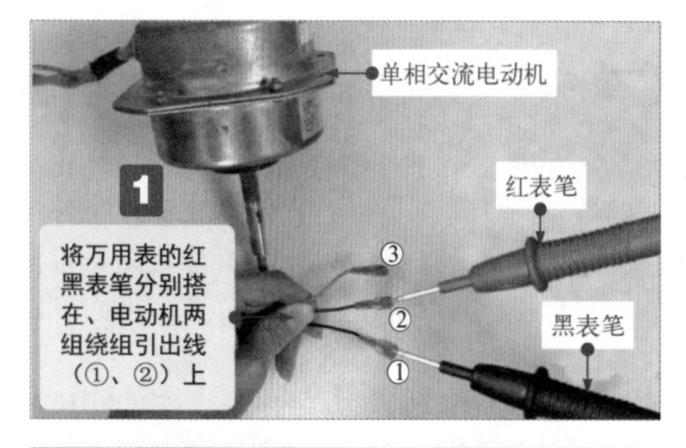
单相交流电动机
1
红表笔
将万用表的红黑表笔分别搭在、电动机两组绕组引出线（①、②）上
③
②
①
黑表笔

TAOTAO
DT-922
Auto
232.8
Ω
2
从万用表的显示屏上读取出实测第一组绕组的阻值为232.8Ω
MODE
RANGE
HOLD

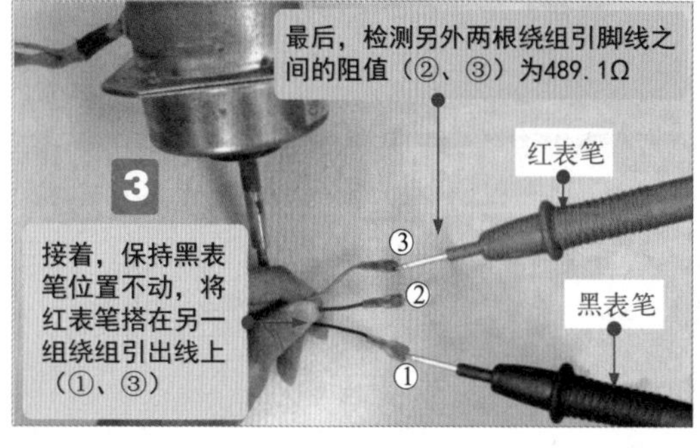
最后，检测另外两根绕组引脚线之间的阻值（②、③）为489.1Ω
红表笔
3
接着，保持黑表笔位置不动，将红表笔搭在另一组绕组引出线上（①、③）
③
②
①
黑表笔

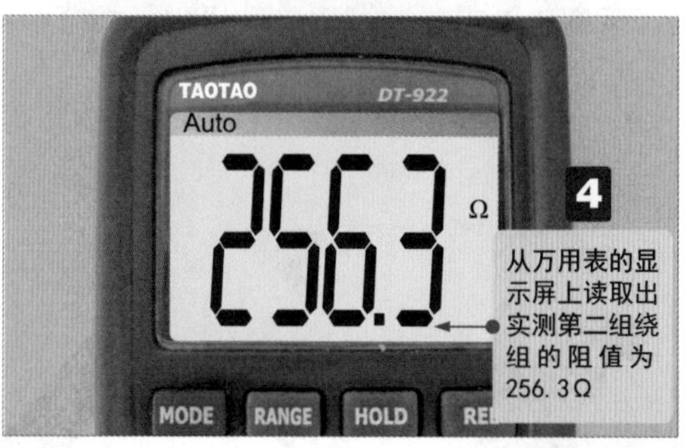
TAOTAO
DT-922
Auto
256.3
Ω
4
从万用表的显示屏上读取出实测第二组绕组的阻值为256.3Ω
MODE
RANGE
HOLD

图 9-7　单相交流电动机绕组阻值的检测

如图 9-8 所示，若所测电动机为单相电动机，则检测两两引线之间阻值，得到的三个数值 R_1、R_2、R_3 应满足其中两个数值之和等于第三个值（$R_1+R_2=R_3$）。若 R_1、R_2、R_3 任意一阻值为无穷大，则说明绕组内部存在断路故障。

若所测电动机为三相电动机，则检测两两引线之间阻值，得到的三个数值 R_1、R_2、R_3 应满足三个数值相等（$R_1=R_2=R_3$）。若 R_1、R_2、R_3 任意一阻值为无穷大，则说明绕组内部存在断路故障。

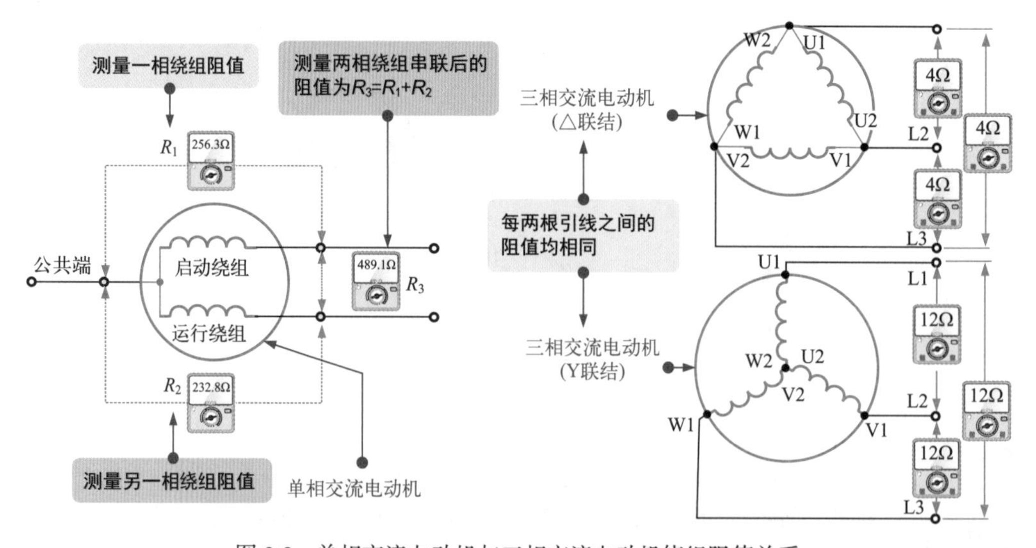
测量一相绕组阻值
测量两相绕组串联后的阻值为$R_3=R_1+R_2$
R_1
256.3Ω
公共端
启动绕组
运行绕组
489.1Ω
R_3
R_2
232.8Ω
测量另一相绕组阻值
单相交流电动机
三相交流电动机（△联结）
每两根引线之间的阻值均相同
三相交流电动机（Y联结）
W2
U1
U2
W1
V2
V1
L2
L3
L1
4Ω
12Ω

图 9-8　单相交流电动机与三相交流电动机绕组阻值关系

除使用万用表粗略测量电动机绕组阻值外，还可借助万用电桥精确测量电动机绕组的直流电阻，即使微小偏差也能够发现，这是判断电动机的制造工艺和性能是否良好的有效测试方法。

图 9-9 为以典型三相交流电动机为例，了解电动机绕组阻值的精确检测方法。

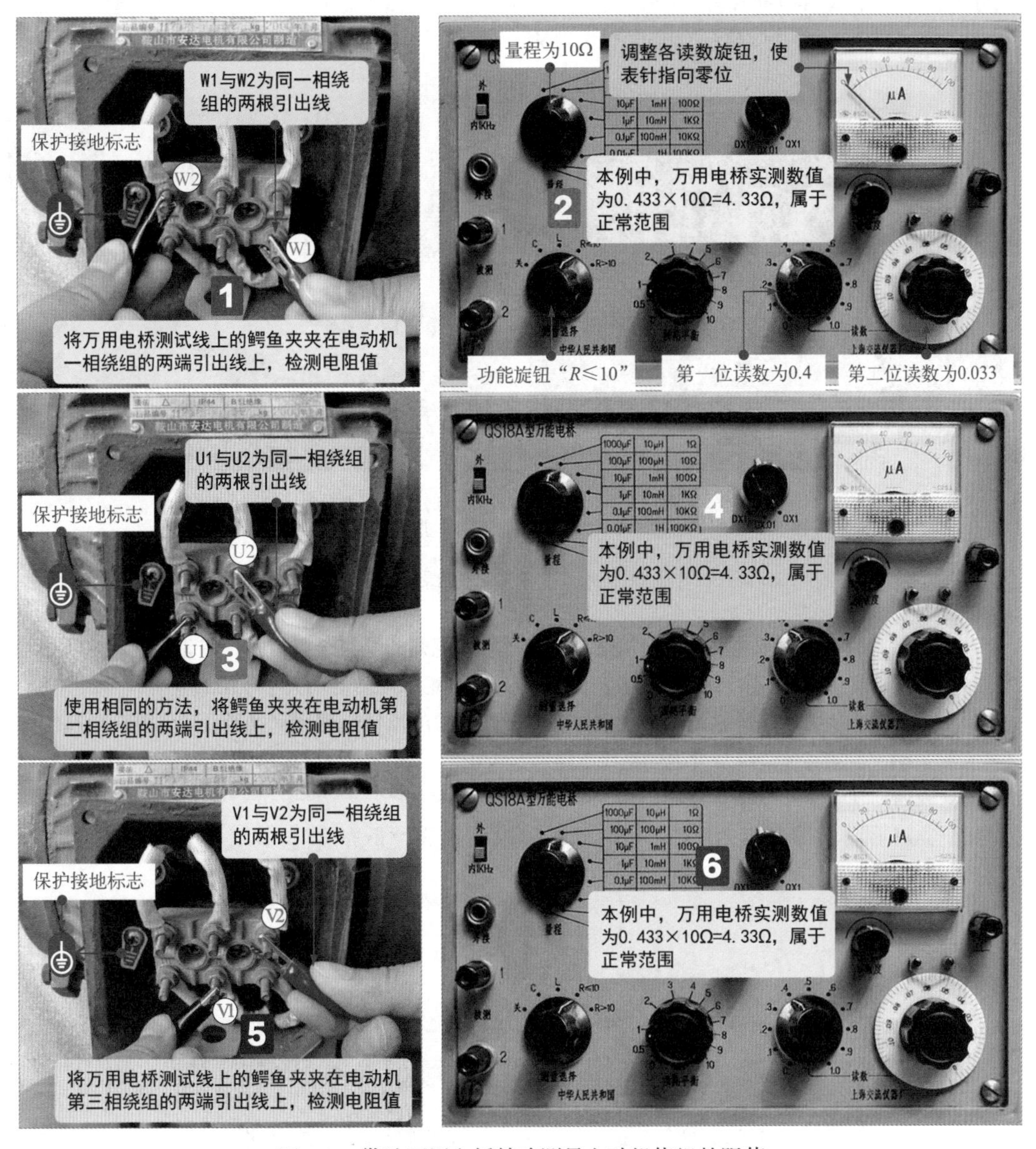
W1与W2为同一相绕组的两根引出线
保护接地标志
W2
W1
1
将万用电桥测试线上的鳄鱼夹夹在电动机一相绕组的两端引出线上，检测电阻值
量程为10Ω
调整各读数旋钮，使表针指向零位
本例中，万用电桥实测数值为0. 433×10Ω=4. 33Ω，属于正常范围
2
功能旋钮“R≤10”
第一位读数为0.4
第二位读数为0.033
U1与U2为同一相绕组的两根引出线
保护接地标志
U2
U1
3
使用相同的方法，将鳄鱼夹夹在电动机第二相绕组的两端引出线上，检测电阻值
QS18A型万能电桥
4
本例中，万用电桥实测数值为0. 433×10Ω=4. 33Ω，属于正常范围
V1与V2为同一相绕组的两根引出线
保护接地标志
V2
V1
5
将万用电桥测试线上的鳄鱼夹夹在电动机第三相绕组的两端引出线上，检测电阻值
QS18A型万能电桥
6
本例中，万用电桥实测数值为0. 433×10Ω=4. 33Ω，属于正常范围

图 9-9 借助万用电桥精确测量电动机绕组的阻值

提示说明

若测得三组绕组的电阻值不同，则绕组内可能有短路或断路情况。若通过检测发现电阻值出现较大的偏差，则表明电动机的绕组已损坏。

9.3.2 电动机绝缘电阻的检测

电动机绝缘电阻的检测是指检测电动机绕组与外壳之间、绕组与绕组之间的绝缘性，以此来判断电动机是否存在漏电（对外壳短路）、绕组间短路的现象。测量绝缘电阻一般使用绝

缘电阻表进行测试。

如图 9-10 所示，将兆欧表分别与待测电动机绕组接线端子和接地端连接，转动兆欧表手柄，检测电动机绕组与外壳之间的绝缘电阻。

黑色测试线
红色测试线
将兆欧表的黑色测试线接在交流电动机的接地端上，红色测试线接在其中一相绕组的出线端子上

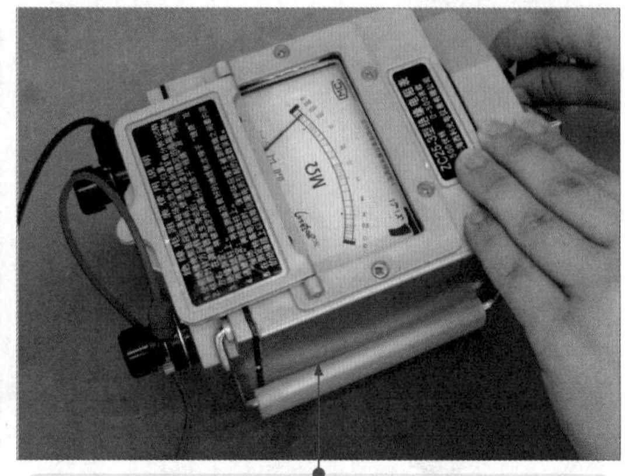
顺时针匀速转动兆欧表的手柄，观察兆欧表指针的摆动变化，兆欧表实测兆欧值大于1MΩ，正常

图 9-10　电动机绕组与外壳之间绝缘电阻的检测方法

提示说明

使用兆欧表检测交流电动机绕组与外壳间的绝缘电阻值时，应匀速转动兆欧表的手柄，并观察指针的摆动情况，本例中，实测绝缘电阻值均大于 1MΩ。

为确保测量值的准确度，需要待兆欧表的指针慢慢回到初始位置，然后再顺时针摇动兆欧表的手柄，检测其他绕组与外壳的绝缘电阻值是否正常，若检测结果远小于 1MΩ，则说明电动机绝缘性能不良或内部导电部分与外壳之间有漏电情况。

如图 9-11 所示，借助兆欧表检测电动机绕组与绕组之间的绝缘电阻。

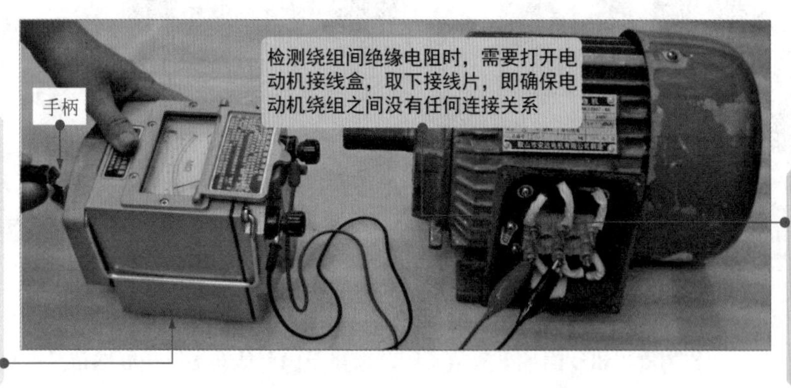
将兆欧表的鳄鱼夹分别夹在不相连的两相绕组引线上，然后匀速转动兆欧表的手柄。在正常情况下，绕组与绕组间的绝缘电阻值应大于1MΩ
手柄
检测绕组间绝缘电阻时，需要打开电动机接线盒，取下接线片，即确保电动机绕组之间没有任何连接关系
若测得电动机的绕组与绕组之间的绝缘电阻值为零或阻值较小，则说明电动机绕组与绕组之间存在短路现象

图 9-11　电动机绕组与绕组之间绝缘电阻的检测方法

9.3.3　电动机空载电流的检测

检测电动机的空载电流就是在电动机未带任何负载的情况下检测绕组中的运行电流，多用于单相交流电动机和三相交流电动机的检测。

如图 9-12 所示，借助钳形表检测电动机的空载电流。

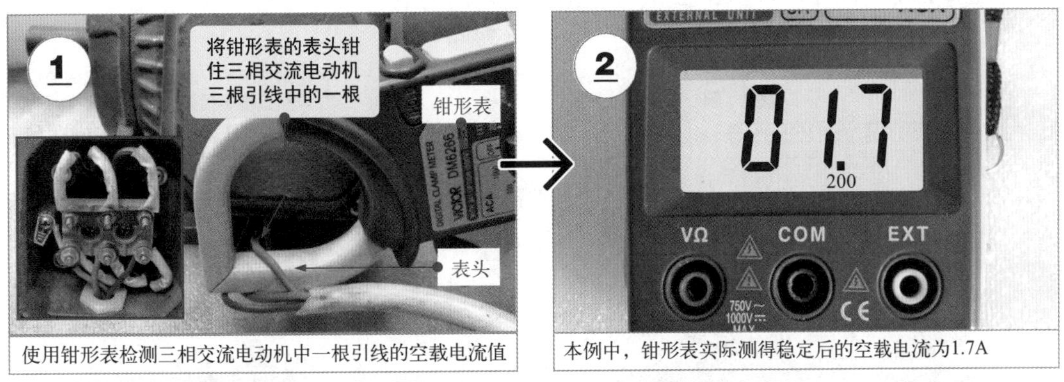
1
将钳形表的表头钳
住三相交流电动机
三根引线中的一根
钳形表
表头
2
01.7
200
VΩ
COM
EXT

使用钳形表检测三相交流电动机中一根引线的空载电流值

本例中，钳形表实际测得稳定后的空载电流为1.7A

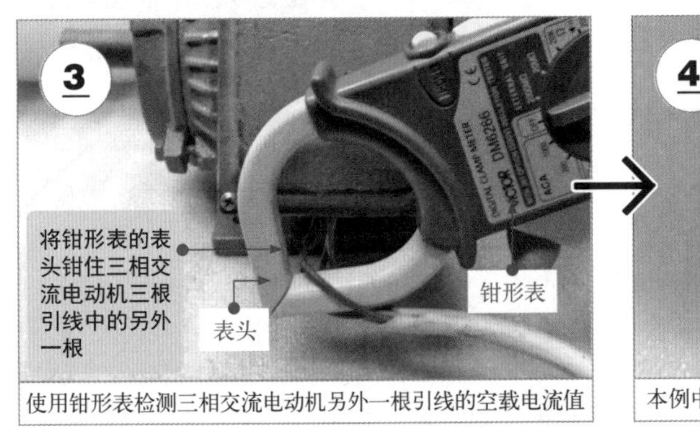
3
将钳形表的表
头钳住三相交
流电动机三根
引线中的另外
一根
表头
钳形表

使用钳形表检测三相交流电动机另外一根引线的空载电流值

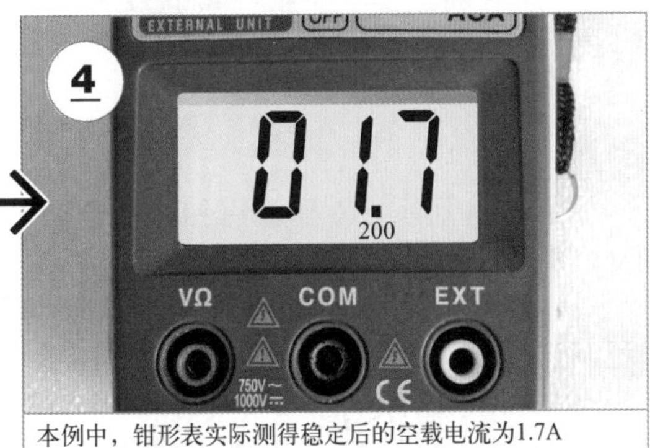
4
01.7
200
VΩ
COM
EXT

本例中，钳形表实际测得稳定后的空载电流为1.7A

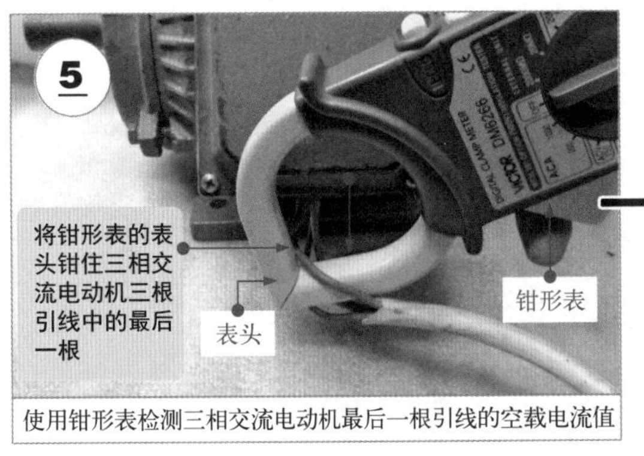
5
将钳形表的表
头钳住三相交
流电动机三根
引线中的最后
一根
表头
钳形表

使用钳形表检测三相交流电动机最后一根引线的空载电流值

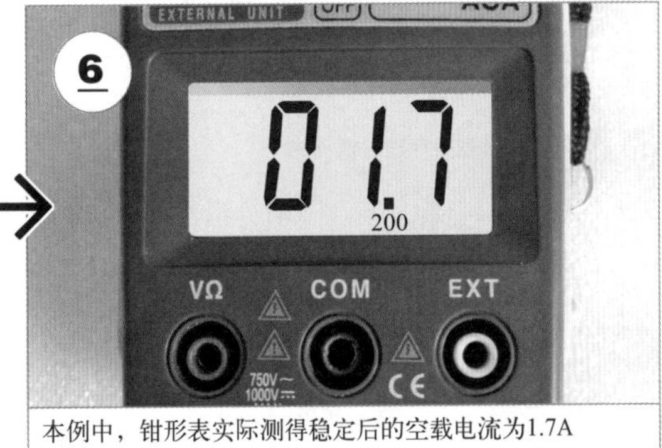
6
01.7
200
VΩ
COM
EXT

本例中，钳形表实际测得稳定后的空载电流为1.7A

图 9-12　电动机空载电流的检测方法

提示说明

若测得的空载电流过大或三相空载电流不均衡，则说明电动机存在异常。一般情况下，空载电流过大的原因主要是电动机内部铁芯不良、电动机转子与定子之间的间隙过大、电动机线圈的匝数过少、电动机绕组连接错误。所测电动机为 2 极 1.5kW 容量的电动机，其空载电流约为额定电流的 40% ～ 55%。

9.3.4　电动机转速的检测

电动机的转速是指电动机运行时每分钟旋转的转数。测试电动机的实际转速，并与铭牌

上的额定转速进行比较，可检查电动机是否存在超速或堵转现象。

如图 9-13 所示，检测电动机的转速一般使用专用的电动机转速表。

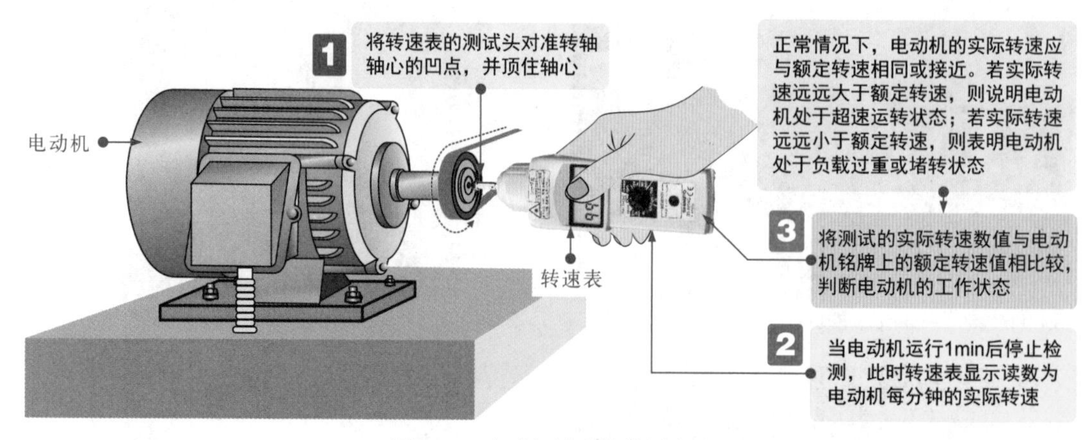
1
将转速表的测试头对准转轴轴心的凹点，并顶住轴心
电动机
转速表
正常情况下，电动机的实际转速应与额定转速相同或接近。若实际转速远远大于额定转速，则说明电动机处于超速运转状态；若实际转速远远小于额定转速，则表明电动机处于负载过重或堵转状态
3
将测试的实际转速数值与电动机铭牌上的额定转速值相比较，判断电动机的工作状态
2
当电动机运行1min后停止检测，此时转速表显示读数为电动机每分钟的实际转速

图 9-13　电动机转速的检测方法

如图 9-14 所示，对于没有铭牌的电动机，在进行转速检测时，应先确定其额定转速，通常可用指针万用表进行简单的判断。

首先将电动机各绕组之间的连接金属片取下，使各绕组之间保持绝缘，然后再将万用表的量程调至 0.05mA 挡，将红、黑表笔分别接在某一绕组的两端，匀速转动电动机主轴一周，观测一周内万用表指针左右摆动的次数。当万用表指针摆动一次时，表明电流正负变化一个周期，为 2 极电动机；当万用表指针摆动两次时，则为 4 极电动机，依此类推，三次则为 6 极电动机。

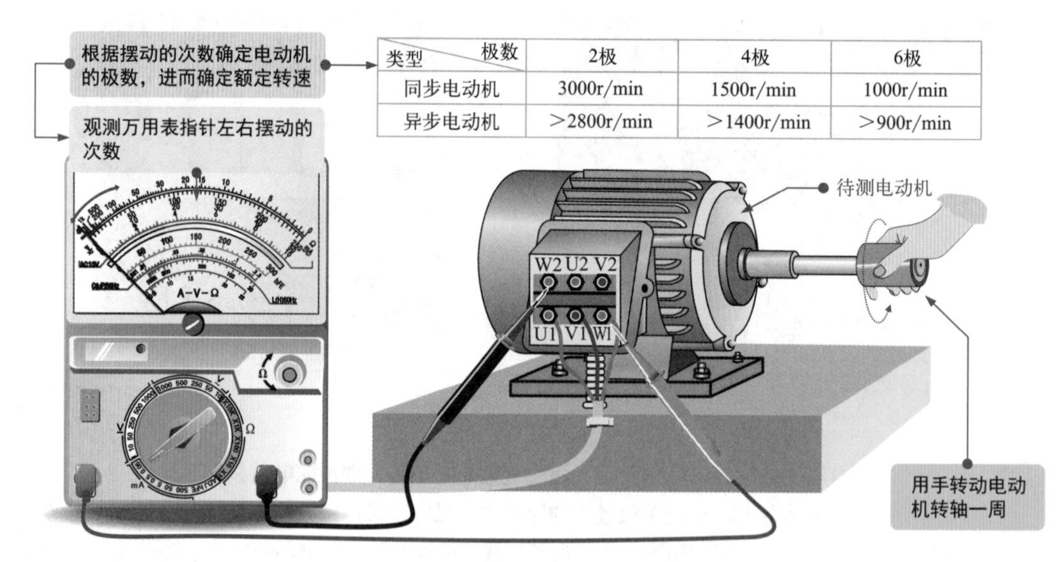

类型　　极数	2极	4极	6极
同步电动机	3000r/min	1500r/min	1000r/min
异步电动机	>2800r/min	>1400r/min	>900r/min

根据摆动的次数确定电动机的极数，进而确定额定转速
观测万用表指针左右摆动的次数
A-V-Ω
W2 U2 V2
U1 V1 W1
待测电动机
用手转动电动机转轴一周

图 9-14　电动机额定转速的确定

9.4　电动机主要部件的检修

电动机的铁芯、转轴、电刷、集电环（换向器）等都是容易磨损的部件，检修电动机时应重点对上述部件进行检修。

9.4.1　电动机铁芯的检修

铁芯通常包含定子铁芯和转子铁芯两个部分。铁芯检修主要应从铁芯锈蚀、铁芯松弛、铁芯烧损、铁芯扫膛及槽齿弯曲等方面进行检查修复。

1 铁芯表面锈蚀的检修

图 9-15 为铁芯表面锈蚀的检修处理。当电动机长期处于潮湿、有腐蚀气体的环境中时，电动机铁芯表面容易出现锈迹腐蚀情况。可通过打磨和重新绝缘等手段修复。

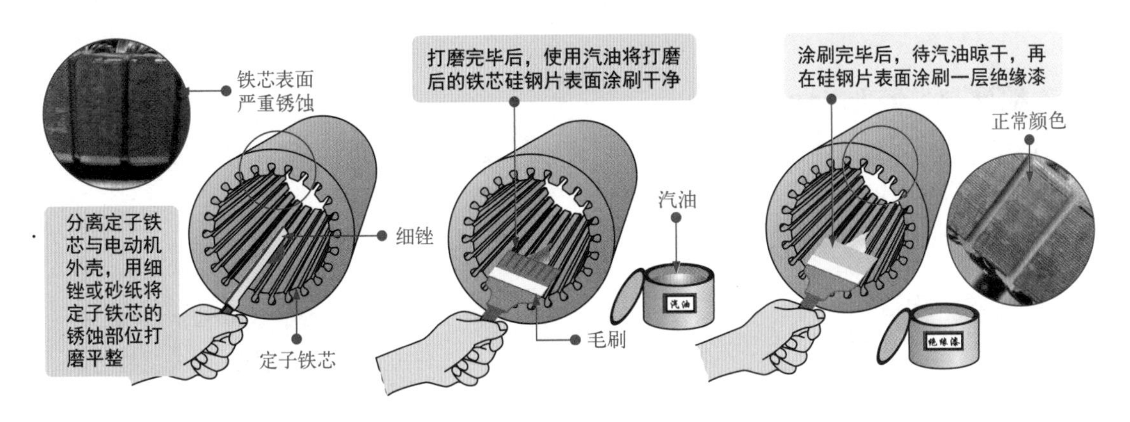
铁芯表面
严重锈蚀
分离定子铁芯与电动机外壳，用细锉或砂纸将定子铁芯的锈蚀部位打磨平整
细锉
定子铁芯
打磨完毕后，使用汽油将打磨后的铁芯硅钢片表面涂刷干净
汽油
毛刷
涂刷完毕后，待汽油晾干，再在硅钢片表面涂刷一层绝缘漆
正常颜色

图 9-15　铁芯表面锈蚀的检修处理

2 定子铁芯松弛的检修

图 9-16 为定子铁芯松弛的检修方法。电动机在运行时，铁芯由于受热膨胀会受到附加压力，使绝缘漆膜压平，硅钢片间密合度降低，从而易出现松动现象。

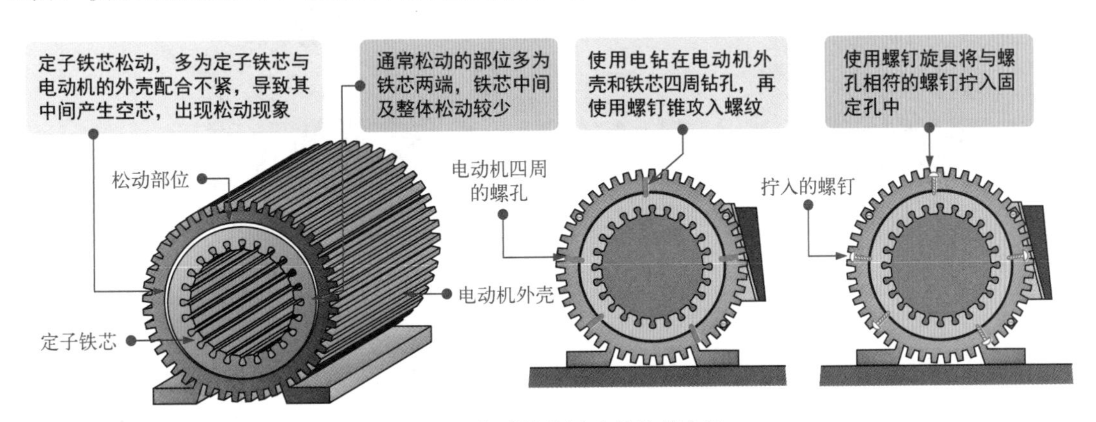
定子铁芯松动，多为定子铁芯与电动机的外壳配合不紧，导致其中间产生空芯，出现松动现象
通常松动的部位多为铁芯两端，铁芯中间及整体松动较少
使用电钻在电动机外壳和铁芯四周钻孔，再使用螺钉锥攻入螺纹
使用螺钉旋具将与螺孔相符的螺钉拧入固定孔中
松动部位
定子铁芯
电动机外壳
电动机四周
的螺孔
拧入的螺钉

图 9-16　定子铁芯松弛的检修方法

3 转子铁芯松弛的检修

当电动机转子铁芯出现松动现象时，其松动部位多为转子铁芯与转轴之间的连接部位。对于该类故障可采用螺母紧固的方法进行修复。图 9-17 为转子铁芯松弛的修复方法。

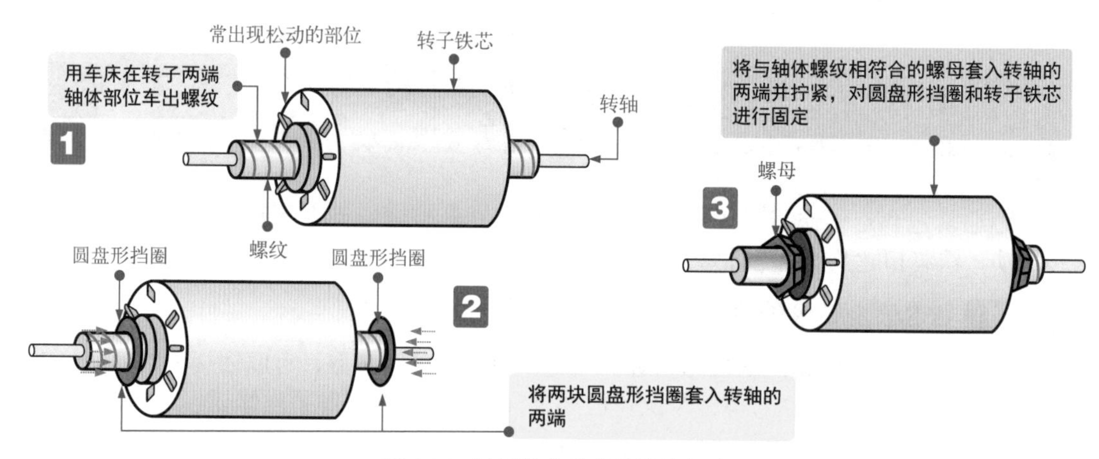
常出现松动的部位
转子铁芯
用车床在转子两端轴体部位车出螺纹
转轴
1
螺纹
圆盘形挡圈
圆盘形挡圈
2
将两块圆盘形挡圈套入转轴的两端
将与轴体螺纹相符合的螺母套入转轴的两端并拧紧，对圆盘形挡圈和转子铁芯进行固定
螺母
3

图 9-17　转子铁芯松弛的检修方法

4 铁芯槽齿弯曲的检测

电动机铁芯槽齿弯曲、变形会导致电动机工作异常。如绕组受挤压破坏绝缘、绕制绕组无法嵌入铁芯槽中等。图 9-18 为铁芯槽齿弯曲的检修方法。

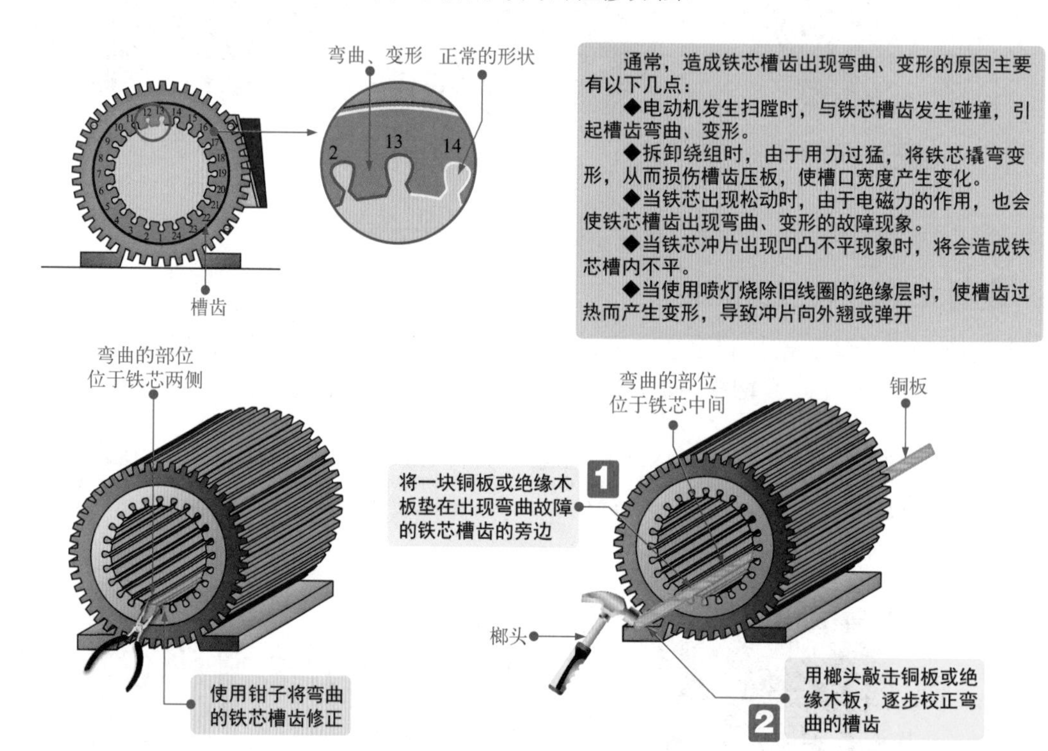
弯曲、变形
正常的形状
13
14
2
槽齿
通常，造成铁芯槽齿出现弯曲、变形的原因主要有以下几点：
◆电动机发生扫膛时，与铁芯槽齿发生碰撞，引起槽齿弯曲、变形。
◆拆卸绕组时，由于用力过猛，将铁芯撬弯变形，从而损伤槽齿压板，使槽口宽度产生变化。
◆当铁芯出现松动时，由于电磁力的作用，也会使铁芯槽齿出现弯曲、变形的故障现象。
◆当铁芯冲片出现凹凸不平现象时，将会造成铁芯槽内不平。
◆当使用喷灯烧除旧线圈的绝缘层时，使槽齿过热而产生变形，导致冲片向外翘或弹开
弯曲的部位
位于铁芯两侧
使用钳子将弯曲的铁芯槽齿修正
弯曲的部位
位于铁芯中间
铜板
1
将一块铜板或绝缘木板垫在出现弯曲故障的铁芯槽齿的旁边
榔头
2
用榔头敲击铜板或绝缘木板，逐步校正弯曲的槽齿

图 9-18　铁芯槽齿弯曲的检修方法

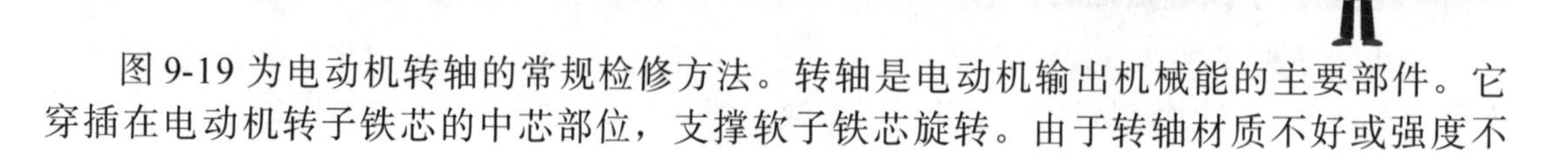

9.4.2　电动机转轴的检修

图 9-19 为电动机转轴的常规检修方法。转轴是电动机输出机械能的主要部件。它穿插在电动机转子铁芯的中芯部位，支撑软子铁芯旋转。由于转轴材质不好或强度不

够、转轴与关联部件配合异常、正反冲击作用、拆装操作不当等造成转轴损坏。其中，电动机转轴常见的故障主要有转轴弯曲、轴颈磨损、出现裂纹、槽键磨损等。若电动机转轴损坏严重，则只能进行更换。

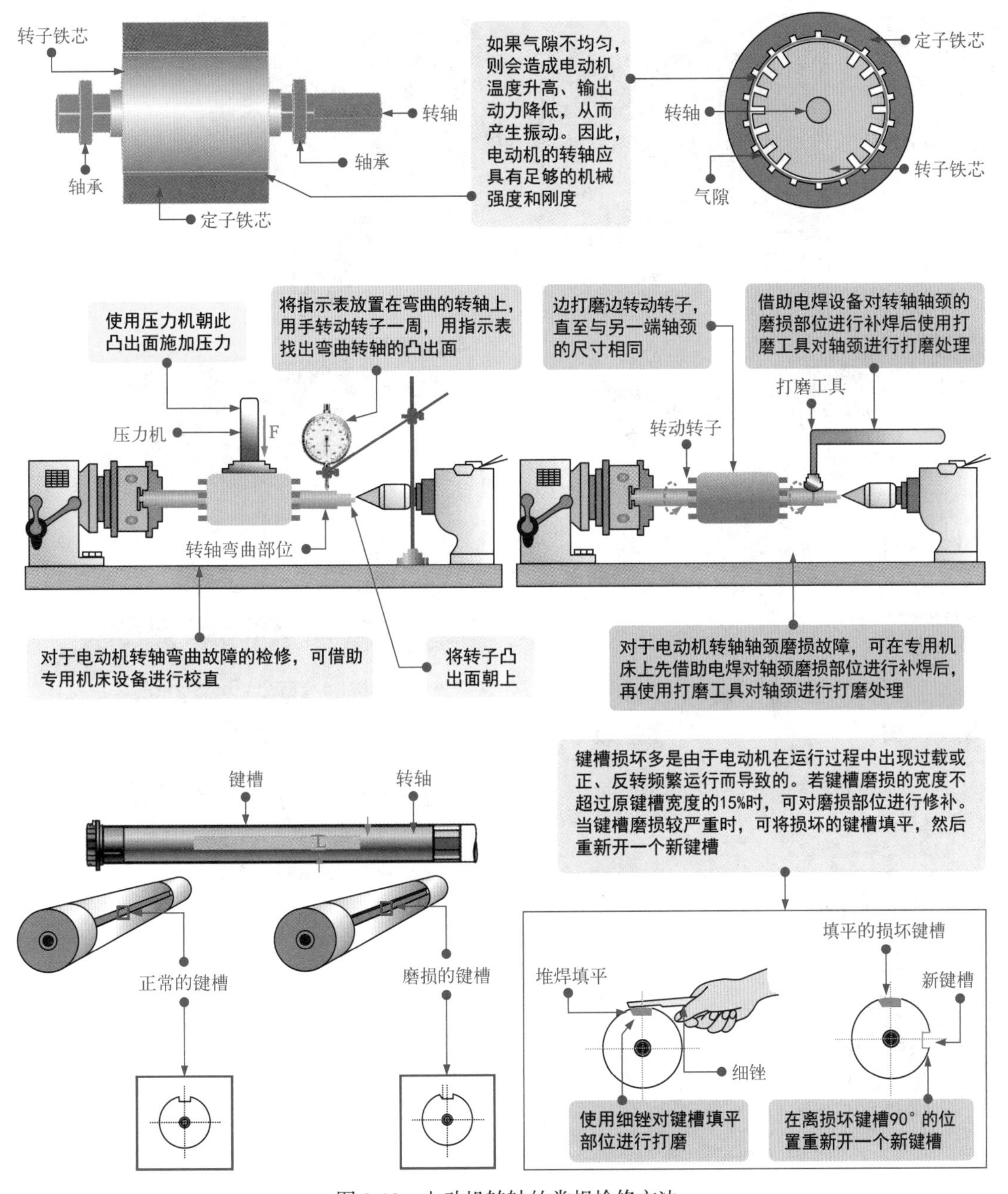

转子铁芯
转轴
轴承
轴承
定子铁芯
如果气隙不均匀，则会造成电动机温度升高、输出动力降低，从而产生振动。因此，电动机的转轴应具有足够的机械强度和刚度
定子铁芯
转轴
转子铁芯
气隙
使用压力机朝此凸出面施加压力
将指示表放置在弯曲的转轴上，用手转动转子一周，用指示表找出弯曲转轴的凸出面
压力机
F
转轴弯曲部位
对于电动机转轴弯曲故障的检修，可借助专用机床设备进行校直
将转子凸出面朝上
边打磨边转动转子，直至与另一端轴颈的尺寸相同
借助电焊设备对转轴轴颈的磨损部位进行补焊后使用打磨工具对轴颈进行打磨处理
打磨工具
转动转子
对于电动机转轴轴颈磨损故障，可在专用机床上先借助电焊对轴颈磨损部位进行补焊后，再使用打磨工具对轴颈进行打磨处理
键槽
转轴
正常的键槽
磨损的键槽
键槽损坏多是由于电动机在运行过程中出现过载或正、反转频繁运行而导致的。若键槽磨损的宽度不超过原键槽宽度的15%时，可对磨损部位进行修补。当键槽磨损较严重时，可将损坏的键槽填平，然后重新开一个新键槽
填平的损坏键槽
堆焊填平
新键槽
细锉
使用细锉对键槽填平部位进行打磨
在离损坏键槽90°的位置重新开一个新键槽

图 9-19　电动机转轴的常规检修方法

9.4.3　电动机电刷的检修

图 9-20 为电动机电刷的故障特点和检修代换方法。电刷是有刷直流电动机中的关键部

件。它与集电环（或换向器）配合向转子绕组传递电流。在直流电动机中，电刷还担负着对转子绕组中的电流进行换向的任务。由于电刷的工作特点，机械磨损是电刷的主要故障表现，若发现电刷磨损严重，应选择同规格的电刷进行代换。

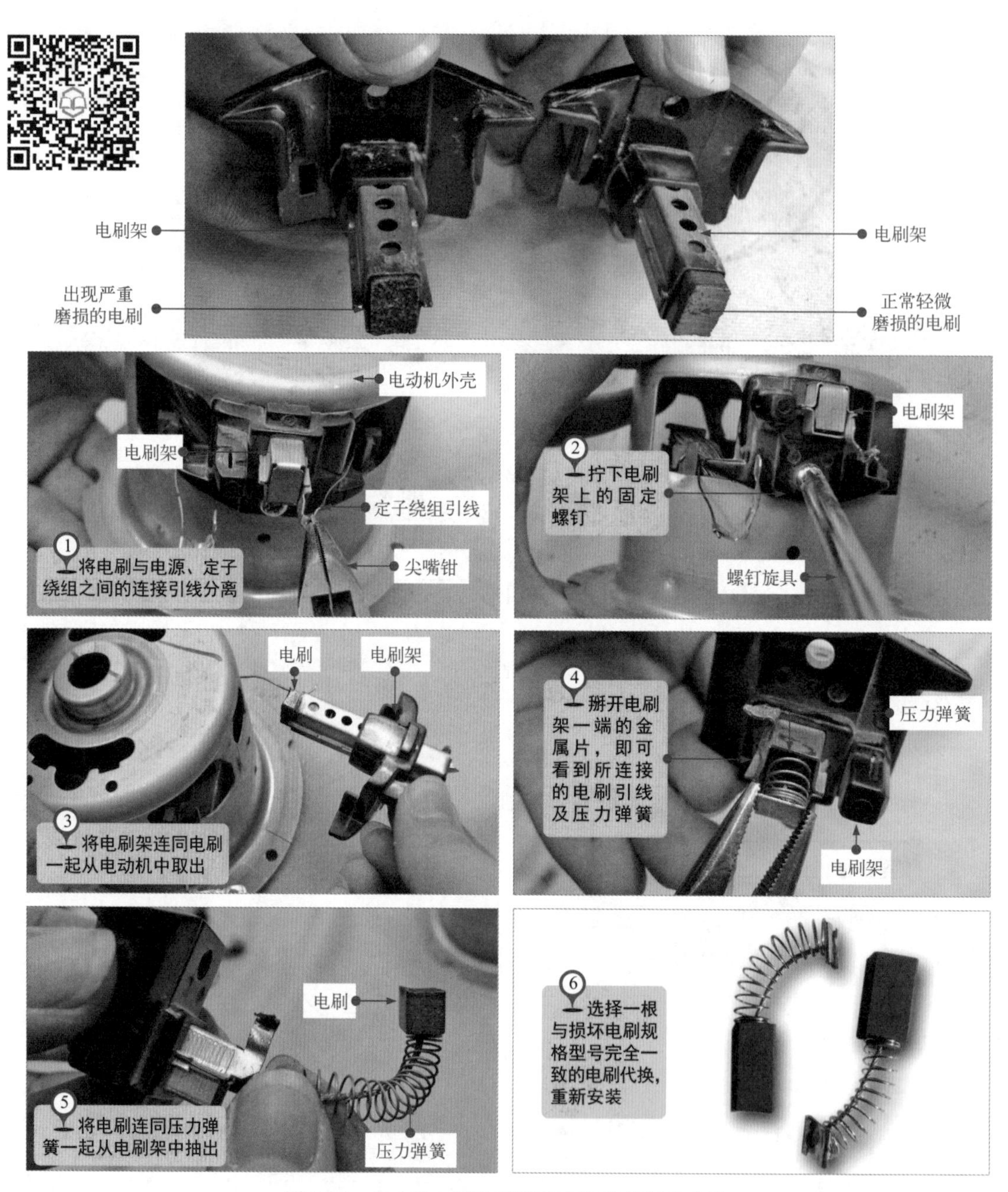
电刷架
出现严重磨损的电刷
电刷架
正常轻微磨损的电刷
电动机外壳
电刷架
定子绕组引线
尖嘴钳
①将电刷与电源、定子绕组之间的连接引线分离
电刷架
②拧下电刷架上的固定螺钉
螺钉旋具
电刷
电刷架
③将电刷架连同电刷一起从电动机中取出
④掰开电刷架一端的金属片，即可看到所连接的电刷引线及压力弹簧
压力弹簧
电刷架
电刷
⑤将电刷连同压力弹簧一起从电刷架中抽出
压力弹簧
⑥选择一根与损坏电刷规格型号完全一致的电刷代换，重新安装

图 9-20　电动机电刷的故障特点和检修代换方法

9.4.4　电动机集电环（换向器）的检修

电动机的集电环（或换向器）通常安装在电动机转子上，通过铜条导体直接与转子绕组

连接，用于与电刷配合为转子绕组供电。

1 换向器氧化磨损的检修

图 9-21 为换向器氧化磨损的检修方法。换向器在长期的使用过程中，由于长期磨损、磕碰或频繁拆卸等，经常会引起换向器导体表面、壳体等部位出现氧化、磨损、裂痕、烧伤等故障。

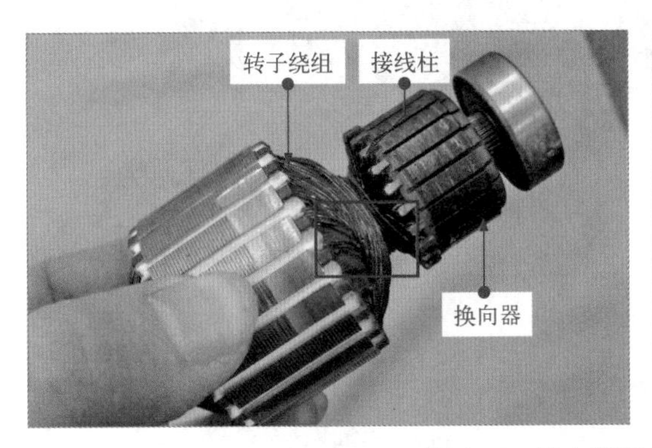
转子绕组
接线柱
换向器

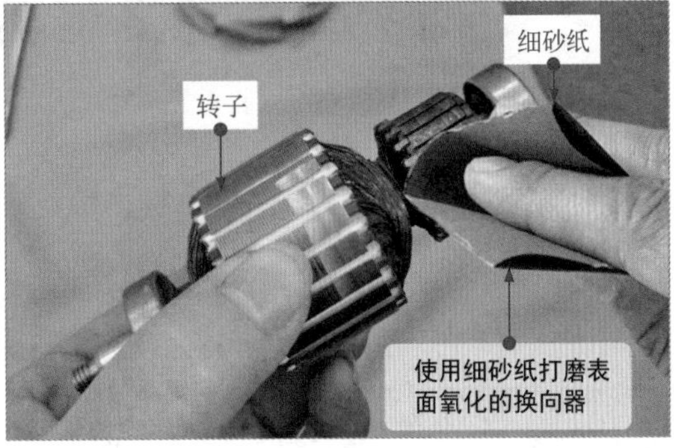
细砂纸
转子
使用细砂纸打磨表面氧化的换向器

图 9-21　换向器氧化磨损的检修方法

2 集电环铜环松动的检修

图 9-22 为集电环铜环松动的检修方法。集电环上的铜环松动，通常会造成集电环与电刷因接触不稳定产生打火现象，使集电环表面出现磨损或过热现象。

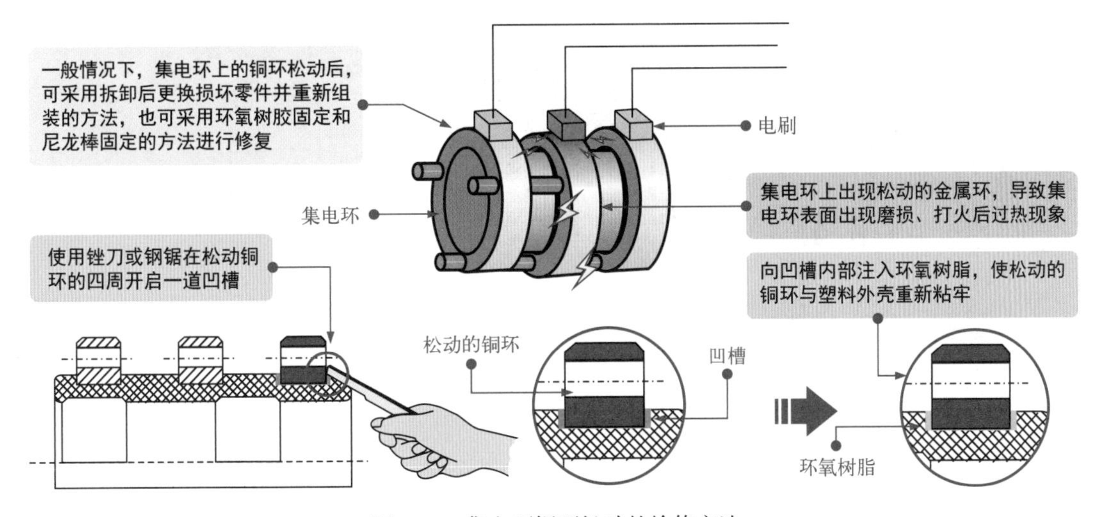
一般情况下，集电环上的铜环松动后，可采用拆卸后更换损坏零件并重新组装的方法，也可采用环氧树胶固定和尼龙棒固定的方法进行修复
电刷
集电环
集电环上出现松动的金属环，导致集电环表面出现磨损、打火后过热现象
使用锉刀或钢锯在松动铜环的四周开启一道凹槽
向凹槽内部注入环氧树脂，使松动的铜环与塑料外壳重新粘牢
松动的铜环
凹槽
环氧树脂

图 9-22　集电环铜环松动的检修方法

第10章

常见线路及检修调试

10.1 常见高压供配电线路

10.1.1 小型变电所配电线路

小型变电所配电线路是一种可将 6 ～ 10kV 高压变为 220/380V 低压的配电线路，主要由两个供配电线路组成。这种接线方式的变电所可靠性较高，任意一条供电线路或线路中的部件有问题时，通过低压处的开关，可迅速恢复整个变电所的供电，实际应用过程如图 10-1 所示。

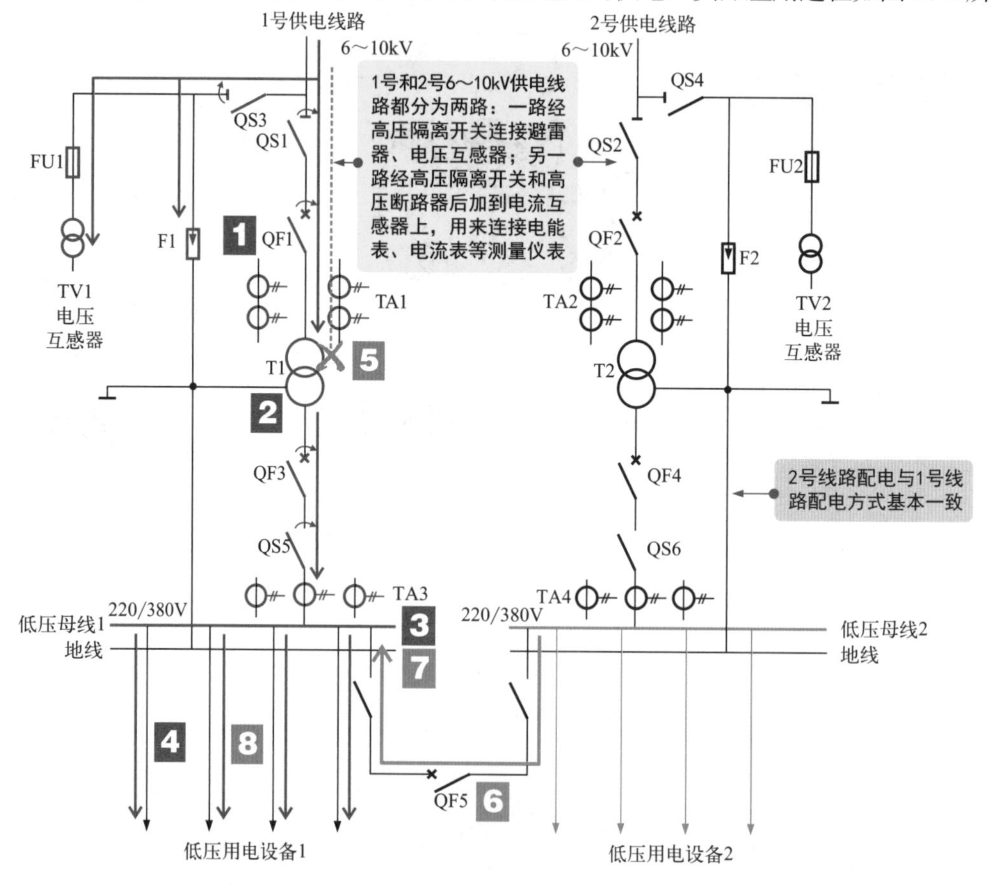

1号供电线路
6～10kV
2号供电线路
6～10kV
1号和2号6～10kV供电线路都分为两路：一路经高压隔离开关连接避雷器、电压互感器；另一路经高压隔离开关和高压断路器后加到电流互感器上，用来连接电能表、电流表等测量仪表
QS3
QS1
QS2
QS4
FU1
FU2
F1
F2
QF1
QF2
TV1
电压
互感器
TV2
电压
互感器
TA1
TA2
T1
T2
QF3
QF4
QS5
QS6
2号线路配电与1号线路配电方式基本一致
TA3
TA4
低压母线1
地线
220/380V
220/380V
低压母线2
地线
QF5
低压用电设备1
低压用电设备2
1
2
3
4
5
6
7
8

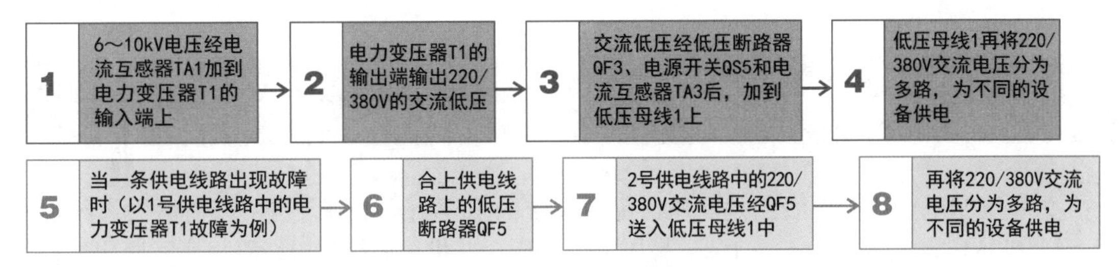
1
6～10kV电压经电流互感器TA1加到电力变压器T1的输入端上
2
电力变压器T1的输出端输出220/380V的交流低压
3
交流低压经低压断路器QF3、电源开关QS5和电流互感器TA3后，加到低压母线1上
4
低压母线1再将220/380V交流电压分为多路，为不同的设备供电
5
当一条供电线路出现故障时（以1号供电线路中的电力变压器T1故障为例）
6
合上供电线路上的低压断路器QF5
7
2号供电线路中的220/380V交流电压经QF5送入低压母线1中
8
再将220/380V交流电压分为多路，为不同的设备供电

图 10-1　小型变电所配电线路的实际应用过程

10.1.2　6 ~ 10/0.4kV 高压配电所供配电线路

6 ～ 10/0.4kV 高压配电所供配电线路是一种比较常见的配电线路。该配电线路先将来自架空线的 6 ～ 10kV 三相交流高压经变压器降为 400V 的交流低压后，再分配，实际应用过程如图 10-2 所示。

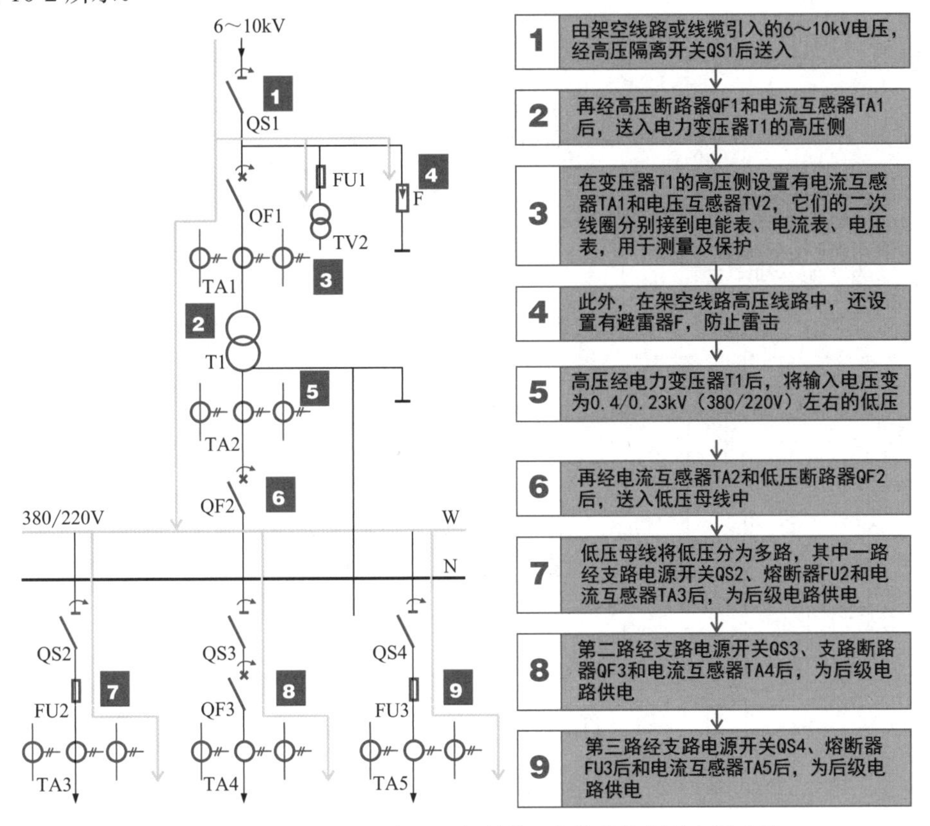
6～10kV
QS1
FU1
F
QF1
TV2
TA1
T1
TA2
QF2
380/220V
W
N
QS2
QS3
QS4
FU2
QF3
FU3
TA3
TA4
TA5
1
由架空线路或线缆引入的6～10kV电压，经高压隔离开关QS1后送入
2
再经高压断路器QF1和电流互感器TA1后，送入电力变压器T1的高压侧
3
在变压器T1的高压侧设置有电流互感器TA1和电压互感器TV2，它们的二次线圈分别接到电能表、电流表、电压表，用于测量及保护
4
此外，在架空线路高压线路中，还设置有避雷器F，防止雷击
5
高压经电力变压器T1后，将输入电压变为0.4/0.23kV（380/220V）左右的低压
6
再经电流互感器TA2和低压断路器QF2后，送入低压母线中
7
低压母线将低压分为多路，其中一路经支路电源开关QS2、熔断器FU2和电流互感器TA3后，为后级电路供电
8
第二路经支路电源开关QS3、支路断路器QF3和电流互感器TA4后，为后级电路供电
9
第三路经支路电源开关QS4、熔断器FU3后和电流互感器TA5后，为后级电路供电

图 10-2　6 ～ 10/0.4kV 高压配电所供配电线路的实际应用过程

如图 10-3 所示，当负荷小于 315kV · A 时，还可以在高压端采用跌落式熔断器、隔离开关 + 熔断器、负荷开关 + 熔断器三种控制线路对变压器实施高压控制。

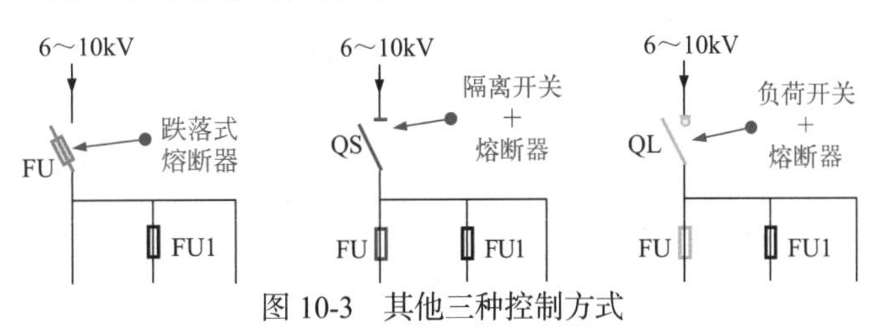
6～10kV
跌落式
熔断器
FU
FU1
6～10kV
隔离开关
+
熔断器
QS
FU
FU1
6～10kV
负荷开关
+
熔断器
QL
FU
FU1

图 10-3　其他三种控制方式

10.1.3 总降压变电所供配电线路

总降压变电所供配电线路是高压供配电系统的重要组成部分，可实现将电力系统中的35～110kV电源电压降为6～10kV高压配电电压，并供给后级配电线路，实际应用过程如图10-4所示。

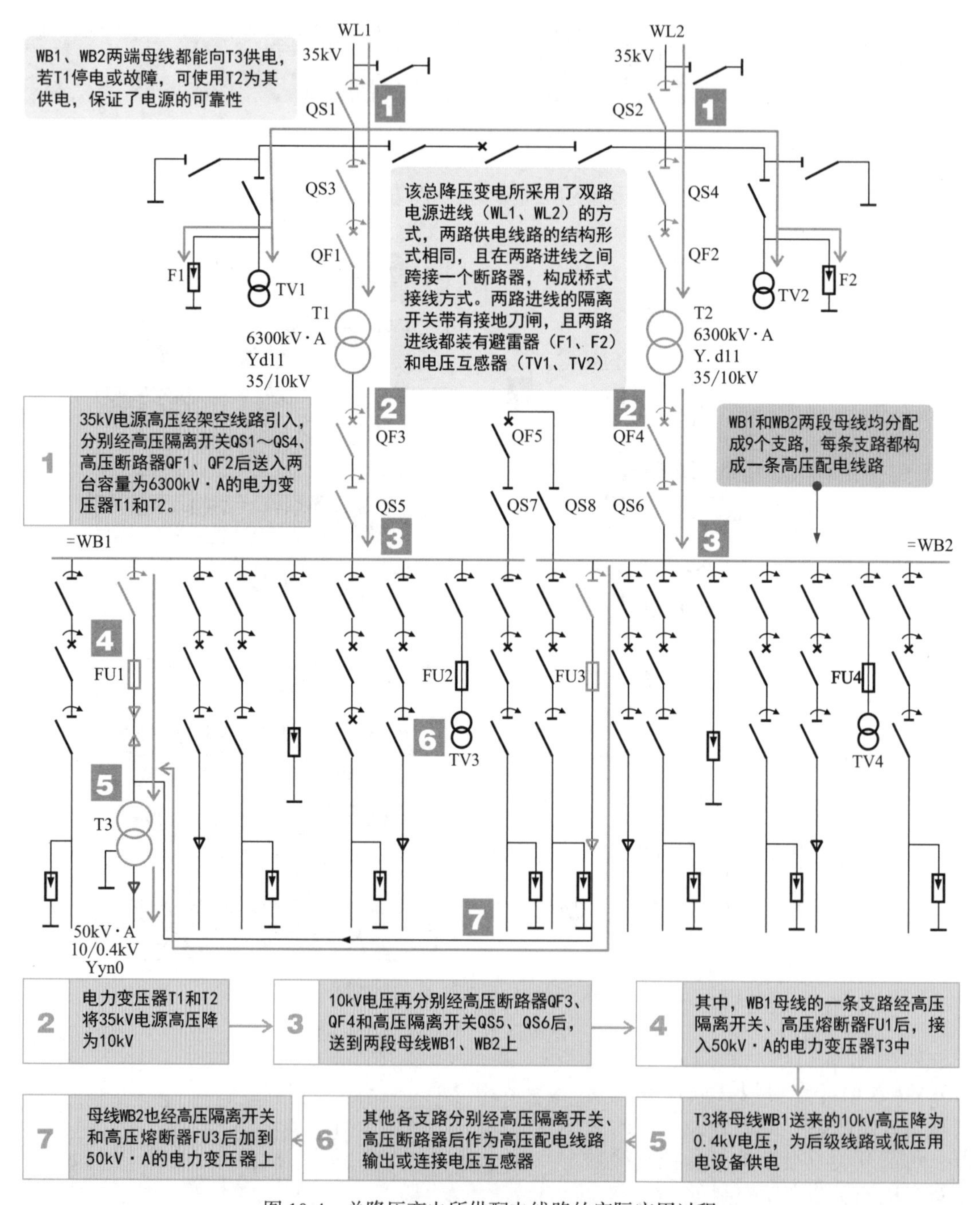

WL1
35kV
WL2
35kV
WB1、WB2两端母线都能向T3供电，若T1停电或故障，可使用T2为其供电，保证了电源的可靠性
QS1
QS2
QS3
QS4
QF1
QF2
F1
TV1
TV2
F2
T1
6300kV·A
Yd11
35/10kV
T2
6300kV·A
Y. d11
35/10kV
该总降压变电所采用了双路电源进线（WL1、WL2）的方式，两路供电线路的结构形式相同，且在两路进线之间跨接一个断路器，构成桥式接线方式。两路进线的隔离开关带有接地刀闸，且两路进线都装有避雷器（F1、F2）和电压互感器（TV1、TV2）
1 35kV电源高压经架空线路引入，分别经高压隔离开关QS1～QS4、高压断路器QF1、QF2后送入两台容量为6300kV·A的电力变压器T1和T2。
QF3
QF5
QF4
WB1和WB2两段母线均分配成9个支路，每条支路都构成一条高压配电线路
QS5
QS7
QS8
QS6
=WB1
=WB2
FU1
FU2
FU3
FU4
TV3
TV4
T3
50kV·A
10/0.4kV
Yyn0
2 电力变压器T1和T2将35kV电源高压降为10kV
3 10kV电压再分别经高压断路器QF3、QF4和高压隔离开关QS5、QS6后，送到两段母线WB1、WB2上
4 其中，WB1母线的一条支路经高压隔离开关、高压熔断器FU1后，接入50kV·A的电力变压器T3中
5 T3将母线WB1送来的10kV高压降为0.4kV电压，为后级线路或低压用电设备供电
6 其他各支路分别经高压隔离开关、高压断路器后作为高压配电线路输出或连接电压互感器
7 母线WB2也经高压隔离开关和高压熔断器FU3后加到50kV·A的电力变压器上

图10-4 总降压变电所供配电线路的实际应用过程

10.1.4　工厂 35kV 变电所配电线路

工厂 35kV 变电所配电线路适用于城市内高压电力传输，可将 35kV 的高压经变压后变为 10kV 电压，送往各个车间的 10kV 变电室中，提供车间动力、照明及电气设备用电；再将 10kV 电源降到 0.4kV（380V），送往办公室、食堂、宿舍等公共用电场所。线路实际应用过程如图 10-5 所示。

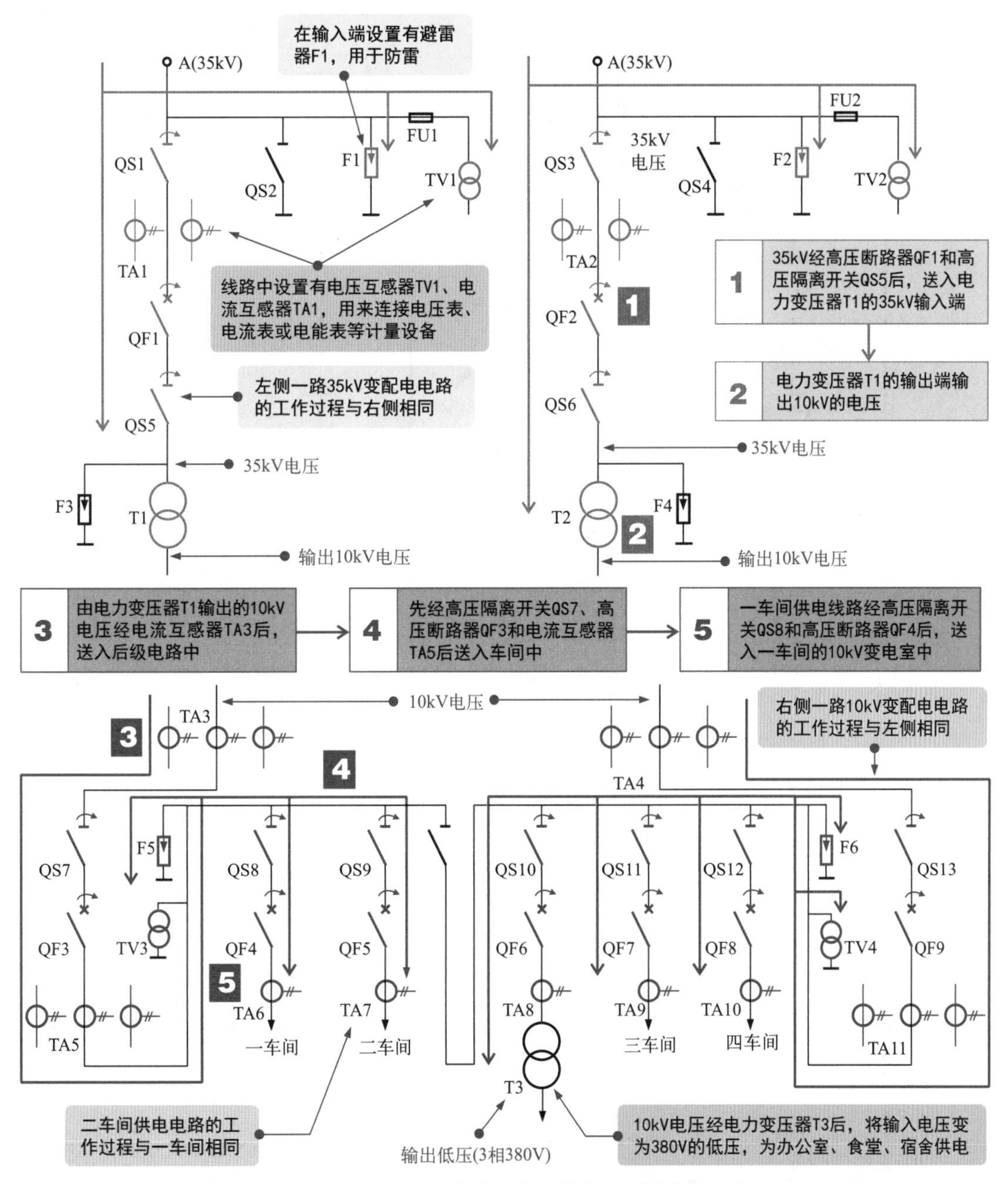

在输入端设置有避雷器F1，用于防雷
A(35kV)
QS1
QS2
F1
FU1
TV1
TA1
线路中设置有电压互感器TV1、电流互感器TA1，用来连接电压表、电流表或电能表等计量设备
QF1
左侧一路35kV变配电电路的工作过程与右侧相同
QS5
35kV电压
F3
T1
输出10kV电压
A(35kV)
FU2
QS3
35kV电压
QS4
F2
TV2
TA2
QF2
QS6
1
35kV经高压断路器QF1和高压隔离开关QS5后，送入电力变压器T1的35kV输入端
2
电力变压器T1的输出端输出10kV的电压
35kV电压
T2
F4
输出10kV电压
3
由电力变压器T1输出的10kV电压经电流互感器TA3后，送入后级电路中
4
先经高压隔离开关QS7、高压断路器QF3和电流互感器TA5后送入车间中
5
一车间供电线路经高压隔离开关QS8和高压断路器QF4后，送入一车间的10kV变电室中
10kV电压
右侧一路10kV变配电电路的工作过程与左侧相同
TA3
TA4
F5
QS7
QS8
QS9
QS10
QS11
QS12
QS13
F6
QF3
TV3
QF4
QF5
QF6
QF7
QF8
TV4
QF9
TA5
TA6
TA7
TA8
TA9
TA10
TA11
一车间
二车间
三车间
四车间
T3
二车间供电电路的工作过程与一车间相同
输出低压(3相380V)
10kV电压经电力变压器T3后，将输入电压变为380V的低压，为办公室、食堂、宿舍供电

图 10-5　工厂 35kV 变电所配电线路的实际应用过程

10.1.5 工厂高压变电所配电线路

工厂高压变电所配电线路是一种由工厂将高压输电线送来的高压进行降压和分配，分为高压和低压部分，10 kV 高压经车间内的变电所后变为低压，为用电设备供电。线路实际应用过程如图 10-6 所示。

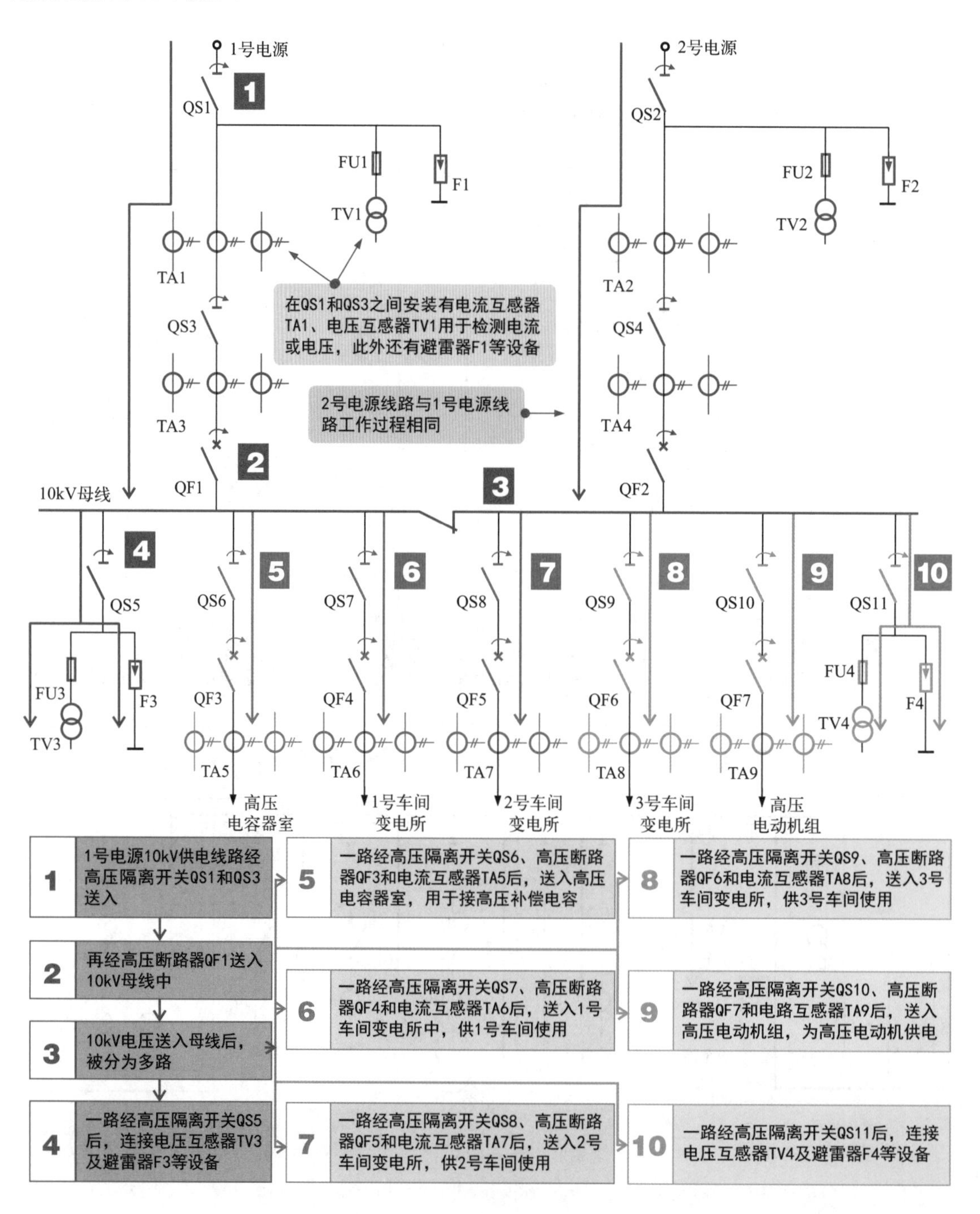

1号电源
2号电源
QS1
QS2
FU1
F1
FU2
F2
TV1
TV2
TA1
TA2
在QS1和QS3之间安装有电流互感器TA1、电压互感器TV1用于检测电流或电压，此外还有避雷器F1等设备
QS3
QS4
TA3
TA4
2号电源线路与1号电源线路工作过程相同
QF1
QF2
10kV母线
QS5
QS6
QS7
QS8
QS9
QS10
QS11
FU3
F3
TV3
QF3
QF4
QF5
QF6
QF7
FU4
F4
TV4
TA5
TA6
TA7
TA8
TA9
高压电容器室
1号车间变电所
2号车间变电所
3号车间变电所
高压电动机组
1 1号电源10kV供电线路经高压隔离开关QS1和QS3送入
2 再经高压断路器QF1送入10kV母线中
3 10kV电压送入母线后，被分为多路
4 一路经高压隔离开关QS5后，连接电压互感器TV3及避雷器F3等设备
5 一路经高压隔离开关QS6、高压断路器QF3和电流互感器TA5后，送入高压电容器室，用于接高压补偿电容
6 一路经高压隔离开关QS7、高压断路器QF4和电流互感器TA6后，送入1号车间变电所中，供1号车间使用
7 一路经高压隔离开关QS8、高压断路器QF5和电流互感器TA7后，送入2号车间变电所，供2号车间使用
8 一路经高压隔离开关QS9、高压断路器QF6和电流互感器TA8后，送入3号车间变电所，供3号车间使用
9 一路经高压隔离开关QS10、高压断路器QF7和电路互感器TA9后，送入高压电动机组，为高压电动机供电
10 一路经高压隔离开关QS11后，连接电压互感器TV4及避雷器F4等设备

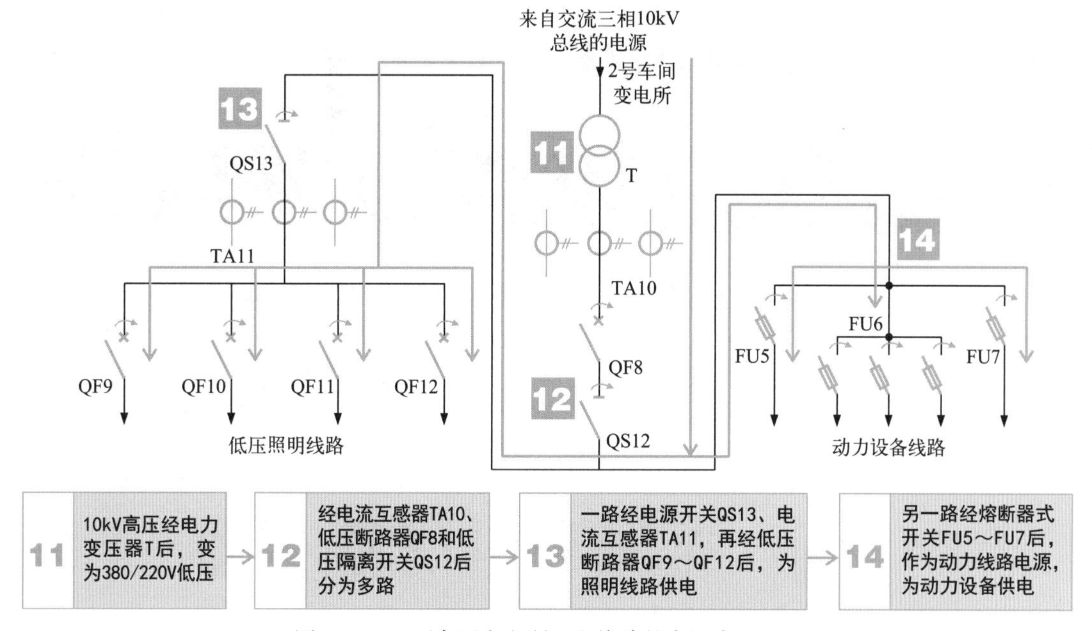
来自交流三相10kV
总线的电源
2号车间
变电所
11
T
13
QS13
TA11
TA10
QF8
12
QS12
QF9
QF10
QF11
QF12
低压照明线路
14
FU6
FU5
FU7
动力设备线路
11 10kV高压经电力变压器T后，变为380/220V低压
12 经电流互感器TA10、低压断路器QF8和低压隔离开关QS12后分为多路
13 一路经电源开关QS13、电流互感器TA11，再经低压断路器QF9～QF12后，为照明线路供电
14 另一路经熔断器式开关FU5～FU7后，作为动力线路电源，为动力设备供电

图 10-6 工厂高压变电所配电线路的实际应用过程

10.1.6 高压配电所的一次变压供配电线路

高压配电所的一次变压供电线路有两路独立的供电线路，采用单母线分段接线形式，当一路有故障时，可由另一路为设备供电。线路实际应用过程如图 10-7 所示。

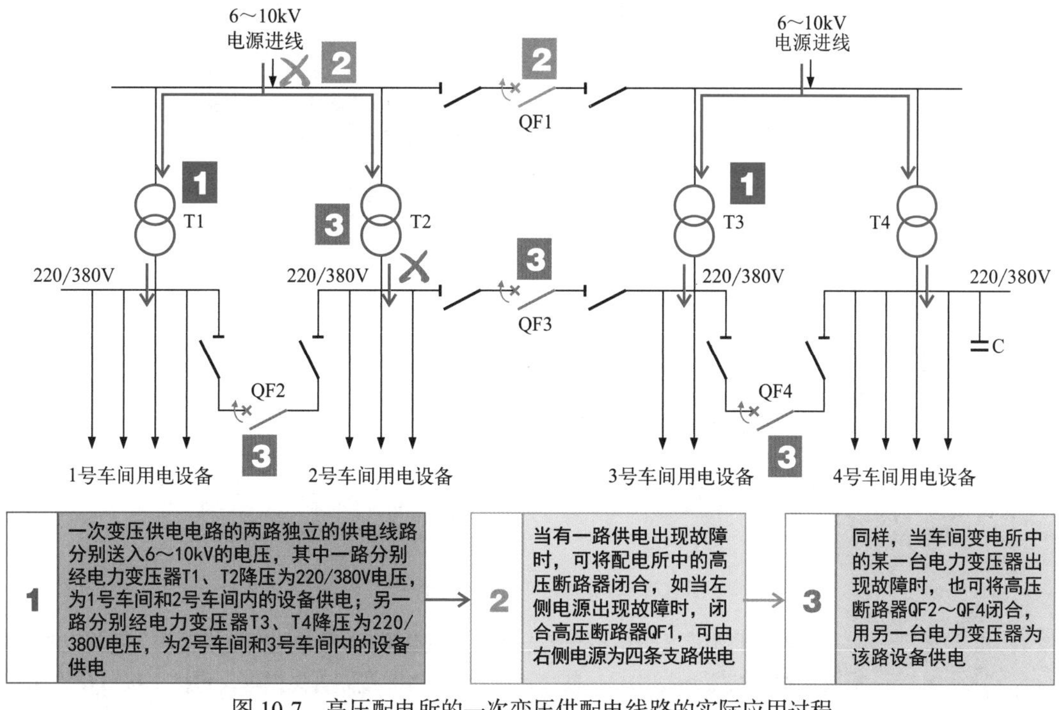
6～10kV
电源进线
2
QF1
6～10kV
电源进线
1
T1
3
T2
1
T3
T4
220/380V
220/380V
3
QF3
220/380V
220/380V
C
QF2
QF4
3
3
1号车间用电设备
2号车间用电设备
3号车间用电设备
4号车间用电设备
1 一次变压供电电路的两路独立的供电线路分别送入6～10kV的电压，其中一路分别经电力变压器T1、T2降压为220/380V电压，为1号车间和2号车间内的设备供电；另一路分别经电力变压器T3、T4降压为220/380V电压，为2号车间和3号车间内的设备供电
2 当有一路供电出现故障时，可将配电所中的高压断路器闭合，如当左侧电源出现故障时，闭合高压断路器QF1，可由右侧电源为四条支路供电
3 同样，当车间变电所中的某一台电力变压器出现故障时，也可将高压断路器QF2～QF4闭合，用另一台电力变压器为该路设备供电

图 10-7 高压配电所的一次变压供配电线路的实际应用过程

10.2 常见低压供配电线路

10.2.1 单相电源双路互备自动供电线路

单相电源双路互备自动供电线路是为了防止电源出现故障时造成照明或用电设备停止工作的电路。电路工作时，先后按下两路电源供电线路的控制开关（先按下开关的一路即为主电源，后按下开关的一路为备用电源）。用电设备便会在主电源供电的情况下供电，一旦主电源供电出现故障，供电电路便会自动启动备用电源供电，确保用电设备的正常运行。线路实际应用过程如图 10-8 所示。

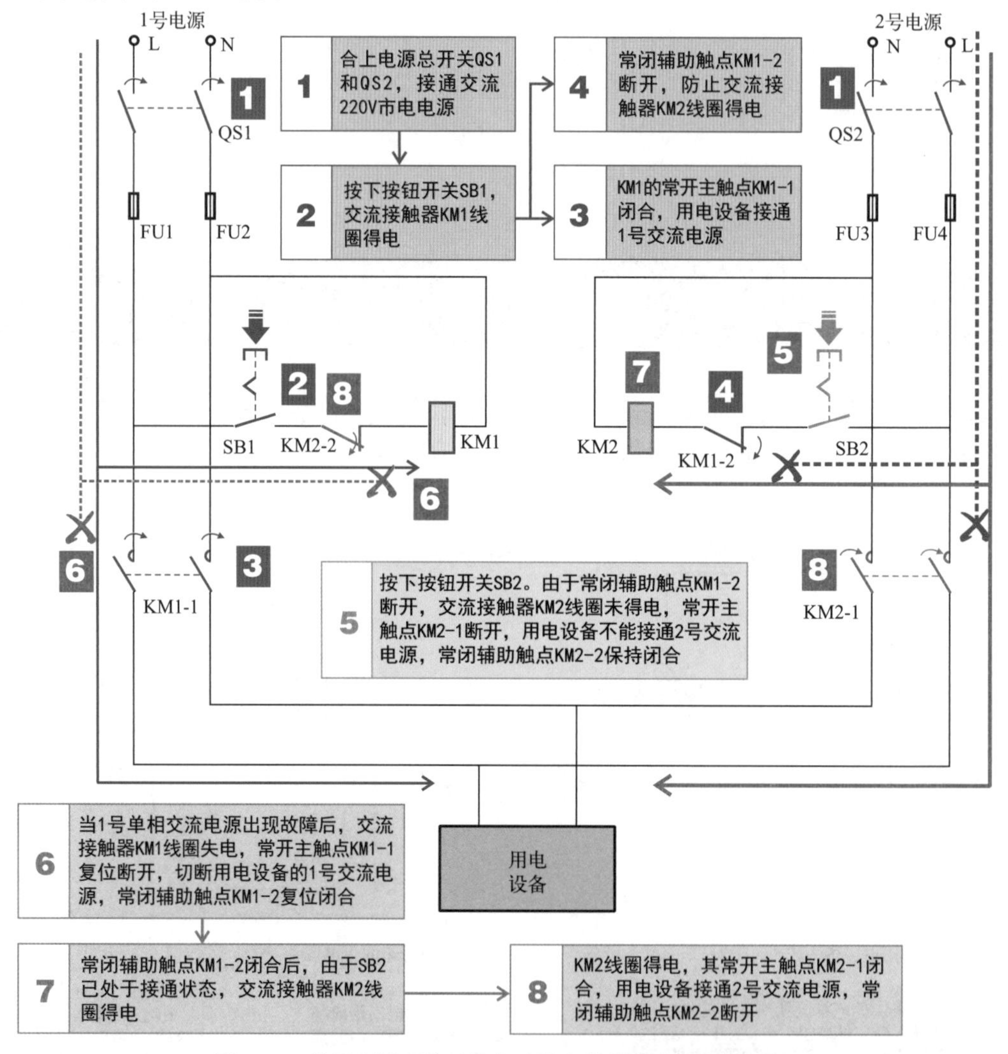
1号电源
L
N
QS1
2号电源
N
L
QS2
1 合上电源总开关QS1和QS2，接通交流220V市电电源
2 按下按钮开关SB1，交流接触器KM1线圈得电
3 KM1的常开主触点KM1-1闭合，用电设备接通1号交流电源
4 常闭辅助触点KM1-2断开，防止交流接触器KM2线圈得电
FU1
FU2
FU3
FU4
SB1
KM2-2
KM1
KM2
KM1-2
SB2
KM1-1
KM2-1
5 按下按钮开关SB2。由于常闭辅助触点KM1-2断开，交流接触器KM2线圈未得电，常开主触点KM2-1断开，用电设备不能接通2号交流电源，常闭辅助触点KM2-2保持闭合
用电设备
6 当1号单相交流电源出现故障后，交流接触器KM1线圈失电，常开主触点KM1-1复位断开，切断用电设备的1号交流电源，常闭辅助触点KM1-2复位闭合
7 常闭辅助触点KM1-2闭合后，由于SB2已处于接通状态，交流接触器KM2线圈得电
8 KM2线圈得电，其常开主触点KM2-1闭合，用电设备接通2号交流电源，常闭辅助触点KM2-2断开

图 10-8 单相电源双路互备自动供电线路的实际应用过程

提示说明

此外，若想让 2 号单相交流电源作为主电源，1 号单相交流电源作为备用电源，则应首先按下按钮开关 SB2，使交流接触器 KM2 线圈首先得电，再按下按钮开关 SB1，将 1 号作为备用电源。

10.2.2 低层楼宇供配电线路

低层楼宇供配电线路是一种适用于六层楼以下的供配电线路，主要是由低压配电室、楼层配线间及室内配电盘等部分构成的。

该配电线路中的电源引入线（380/220V 架空线）选用三相四线制，有三根相线和一根零线。进户线有三条，分别为一根相线、一根零线和一根地线。线路实际应用过程如图 10-9 所示。

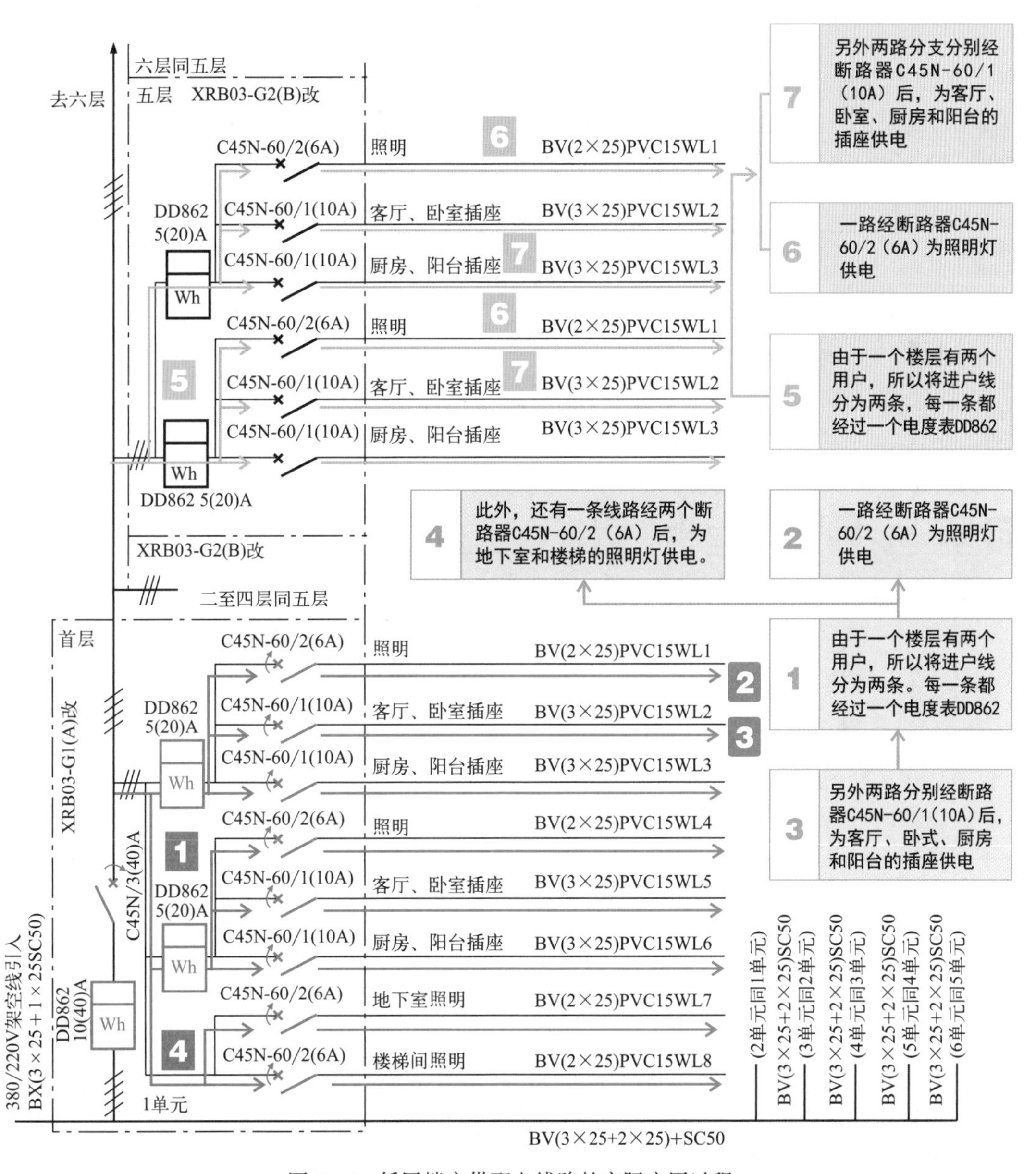
去六层
六层同五层
五层 XRB03-G2(B)改
C45N-60/2(6A)
照明
BV(2×25)PVC15WL1
DD862
5(20)A
C45N-60/1(10A)
客厅、卧室插座
BV(3×25)PVC15WL2
C45N-60/1(10A)
厨房、阳台插座
BV(3×25)PVC15WL3
Wh
DD862 5(20)A
XRB03-G2(B)改
二至四层同五层
首层
XRB03-G1(A)改
C45N/3(40)A
BV(2×25)PVC15WL4
BV(3×25)PVC15WL5
BV(3×25)PVC15WL6
地下室照明
BV(2×25)PVC15WL7
楼梯间照明
BV(2×25)PVC15WL8
DD862
10(40)A
380/220V架空线引入
BX(3×25+1×25SC50)
1单元
BV(3×25+2×25)+SC50
(2单元同1单元)
BV(3×25+2×25)SC50
(3单元同2单元)
(4单元同3单元)
(5单元同4单元)
(6单元同5单元)
7 另外两路分支分别经断路器C45N-60/1（10A）后，为客厅、卧室、厨房和阳台的插座供电
6 一路经断路器C45N-60/2（6A）为照明灯供电
5 由于一个楼层有两个用户，所以将进户线分为两条，每一条都经过一个电度表DD862
4 此外，还有一条线路经两个断路器C45N-60/2（6A）后，为地下室和楼梯的照明灯供电。
2 一路经断路器C45N-60/2（6A）为照明灯供电
1 由于一个楼层有两个用户，所以将进户线分为两条。每一条都经过一个电度表DD862
3 另外两路分别经断路器C45N-60/1(10A)后，为客厅、卧式、厨房和阳台的插座供电

图 10-9 低层楼宇供配电线路的实际应用过程

10.2.3 住宅小区低压配电线路

如图 10-10 所示，住宅小区低压配电线路是一种典型的低压供配电线路，一般由高压供配电线路变压后引入，经小区中的配电柜初步分配后，送到各个住宅楼单元中为住户供电，同时为整个小区内的公共照明、电梯、水泵等设备供电。

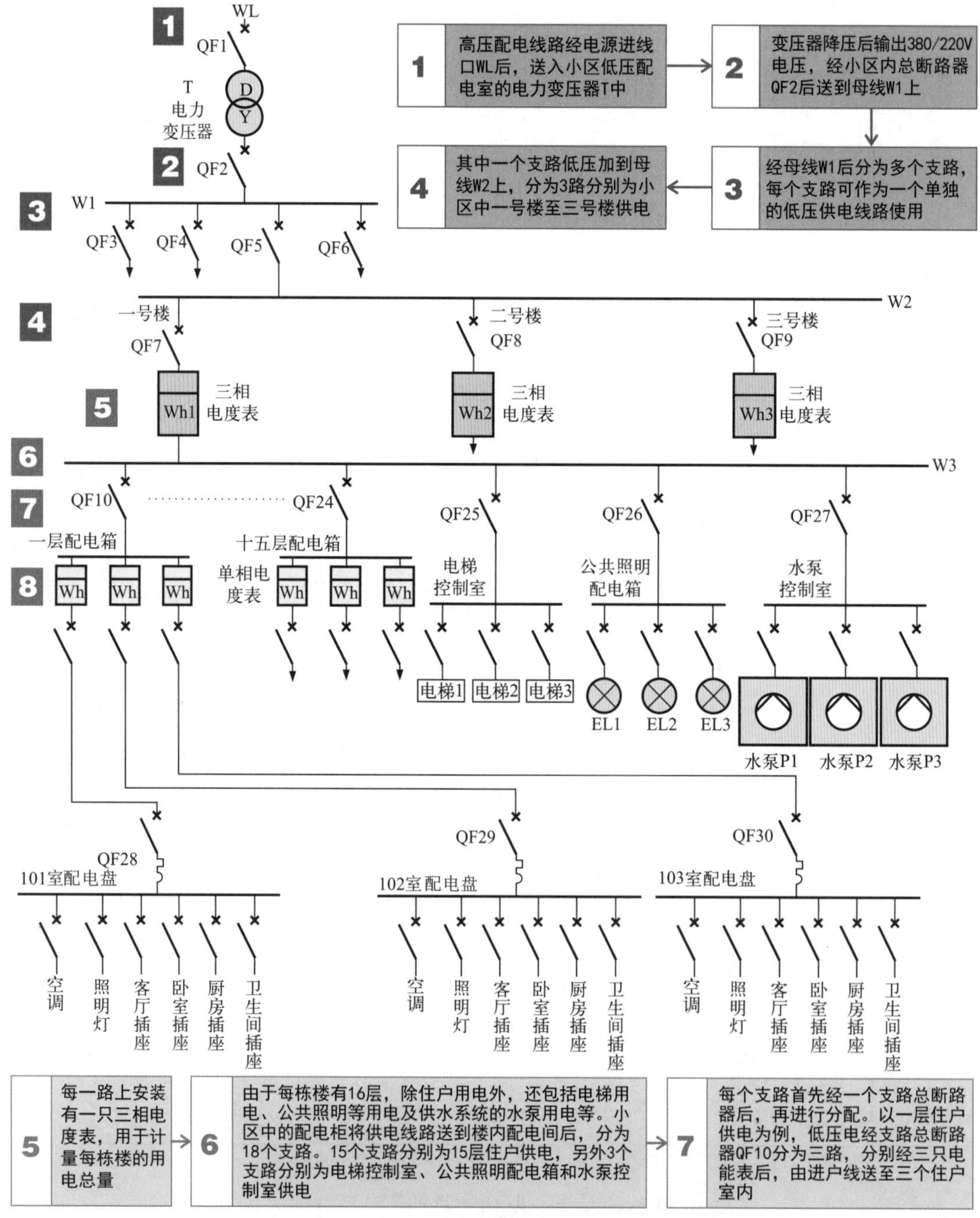
WL
QF1
T
电力
变压器
D
Y
QF2
W1
QF3
QF4
QF5
QF6
1 高压配电线路经电源进线口WL后，送入小区低压配电室的电力变压器T中
2 变压器降压后输出380/220V电压，经小区内总断路器QF2后送到母线W1上
3 经母线W1后分为多个支路，每个支路可作为一个单独的低压供电线路使用
4 其中一个支路低压加到母线W2上，分为3路分别为小区中一号楼至三号楼供电
W2
一号楼
QF7
二号楼
QF8
三号楼
QF9
Wh1
三相
电度表
Wh2
Wh3
W3
QF10
QF24
QF25
QF26
QF27
一层配电箱
十五层配电箱
单相电度表
Wh
电梯
控制室
公共照明
配电箱
水泵
控制室
电梯1
电梯2
电梯3
EL1
EL2
EL3
水泵P1
水泵P2
水泵P3
QF28
QF29
QF30
101室配电盘
102室配电盘
103室配电盘
空调
照明灯
客厅插座
卧室插座
厨房插座
卫生间插座
5 每一路上安装有一只三相电度表，用于计量每栋楼的用电总量
6 由于每栋楼有16层，除住户用电外，还包括电梯用电、公共照明等用电及供水系统的水泵用电等。小区中的配电柜将供电线路送到楼内配电间后，分为18个支路。15个支路分别为15层住户供电，另外3个支路分别为电梯控制室、公共照明配电箱和水泵控制室供电
7 每个支路首先经一个支路总断路器后，再进行分配。以一层住户供电为例，低压电经支路总断路器QF10分为三路，分别经三只电能表后，由进户线送至三个住户室内

图 10-10 住宅小区低压配电线路的实际应用过程

10.2.4　低压配电柜供配电线路

如图 10-11 所示，低压配电柜供配电线路主要用来传输和分配低电压，为低压用电设备供电。该线路中，一路作为常用电源，另一路作为备用电源，当两路电源均正常时，黄色指示灯 HL1、HL2 均点亮，若指示灯 HL1 不能正常点亮，则说明常用电源出现故障或停电，此时需使用备用电源供电，使该低压配电柜能够维持正常工作。

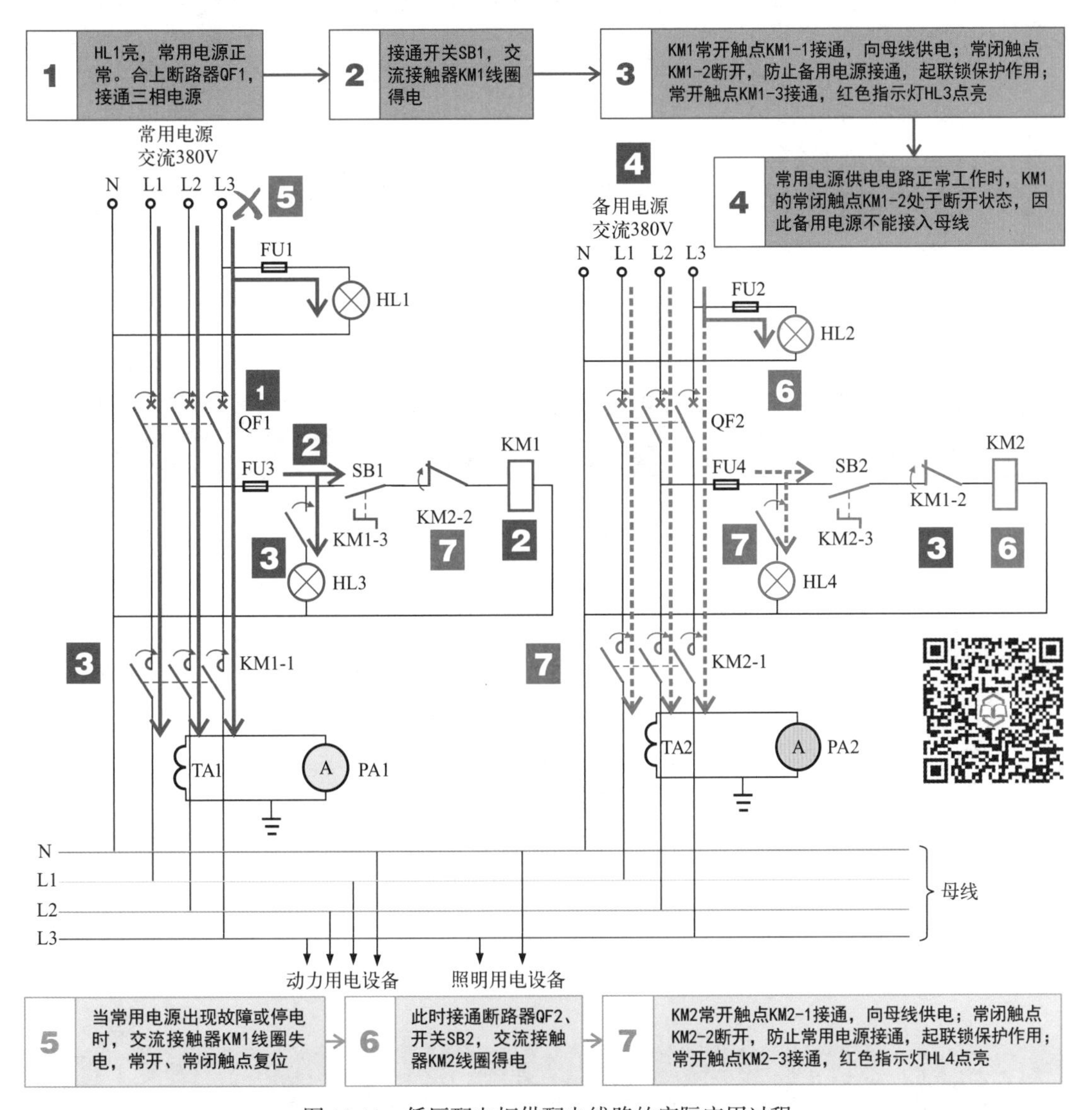

1 HL1亮，常用电源正常。合上断路器QF1，接通三相电源
2 接通开关SB1，交流接触器KM1线圈得电
3 KM1常开触点KM1-1接通，向母线供电；常闭触点KM1-2断开，防止备用电源接通，起联锁保护作用；常开触点KM1-3接通，红色指示灯HL3点亮
4 常用电源供电电路正常工作时，KM1的常闭触点KM1-2处于断开状态，因此备用电源不能接入母线
常用电源
交流380V
备用电源
交流380V
N L1 L2 L3
FU1 HL1 FU2 HL2
QF1 QF2
FU3 SB1 KM1 FU4 SB2 KM2
KM2-2 KM1-3 HL3 KM1-2 KM2-3 HL4
KM1-1 KM2-1
TA1 PA1 TA2 PA2
A
母线
动力用电设备
照明用电设备
5 当常用电源出现故障或停电时，交流接触器KM1线圈失电，常开、常闭触点复位
6 此时接通断路器QF2、开关SB2，交流接触器KM2线圈得电
7 KM2常开触点KM2-1接通，向母线供电；常闭触点KM2-2断开，防止常用电源接通，起联锁保护作用；常开触点KM2-3接通，红色指示灯HL4点亮

图 10-11　低压配电柜供配电线路的实际应用过程

提示说明

当常用电源恢复正常后，由于交流接触器 KM2 的常闭触点 KM2-2 处于断开状态，因此交流接触器 KM1 不能得电，常开触点 KM1-1 不能自动接通，此时需要断开开关 SB2 使交流接触器 KM2 线圈失电，常开、常闭触点复位，为交流接触器 KM1 线圈再次工作提供条件，此时再操作 SB1 才起作用。

10.3 常见照明控制线路

10.3.1 一个单控开关控制一盏照明灯线路

如图 10-12 所示，一个单控开关控制一盏照明灯的线路在室内照明系统中最为常用，其控制过程也十分简单。

N
AC 220V
L
QF
1
3
2
EL
SA
1
合上断路器QF，接通220V电源
2
按动单控开关SA，内部触点接通
3
照明灯EL点亮，为室内提供照明

图 10-12 一个单控开关控制一盏照明灯的控制线路

10.3.2 两个单控开关分别控制两盏照明灯线路

如图 10-13 所示，两个单控开关分别控制两盏照明灯控制线路也是室内照明系统中较为常用的，其控制过程也十分简单。

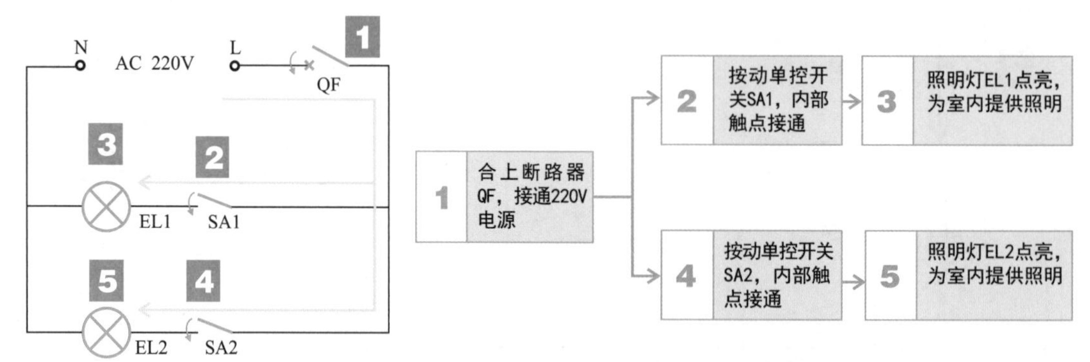
N
AC 220V
L
QF
1
3
2
EL1
SA1
5
4
EL2
SA2
1
合上断路器QF，接通220V电源
2
按动单控开关SA1，内部触点接通
3
照明灯EL1点亮，为室内提供照明
4
按动单控开关SA2，内部触点接通
5
照明灯EL2点亮，为室内提供照明

图 10-13 两个单控开关分别控制两盏照明灯线路的工作过程

10.3.3 两个双控开关共同控制一盏照明灯线路

两个双控开关共同控制一盏照明灯控制线路可实现两地控制一盏照明灯，常用于控制家居卧室或客厅中的照明灯，一般可在床头安一只开关，在进入房间门处安装一只开关，实现两处都可对卧式照明灯进行点亮和熄灭控制，其控制过程较为简单。线路实际应用过程如图 10-14 所示。

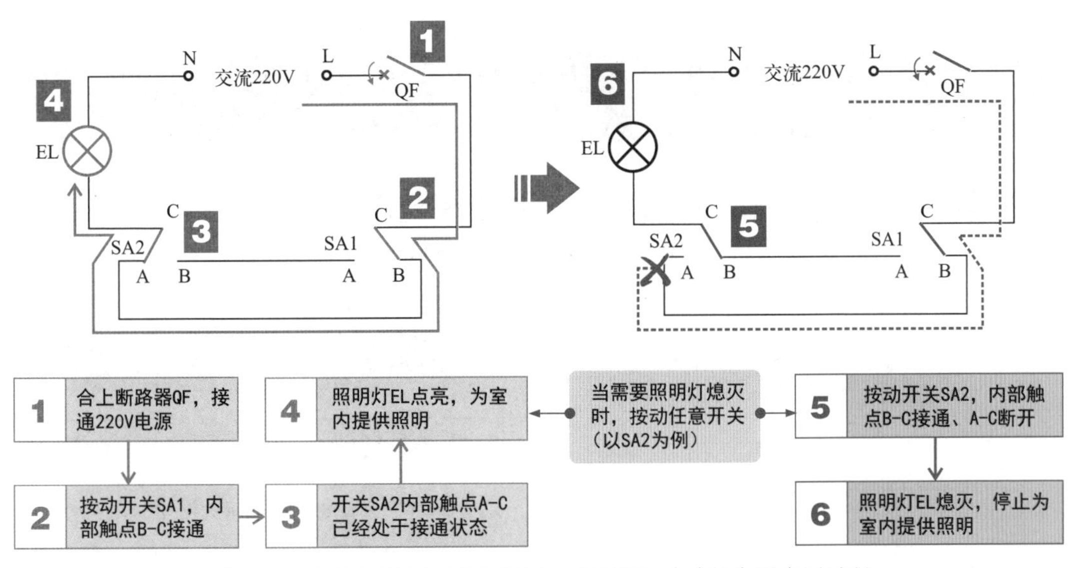
N
交流220V
L
QF
EL
C
SA2
A
B
SA1
A
C
B
1
2
3
4
5
6
1 合上断路器QF，接通220V电源
2 按动开关SA1，内部触点B-C接通
3 开关SA2内部触点A-C已经处于接通状态
4 照明灯EL点亮，为室内提供照明
当需要照明灯熄灭时，按动任意开关（以SA2为例）
5 按动开关SA2，内部触点B-C接通、A-C断开
6 照明灯EL熄灭，停止为室内提供照明

图 10-14　两个双控开关共同控制一盏照明灯线路的实际应用过程

10.3.4　两室一厅室内照明灯线路

如图 10-15 所示，两室一厅室内照明灯线路包括客厅、卧室、书房以及厨房、厕所、玄关等部分的吊灯、顶灯、射灯等控制线路，用于为室内各部分提供照明控制。

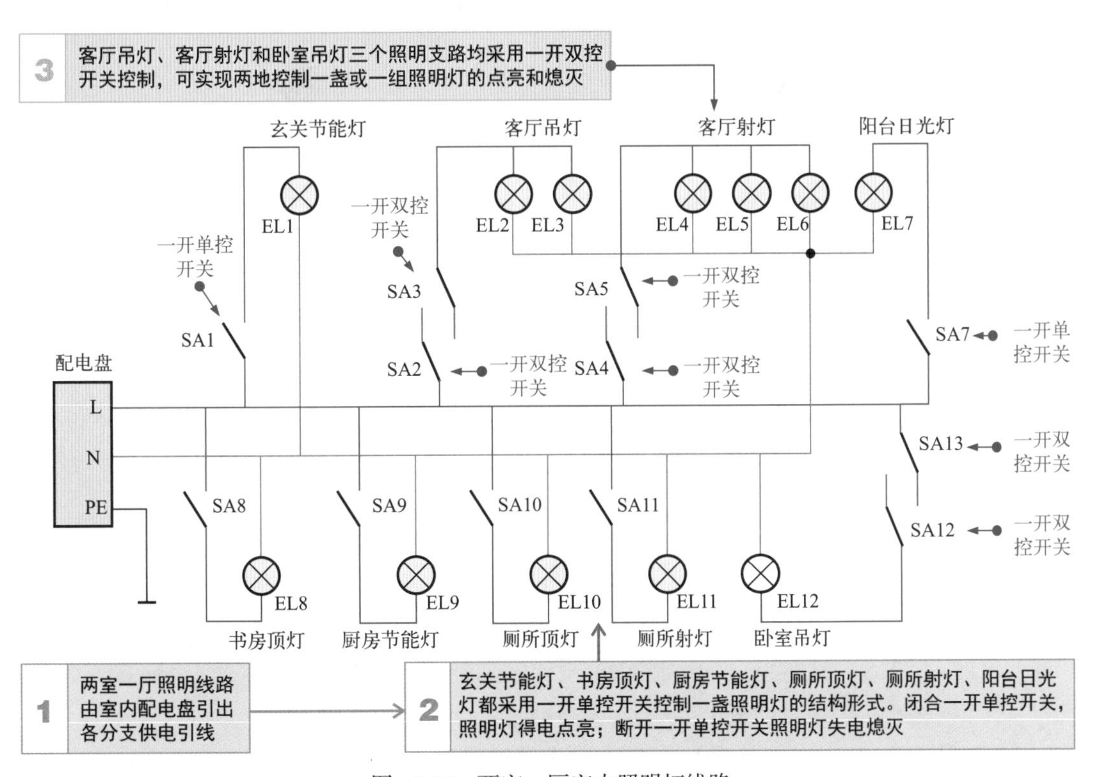
3 客厅吊灯、客厅射灯和卧室吊灯三个照明支路均采用一开双控开关控制，可实现两地控制一盏或一组照明灯的点亮和熄灭
玄关节能灯
客厅吊灯
客厅射灯
阳台日光灯
EL1
EL2
EL3
EL4
EL5
EL6
EL7
一开单控开关
一开双控开关
SA1
SA2
SA3
SA4
SA5
SA7
配电盘
L
N
PE
SA13
SA12
SA8
SA9
SA10
SA11
EL8
EL9
EL10
EL11
EL12
书房顶灯
厨房节能灯
厕所顶灯
厕所射灯
卧室吊灯
1 两室一厅照明线路由室内配电盘引出各分支供电引线
2 玄关节能灯、书房顶灯、厨房节能灯、厕所顶灯、厕所射灯、阳台日光灯都采用一开单控开关控制一盏照明灯的结构形式。闭合一开单控开关，照明灯得电点亮；断开一开单控开关照明灯失电熄灭

图 10-15　两室一厅室内照明灯线路

10.3.5 日光灯调光控制线路

如图 10-16 所示，日光灯调光控制线路是利用电容器与控制开关组合控制日光灯的亮度，当控制开关的挡位不同时，日光灯的发光程度也随之变化。

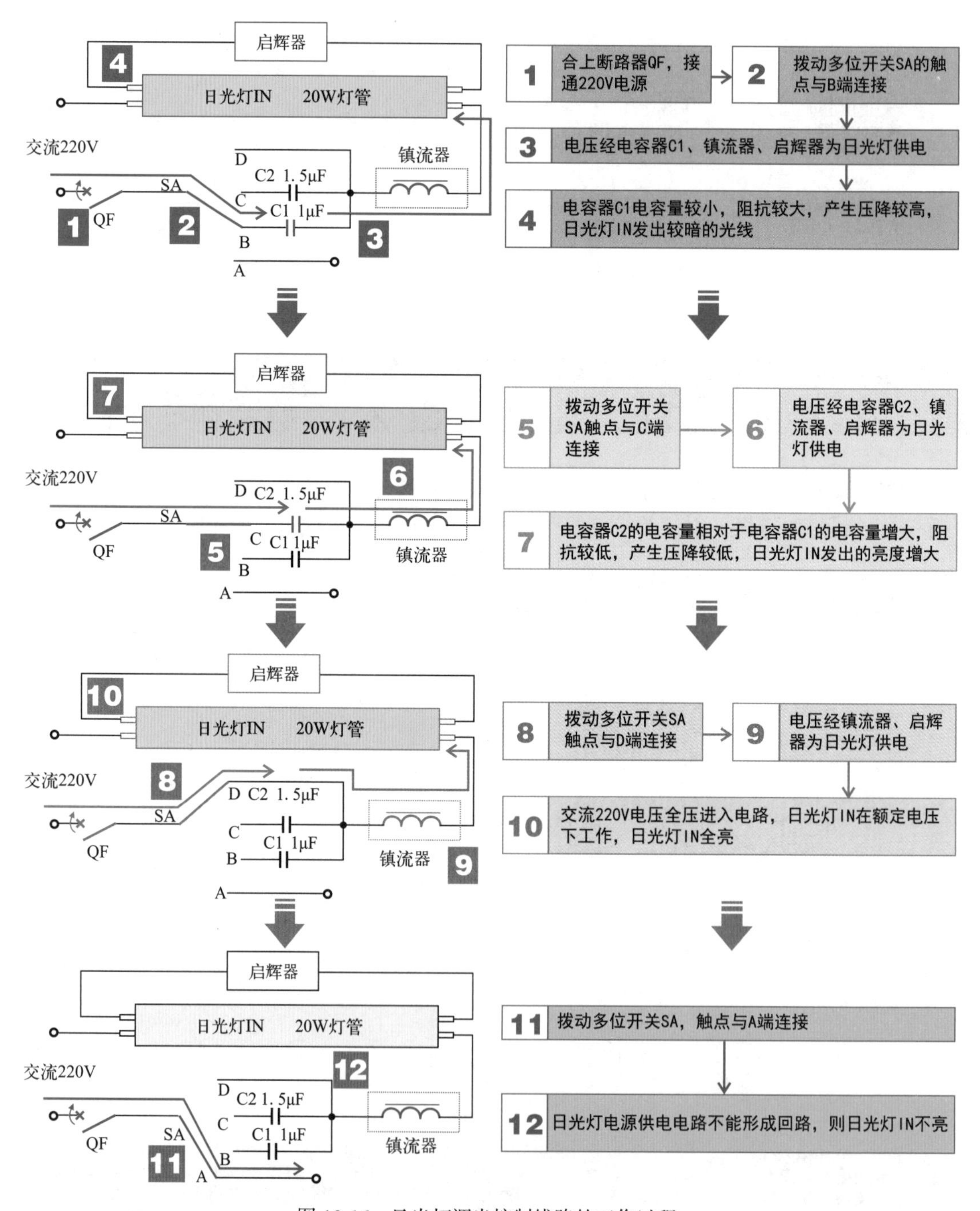

启辉器
4
日光灯IN 20W灯管
交流220V
D
C2 1.5μF
镇流器
SA
C
C1 1μF
1 QF
2
3
B
A
1 合上断路器QF，接通220V电源
2 拨动多位开关SA的触点与B端连接
3 电压经电容器C1、镇流器、启辉器为日光灯供电
4 电容器C1电容量较小，阻抗较大，产生压降较高，日光灯IN发出较暗的光线
启辉器
7
日光灯IN 20W灯管
交流220V
6
D C2 1.5μF
SA
QF
5
C C1 1μF
B
镇流器
A
5 拨动多位开关SA触点与C端连接
6 电压经电容器C2、镇流器、启辉器为日光灯供电
7 电容器C2的电容量相对于电容器C1的电容量增大，阻抗较低，产生压降较低，日光灯IN发出的亮度增大
启辉器
10
日光灯IN 20W灯管
交流220V
8
D C2 1.5μF
SA
C
C1 1μF
QF
B
镇流器
9
A
8 拨动多位开关SA触点与D端连接
9 电压经镇流器、启辉器为日光灯供电
10 交流220V电压全压进入电路，日光灯IN在额定电压下工作，日光灯IN全亮
启辉器
日光灯IN 20W灯管
交流220V
12
D
C2 1.5μF
C
C1 1μF
QF
SA
镇流器
11
B
A
11 拨动多位开关SA，触点与A端连接
12 日光灯电源供电电路不能形成回路，则日光灯IN不亮

图 10-16 日光灯调光控制线路的工作过程

10.3.6　卫生间门控照明灯控制线路

如图 10-17 所示，卫生间门控照明灯控制线路是一种自动控制照明灯工作的电路，在有人开门进入卫生间时，照明灯自动点亮，当人走出卫生间时，照明灯自动熄灭。

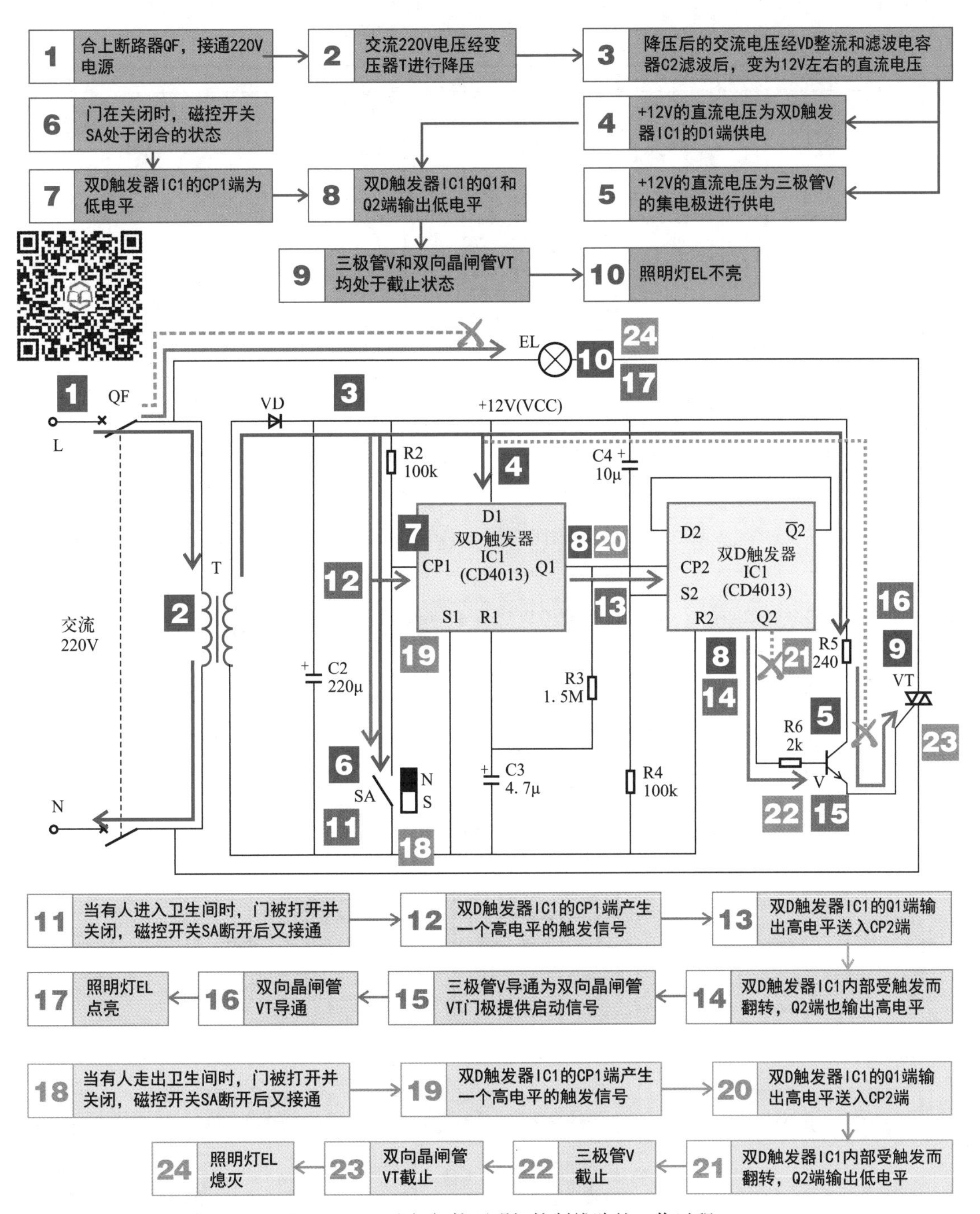
1 合上断路器QF，接通220V电源
2 交流220V电压经变压器T进行降压
3 降压后的交流电压经VD整流和滤波电容器C2滤波后，变为12V左右的直流电压
4 +12V的直流电压为双D触发器IC1的D1端供电
5 +12V的直流电压为三极管V的集电极进行供电
6 门在关闭时，磁控开关SA处于闭合的状态
7 双D触发器IC1的CP1端为低电平
8 双D触发器IC1的Q1和Q2端输出低电平
9 三极管V和双向晶闸管VT均处于截止状态
10 照明灯EL不亮
EL
QF
L
N
交流
220V
T
VD
+12V(VCC)
R2
100k
C4
10μ
D1
双D触发器
IC1
(CD4013)
CP1
Q1
S1
R1
D2
CP2
S2
R2
Q2
C2
220μ
R3
1. 5M
R5
240
VT
R6
2k
V
SA
N
S
C3
4. 7μ
R4
100k
11 当有人进入卫生间时，门被打开并关闭，磁控开关SA断开后又接通
12 双D触发器IC1的CP1端产生一个高电平的触发信号
13 双D触发器IC1的Q1端输出高电平送入CP2端
14 双D触发器IC1内部受触发而翻转，Q2端也输出高电平
15 三极管V导通为双向晶闸管VT门极提供启动信号
16 双向晶闸管VT导通
17 照明灯EL点亮
18 当有人走出卫生间时，门被打开并关闭，磁控开关SA断开后又接通
19 双D触发器IC1的CP1端产生一个高电平的触发信号
20 双D触发器IC1的Q1端输出高电平送入CP2端
21 双D触发器IC1内部受触发而翻转，Q2端输出低电平
22 三极管V截止
23 双向晶闸管VT截止
24 照明灯EL熄灭

图 10-17　卫生间门控照明灯控制线路的工作过程

10.3.7　声控照明灯控制线路

如图 10-18 所示，在一些公共场合光线较暗的环境下，通常会设置一种声控照明灯电路，在无声音时，照明灯不亮，有声音时，照明灯便会点亮，经过一段时间后，自动熄灭。

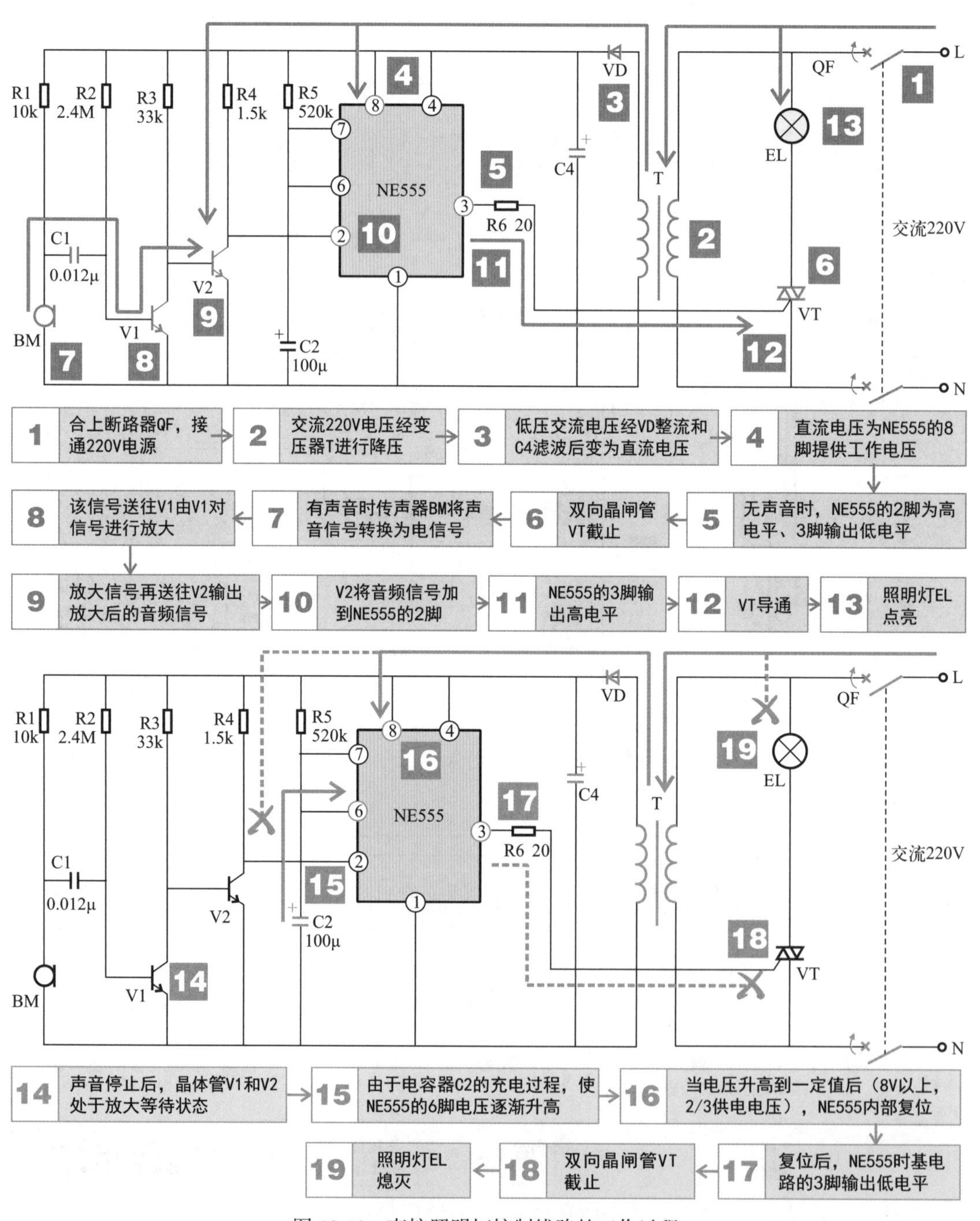

R1 10k
R2 2.4M
R3 33k
R4 1.5k
R5 520k
NE555
C1 0.012μ
C2 100μ
C4
VD
T
R6 20
V1
V2
BM
EL
VT
QF
L
N
交流220V
1 合上断路器QF，接通220V电源
2 交流220V电压经变压器T进行降压
3 低压交流电压经VD整流和C4滤波后变为直流电压
4 直流电压为NE555的8脚提供工作电压
5 无声音时，NE555的2脚为高电平、3脚输出低电平
6 双向晶闸管VT截止
7 有声音时传声器BM将声音信号转换为电信号
8 该信号送往V1由V1对信号进行放大
9 放大信号再送往V2输出放大后的音频信号
10 V2将音频信号加到NE555的2脚
11 NE555的3脚输出高电平
12 VT导通
13 照明灯EL点亮
14 声音停止后，晶体管V1和V2处于放大等待状态
15 由于电容器C2的充电过程，使NE555的6脚电压逐渐升高
16 当电压升高到一定值后（8V以上，2/3供电电压），NE555内部复位
17 复位后，NE555时基电路的3脚输出低电平
18 双向晶闸管VT截止
19 照明灯EL熄灭

图 10-18　声控照明灯控制线路的工作过程

10.3.8　光控楼道照明灯控制线路

如图 10-19 所示，光控楼道照明灯控制线路主要由光敏电阻器及外围电子元器件构成的控制电路和照明灯构成。该电路可自动控制照明灯的工作状态。白天，光照较强，照明灯不工作；夜晚降临或光照较弱时，照明灯自动点亮。

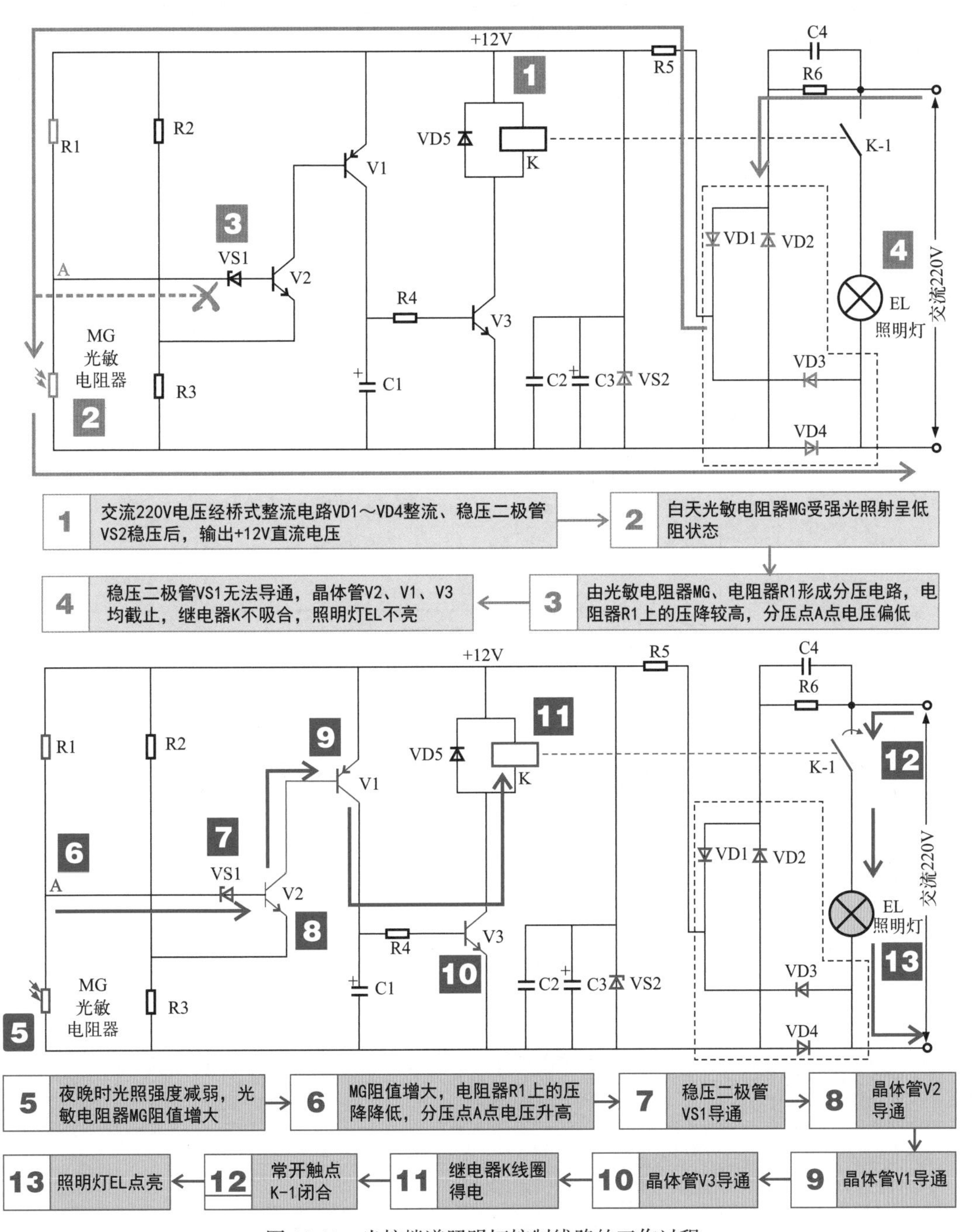

+12V
R1
R2
R3
R4
R5
R6
C1
C2
C3
C4
V1
V2
V3
VD1
VD2
VD3
VD4
VD5
VS1
VS2
K
K-1
A
MG
光敏
电阻器
EL
照明灯
交流220V
1 交流220V电压经桥式整流电路VD1～VD4整流、稳压二极管VS2稳压后，输出+12V直流电压
2 白天光敏电阻器MG受强光照射呈低阻状态
3 由光敏电阻器MG、电阻器R1形成分压电路，电阻器R1上的压降较高，分压点A点电压偏低
4 稳压二极管VS1无法导通，晶体管V2、V1、V3均截止，继电器K不吸合，照明灯EL不亮
5 夜晚时光照强度减弱，光敏电阻器MG阻值增大
6 MG阻值增大，电阻器R1上的压降降低，分压点A点电压升高
7 稳压二极管VS1导通
8 晶体管V2导通
9 晶体管V1导通
10 晶体管V3导通
11 继电器K线圈得电
12 常开触点K-1闭合
13 照明灯EL点亮

图 10-19　光控楼道照明灯控制线路的工作过程

10.4 常见电动机控制线路

10.4.1 直流电动机调速控制线路

如图 10-20 所示，直流电动机调速控制线路是一种可在负载不变的条件下，控制直流电动机稳速旋转和旋转速度的线路。

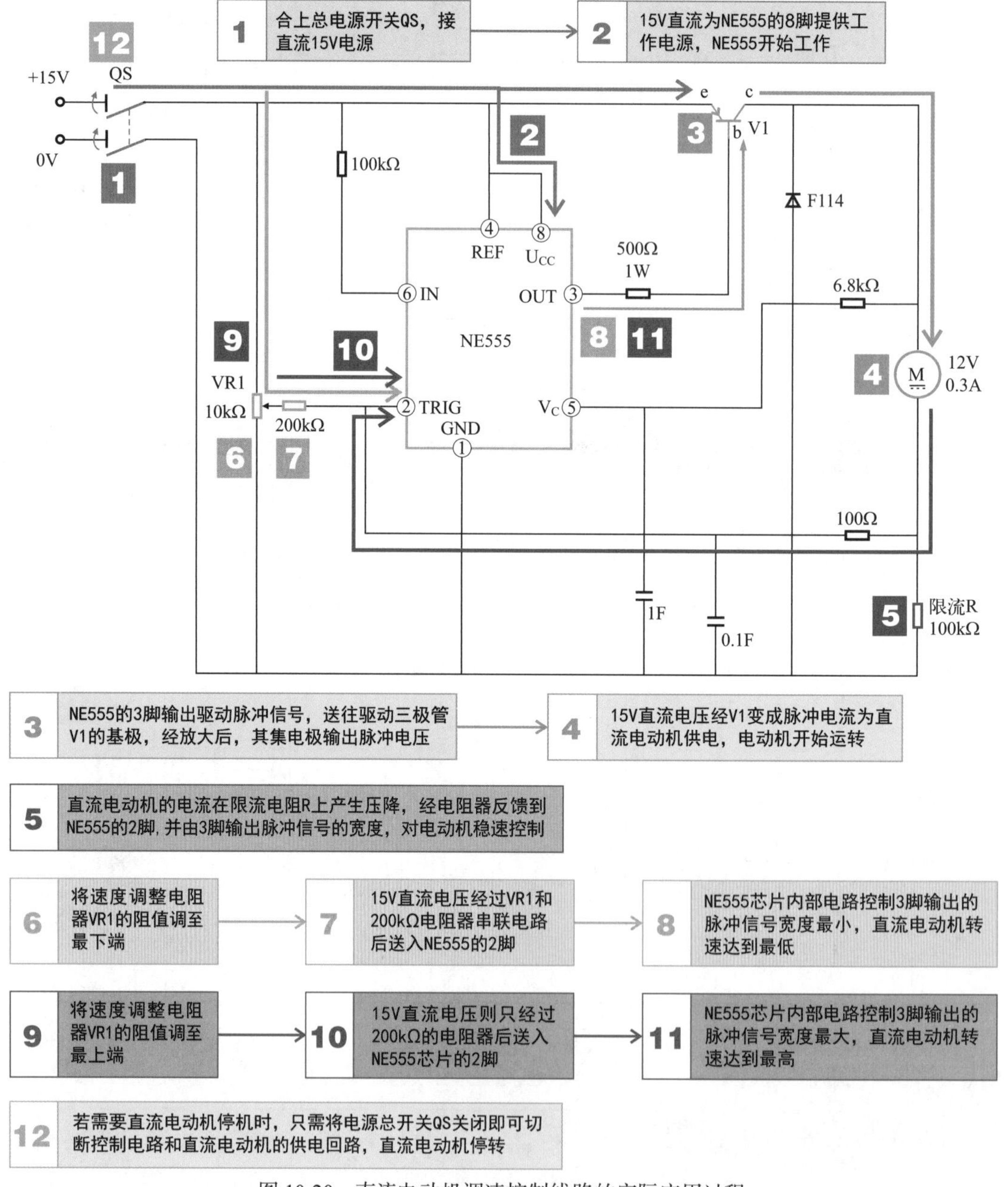

1 合上总电源开关QS，接直流15V电源
2 15V直流为NE555的8脚提供工作电源，NE555开始工作
12
+15V
QS
0V
1
2
100kΩ
3
e
c
b
V1
F114
④
⑧
REF
U_{CC}
500Ω
1W
⑥ IN
OUT ③
6.8kΩ
NE555
8
11
9
10
4
M
12V
0.3A
VR1
10kΩ
② TRIG
GND
V_C ⑤
200kΩ
①
6
7
100Ω
1F
0.1F
5
限流R
100kΩ
3 NE555的3脚输出驱动脉冲信号，送往驱动三极管V1的基极，经放大后，其集电极输出脉冲电压
4 15V直流电压经V1变成脉冲电流为直流电动机供电，电动机开始运转
5 直流电动机的电流在限流电阻R上产生压降，经电阻器反馈到NE555的2脚，并由3脚输出脉冲信号的宽度，对电动机稳速控制
6 将速度调整电阻器VR1的阻值调至最下端
7 15V直流电压经过VR1和200kΩ电阻器串联电路后送入NE555的2脚
8 NE555芯片内部电路控制3脚输出的脉冲信号宽度最小，直流电动机转速达到最低
9 将速度调整电阻器VR1的阻值调至最上端
10 15V直流电压则只经过200kΩ的电阻器后送入NE555芯片的2脚
11 NE555芯片内部电路控制3脚输出的脉冲信号宽度最大，直流电动机转速达到最高
12 若需要直流电动机停机时，只需将电源总开关QS关闭即可切断控制电路和直流电动机的供电回路，直流电动机停转

图 10-20 直流电动机调速控制线路的实际应用过程

10.4.2　直流电动机降压启动控制线路

如图 10-21 所示，降压启动的直流电动机控制电路是指直流电动机启动时，将启动电阻 RP 串入直流电动机中，限制启动电流，当直流电动机低速旋转一段时间后，再把启动变阻器从电路中消除（使之短路），使直流电动机正常运转。

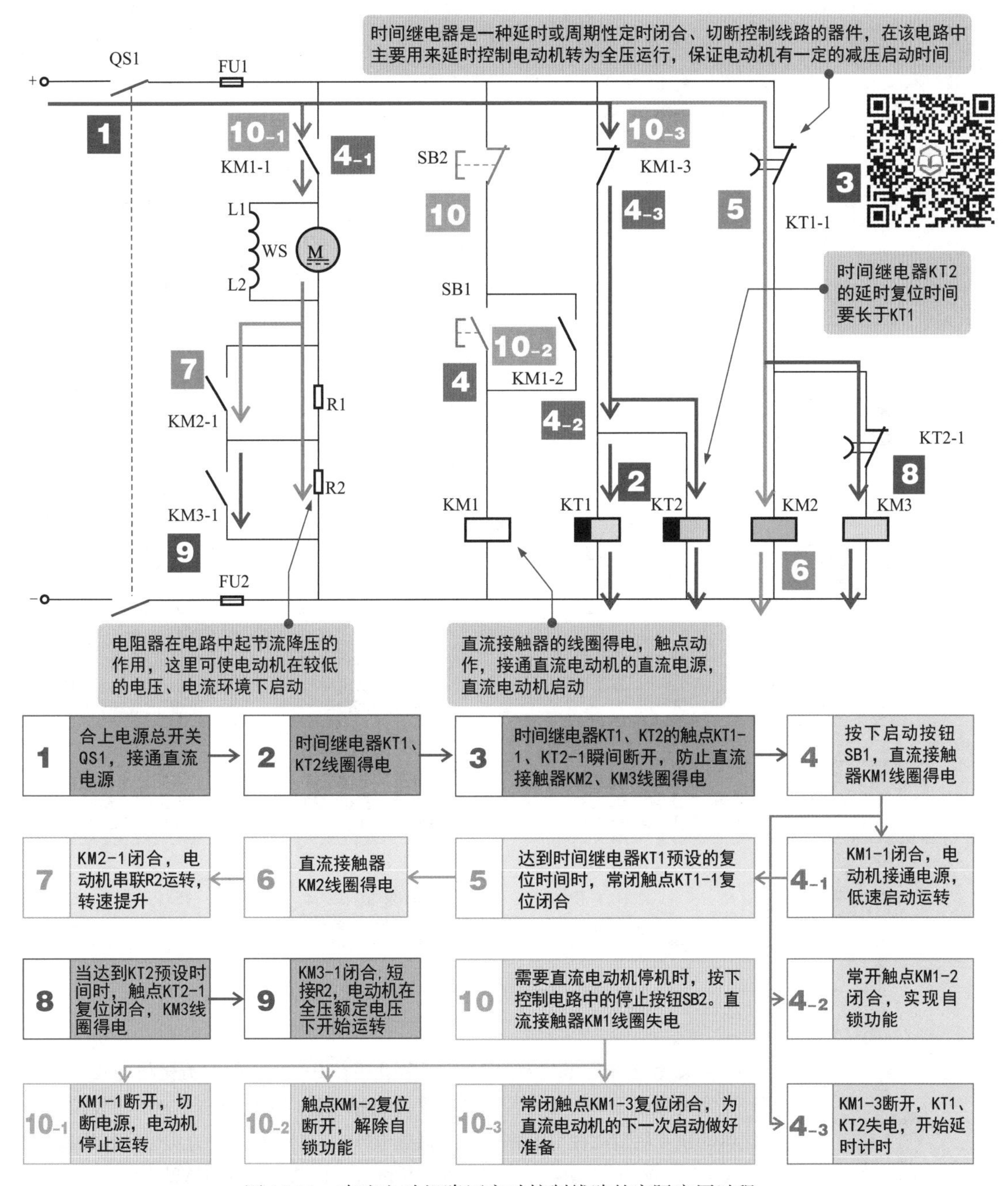

时间继电器是一种延时或周期性定时闭合、切断控制线路的器件，在该电路中主要用来延时控制电动机转为全压运行，保证电动机有一定的减压启动时间
QS1
FU1
KM1-1
L1
WS
M
L2
R1
R2
KM2-1
KM3-1
SB2
SB1
KM1-2
KM1-3
KT1-1
KT2-1
KM1
KT1
KT2
KM2
KM3
FU2
时间继电器KT2的延时复位时间要长于KT1
电阻器在电路中起节流降压的作用，这里可使电动机在较低的电压、电流环境下启动
直流接触器的线圈得电，触点动作，接通直流电动机的直流电源，直流电动机启动
1 合上电源总开关QS1，接通直流电源
2 时间继电器KT1、KT2线圈得电
3 时间继电器KT1、KT2的触点KT1-1、KT2-1瞬间断开，防止直流接触器KM2、KM3线圈得电
4 按下启动按钮SB1，直流接触器KM1线圈得电
4-1 KM1-1闭合，电动机接通电源，低速启动运转
5 达到时间继电器KT1预设的复位时间时，常闭触点KT1-1复位闭合
6 直流接触器KM2线圈得电
7 KM2-1闭合，电动机串联R2运转，转速提升
8 当达到KT2预设时间时，触点KT2-1复位闭合，KM3线圈得电
9 KM3-1闭合，短接R2，电动机在全压额定电压下开始运转
10 需要直流电动机停机时，按下控制电路中的停止按钮SB2。直流接触器KM1线圈失电
4-2 常开触点KM1-2闭合，实现自锁功能
10-1 KM1-1断开，切断电源，电动机停止运转
10-2 触点KM1-2复位断开，解除自锁功能
10-3 常闭触点KM1-3复位闭合，为直流电动机的下一次启动做好准备
4-3 KM1-3断开，KT1、KT2失电，开始延时计时

图 10-21　直流电动机降压启动控制线路的实际应用过程

10.4.3 直流电动机正 / 反转连续控制线路

如图 10-22 所示，识读直流电动机正 / 反转连续控制电路，主要是根据电路中各部件的功能特点和连接关系，分析和理清各功能部件之间的控制关系和过程。

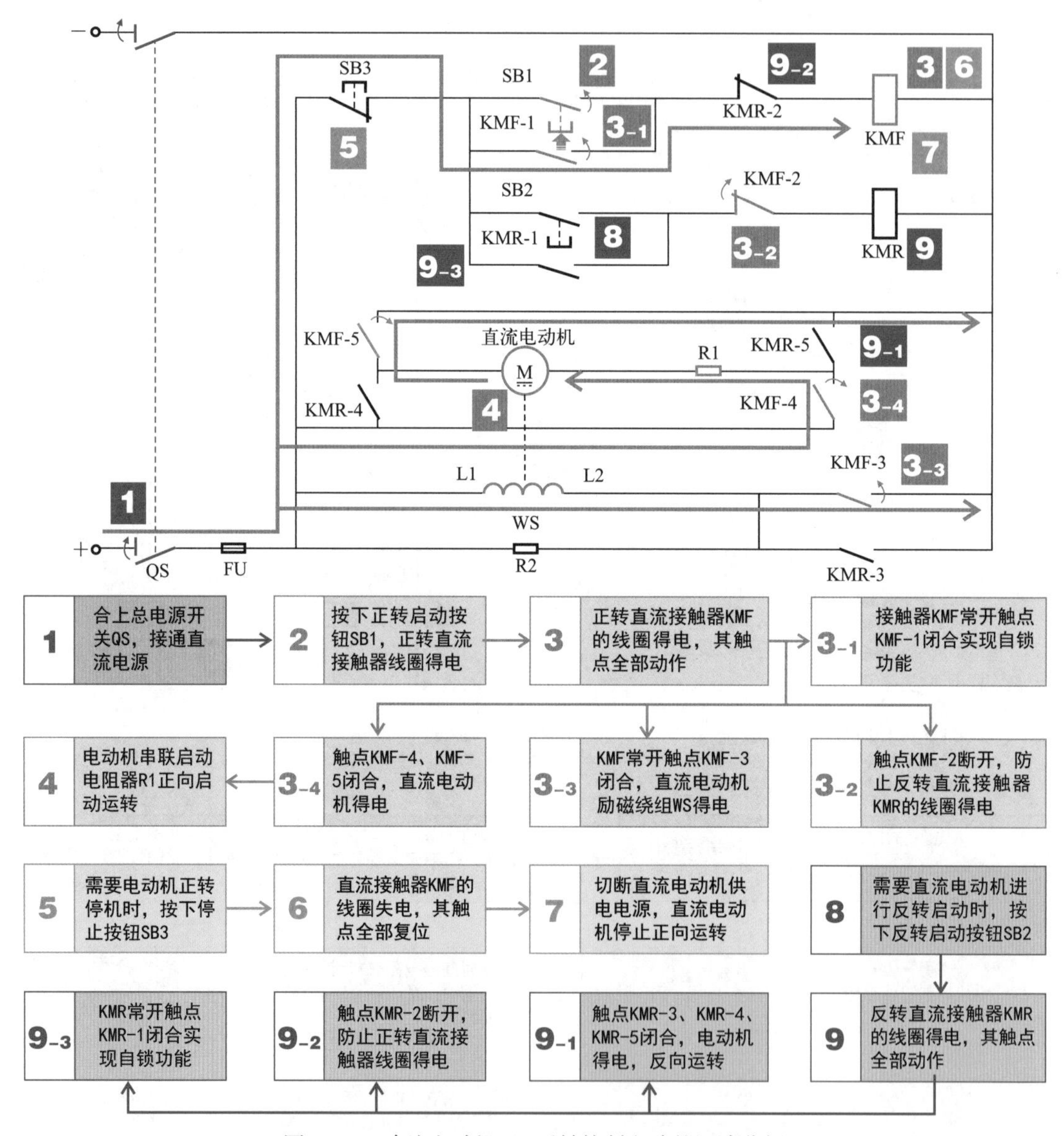
SB3
SB1
2
9-2
3 6
KMF-1
3-1
KMR-2
KMF
7
5
SB2
KMF-2
KMR-1
8
3-2
KMR
9
9-3
KMF-5
直流电动机
R1
KMR-5
9-1
M
KMR-4
4
KMF-4
3-4
KMF-3
3-3
L1
L2
1
WS
QS
FU
R2
KMR-3
1 合上总电源开关QS，接通直流电源
2 按下正转启动按钮SB1，正转直流接触器线圈得电
3 正转直流接触器KMF的线圈得电，其触点全部动作
3-1 接触器KMF常开触点KMF-1闭合实现自锁功能
3-2 触点KMF-2断开，防止反转直流接触器KMR的线圈得电
3-3 KMF常开触点KMF-3闭合，直流电动机励磁绕组WS得电
3-4 触点KMF-4、KMF-5闭合，直流电动机得电
4 电动机串联启动电阻器R1正向启动运转
5 需要电动机正转停机时，按下停止按钮SB3
6 直流接触器KMF的线圈失电，其触点全部复位
7 切断直流电动机供电电源，直流电动机停止正向运转
8 需要直流电动机进行反转启动时，按下反转启动按钮SB2
9 反转直流接触器KMR的线圈得电，其触点全部动作
9-1 触点KMR-3、KMR-4、KMR-5闭合，电动机得电，反向运转
9-2 触点KMR-2断开，防止正转直流接触器线圈得电
9-3 KMR常开触点KMR-1闭合实现自锁功能

图 10-22 直流电动机正 / 反转控制电路的识读分析

提示说明

当需要直流电动机反转停机时，按下停止按钮 SB3。反转直流接触器 KMR 线圈失电，其常开触点 KMR-1 复位断开，解除自锁功能；常闭触点 KMR-2 复位闭合，为直流电动机正转启动做好准备；常开触点 KMR-3 复位断开，直流电动机励磁绕组 WS 失电；常开触点 KMR-4、KMR-5 复位断开，切断直流电动机供电电源，直流电动机停止反向运转。

10.4.4　单相交流电动机连续控制线路

如图 10-23 所示，单相交流电动机连续控制线路是依靠启动按钮、停止按钮、交流接触器等控制部件对单相交流电动机进行控制的，控制过程十分简单。

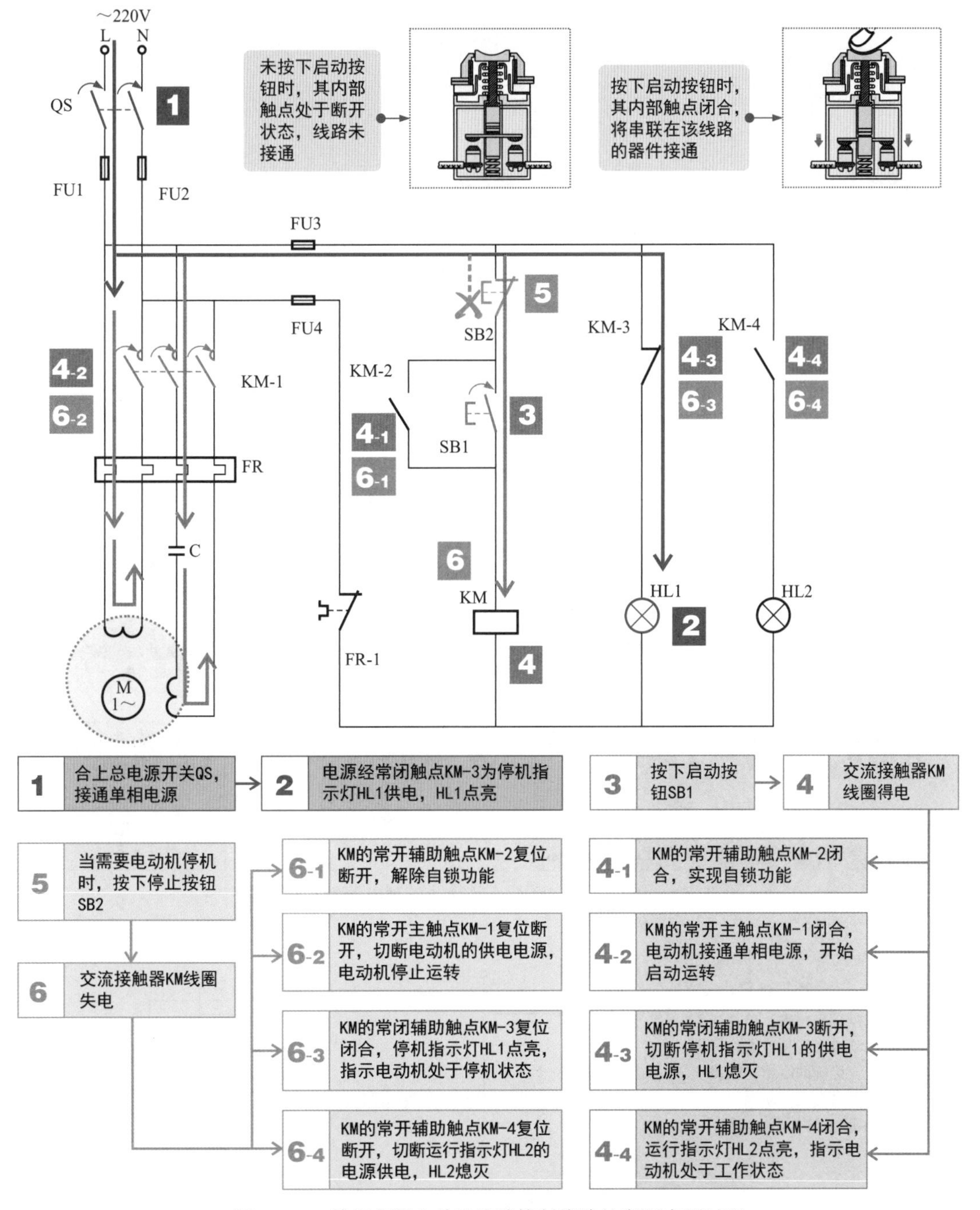
~220V
L
N
QS
FU1
FU2
FU3
FU4
未按下启动按钮时，其内部触点处于断开状态，线路未接通
按下启动按钮时，其内部触点闭合，将串联在该线路的器件接通
SB2
KM-3
KM-4
KM-1
KM-2
SB1
FR
C
KM
HL1
HL2
FR-1
M
1~
1 合上总电源开关QS，接通单相电源
2 电源经常闭触点KM-3为停机指示灯HL1供电，HL1点亮
3 按下启动按钮SB1
4 交流接触器KM线圈得电
4-1 KM的常开辅助触点KM-2闭合，实现自锁功能
4-2 KM的常开主触点KM-1闭合，电动机接通单相电源，开始启动运转
4-3 KM的常闭辅助触点KM-3断开，切断停机指示灯HL1的供电电源，HL1熄灭
4-4 KM的常开辅助触点KM-4闭合，运行指示灯HL2点亮，指示电动机处于工作状态
5 当需要电动机停机时，按下停止按钮SB2
6 交流接触器KM线圈失电
6-1 KM的常开辅助触点KM-2复位断开，解除自锁功能
6-2 KM的常开主触点KM-1复位断开，切断电动机的供电电源，电动机停止运转
6-3 KM的常闭辅助触点KM-3复位闭合，停机指示灯HL1点亮，指示电动机处于停机状态
6-4 KM的常开辅助触点KM-4复位断开，切断运行指示灯HL2的电源供电，HL2熄灭

图 10-23　单相交流电动机连续控制线路的实际应用过程

10.4.5 限位开关控制单相交流电动机正 / 反转控制线路

图 10-24 为单相交流电动机正 / 反转控制电路的识读分析过程。

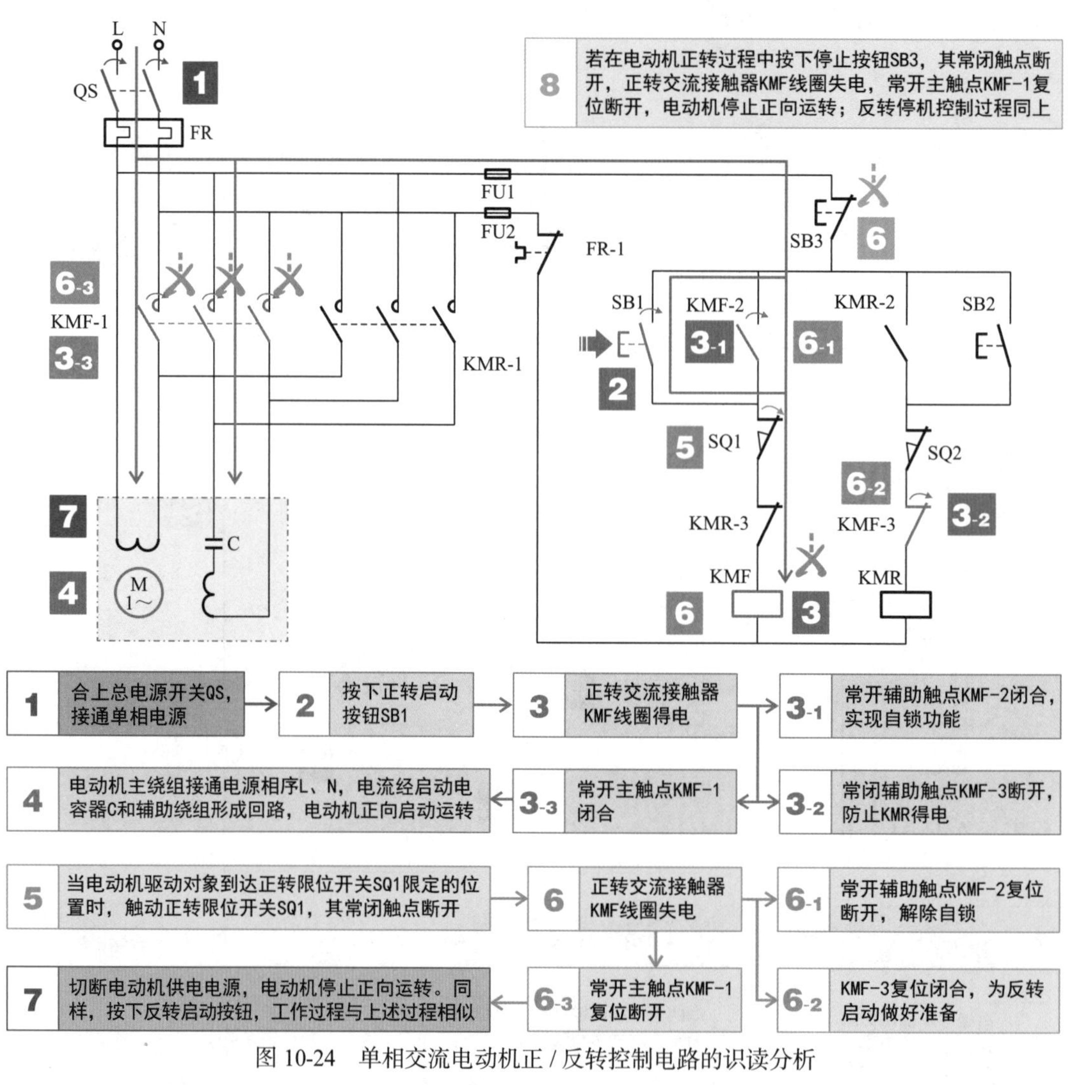

L
N
QS
FR
1
8
若在电动机正转过程中按下停止按钮SB3，其常闭触点断开，正转交流接触器KMF线圈失电，常开主触点KMF-1复位断开，电动机停止正向运转；反转停机控制过程同上
FU1
FU2
FR-1
SB3
6
6-3
KMF-1
3-3
KMR-1
SB1
KMF-2
3-1
KMR-2
6-1
SB2
2
5
SQ1
SQ2
6-2
3-2
KMR-3
KMF-3
7
C
4
M
1~
KMF
KMR
6
3
1
合上总电源开关QS，接通单相电源
2
按下正转启动按钮SB1
3
正转交流接触器KMF线圈得电
3-1
常开辅助触点KMF-2闭合，实现自锁功能
4
电动机主绕组接通电源相序L、N，电流经启动电容器C和辅助绕组形成回路，电动机正向启动运转
3-3
常开主触点KMF-1闭合
3-2
常闭辅助触点KMF-3断开，防止KMR得电
5
当电动机驱动对象到达正转限位开关SQ1限定的位置时，触动正转限位开关SQ1，其常闭触点断开
6
正转交流接触器KMF线圈失电
6-1
常开辅助触点KMF-2复位断开，解除自锁
7
切断电动机供电电源，电动机停止正向运转。同样，按下反转启动按钮，工作过程与上述过程相似
6-3
常开主触点KMF-1复位断开
6-2
KMF-3复位闭合，为反转启动做好准备

图 10-24 单相交流电动机正 / 反转控制电路的识读分析

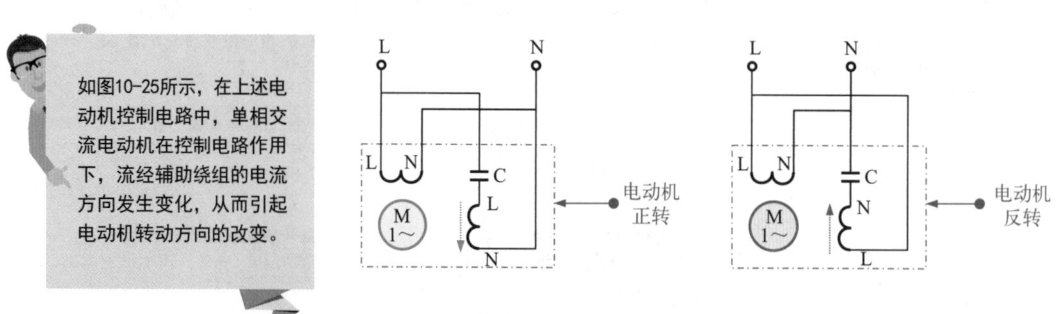

如图10-25所示，在上述电动机控制电路中，单相交流电动机在控制电路作用下，流经辅助绕组的电流方向发生变化，从而引起电动机转动方向的改变。
L
N
C
M
1~
电动机正转
电动机反转

图 10-25 单相交流电动机的正 / 反转工作状态

10.4.6　三相交流电动机电阻器降压启动控制线路

如图 10-26 所示，三相交流电动机电阻器降压启动控制线路是依靠电阻器、启动按钮、停止按钮、交流接触器等控制部件控制三相交流电动机。

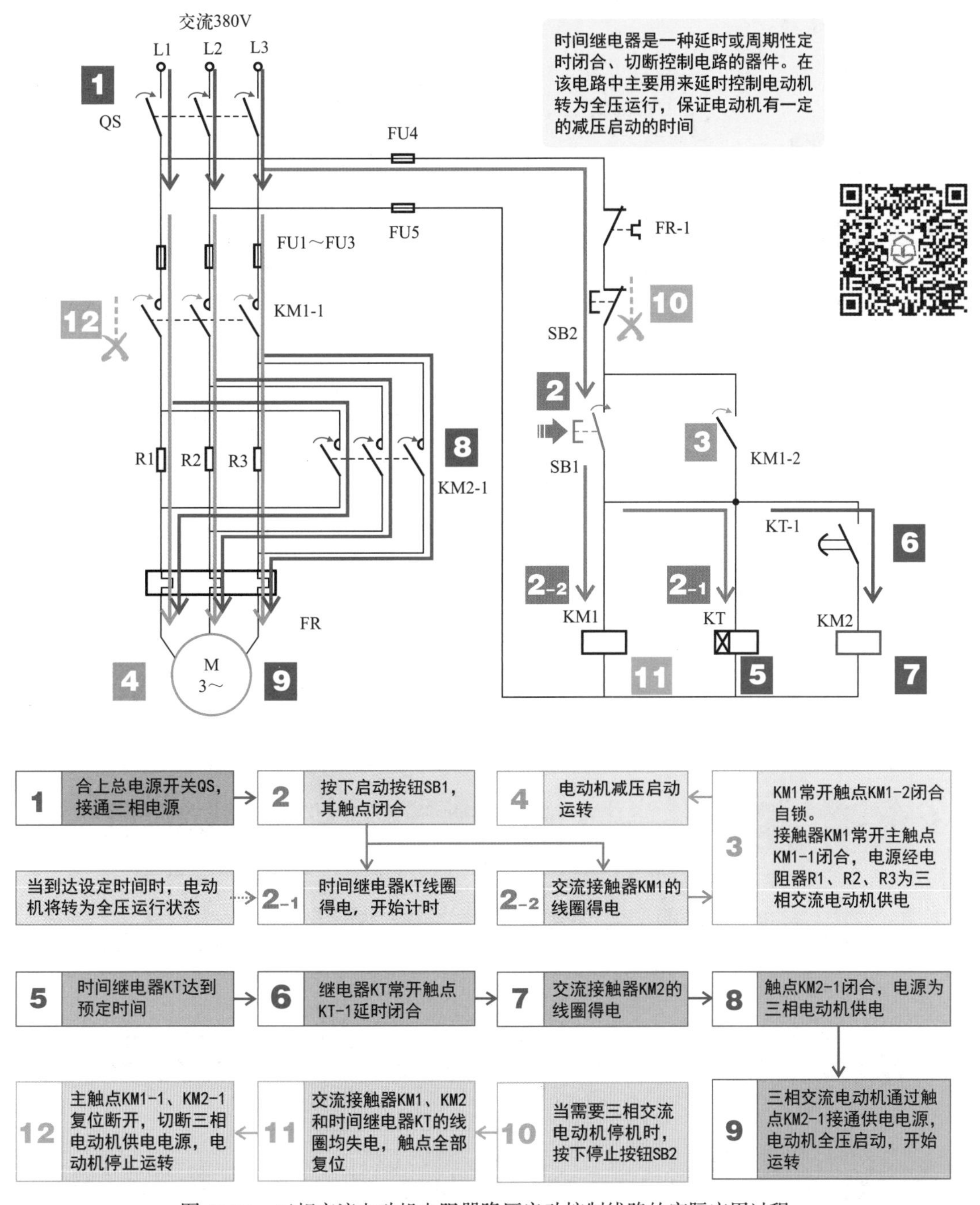

交流380V
L1
L2
L3
QS
FU4
FU5
FU1～FU3
KM1-1
FR-1
SB2
SB1
KM1-2
R1
R2
R3
KM2-1
KT-1
FR
KM1
KT
KM2
M
3～
时间继电器是一种延时或周期性定时闭合、切断控制电路的器件。在该电路中主要用来延时控制电动机转为全压运行，保证电动机有一定的减压启动的时间
1 合上总电源开关QS，接通三相电源
2 按下启动按钮SB1，其触点闭合
4 电动机减压启动运转
3 KM1常开触点KM1-2闭合自锁。接触器KM1常开主触点KM1-1闭合，电源经电阻器R1、R2、R3为三相交流电动机供电
当到达设定时间时，电动机将转为全压运行状态
2-1 时间继电器KT线圈得电，开始计时
2-2 交流接触器KM1的线圈得电
5 时间继电器KT达到预定时间
6 继电器KT常开触点KT-1延时闭合
7 交流接触器KM2的线圈得电
8 触点KM2-1闭合，电源为三相电动机供电
12 主触点KM1-1、KM2-1复位断开，切断三相电动机供电电源，电动机停止运转
11 交流接触器KM1、KM2和时间继电器KT的线圈均失电，触点全部复位
10 当需要三相交流电动机停机时，按下停止按钮SB2
9 三相交流电动机通过触点KM2-1接通供电电源，电动机全压启动，开始运转

图 10-26　三相交流电动机电阻器降压启动控制线路的实际应用过程

10.4.7 三相交流电动机 Y-Δ 降压启动控制线路

如图 10-27 所示，三相交流电动机Y - △降压启动控制电路是指三相交流电动机启动时，由电路控制三相交流电动机定子绕组先连接成 Y 形方式，进入降压启动状态，待转速达到一定值后，再由电路控制将三相交流电动机的定子绕组换接成△形，此后三相交流电动机进入全压正常运行状态。

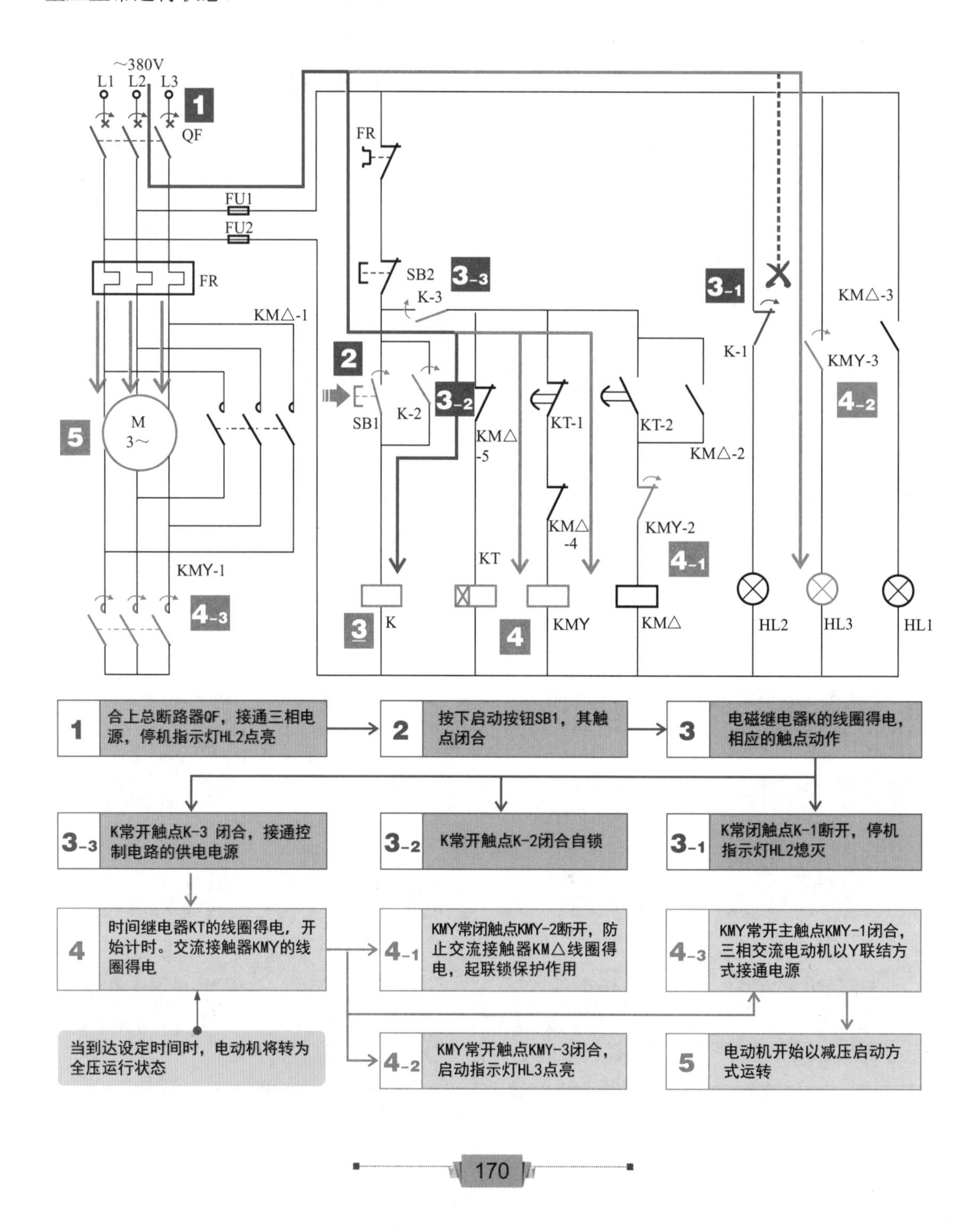

~380V
L1 L2 L3
QF
FU1
FU2
FR
KM△-1
M
3~
KMY-1
FR
SB2
K-3
SB1
K-2
KM△
-5
KT-1
KT-2
KM△-2
KM△
-4
KMY-2
KT
K
KMY
KM△
K-1
KM△-3
KMY-3
HL2
HL3
HL1
1 合上总断路器QF，接通三相电源，停机指示灯HL2点亮
2 按下启动按钮SB1，其触点闭合
3 电磁继电器K的线圈得电，相应的触点动作
3-3 K常开触点K-3 闭合，接通控制电路的供电电源
3-2 K常开触点K-2闭合自锁
3-1 K常闭触点K-1断开，停机指示灯HL2熄灭
4 时间继电器KT的线圈得电，开始计时。交流接触器KMY的线圈得电
4-1 KMY常闭触点KMY-2断开，防止交流接触器KM△线圈得电，起联锁保护作用
4-3 KMY常开主触点KMY-1闭合，三相交流电动机以Y联结方式接通电源
当到达设定时间时，电动机将转为全压运行状态
4-2 KMY常开触点KMY-3闭合，启动指示灯HL3点亮
5 电动机开始以减压启动方式运转

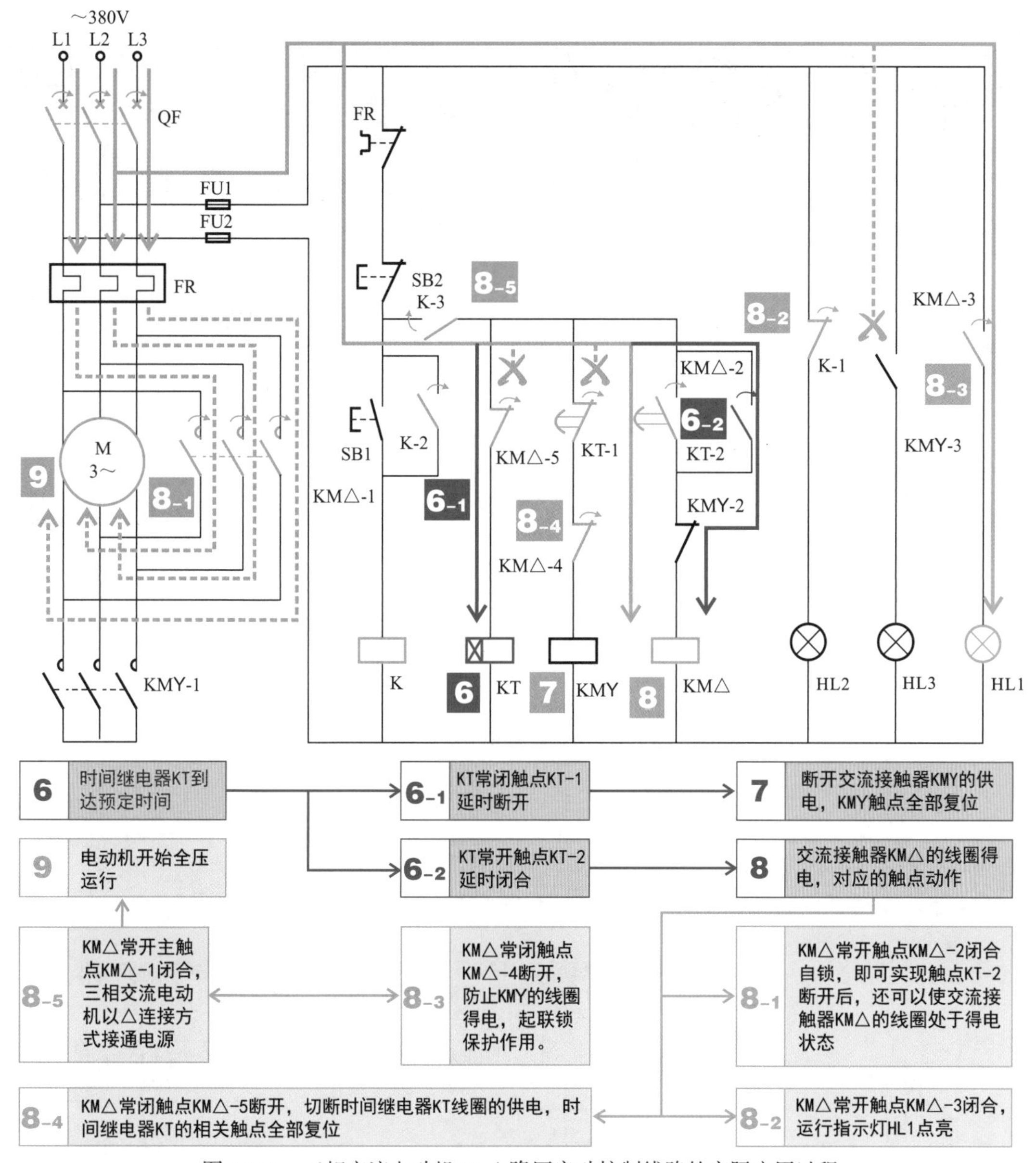
~380V
L1 L2 L3
QF
FU1
FU2
FR
M
3~
KMY-1
SB2
K-3
SB1
K-2
KM△-1
KM△-5
KT-1
KM△-4
KM△-2
KT-2
KMY-2
K-1
KM△-3
KMY-3
K
KT
KMY
KM△
HL2
HL3
HL1
6 时间继电器KT到达预定时间
6-1 KT常闭触点KT-1延时断开
7 断开交流接触器KMY的供电，KMY触点全部复位
9 电动机开始全压运行
6-2 KT常开触点KT-2延时闭合
8 交流接触器KM△的线圈得电，对应的触点动作
8-5 KM△常开主触点KM△-1闭合，三相交流电动机以△连接方式接通电源
8-3 KM△常闭触点KM△-4断开，防止KMY的线圈得电，起联锁保护作用。
8-1 KM△常开触点KM△-2闭合自锁，即可实现触点KT-2断开后，还可以使交流接触器KM△的线圈处于得电状态
8-4 KM△常闭触点KM△-5断开，切断时间继电器KT线圈的供电，时间继电器KT的相关触点全部复位
8-2 KM△常开触点KM△-3闭合，运行指示灯HL1点亮

图 10-27 三相交流电动机 Y- △降压启动控制线路的实际应用过程

提示说明

如图 10-28 所示，当三相交流电动机采用 Y 形连接时，三相交流电动机每相承受的电压均为 220V，当三相交流电动机采用△形连接时，三相交流电动机每相绕组承受的电压为 380V。

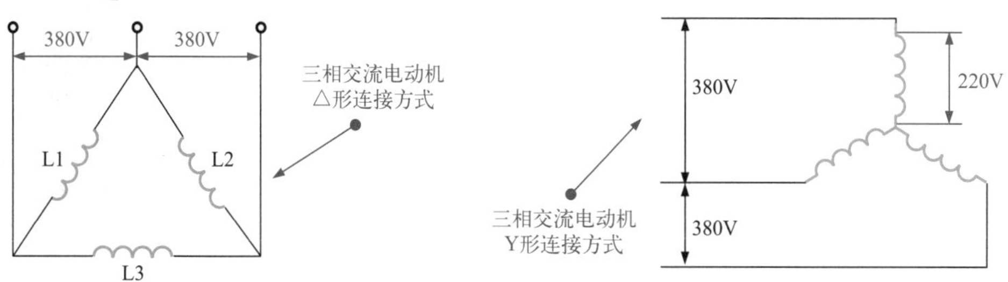
380V
380V
L1
L2
L3
三相交流电动机
△形连接方式
380V
220V
380V
三相交流电动机
Y形连接方式

图 10-28 三相交流电动机 Y 形和△形绕组连接方式

10.4.8 三相交流电动机限位点动正 / 反转控制线路

由限位点动开关控制的三相交流电动机点动正 / 反转控制线路是通过控制点动控制按钮完成对三相交流电动机的限位点动正 / 反转控制。实际应用过程如图 10-29 所示。

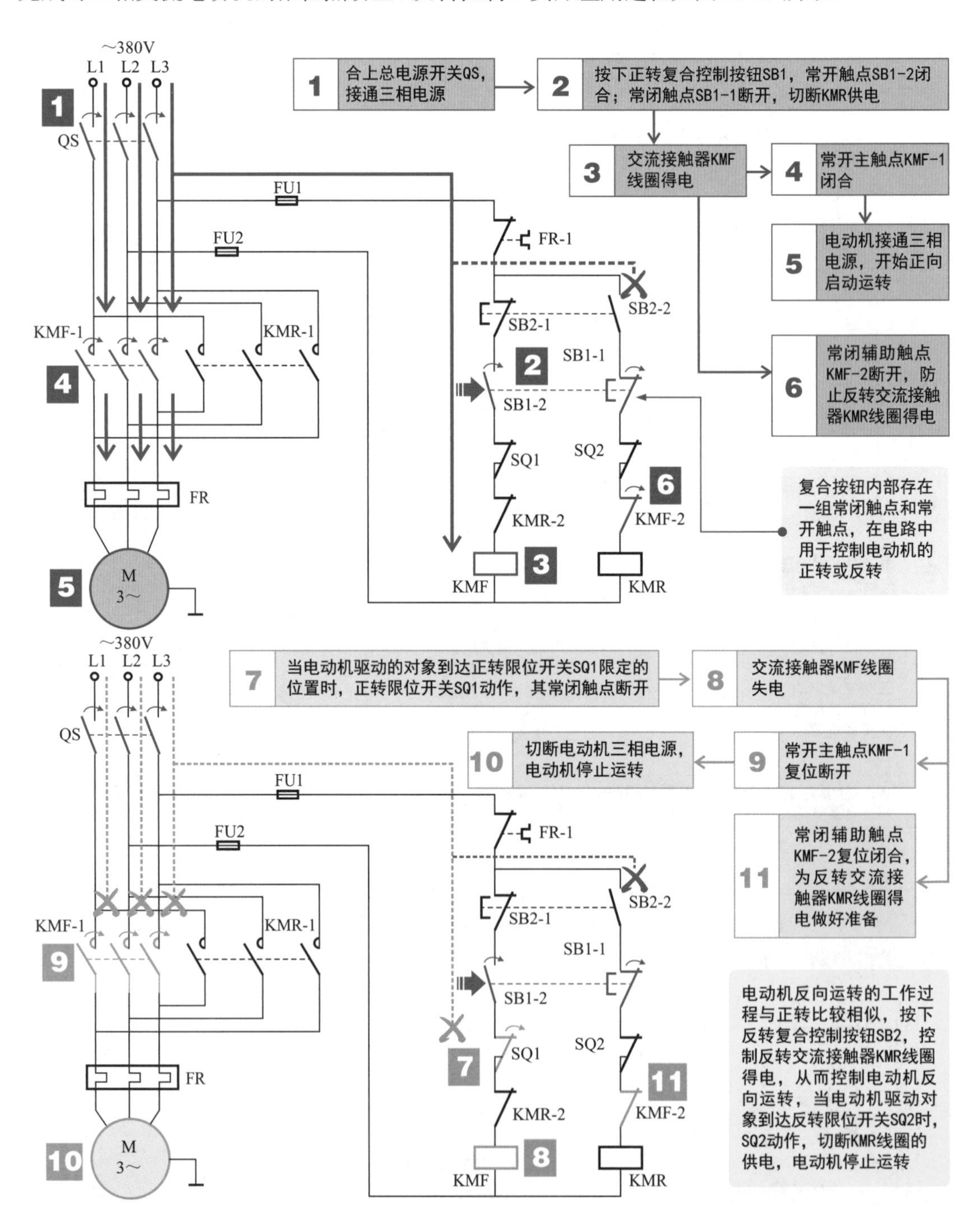

~380V
L1 L2 L3
QS
FU1
FU2
FR-1
SB2-2
SB2-1
SB1-1
SB1-2
KMF-1
KMR-1
SQ1
SQ2
FR
KMR-2
KMF-2
KMF
KMR
M
3~
1 合上总电源开关QS，接通三相电源
2 按下正转复合控制按钮SB1，常开触点SB1-2闭合；常闭触点SB1-1断开，切断KMR供电
3 交流接触器KMF线圈得电
4 常开主触点KMF-1闭合
5 电动机接通三相电源，开始正向启动运转
6 常闭辅助触点KMF-2断开，防止反转交流接触器KMR线圈得电
复合按钮内部存在一组常闭触点和常开触点，在电路中用于控制电动机的正转或反转
7 当电动机驱动的对象到达正转限位开关SQ1限定的位置时，正转限位开关SQ1动作，其常闭触点断开
8 交流接触器KMF线圈失电
9 常开主触点KMF-1复位断开
10 切断电动机三相电源，电动机停止运转
11 常闭辅助触点KMF-2复位闭合，为反转交流接触器KMR线圈得电做好准备
电动机反向运转的工作过程与正转比较相似，按下反转复合控制按钮SB2，控制反转交流接触器KMR线圈得电，从而控制电动机反向运转，当电动机驱动对象到达反转限位开关SQ2时，SQ2动作，切断KMR线圈的供电，电动机停止运转

图 10-29 三相交流电动机限位点动正 / 反转控制线路的实际应用过程

10.4.9　三相交流电动机间歇控制线路

如图 10-30 所示，三相交流电动机间歇控制电路是指控制电动机运行一段时间，自动停止，然后自动启动，这样反复控制，来实现电动机的间歇运行。

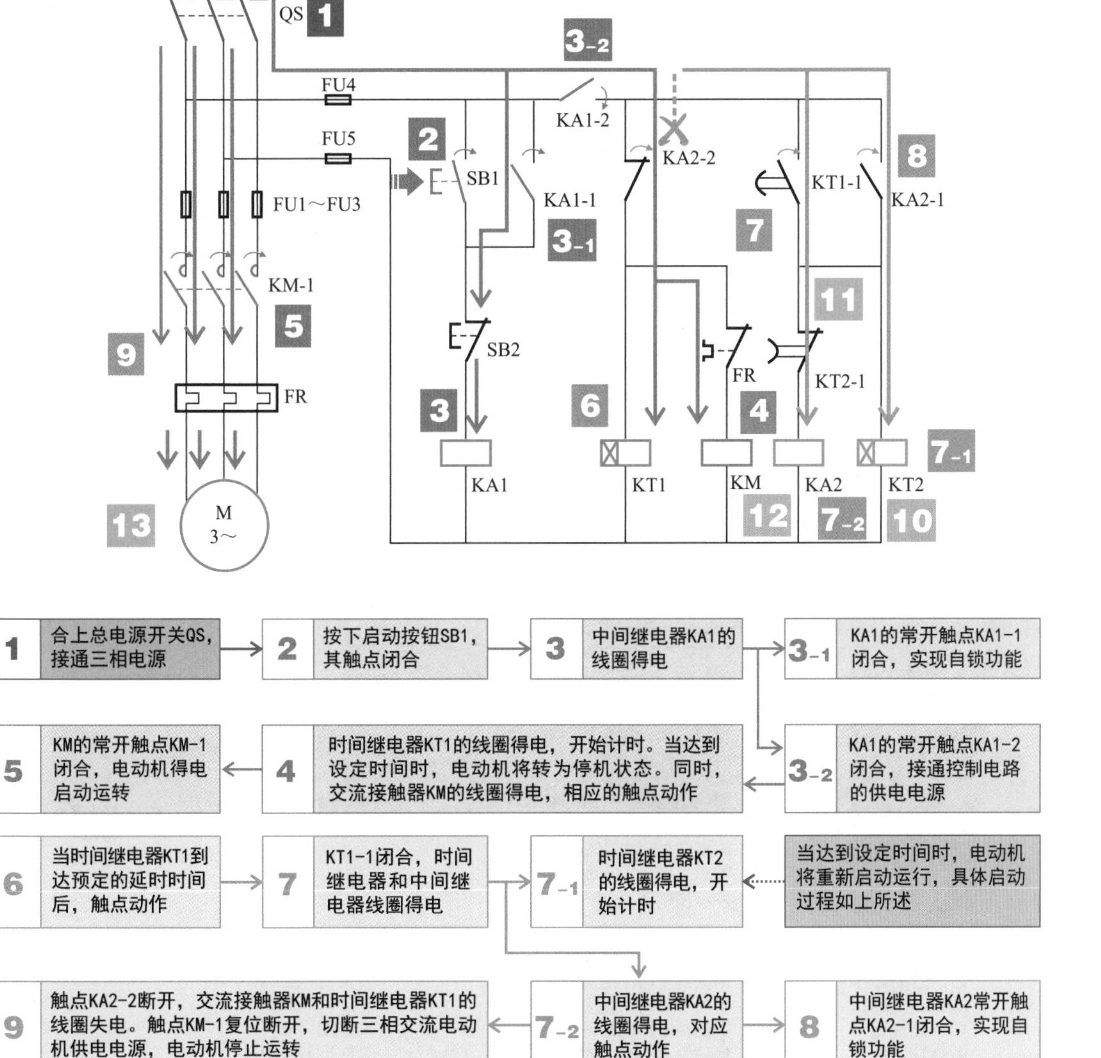
~380V
L1 L2 L3
QS
FU4
FU5
FU1～FU3
KM-1
FR
M
3～
SB1
SB2
KA1-1
KA1-2
KA2-2
KT1-1
KA2-1
KT2-1
KA1
KT1
KM
KA2
KT2
1 合上总电源开关QS，接通三相电源
2 按下启动按钮SB1，其触点闭合
3 中间继电器KA1的线圈得电
3-1 KA1的常开触点KA1-1闭合，实现自锁功能
3-2 KA1的常开触点KA1-2闭合，接通控制电路的供电电源
4 时间继电器KT1的线圈得电，开始计时。当达到设定时间时，电动机将转为停机状态。同时，交流接触器KM的线圈得电，相应的触点动作
5 KM的常开触点KM-1闭合，电动机得电启动运转
6 当时间继电器KT1到达预定的延时时间后，触点动作
7 KT1-1闭合，时间继电器和中间继电器线圈得电
7-1 时间继电器KT2的线圈得电，开始计时
当达到设定时间时，电动机将重新启动运行，具体启动过程如上所述
7-2 中间继电器KA2的线圈得电，对应触点动作
8 中间继电器KA2常开触点KA2-1闭合，实现自锁功能
9 触点KA2-2断开，交流接触器KM和时间继电器KT1的线圈失电。触点KM-1复位断开，切断三相交流电动机供电电源，电动机停止运转
10 当时间继电器KT2到达延时时间后，触点全部动作
11 此时，时间继电器KT2的常闭触点KT2-1断开
12 继电器KA2和KT2的线圈失电，触点全部复位
13 交流接触器KM和时间继电器KT1的线圈再次得电，电动机再次启动

图 10-30　三相交流电动机间歇控制线路的实际应用过程

10.4.10 三相交流电动机调速控制线路

如图 10-31 所示，三相交流电动机调速控制电路指利用时间继电器控制电动机的低速或高速运转，用户可对电动机低速和高速运转进行切换控制。

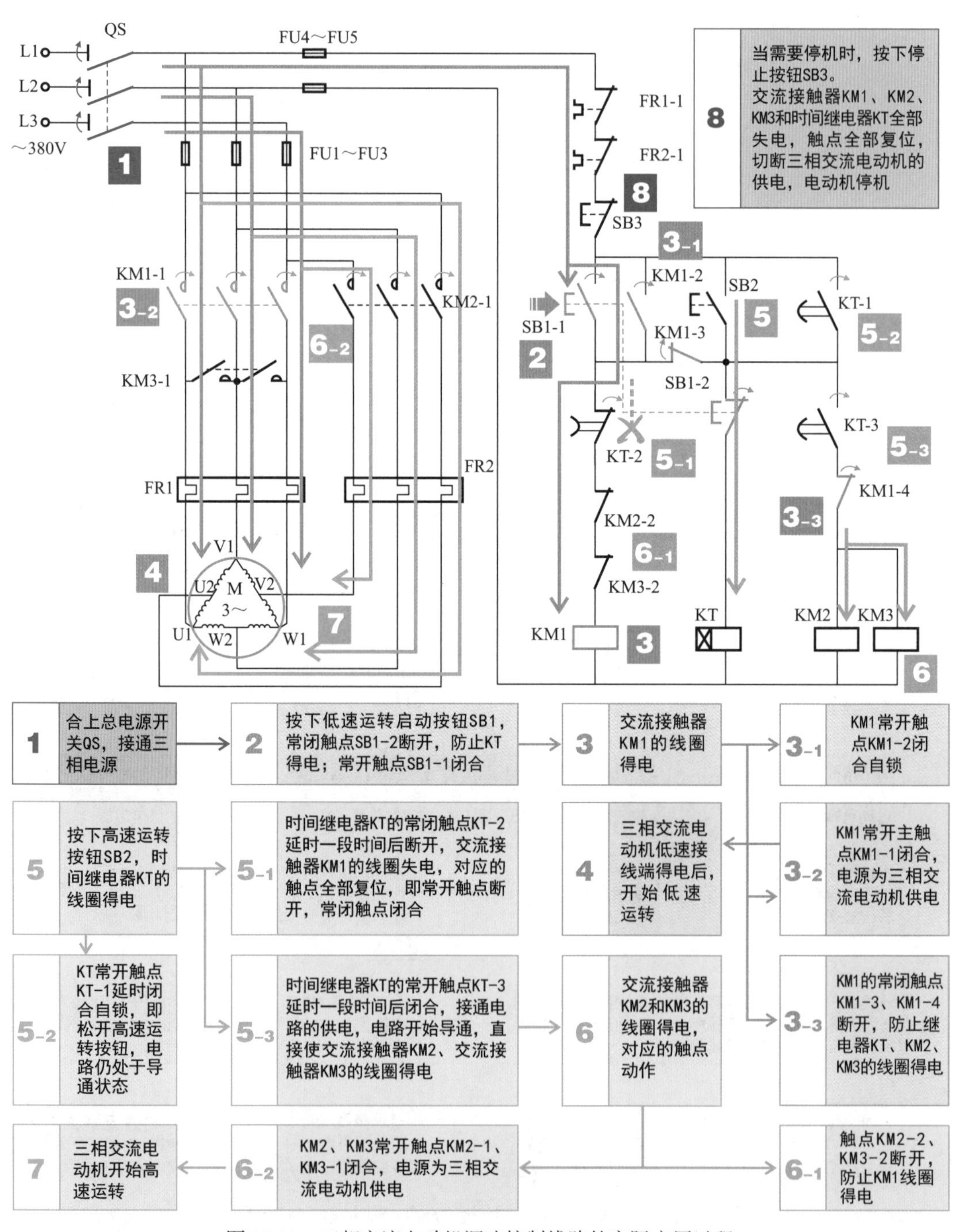
L1
L2
L3
QS
~380V
FU4~FU5
FU1~FU3
FR1-1
FR2-1
SB3
KM1-1
KM2-1
KM3-1
FR1
FR2
V1
U2
M
3~
V2
U1
W2
W1
SB1-1
KM1-2
SB2
KT-1
KM1-3
SB1-2
KT-2
KT-3
KM1-4
KM2-2
KM3-2
KM1
KT
KM2
KM3
8 当需要停机时，按下停止按钮SB3。交流接触器KM1、KM2、KM3和时间继电器KT全部失电，触点全部复位，切断三相交流电动机的供电，电动机停机
1 合上总电源开关QS，接通三相电源
2 按下低速运转启动按钮SB1，常闭触点SB1-2断开，防止KT得电；常开触点SB1-1闭合
3 交流接触器KM1的线圈得电
3-1 KM1常开触点KM1-2闭合自锁
5 按下高速运转按钮SB2，时间继电器KT的线圈得电
5-1 时间继电器KT的常闭触点KT-2延时一段时间后断开，交流接触器KM1的线圈失电，对应的触点全部复位，即常开触点断开，常闭触点闭合
4 三相交流电动机低速接线端得电后，开始低速运转
3-2 KM1常开主触点KM1-1闭合，电源为三相交流电动机供电
5-2 KT常开触点KT-1延时闭合自锁，即松开高速运转按钮，电路仍处于导通状态
5-3 时间继电器KT的常开触点KT-3延时一段时间后闭合，接通电路的供电，电路开始导通，直接使交流接触器KM2、交流接触器KM3的线圈得电
6 交流接触器KM2和KM3的线圈得电，对应的触点动作
3-3 KM1的常闭触点KM1-3、KM1-4断开，防止继电器KT、KM2、KM3的线圈得电
7 三相交流电动机开始高速运转
6-2 KM2、KM3常开触点KM2-1、KM3-1闭合，电源为三相交流电动机供电
6-1 触点KM2-2、KM3-2断开，防止KM1线圈得电

图 10-31 三相交流电动机调速控制线路的实际应用过程

10.4.11　三相交流电动机反接制动控制线路

如图 10-32 所示，三相交流电动机反接制动控制线路是指通过反接电动机的供电相序来改变电动机的旋转方向，以此来降低电动机转速，最终达到停机的目的。

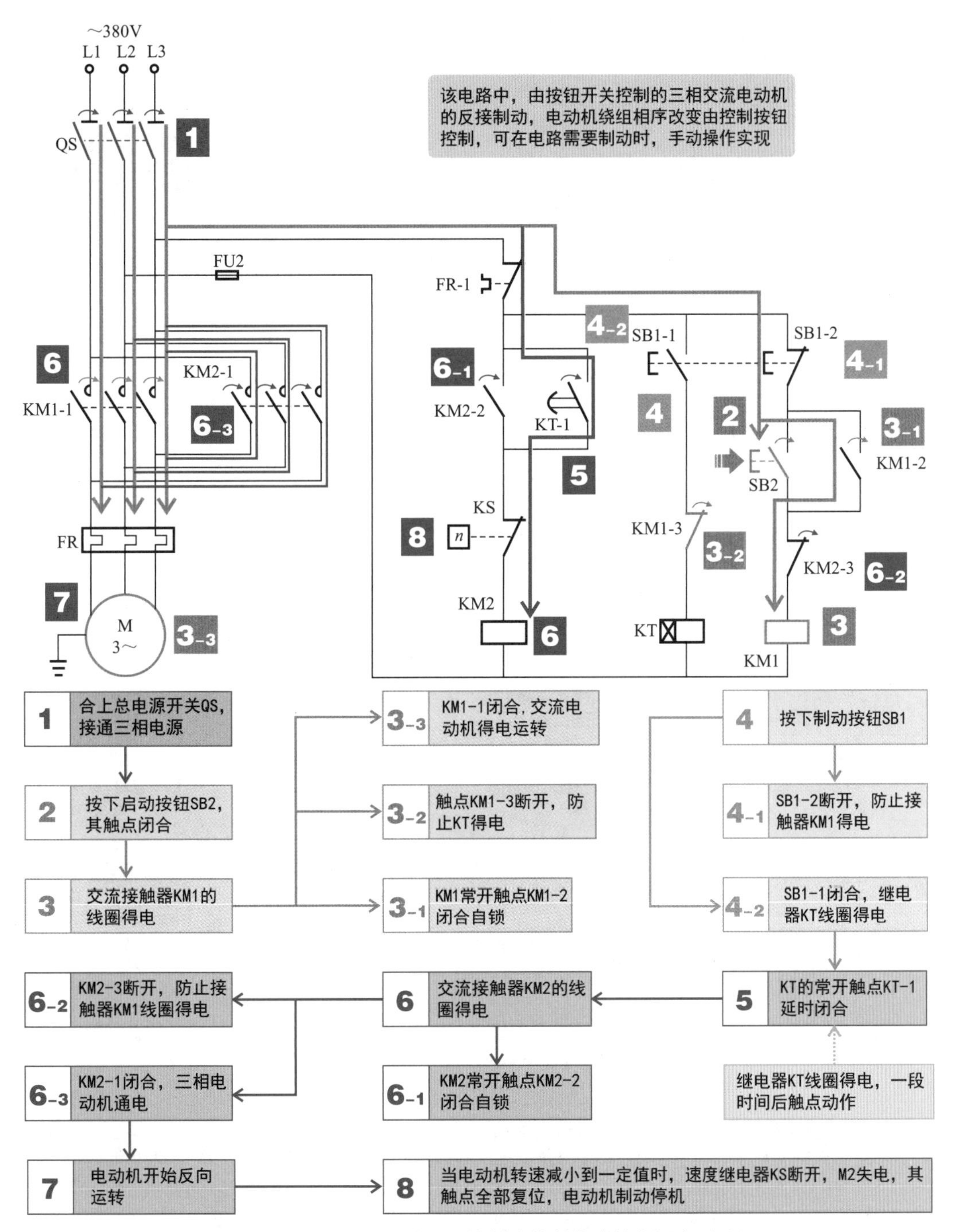

~380V
L1 L2 L3
QS
1
该电路中，由按钮开关控制的三相交流电动机的反接制动，电动机绕组相序改变由控制按钮控制，可在电路需要制动时，手动操作实现
FU2
FR-1
4-2
SB1-1
SB1-2
4-1
6
KM1-1
KM2-1
6-3
6-1
KM2-2
KT-1
4
2
3-1
KM1-2
5
SB2
KS
8
KM1-3
3-2
KM2-3
6-2
FR
7
M
3~
3-3
KM2
6
KT
3
KM1
1 合上总电源开关QS，接通三相电源
2 按下启动按钮SB2，其触点闭合
3 交流接触器KM1的线圈得电
3-3 KM1-1闭合，交流电动机得电运转
3-2 触点KM1-3断开，防止KT得电
3-1 KM1常开触点KM1-2闭合自锁
4 按下制动按钮SB1
4-1 SB1-2断开，防止接触器KM1得电
4-2 SB1-1闭合，继电器KT线圈得电
5 KT的常开触点KT-1延时闭合
继电器KT线圈得电，一段时间后触点动作
6 交流接触器KM2的线圈得电
6-1 KM2常开触点KM2-2闭合自锁
6-2 KM2-3断开，防止接触器KM1线圈得电
6-3 KM2-1闭合，三相电动机通电
7 电动机开始反向运转
8 当电动机转速减小到一定值时，速度继电器KS断开，M2失电，其触点全部复位，电动机制动停机

图 10-32　三相交流电动机反接制动控制线路的实际应用过程

10.4.12 两台三相交流电动机交替工作控制线路

如图 10-33 所示，在两台电动机交替工作控制线路中，利用时间继电器延时动作的特点，间歇控制两台电动机的工作，达到电动机交替工作的目的。

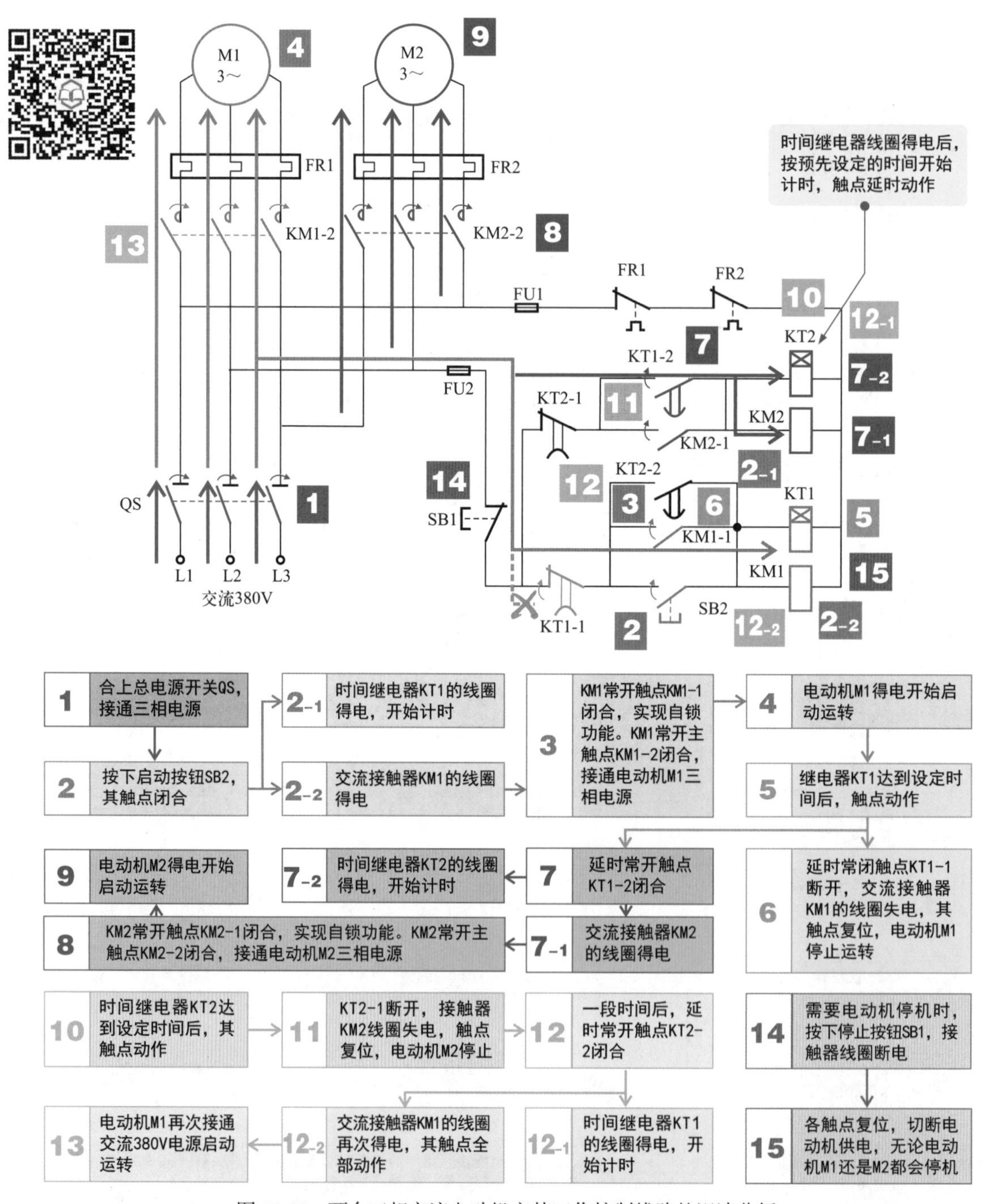
M1
3～
M2
3～
FR1
FR2
KM1-2
KM2-2
时间继电器线圈得电后，按预先设定的时间开始计时，触点延时动作
FU1
FU2
KT2
KT1-2
KT2-1
KM2
KM2-1
KT2-2
KM1-1
KT1
KM1
SB1
SB2
KT1-1
QS
L1
L2
L3
交流380V
1 合上总电源开关QS，接通三相电源
2 按下启动按钮SB2，其触点闭合
2-1 时间继电器KT1的线圈得电，开始计时
2-2 交流接触器KM1的线圈得电
3 KM1常开触点KM1-1闭合，实现自锁功能。KM1常开主触点KM1-2闭合，接通电动机M1三相电源
4 电动机M1得电开始启动运转
5 继电器KT1达到设定时间后，触点动作
6 延时常闭触点KT1-1断开，交流接触器KM1的线圈失电，其触点复位，电动机M1停止运转
7 延时常开触点KT1-2闭合
7-1 交流接触器KM2的线圈得电
7-2 时间继电器KT2的线圈得电，开始计时
8 KM2常开触点KM2-1闭合，实现自锁功能。KM2常开主触点KM2-2闭合，接通电动机M2三相电源
9 电动机M2得电开始启动运转
10 时间继电器KT2达到设定时间后，其触点动作
11 KT2-1断开，接触器KM2线圈失电，触点复位，电动机M2停止
12 一段时间后，延时常开触点KT2-2闭合
12-1 时间继电器KT1的线圈得电，开始计时
12-2 交流接触器KM1的线圈再次得电，其触点全部动作
13 电动机M1再次接通交流380V电源启动运转
14 需要电动机停机时，按下停止按钮SB1，接触器线圈断电
15 各触点复位，切断电动机供电，无论电动机M1还是M2都会停机

图 10-33 两台三相交流电动机交替工作控制线路的识读分析

第11章 变频器技术

11.1 变频器的种类与功能特点

11.1.1 变频器的种类

变频器的英文名称为VFD或VVVF，它是一种利用逆变电路的方式将工频电源变成频率和电压可变的变频电源，进而对电动机进行调速控制的电气装置。

变频器种类很多，分类方式多种多样，可根据需求，按用途、按变换方式、按电源性质、变频控制、调压方法等多种方式分类。

1 按用途分类

变频器按用途可分为通用变频器和专用变频器两大类，如图11-1所示。

D700
三菱D700型通用变频器

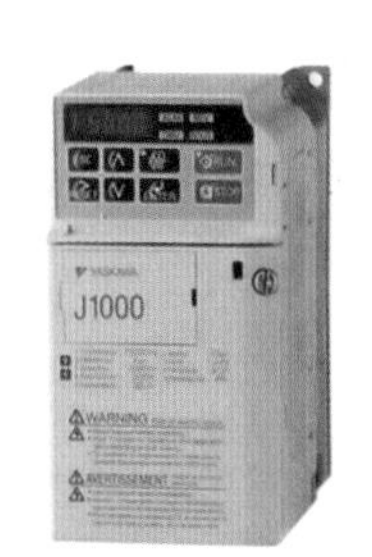
J1000
安川J1000型通用变频器

西门子MM420型通用变频器

西门子MM430型
水泵风机专用变频器

风机专用变频器

恒压供水(水泵)
专用变频器

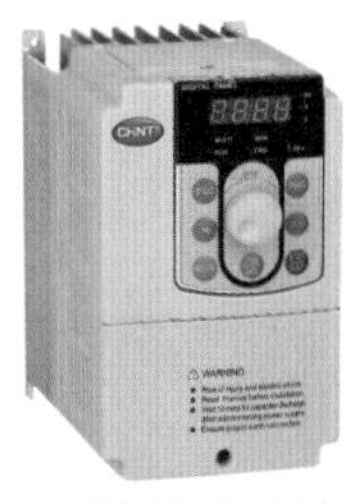
CHNT
NVF1G-JR系列
卷绕专用变频器

LB-60GX系列线
切割专用变频器

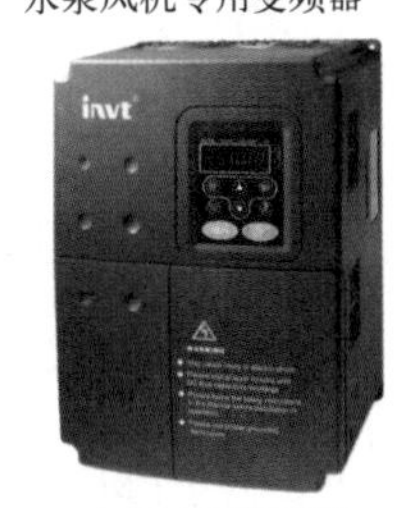
invt
电梯专用变频器

图11-1 变频器按用途不同的分类

提示说明

通用变频器是指在很多方面具有很强通用性的变频器，该类变频器简化了一些系统功能，并主要以节能为主要目的，多为中小容量变频器，一般应用于水泵、风扇、鼓风机等对于系统调速性能要求不高的场合。

专用变频器是指专门针对某一方面或某一领域而设计研发的变频器，该类变频器针对性较强，具有适用于其所针对领域独有的功能和优势，从而能够更好地发挥变频调速的作用，但通用性较差。

目前，较常见的专用变频器主要有风机类专用变频器、恒压供水（水泵）专用变频器、机床类专用变频器、重载专用变频器、注塑机专用变频器、纺织类专用变频器、电梯类专用变频器等。

2 按变换方式分类

变频器根据频率的变换方式主要分为两类：交 - 直 - 交变频器和交 - 交变频器，其特点如图 11-2 所示。

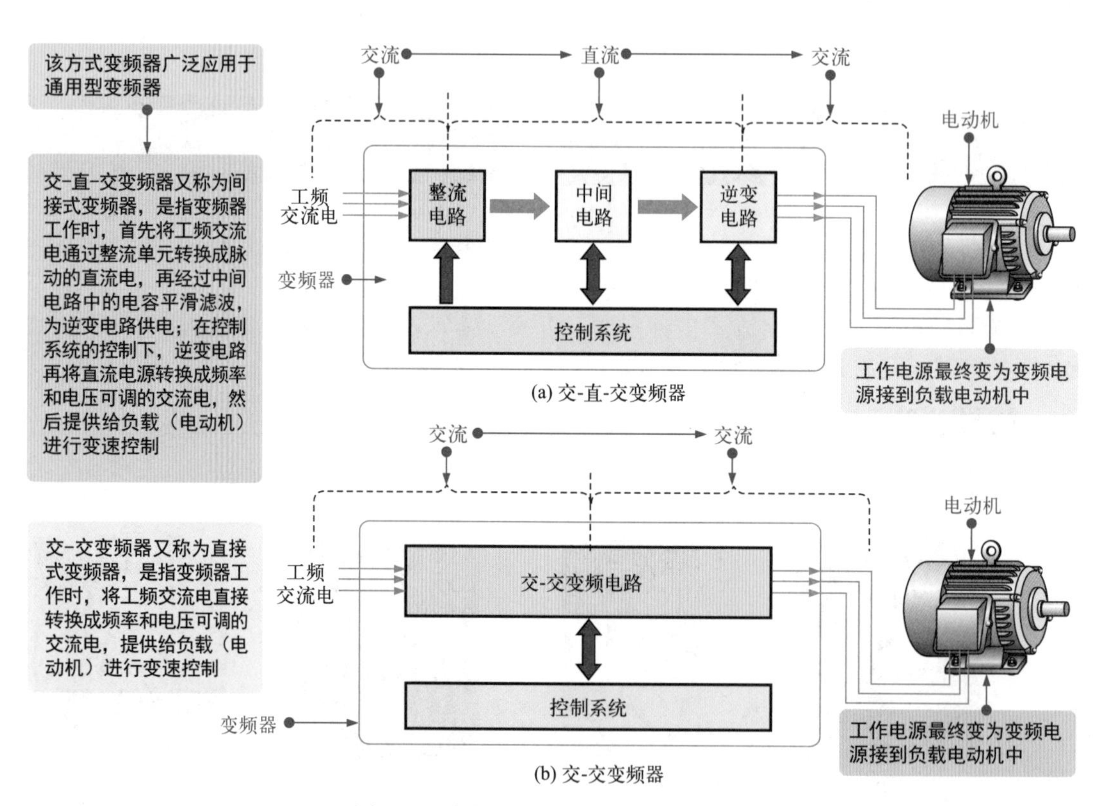
该方式变频器广泛应用于通用型变频器
交-直-交变频器又称为间接式变频器，是指变频器工作时，首先将工频交流电通过整流单元转换成脉动的直流电，再经过中间电路中的电容平滑滤波，为逆变电路供电；在控制系统的控制下，逆变电路再将直流电源转换成频率和电压可调的交流电，然后提供给负载（电动机）进行变速控制
交流
直流
交流
电动机
工频
交流电
整流
电路
中间
电路
逆变
电路
变频器
控制系统
工作电源最终变为变频电源接到负载电动机中
(a) 交-直-交变频器
交流
交流
电动机
交-交变频器又称为直接式变频器，是指变频器工作时，将工频交流电直接转换成频率和电压可调的交流电，提供给负载（电动机）进行变速控制
工频
交流电
交-交变频电路
控制系统
变频器
工作电源最终变为变频电源接到负载电动机中
(b) 交-交变频器

图 11-2　变频器按变换方式不同的分类

3 按电源性质分类

在上述的交 - 直 - 交变频器中，因中间电路电源性质的不同，可将变频器分为两大类：电压型变频器和电流型变频器，如图 11-3 所示。

电压型变频器的特点是中间电路采用电容器作为直流储能元件，缓冲负载的无功功率。直流电压比较平稳，直流电源内阻较小，相当于电压源，故电压型变频器常用于负载电压变化较大的场合。

电流型变频器的特点是中间电路采用电感器作为直流储能元件，用以缓冲负载的无功功率，即扼制电流的变化，使电压接近正弦波，由于该直流内阻较大，可扼制负载电流频繁急剧的变化，故电流型变频器常用于负载电流变化较大的场合，适用于需要回馈制动和经常正、反转的生产机械。

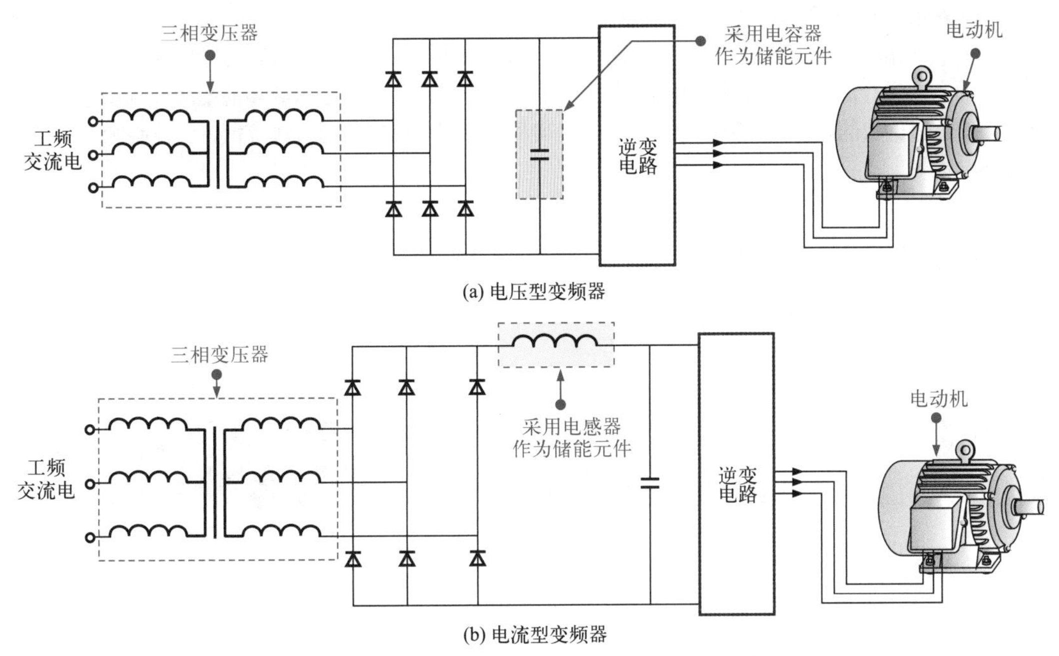
三相变压器
工频
交流电
采用电容器
作为储能元件
逆变
电路
电动机
(a) 电压型变频器
三相变压器
工频
交流电
采用电感器
作为储能元件
逆变
电路
电动机
(b) 电流型变频器

图 11-3　变频器按中间电路电源性质不同分类

4 按调压方法分类

变频器按照调压方法主要分为两类：PAM 变频器和 PWM 变频器，如图 11-4 所示。

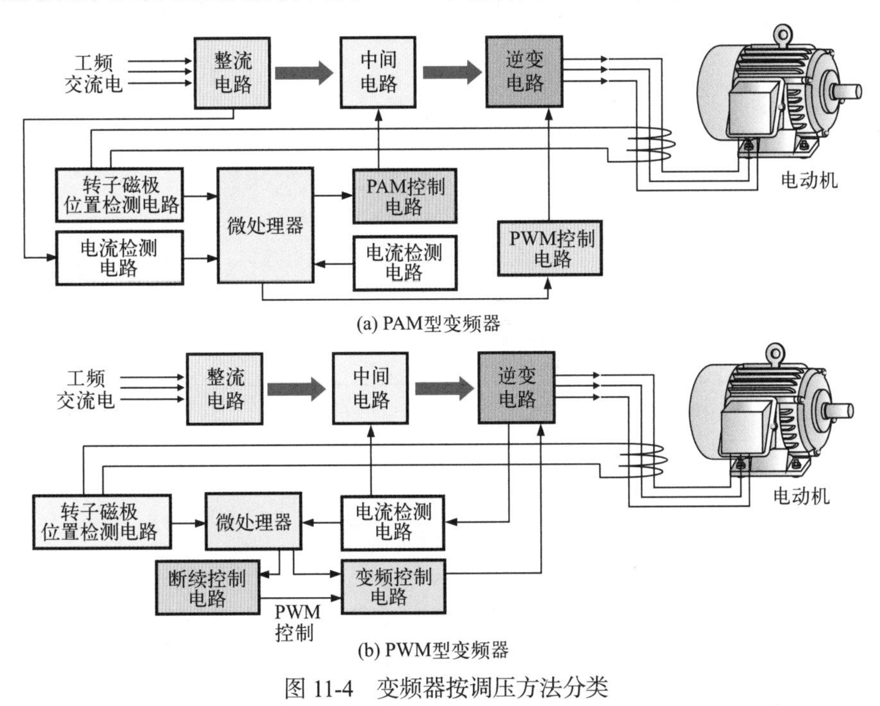
工频
交流电
整流
电路
中间
电路
逆变
电路
电动机
转子磁极
位置检测电路
微处理器
PAM控制
电路
电流检测
电路
电流检测
电路
PWM控制
电路
(a) PAM型变频器
工频
交流电
整流
电路
中间
电路
逆变
电路
电动机
转子磁极
位置检测电路
微处理器
电流检测
电路
断续控制
电路
变频控制
电路
PWM
控制
(b) PWM型变频器

图 11-4　变频器按调压方法分类

提示说明

PAM是Pulse Amplitude Modulation（脉冲幅度调制）的缩写。PAM变频器是按照一定规律对脉冲列的脉冲幅度进行调制，控制其输出的量值和波形。实际上就是能量的大小用脉冲的幅度来表示，整流输出电路中增加绝缘栅双极型晶体管（IGBT），通过对该IGBT的控制改变整流电路输出的直流电压幅度（140～390V），这样变频电路输出的脉冲电压不但宽度可变，而且幅度也可变。

PWM是Pulse Width Modulation（脉冲宽度调制）的缩写。PWM变频器同样是按照一定规律对脉冲列的脉冲宽度进行调制，控制其输出量和波形。实际上就是能量的大小用脉冲的宽度来表示，此种驱动方式，整流电路输出的直流供电电压基本不变，变频器功率模块的输出电压幅度恒定，控制脉冲的宽度受微处理器控制。

5 按变频控制分类

按照变频器的变频控制方式分为：压/频（U/f）控制变频器、转差频率控制变频器、矢量控制变频器、直接转矩控制变频器等。

11.1.2 变频器的功能特点

变频器是一种集启停控制、变频调速、显示及按键设置功能、保护功能等于一体的电动机控制装置，主要用于需要调整转速的设备中，既可以改变输出的电压，又可以改变频率（即可改变电动机的转速）。

图11-5所示为变频器的功能原理。从图中可以看到，变频器用于将频率一定的交流电源，转换为频率可变的交流电源，从而实现对电动机的启动及对转速进行控制。

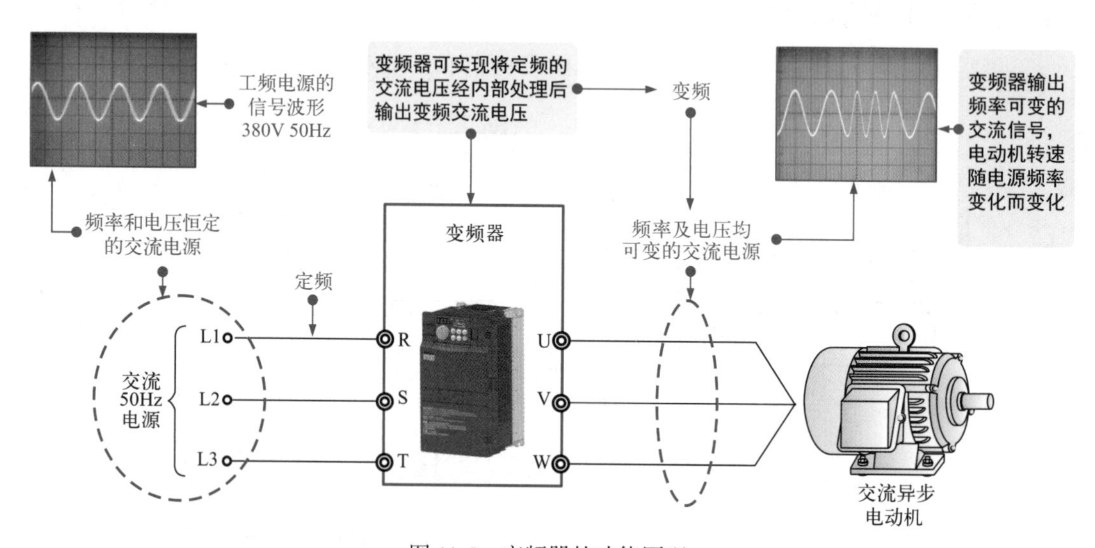
工频电源的
信号波形
380V 50Hz
变频器可实现将定频的
交流电压经内部处理后
输出变频交流电压
变频
变频器输出
频率可变的
交流信号，
电动机转速
随电源频率
变化而变化
频率和电压恒定
的交流电源
变频器
频率及电压均
可变的交流电源
定频
L1
L2
L3
交流
50Hz
电源
R
S
T
U
V
W
交流异步
电动机

图11-5 变频器的功能原理

1 变频器具有软启动功能

如图11-6所示，变频器具备最基本的软启动功能，可实现被控负载电动机的启动电流从零开始，最大值也不超过额定电流的150%，减轻了对电网的冲击和对供电容量的要求。

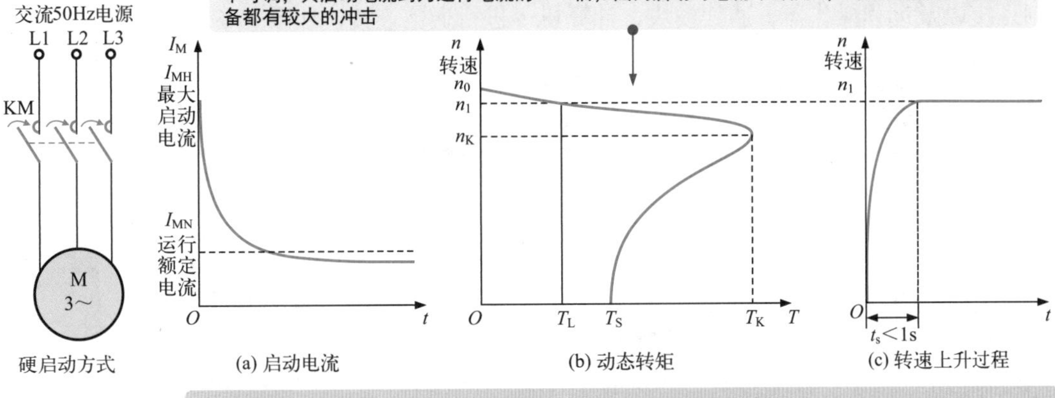
传统继电器控制电动机的控制电路采用硬启动方式，电源经开关直接为电动机供电。由于电动机处于停机状态，为了克服电动机转子的惯性，绕组中的电流很大，在大电流作用下，电动机转速迅速上升，在短时间内（小于1s）到达额定转速，在转速为nK时转矩最大。这种情况转速不可调，其启动电流约为运行电流的6～7倍，因而启动时电流冲击很大，对机械设备和电气设备都有较大的冲击
交流50Hz电源
L1 L2 L3
KM
M
3～
硬启动方式
最大启动电流
运行额定电流
(a) 启动电流
转速
(b) 动态转矩
转速
ts＜1s
(c) 转速上升过程

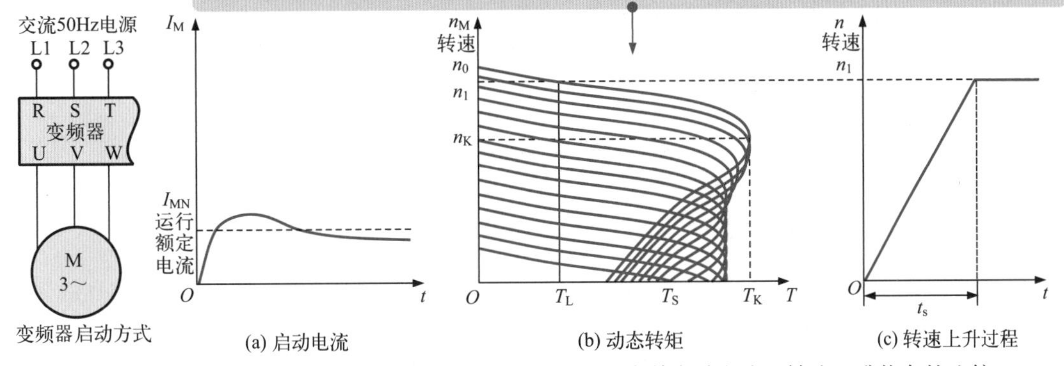
在变频器启动方式中，由于采用的是减压和降频的启动方式，使电动机启动过程为线性上升过程，因而启动电流只有额定电流的1.2～1.5倍，对电气设备几乎无冲击作用，进入运行状态后，会随负载的变化改变频率和电压，从而使转矩随之变化，达到节省能源的最佳效果，这也是变频驱动方式的优势
交流50Hz电源
L1 L2 L3
R S T
变频器
U V W
M
3～
变频器启动方式
运行额定电流
(a) 启动电流
转速
(b) 动态转矩
转速
(c) 转速上升过程

图 11-6　电动机在硬启动、变频器启动两种启动方式中其启动电流、转速上升状态的比较

2 变频器具有突出的变频调速功能

变频器具有调速控制功能。在由变频器控制的电动机电路中，变频器可以将工频电源通过一系列的转换使其输出频率可变，自动完成电动机的调速控制，如图 11-7 所示。

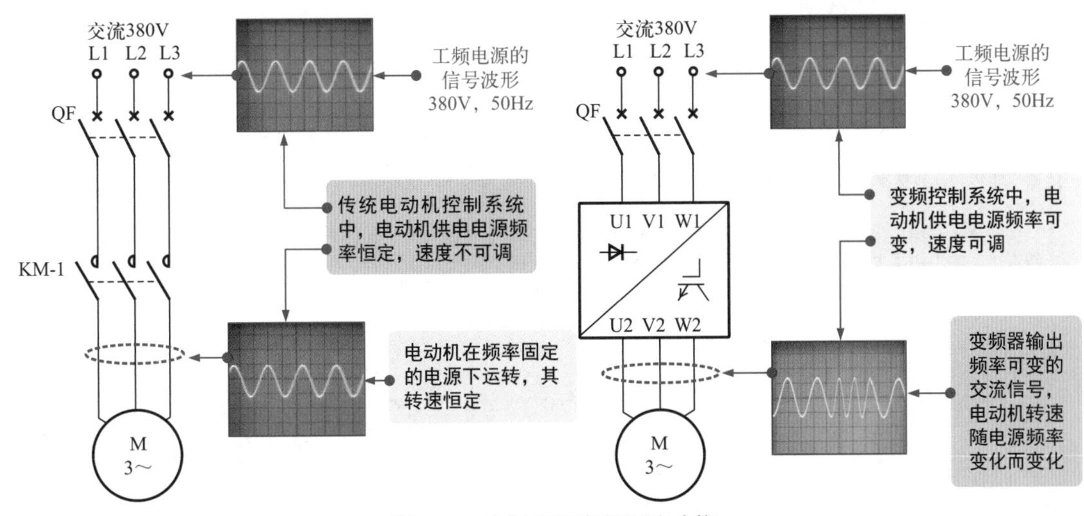
交流380V
L1 L2 L3
QF
工频电源的信号波形
380V，50Hz
传统电动机控制系统中，电动机供电电源频率恒定，速度不可调
KM-1
电动机在频率固定的电源下运转，其转速恒定
M
3～
交流380V
L1 L2 L3
QF
工频电源的信号波形
380V，50Hz
U1 V1 W1
U2 V2 W2
变频控制系统中，电动机供电电源频率可变，速度可调
变频器输出频率可变的交流信号，电动机转速随电源频率变化而变化
M
3～

图 11-7　变频器的变频调速功能

3 变频器具有通信功能

为了便于通信以及人机交互，变频器上通常设有不同的通信接口，可用于与 PLC 自动控制系统以及远程操作器、通信模块、计算机等进行通信连接，如图 11-8 所示。

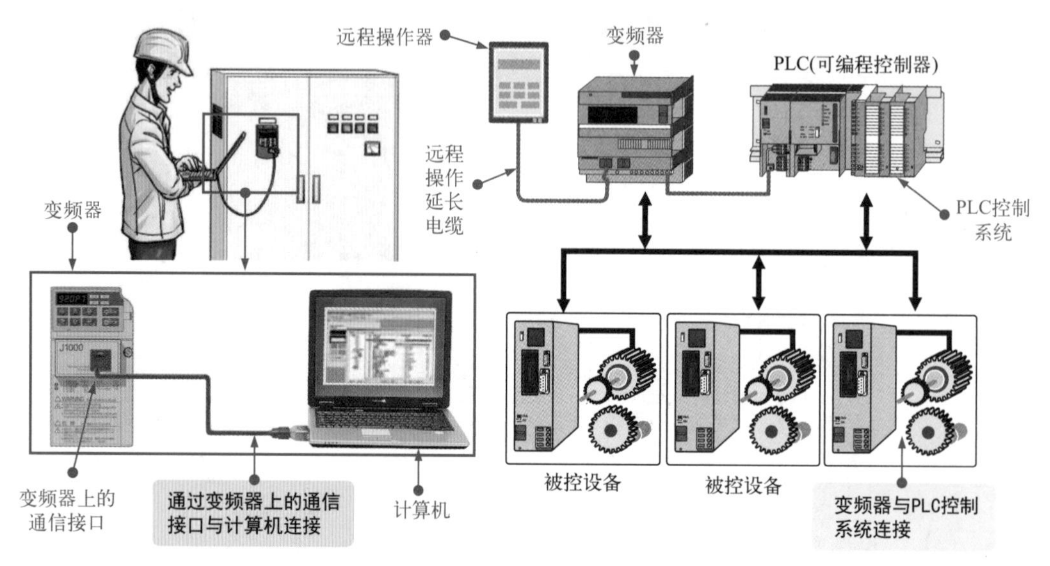
远程操作器
变频器
PLC(可编程控制器)
远程操作延长电缆
PLC控制系统
变频器
变频器上的通信接口
通过变频器上的通信接口与计算机连接
计算机
被控设备
被控设备
变频器与PLC控制系统连接

图 11-8 变频器的通信功能

4 变频器的其他功能

变频器除了基本的软启动、调速和通信功能外，在制动停机、安全保护、监控和故障诊断方面也具有突出的优势，如图 11-9 所示。

可受控的停机及制动功能

▶▶在变频器控制中，停车及制动方式可以受控，而且一般变频器都具有多种停机方式及制动方式进行设定或选择，如减速停机、自由停机、减速停机+制动等。该功能可减少对机械部件和电动机的冲击，从而使整个系统更加可靠。

安全保护功能

变频器内部设有保护电路，可实现对其自身及负载电动机的各种异常保护功能，其中主要包括过热（过载）保护和防失速保护。

▶▶ 过热（过载）保护功能

变频器的过热（过载）保护即过电流保护或过热保护。在所有的变频器中都配置了电子热保护功能或采用热继电器进行保护。过热（过载）保护功能是通过监测负载电动机及变频器本身温度，当变频器所控制的负载惯性过大或因负载过大引起电动机堵转时，其输出电流超过额定值或交流电动机过热时，保护电路动作，使电动机停转，防止变频器及负载电动机损坏。

▶▶ 防失速保护

失速是指当给定的加速时间过短，电动机加速变化远远跟不上变频器的输出频率变化时，变频器将因电流过大而跳闸，运转停止。为了防止上述失速现象使电动机正常运转，变频器内部设有防失速保护电路，该电路可检出电流的大小进行频率控制。当加速电流过大时适当放慢加速速率，减速电流过大时也适当放慢减速速率，以防出现失速情况。

监控和故障诊断功能

▶▶变频器显示屏、状态指示灯及操作按键，可用于对变频器各项参数进行设定以及对设定值、运行状态等进行监控显示。且大多变频器内部设有故障诊断功能，该功能可对系统构成、硬件状态、指令的正确性等进行诊断，当发现异常时，会控制报警系统发出报警提示声，同时显示错误信息；故障严重时会发出控制指令停止运行，从而提高变频器控制系统的安全性。

图 11-9 变频器的其他控制功能

11.2 变频器的应用

11.2.1 制冷设备中的变频电路

变频电路是变频制冷设备中特有的电路模块，制冷设备中的变频电路通过控制输出频率和电压可变的驱动电流，来驱动变频压缩机和电动机的启动、运转，从而实现制冷功能。

如图 11-10 所示，以变频空调器制冷设备为例，设有变频电路的空调器称为变频空调器。变频电路和变频压缩机位于空调器室外机机组中。变频电路在室外机控制电路控制及电源电路供电的条件下，输出驱动变频压缩机的变频驱动信号，使变频压缩机启动、运行，从而达到制冷或制热的效果。

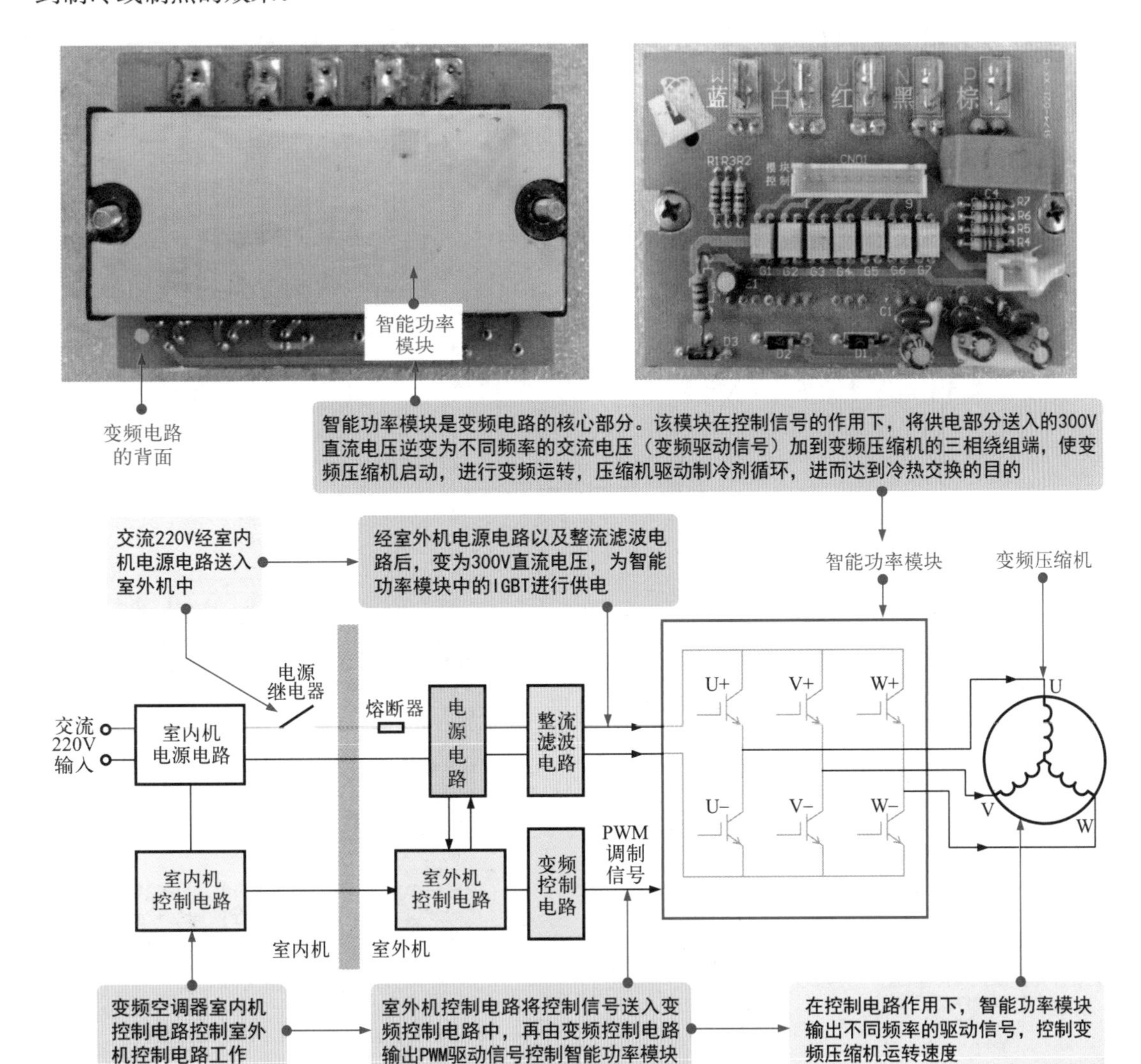

智能功率模块
变频电路的背面
智能功率模块是变频电路的核心部分。该模块在控制信号的作用下，将供电部分送入的300V直流电压逆变为不同频率的交流电压（变频驱动信号）加到变频压缩机的三相绕组端，使变频压缩机启动，进行变频运转，压缩机驱动制冷剂循环，进而达到冷热交换的目的
交流220V经室内机电源电路送入室外机中
经室外机电源电路以及整流滤波电路后，变为300V直流电压，为智能功率模块中的IGBT进行供电
智能功率模块
变频压缩机
电源继电器
熔断器
交流220V输入
室内机电源电路
电源电路
整流滤波电路
U+
V+
W+
U−
V−
W−
U
V
W
室内机控制电路
室外机控制电路
变频控制电路
PWM调制信号
室内机
室外机
变频空调器室内机控制电路控制室外机控制电路工作
室外机控制电路将控制信号送入变频控制电路中，再由变频控制电路输出PWM驱动信号控制智能功率模块
在控制电路作用下，智能功率模块输出不同频率的驱动信号，控制变频压缩机运转速度

图 11-10　制冷设备中变频电路的特点

11.2.2 机电设备中的变频电路

机电设备中的变频电路控制过程与传统工业设备控制电路基本类似，只是在电动机的启动、停机、调速、制动、正反转等运转方式上以及耗电量方面有明显的区别。采用变频器控制的设备，工作效率更高，更加节约能源。

图 11-11 为典型机电设备的点动及连续运行变频调速控制电路。

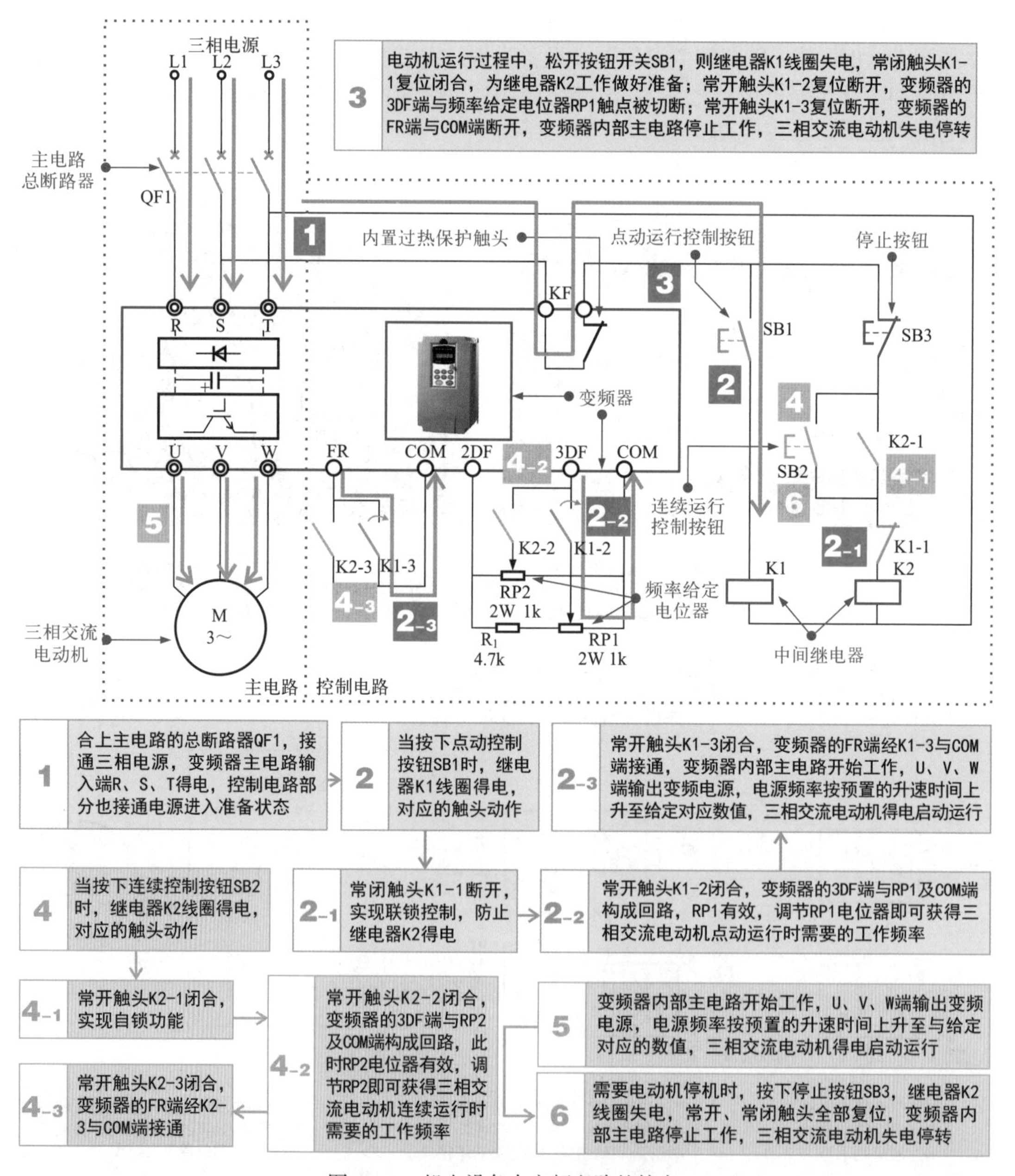

三相电源
L1 L2 L3
主电路总断路器
QF1
1
内置过热保护触头
点动运行控制按钮
停止按钮
3
KF
SB1
SB3
R S T
2
变频器
4
U V W
FR COM 2DF 3DF COM
K2-1
SB2
4-1
4-2
6
5
2-2
连续运行控制按钮
K2-2 K1-2
2-1
K1-1
K2-3 K1-3
K1
K2
4-3
RP2 2W 1k
频率给定电位器
2-3
M 3～
三相交流电动机
R1 4.7k
RP1 2W 1k
中间继电器
主电路
控制电路
3 电动机运行过程中，松开按钮开关SB1，则继电器K1线圈失电，常闭触头K1-1复位闭合，为继电器K2工作做好准备；常开触头K1-2复位断开，变频器的3DF端与频率给定电位器RP1触点被切断；常开触头K1-3复位断开，变频器的FR端与COM端断开，变频器内部主电路停止工作，三相交流电动机失电停转
1 合上主电路的总断路器QF1，接通三相电源，变频器主电路输入端R、S、T得电，控制电路部分也接通电源进入准备状态
2 当按下点动控制按钮SB1时，继电器K1线圈得电，对应的触头动作
2-3 常开触头K1-3闭合，变频器的FR端经K1-3与COM端接通，变频器内部主电路开始工作，U、V、W端输出变频电源，电源频率按预置的升速时间上升至给定对应数值，三相交流电动机得电启动运行
4 当按下连续控制按钮SB2时，继电器K2线圈得电，对应的触头动作
2-1 常闭触头K1-1断开，实现联锁控制，防止继电器K2得电
2-2 常开触头K1-2闭合，变频器的3DF端与RP1及COM端构成回路，RP1有效，调节RP1电位器即可获得三相交流电动机点动运行时需要的工作频率
4-1 常开触头K2-1闭合，实现自锁功能
4-2 常开触头K2-2闭合，变频器的3DF端与RP2及COM端构成回路，此时RP2电位器有效，调节RP2即可获得三相交流电动机连续运行时需要的工作频率
5 变频器内部主电路开始工作，U、V、W端输出变频电源，电源频率按预置的升速时间上升至与给定对应的数值，三相交流电动机得电启动运行
4-3 常开触头K2-3闭合，变频器的FR端经K2-3与COM端接通
6 需要电动机停机时，按下停止按钮SB3，继电器K2线圈失电，常开、常闭触头全部复位，变频器内部主电路停止工作，三相交流电动机失电停转

图 11-11 机电设备中变频电路的特点

11.3 变频器电路

11.3.1 海信KFR-4539（5039）LW/BP型变频空调器中的变频电路

图11-12为海信KFR-4539（5039）LW/BP型变频空调器的变频电路，该电路主要由控制电路、过电流检测电路、变频模块和变频压缩机构成。

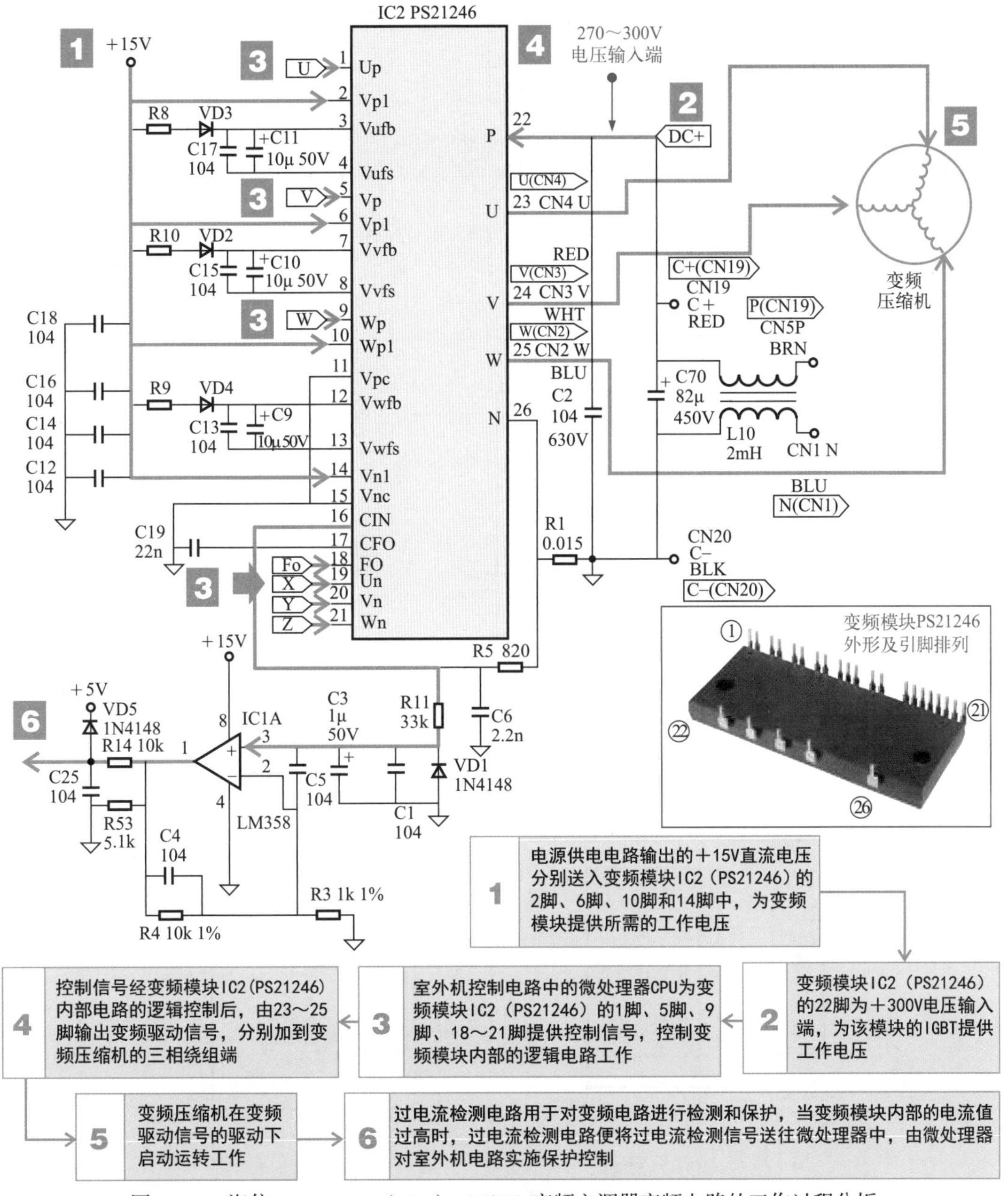

IC2 PS21246
+15V
270～300V
电压输入端
DC+
Up
Vp1
Vufb
Vufs
Vp
Vvfb
Vvfs
Wp
Wp1
Vpc
Vwfb
Vwfs
Vn1
Vnc
CIN
CFO
FO
Un
Vn
Wn
P
U
V
W
N
U(CN4)
23 CN4 U
V(CN3)
24 CN3 V
W(CN2)
25 CN2 W
RED
WHT
BLU
C+(CN19)
CN19
C+
P(CN19)
CN5P
BRN
C70 82μ 450V
L10 2mH
CN1 N
BLU
N(CN1)
C2 104 630V
R1 0.015
CN20
C-
BLK
C-(CN20)
变频压缩机
变频模块PS21246
外形及引脚排列
R8 VD3 C17 104 C11 10μ 50V
R10 VD2 C15 104 C10 10μ 50V
R9 VD4 C13 104 C9 10μ50V
C18 104
C16 104
C14 104
C12 104
C19 22n
Fo
X
Y
Z
R5 820
+15V
+5V
VD5 1N4148
R14 10k
IC1A
LM358
C3 1μ 50V
R11 33k
C6 2.2n
VD1 1N4148
C25 104
R53 5.1k
C4 104
C5 104
C1 104
R3 1k 1%
R4 10k 1%
1 电源供电电路输出的+15V直流电压分别送入变频模块IC2（PS21246）的2脚、6脚、10脚和14脚中，为变频模块提供所需的工作电压
2 变频模块IC2（PS21246）的22脚为+300V电压输入端，为该模块的IGBT提供工作电压
3 室外机控制电路中的微处理器CPU为变频模块IC2（PS21246）的1脚、5脚、9脚、18～21脚提供控制信号，控制变频模块内部的逻辑电路工作
4 控制信号经变频模块IC2（PS21246）内部电路的逻辑控制后，由23～25脚输出变频驱动信号，分别加到变频压缩机的三相绕组端
5 变频压缩机在变频驱动信号的驱动下启动运转工作
6 过电流检测电路用于对变频电路进行检测和保护，当变频模块内部的电流值过高时，过电流检测电路便将过电流检测信号送往微处理器中，由微处理器对室外机电路实施保护控制

图11-12 海信KFR-4539（5039）LW/BP变频空调器变频电路的工作过程分析

提示说明

变频模块 PS21246 的内部主要由 HVIC1、HVIC2、HVIC3 和 LVIC 4 个逻辑控制电路，6 个功率输出 IGBT（门控管）和 6 个阻尼二极管等部分构成的，如图 11-13 所示。+300V 的 P 端为 IGBT 提供电源电压，由供电电路为其中的逻辑控制电路提供 +5V 的工作电压。由微处理器为 PS21246 输入控制信号，经功率模块内部的逻辑处理后为 IGBT 控制极提供驱动信号，U、V、W 端为直流无刷电动机绕组提供驱动电流。

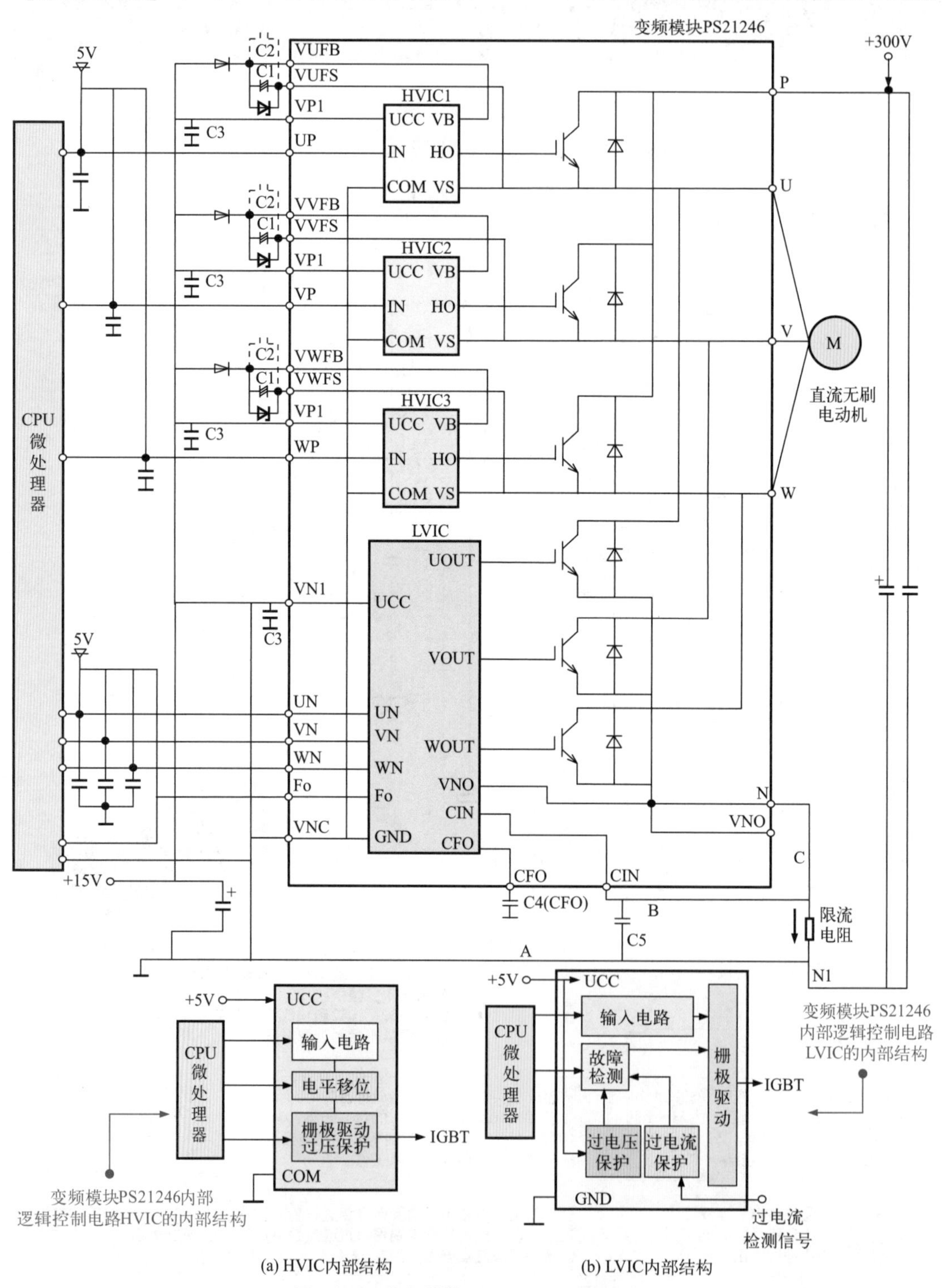
变频模块PS21246
+300V
5V
VUFB
VUFS
VP1
UP
C1
C2
C3
HVIC1
UCC VB
IN HO
COM VS
P
U
VVFB
VVFS
VP
HVIC2
VWFB
VWFS
WP
HVIC3
V
W
M
直流无刷电动机
CPU微处理器
LVIC
UOUT
VN1
UCC
VOUT
UN
VN
WN
Fo
VNC
GND
WOUT
VNO
CIN
CFO
N
C
+15V
C4(CFO)
B
C5
A
限流电阻
N1
+5V
UCC
输入电路
电平移位
栅极驱动过压保护
IGBT
COM
变频模块PS21246内部逻辑控制电路HVIC的内部结构
故障检测
过电压保护
过电流保护
栅极驱动
过电流检测信号
变频模块PS21246内部逻辑控制电路LVIC的内部结构

(a) HVIC内部结构　　(b) LVIC内部结构

图 11-13　变频模块 PS21246 的内部结构

11.3.2　单水泵恒压供水变频控制电路

典型单水泵恒压供水变频控制电路主要由变频主电路和控制电路两部分构成，如图 11-14 所示。其控制电路中采用康沃 CVF-P2 型风机水泵专用型变频器，具有变频 - 工频切换控制功能，可在变频电路发生故障或维护检修时，切换到工频状态维持供水系统工作。

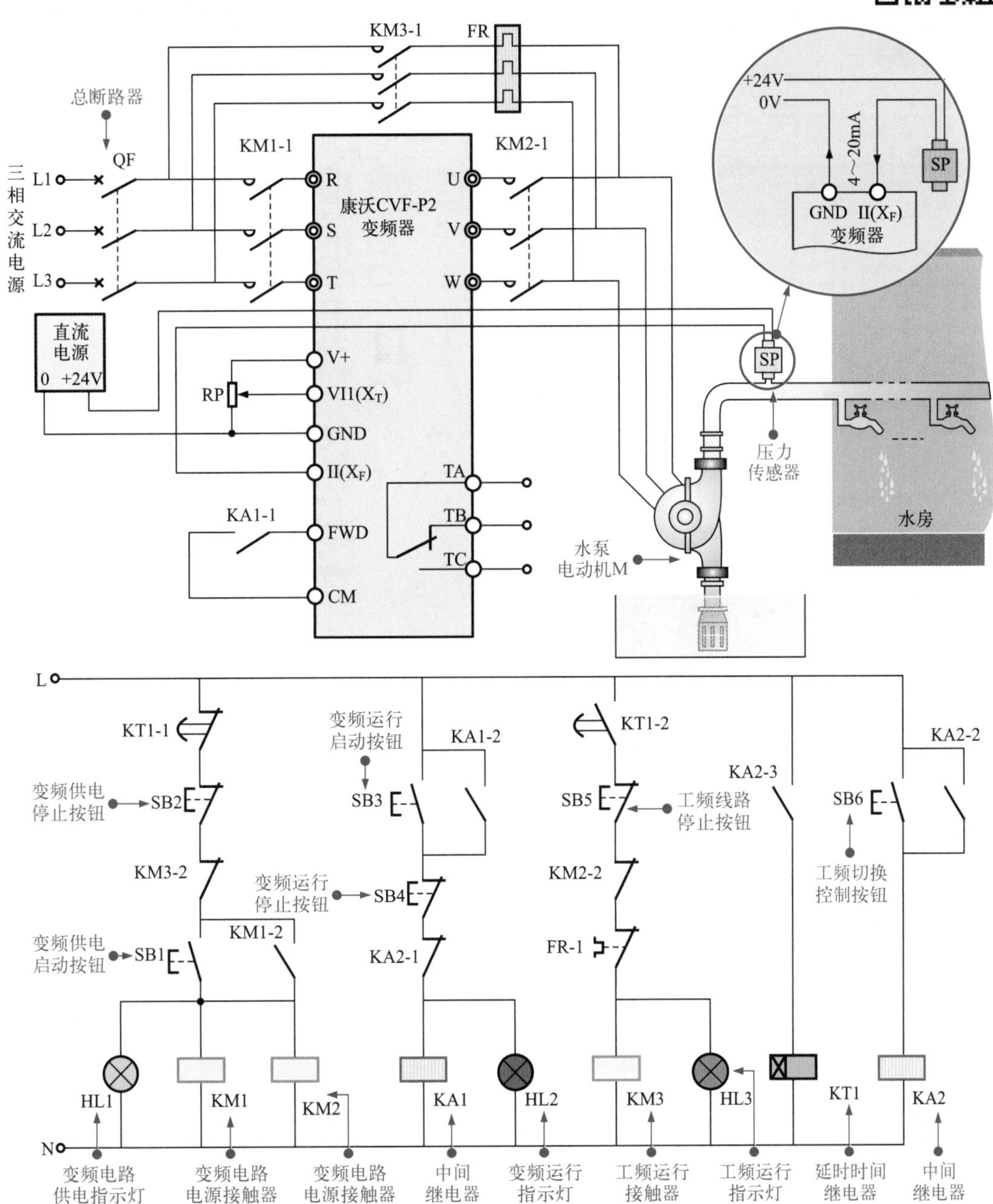

KM3-1
FR
总断路器
QF
三相交流电源
L1
L2
L3
KM1-1
KM2-1
康沃CVF-P2
变频器
R
S
T
U
V
W
直流
电源
0 +24V
V+
RP
VI1(XT)
GND
II(XF)
TA
TB
TC
KA1-1
FWD
CM
+24V
0V
4～20mA
SP
GND II(XF)
变频器
压力
传感器
水房
水泵
电动机M
L
N
KT1-1
变频供电
停止按钮
SB2
KM3-2
变频供电
启动按钮
SB1
KM1-2
变频运行
启动按钮
SB3
KA1-2
变频运行
停止按钮
SB4
KA2-1
KT1-2
SB5
工频线路
停止按钮
KM2-2
FR-1
KA2-3
SB6
KA2-2
工频切换
控制按钮
HL1
KM1
KM2
KA1
HL2
KM3
HL3
KT1
KA2
变频电路
供电指示灯
变频电路
电源接触器
变频电路
电源接触器
中间
继电器
变频运行
指示灯
工频运行
接触器
工频运行
指示灯
延时时间
继电器
中间
继电器

图 11-14　单水泵恒压供水变频控制电路的结构

如图 11-15 所示，典型恒压供水控制电路中，由变频器与电气部件结合，通过对水泵电动机的控制实现自动启停控制，进而带动电动机水泵工作实现供水功能。

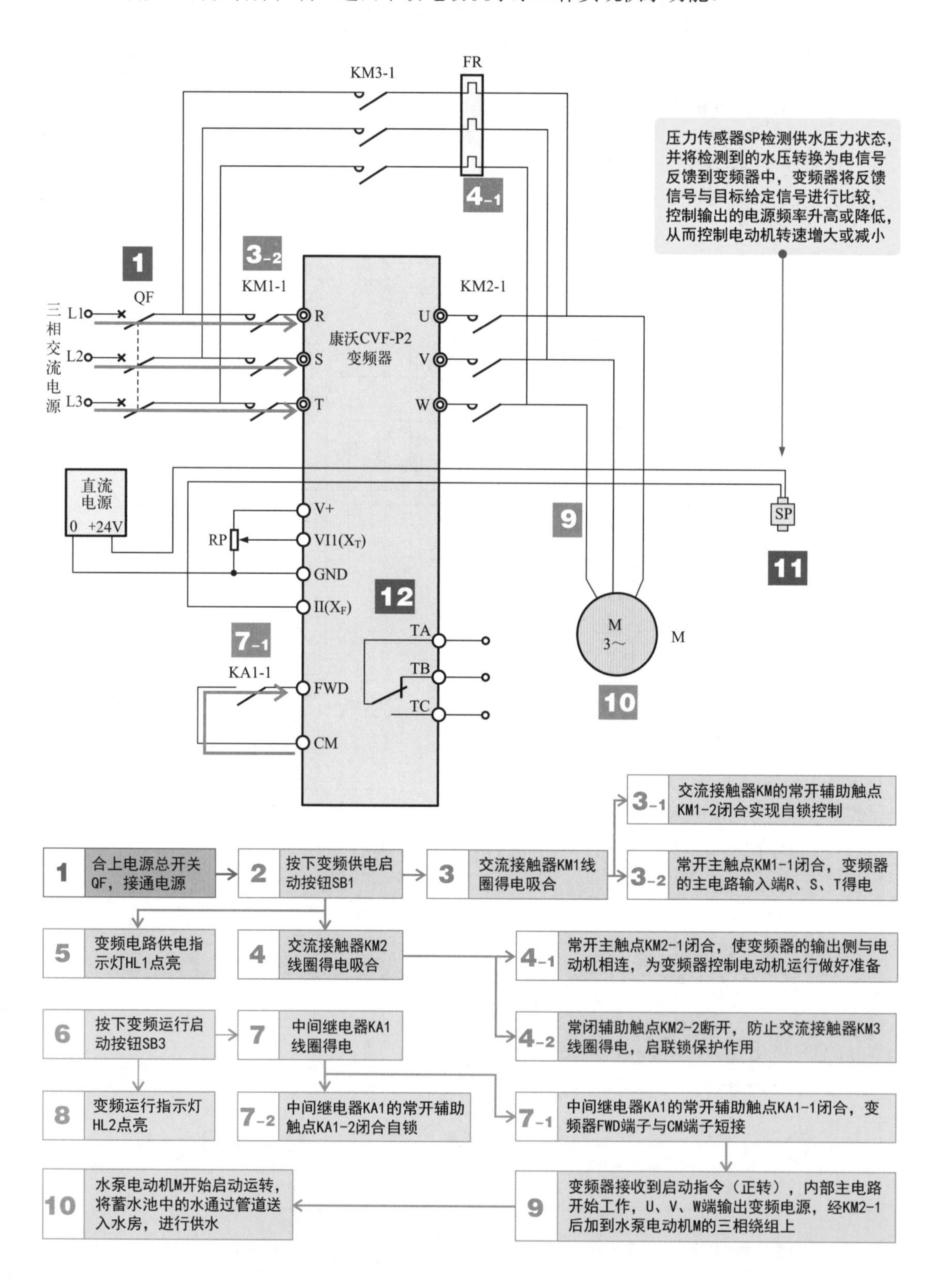

KM3-1
FR
4-1
压力传感器SP检测供水压力状态，并将检测到的水压转换为电信号反馈到变频器中，变频器将反馈信号与目标给定信号进行比较，控制输出的电源频率升高或降低，从而控制电动机转速增大或减小
1
3-2
QF
KM1-1
KM2-1
三相交流电源
L1
L2
L3
R
S
T
U
V
W
康沃CVF-P2
变频器
直流电源
0 +24V
V+
RP
VI1(XT)
GND
II(XF)
9
SP
11
12
M
3～
M
10
7-1
KA1-1
FWD
CM
TA
TB
TC
1 合上电源总开关QF，接通电源
2 按下变频供电启动按钮SB1
3 交流接触器KM1线圈得电吸合
3-1 交流接触器KM的常开辅助触点KM1-2闭合实现自锁控制
3-2 常开主触点KM1-1闭合，变频器的主电路输入端R、S、T得电
5 变频电路供电指示灯HL1点亮
4 交流接触器KM2线圈得电吸合
4-1 常开主触点KM2-1闭合，使变频器的输出侧与电动机相连，为变频器控制电动机运行做好准备
6 按下变频运行启动按钮SB3
7 中间继电器KA1线圈得电
4-2 常闭辅助触点KM2-2断开，防止交流接触器KM3线圈得电，启联锁保护作用
8 变频运行指示灯HL2点亮
7-2 中间继电器KA1的常开辅助触点KA1-2闭合自锁
7-1 中间继电器KA1的常开辅助触点KA1-1闭合，变频器FWD端子与CM端子短接
10 水泵电动机M开始启动运转，将蓄水池中的水通过管道送入水房，进行供水
9 变频器接收到启动指令（正转），内部主电路开始工作，U、V、W端输出变频电源，经KM2-1后加到水泵电动机M的三相绕组上

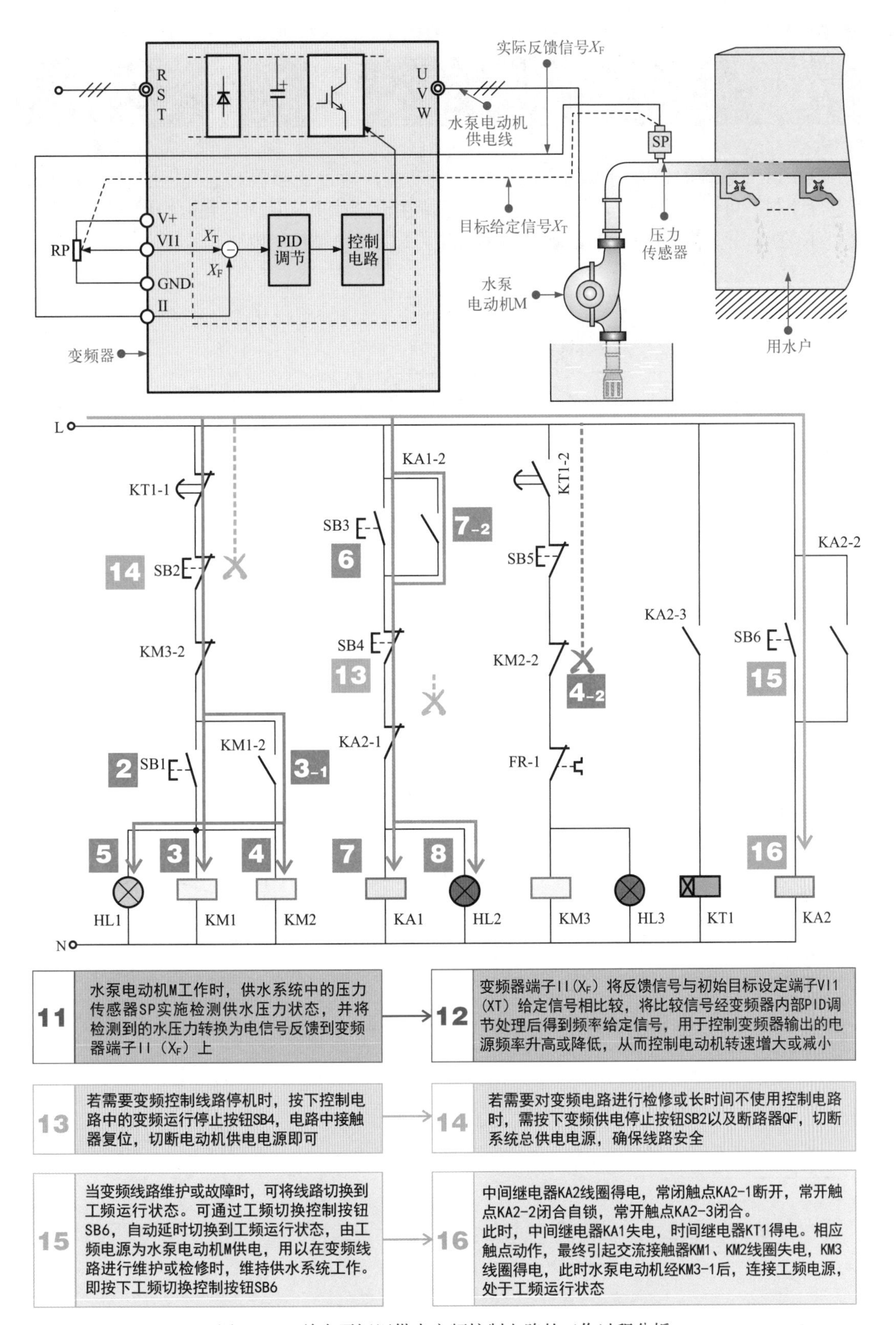

实际反馈信号X_F
R
S
T
U
V
W
水泵电动机
供电线
SP
V+
VI1
GND
II
RP
X_T
X_F
PID
调节
控制
电路
目标给定信号X_T
压力
传感器
水泵
电动机M
变频器
用水户
L
N
KT1-1
14
SB2
KM3-2
2
SB1
KM1-2
3-1
5
3
4
HL1
KM1
KM2
KA1-2
SB3
6
7-2
SB4
13
KA2-1
7
8
KA1
HL2
KT1-2
SB5
KM2-2
4-2
FR-1
KM3
HL3
KA2-3
KT1
KA2-2
SB6
15
16
KA2
11
水泵电动机M工作时，供水系统中的压力传感器SP实施检测供水压力状态，并将检测到的水压力转换为电信号反馈到变频器端子II（X_F）上
12
变频器端子II（X_F）将反馈信号与初始目标设定端子VI1（XT）给定信号相比较，将比较信号经变频器内部PID调节处理后得到频率给定信号，用于控制变频器输出的电源频率升高或降低，从而控制电动机转速增大或减小
13
若需要变频控制线路停机时，按下控制电路中的变频运行停止按钮SB4，电路中接触器复位，切断电动机供电电源即可
14
若需要对变频电路进行检修或长时间不使用控制电路时，需按下变频供电停止按钮SB2以及断路器QF，切断系统总供电电源，确保线路安全
15
当变频线路维护或故障时，可将线路切换到工频运行状态。可通过工频切换控制按钮SB6，自动延时切换到工频运行状态，由工频电源为水泵电动机M供电，用以在变频线路进行维护或检修时，维持供水系统工作。即按下工频切换控制按钮SB6
16
中间继电器KA2线圈得电，常闭触点KA2-1断开，常开触点KA2-2闭合自锁，常开触点KA2-3闭合。
此时，中间继电器KA1失电，时间继电器KT1得电。相应触点动作，最终引起交流接触器KM1、KM2线圈失电，KM3线圈得电，此时水泵电动机经KM3-1后，连接工频电源，处于工频运行状态

图 11-15　单水泵恒压供水变频控制电路的工作过程分析

11.3.3 恒压供气变频控制电路

恒压供气系统的控制对象为空气压缩机电动机，通过变频器对空气压缩机电动机的转速进行控制，可调节供气量，使其系统压力维持在设定值上，从而达到恒压供气的目的，如图 11-16 为采用三菱 FR-A540 型通用变频器的恒压供气变频控制电路。

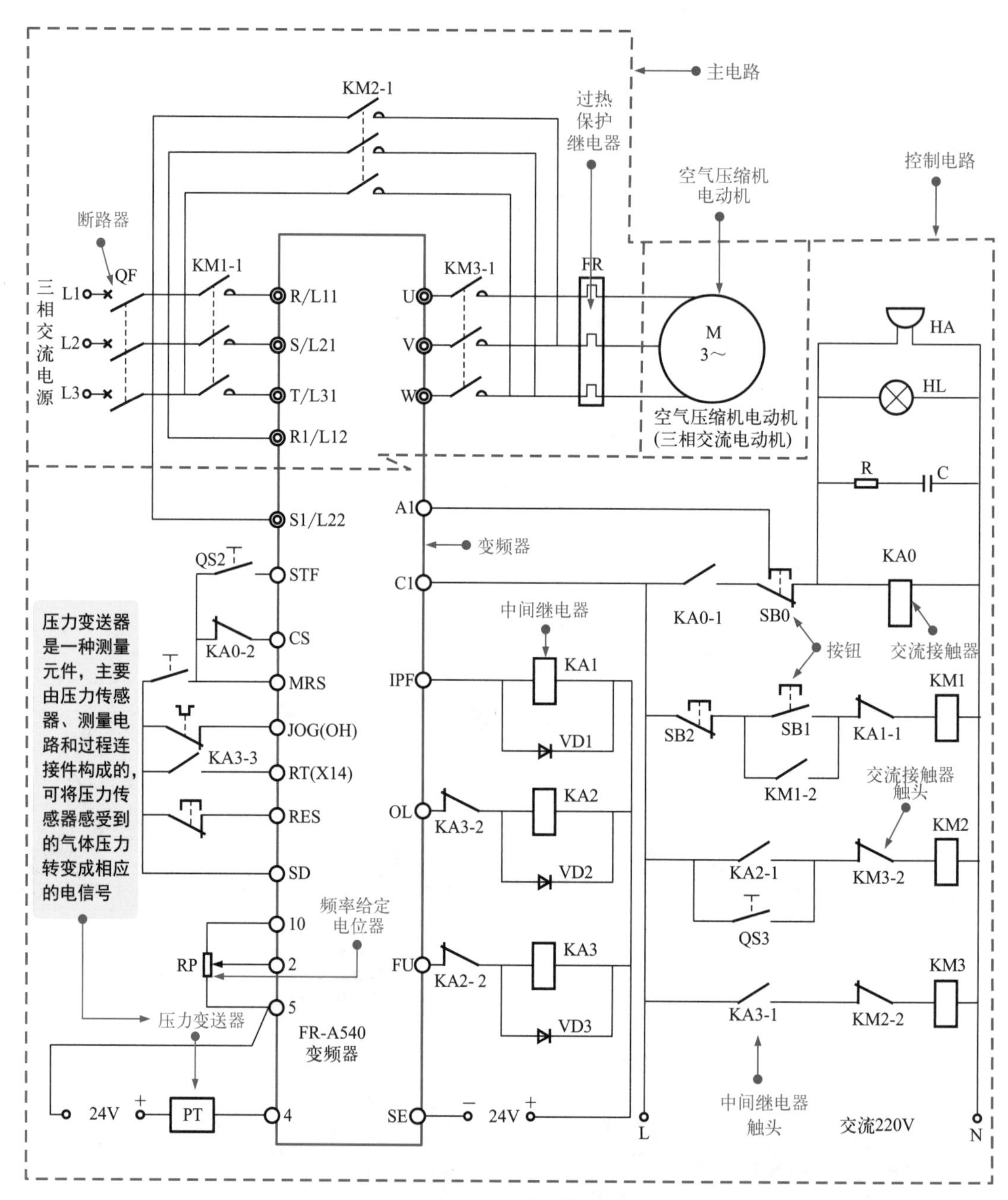

主电路
KM2-1
过热
保护
继电器
空气压缩机
电动机
控制电路
断路器
QF
KM1-1
KM3-1
FR
三相交流电源
L1
L2
L3
R/L11
S/L21
T/L31
R1/L12
U
V
W
M
3～
HA
HL
空气压缩机电动机
(三相交流电动机)
R
C
A1
S1/L22
变频器
KA0
QS2
STF
C1
KA0-1
SB0
CS
KA0-2
中间继电器
按钮
交流接触器
压力变送器是一种测量元件，主要由压力传感器、测量电路和过程连接件构成的，可将压力传感器感受到的气体压力转变成相应的电信号
MRS
IPF
KA1
KM1
JOG(OH)
VD1
SB2
SB1
KA1-1
KA3-3
RT(X14)
KM1-2
交流接触器
触头
RES
OL
KA2
KA3-2
KM2
SD
VD2
KA2-1
KM3-2
频率给定
电位器
10
QS3
RP
2
FU
KA3
KM3
KA2-2
5
压力变送器
FR-A540
变频器
VD3
KA3-1
KM2-2
24V
PT
4
SE
24V
L
中间继电器
触头
交流220V
N

图 11-16 典型恒压供气变频控制电路的结构

恒压供气系统中，通过变频器对空气压缩机电动机的转速进行控制，可调节供气量，使其系统压力维持在设定值上，其工作过程如图 11-17 所示。

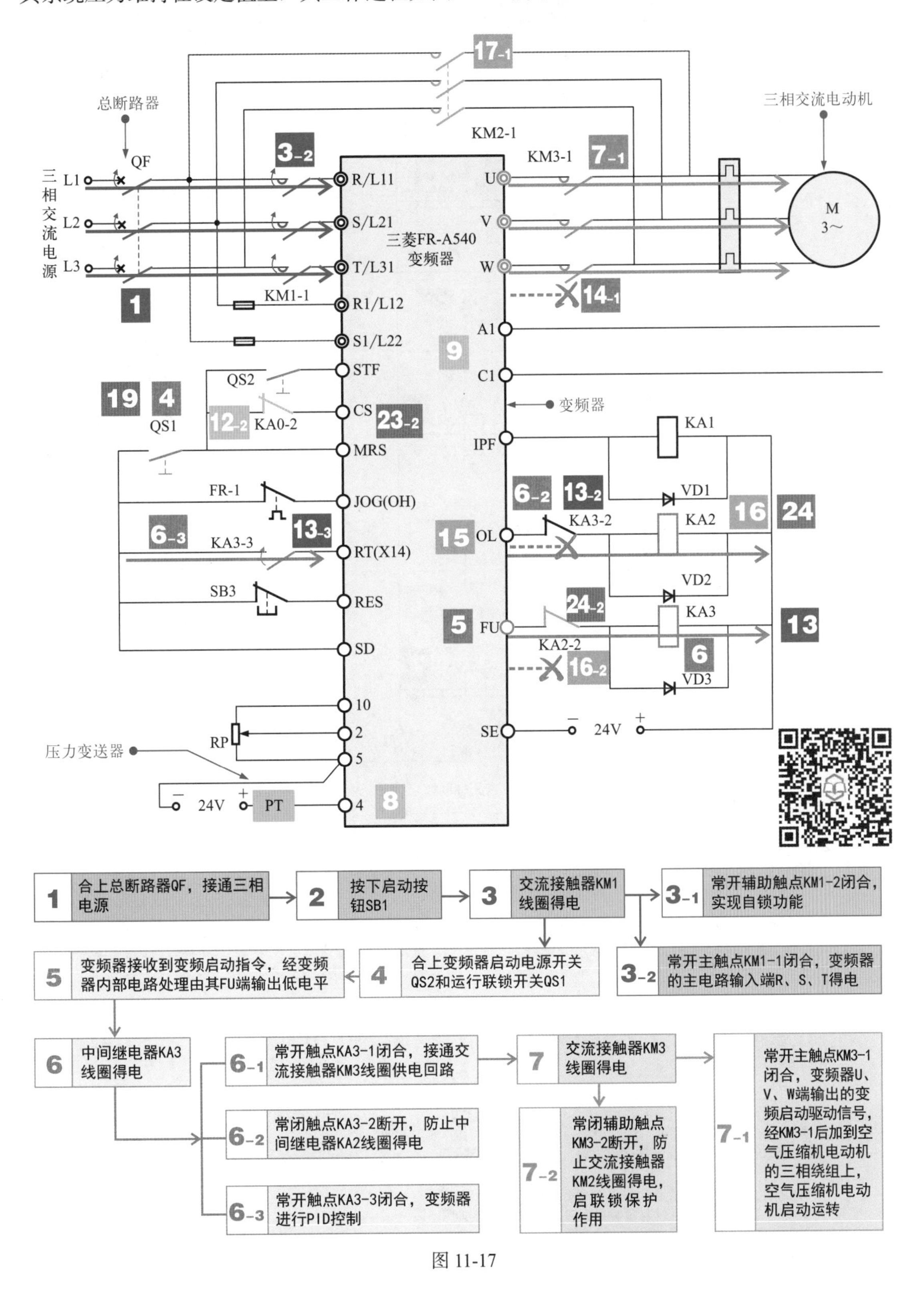

总断路器
QF
三相交流电源
L1
L2
L3
KM2-1
KM3-1
KM1-1
R/L11
S/L21
T/L31
R1/L12
S1/L22
三菱FR-A540
变频器
U
V
W
三相交流电动机
M
3～
STF
CS
MRS
JOG(OH)
RT(X14)
RES
SD
10
2
5
4
QS2
QS1
KA0-2
FR-1
KA3-3
SB3
RP
压力变送器
24V
PT
A1
C1
变频器
IPF
OL
FU
SE
KA1
KA2
KA3
VD1
VD2
VD3
KA3-2
KA2-2
24V
1 合上总断路器QF，接通三相电源
2 按下启动按钮SB1
3 交流接触器KM1线圈得电
3-1 常开辅助触点KM1-2闭合，实现自锁功能
3-2 常开主触点KM1-1闭合，变频器的主电路输入端R、S、T得电
4 合上变频器启动电源开关QS2和运行联锁开关QS1
5 变频器接收到变频启动指令，经变频器内部电路处理由其FU端输出低电平
6 中间继电器KA3线圈得电
6-1 常开触点KA3-1闭合，接通交流接触器KM3线圈供电回路
6-2 常闭触点KA3-2断开，防止中间继电器KA2线圈得电
6-3 常开触点KA3-3闭合，变频器进行PID控制
7 交流接触器KM3线圈得电
7-2 常闭辅助触点KM3-2断开，防止交流接触器KM2线圈得电，启联锁保护作用
7-1 常开主触点KM3-1闭合，变频器U、V、W端输出的变频启动驱动信号，经KM3-1后加到空气压缩机电动机的三相绕组上，空气压缩机电动机启动运转

图 11-17

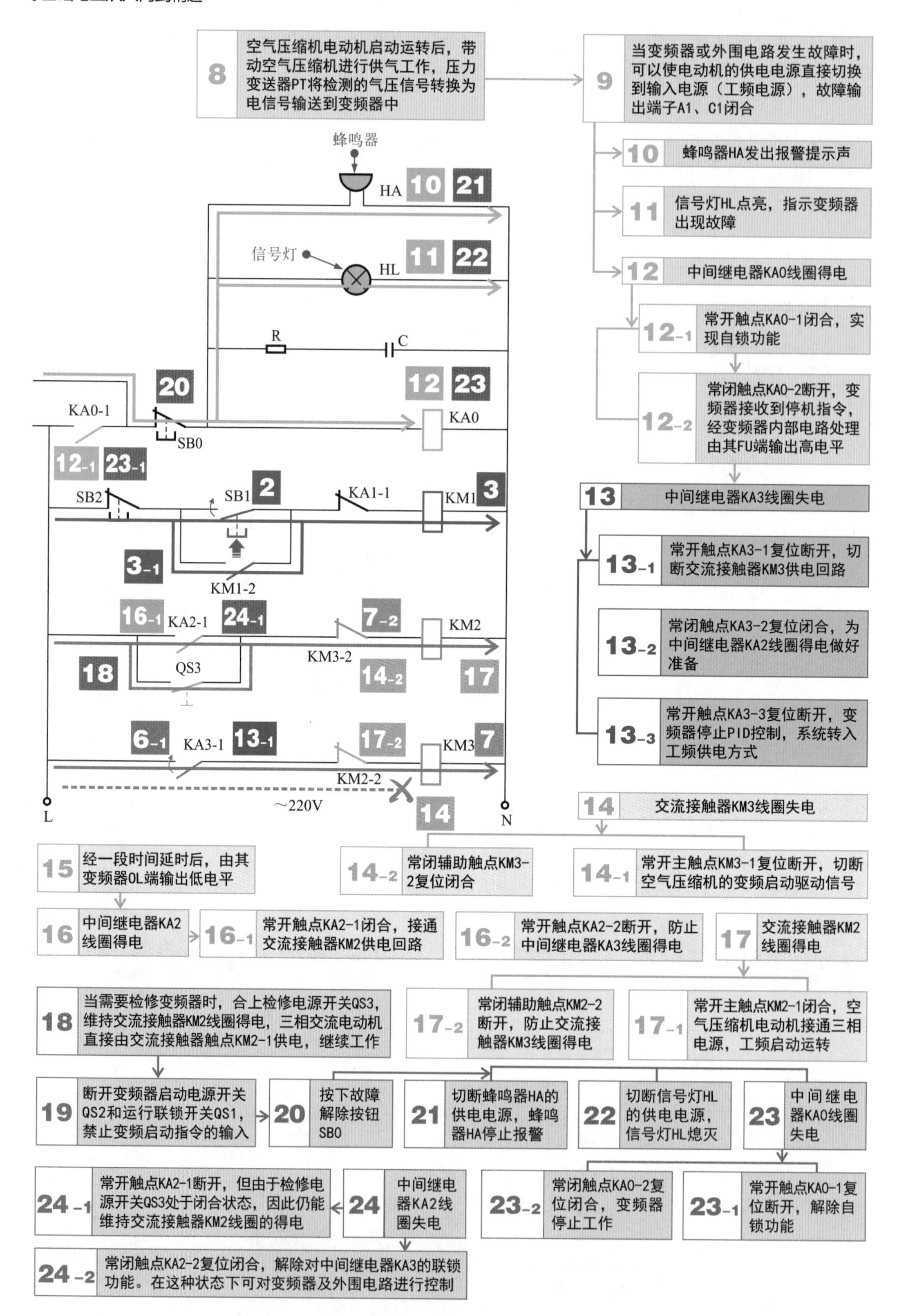
8 空气压缩机电动机启动运转后，带动空气压缩机进行供气工作，压力变送器PT将检测的气压信号转换为电信号输送到变频器中
9 当变频器或外围电路发生故障时，可以使电动机的供电电源直接切换到输入电源（工频电源），故障输出端子A1、C1闭合
10 蜂鸣器HA发出报警提示声
11 信号灯HL点亮，指示变频器出现故障
12 中间继电器KA0线圈得电
12-1 常开触点KA0-1闭合，实现自锁功能
12-2 常闭触点KA0-2断开，变频器接收到停机指令，经变频器内部电路处理由其FU端输出高电平
13 中间继电器KA3线圈失电
13-1 常开触点KA3-1复位断开，切断交流接触器KM3供电回路
13-2 常闭触点KA3-2复位闭合，为中间继电器KA2线圈得电做好准备
13-3 常开触点KA3-3复位断开，变频器停止PID控制，系统转入工频供电方式
14 交流接触器KM3线圈失电
14-2 常闭辅助触点KM3-2复位闭合
14-1 常开主触点KM3-1复位断开，切断空气压缩机的变频启动驱动信号
15 经一段时间延时后，由其变频器OL端输出低电平
16 中间继电器KA2线圈得电
16-1 常开触点KA2-1闭合，接通交流接触器KM2供电回路
16-2 常开触点KA2-2断开，防止中间继电器KA3线圈得电
17 交流接触器KM2线圈得电
17-2 常闭辅助触点KM2-2断开，防止交流接触器KM3线圈得电
17-1 常开主触点KM2-1闭合，空气压缩机电动机接通三相电源，工频启动运转
18 当需要检修变频器时，合上检修电源开关QS3，维持交流接触器KM2线圈得电，三相交流电动机直接由交流接触器触点KM2-1供电，继续工作
19 断开变频器启动电源开关QS2和运行联锁开关QS1，禁止变频启动指令的输入
20 按下故障解除按钮SB0
21 切断蜂鸣器HA的供电电源，蜂鸣器HA停止报警
22 切断信号灯HL的供电电源，信号灯HL熄灭
23 中间继电器KA0线圈失电
23-2 常闭触点KA0-2复位闭合，变频器停止工作
23-1 常开触点KA0-1复位断开，解除自锁功能
24 中间继电器KA2线圈失电
24-1 常开触点KA2-1断开，但由于检修电源开关QS3处于闭合状态，因此仍能维持交流接触器KM2线圈的得电
24-2 常闭触点KA2-2复位闭合，解除对中间继电器KA3的联锁功能。在这种状态下可对变频器及外围电路进行控制
蜂鸣器
HA
信号灯
HL
R
C
KA0-1
SB0
KA0
SB2
SB1
KA1-1
KM1
KM1-2
KA2-1
QS3
KM3-2
KM2
KA3-1
KM2-2
KM3
L
N
~220V

图 11-17 典型恒压供气变频控制电路的工作过程分析

11.3.4　工业拉线机的变频控制电路

拉线机属于工业线缆行业的一种常用设备，该设备对收线速度的稳定性要求比较高，采用变频电路可很好地控制前后级的线速度同步，如图 11-18 所示，有效保证出线线径的质量。同时，变频器可有效控制主传动电动机的加 / 减速时间，实现平稳加 / 减速，不仅能避免启动时的负载波动，实现节能效果，还可保证系统的可靠性和稳定性。

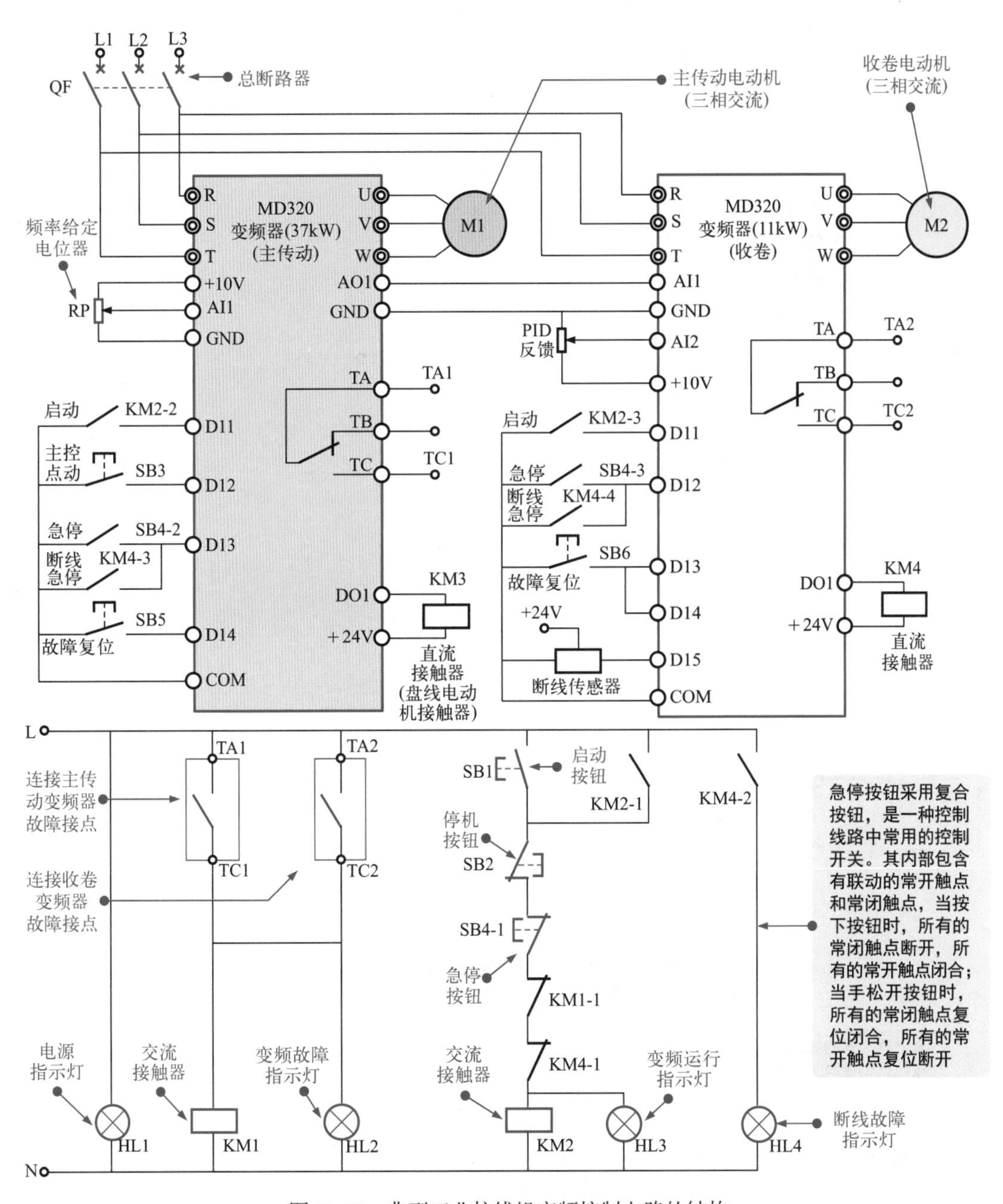

L1 L2 L3
QF
总断路器
主传动电动机
(三相交流)
收卷电动机
(三相交流)
MD320
变频器(37kW)
(主传动)
M1
MD320
变频器(11kW)
(收卷)
M2
频率给定
电位器
RP
+10V
AI1
GND
AO1
TA TB TC
TA1 TC1
TA2 TC2
PID
反馈
AI2
启动 KM2-2
主控
点动 SB3
急停 SB4-2
断线
急停 KM4-3
SB5
故障复位
D11 D12 D13 D14 COM
DO1 +24V
KM3
直流
接触器
(盘线电动
机接触器)
启动 KM2-3
急停 SB4-3
断线
急停 KM4-4
SB6
故障复位
+24V
断线传感器
D15
KM4
直流
接触器
L
N
连接主传
动变频器
故障接点
连接收卷
变频器
故障接点
SB1
启动
按钮
KM2-1
KM4-2
停机
按钮
SB2
SB4-1
急停
按钮
KM1-1
KM4-1
电源
指示灯
交流
接触器
变频故障
指示灯
交流
接触器
变频运行
指示灯
断线故障
指示灯
HL1 KM1 HL2 KM2 HL3 HL4
急停按钮采用复合按钮，是一种控制线路中常用的控制开关。其内部包含有联动的常开触点和常闭触点，当按下按钮时，所有的常闭触点断开，所有的常开触点闭合；当手松开按钮时，所有的常闭触点复位闭合，所有的常开触点复位断开

图 11-18　典型工业拉线机变频控制电路的结构

结合变频电路中变频器与各电气部件的功能特点，分析典型工业拉线机变频控制电路的工作过程，如图 11-19 所示。

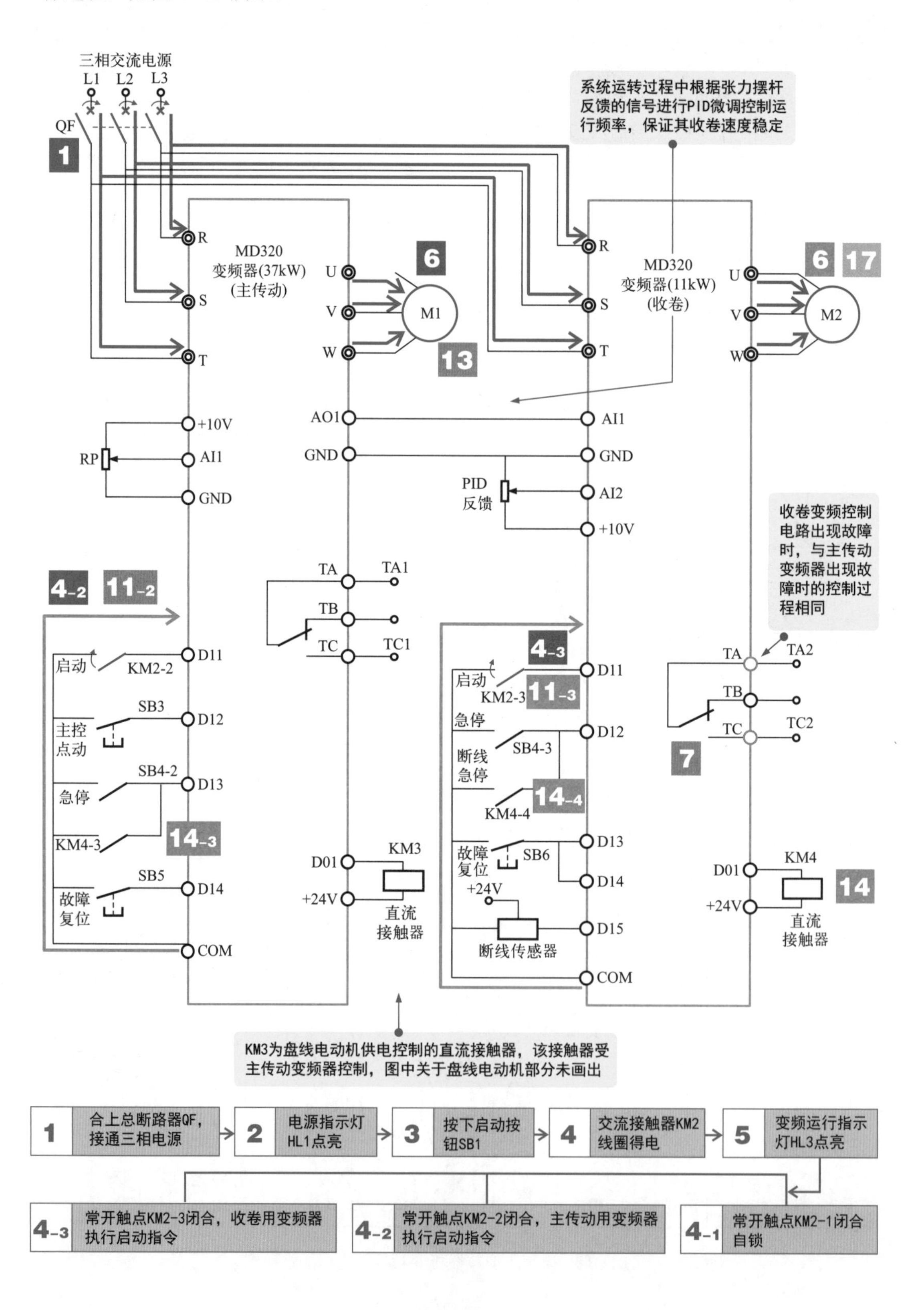

三相交流电源
L1 L2 L3
QF
1
系统运转过程中根据张力摆杆反馈的信号进行PID微调控制运行频率，保证其收卷速度稳定
MD320 变频器(37kW) (主传动)
MD320 变频器(11kW) (收卷)
M1
M2
6
13
6 17
RP
PID 反馈
收卷变频控制电路出现故障时，与主传动变频器出现故障时的控制过程相同
启动 KM2-2
主控点动 SB3
急停 SB4-2
KM4-3
故障复位 SB5
启动 KM2-3
急停
断线急停 SB4-3
KM4-4
故障复位 SB6
断线传感器
KM3 直流接触器
KM4 直流接触器
7
14
KM3为盘线电动机供电控制的直流接触器，该接触器受主传动变频器控制，图中关于盘线电动机部分未画出
1 合上总断路器QF，接通三相电源
2 电源指示灯HL1点亮
3 按下启动按钮SB1
4 交流接触器KM2线圈得电
5 变频运行指示灯HL3点亮
4-3 常开触点KM2-3闭合，收卷用变频器执行启动指令
4-2 常开触点KM2-2闭合，主传动用变频器执行启动指令
4-1 常开触点KM2-1闭合自锁

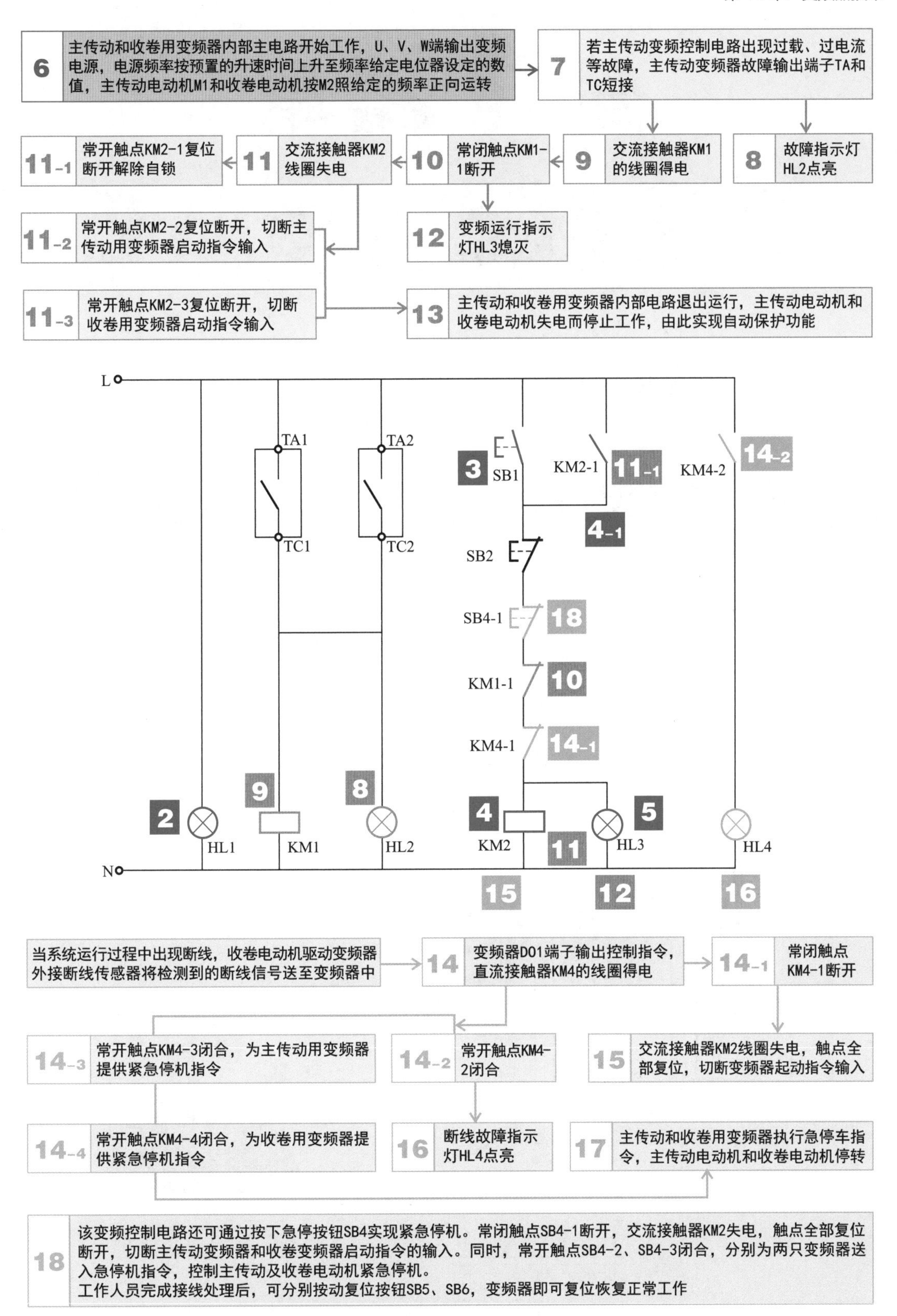
6
主传动和收卷用变频器内部主电路开始工作，U、V、W端输出变频电源，电源频率按预置的升速时间上升至频率给定电位器设定的数值，主传动电动机M1和收卷电动机按M2照给定的频率正向运转
7
若主传动变频控制电路出现过载、过电流等故障，主传动变频器故障输出端子TA和TC短接
8
故障指示灯HL2点亮
9
交流接触器KM1的线圈得电
10
常闭触点KM1-1断开
11
交流接触器KM2线圈失电
11-1
常开触点KM2-1复位断开解除自锁
11-2
常开触点KM2-2复位断开，切断主传动用变频器启动指令输入
11-3
常开触点KM2-3复位断开，切断收卷用变频器启动指令输入
12
变频运行指示灯HL3熄灭
13
主传动和收卷用变频器内部电路退出运行，主传动电动机和收卷电动机失电而停止工作，由此实现自动保护功能
L
N
TA1
TC1
TA2
TC2
SB1
KM2-1
KM4-2
SB2
SB4-1
KM1-1
KM4-1
HL1
KM1
HL2
KM2
HL3
HL4
2
3
4
4-1
5
8
9
10
11
11-1
12
14-1
14-2
15
16
18
当系统运行过程中出现断线，收卷电动机驱动变频器外接断线传感器将检测到的断线信号送至变频器中
14
变频器DO1端子输出控制指令，直流接触器KM4的线圈得电
14-1
常闭触点KM4-1断开
14-2
常开触点KM4-2闭合
14-3
常开触点KM4-3闭合，为主传动用变频器提供紧急停机指令
14-4
常开触点KM4-4闭合，为收卷用变频器提供紧急停机指令
15
交流接触器KM2线圈失电，触点全部复位，切断变频器起动指令输入
16
断线故障指示灯HL4点亮
17
主传动和收卷用变频器执行急停车指令，主传动电动机和收卷电动机停转
18
该变频控制电路还可通过按下急停按钮SB4实现紧急停机。常闭触点SB4-1断开，交流接触器KM2失电，触点全部复位断开，切断主传动变频器和收卷变频器启动指令的输入。同时，常开触点SB4-2、SB4-3闭合，分别为两只变频器送入急停机指令，控制主传动及收卷电动机紧急停机。
工作人员完成接线处理后，可分别按动复位按钮SB5、SB6，变频器即可复位恢复正常工作

图 11-19 典型工业拉线机变频控制电路的工作过程分析

第12章

PLC 技术

12.1 PLC 的控制特点

12.1.1 传统电动机控制与PLC电动机控制

电动机控制系统主要是通过电气控制部件来实现对电动机的启动、运转、变速、制动和停机等；PLC 控制电路则是由大规模集成电路与可靠元件相结合，通过计算机控制方式实现对电动机的控制。

图 12-1 为典型电动机控制系统，由图可知，典型电动机控制系统主要是由控制箱中的控制部件和电动机构成的。其中，各种控制部件是主要的操作和执行部件；电动机是将系统电能转换为机械能的输出部件，其执行的各种动作是控制系统实现的最终目的。

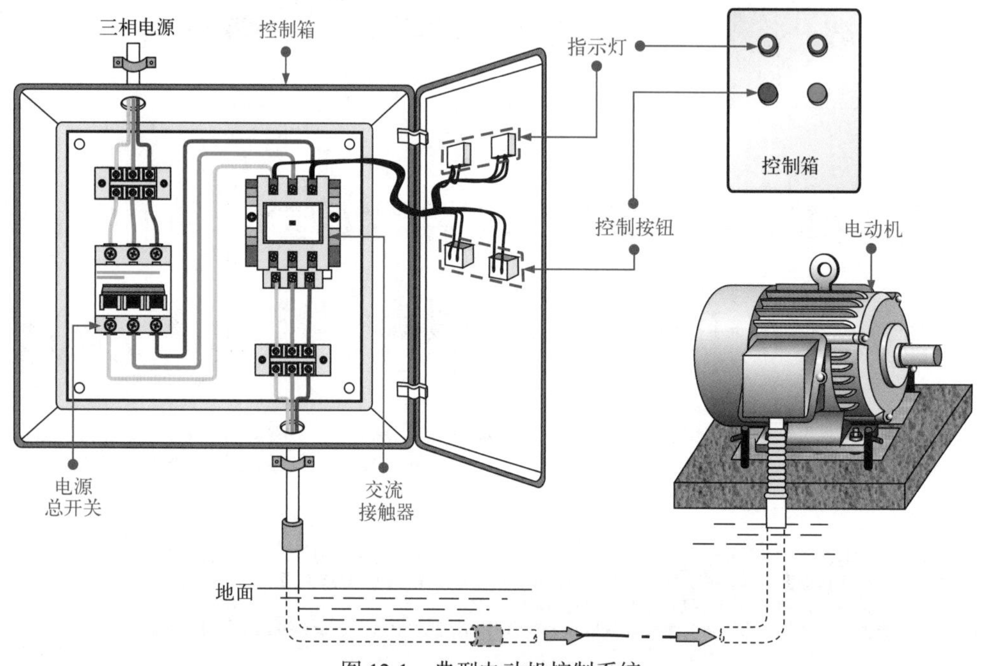
三相电源
控制箱
指示灯
控制箱
控制按钮
电动机
电源
总开关
交流
接触器
地面

图 12-1 典型电动机控制系统

传统电动机控制系统主要是指由继电器、接触器、控制按钮、各种开关等电气部件构成的电动机控制线路，其各项控制功能或执行动作都是由相应的实际存在的电气物理部件来实现的，各部件缺一不可，如图 12-2 所示。

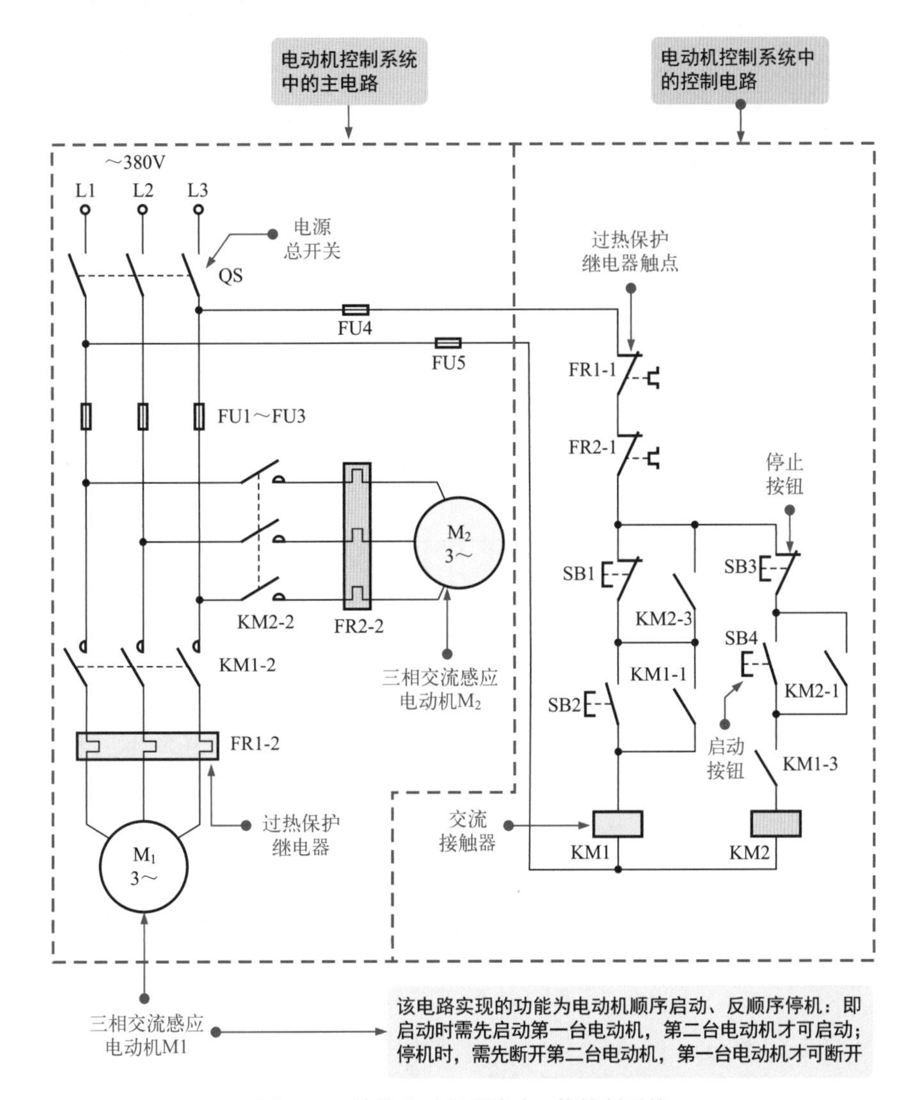
电动机控制系统
中的主电路
电动机控制系统中
的控制电路
～380V
L1
L2
L3
电源
总开关
QS
FU4
FU5
FU1～FU3
过热保护
继电器触点
FR1-1
FR2-1
停止
按钮
M2
3～
SB1
SB3
KM2-2
FR2-2
KM2-3
SB4
KM1-2
三相交流感应
电动机M2
KM1-1
SB2
KM2-1
FR1-2
启动
按钮
KM1-3
过热保护
继电器
交流
接触器
M1
3～
KM1
KM2
三相交流感应
电动机M1
该电路实现的功能为电动机顺序启动、反顺序停机：即
启动时需先启动第一台电动机，第二台电动机才可启动；
停机时，需先断开第二台电动机，第一台电动机才可断开

图 12-2 传统电动机顺序启 / 停控制系统

在 PLC 电动机控制系统中，则主要用 PLC 控制方式取代电气部件之间复杂的连接关系。电动机控制系统中各主要控制部件和功能部件都直接连接到 PLC 相应的接口上，然后根据 PLC 内部程序的设定，即可实现相应的电路功能，如图 12-3 所示。

可以看到，整个电路主要由 PLC 可编程控制器、与 PLC 输入接口连接的控制部件（FR、SB1 ～ SB4）、与 PLC 输出接口连接的执行部件（KM1、KM2）等构成。

在该电路中，PLC 可编程控制器采用的是三菱 FX2N-32MR 型 PLC，外部的控制部件和执行部件都是通过 PLC 可编程控制器预留的 I/O 接口连接到 PLC 上的，各部件之间没有复杂的连接关系。

控制部件和执行部件分别连接到 PLC 输入接口相应的 I/O 接口上，它是根据 PLC 控制系统设计之初建立的 I/O 分配表进行连接分配的，其所连接接口名称也将对应于 PLC 内部程序的编程地址编号。由 PLC 控制的电动机顺序启 / 停控制系统的 I/O 分配表见表 12-1 所列。

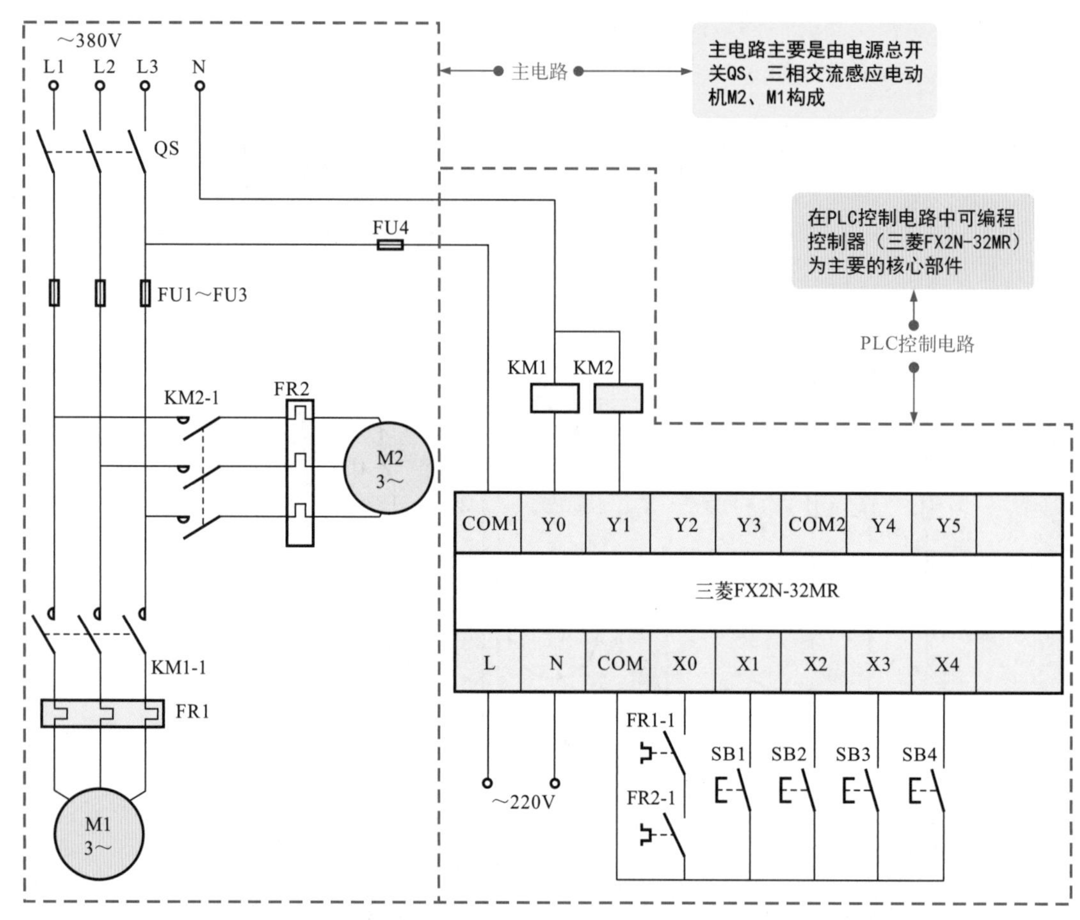
~380V
L1 L2 L3 N
QS
FU4
FU1~FU3
主电路
主电路主要是由电源总开关QS、三相交流感应电动机M2、M1构成
在PLC控制电路中可编程控制器（三菱FX2N-32MR）为主要的核心部件
PLC控制电路
KM1 KM2
KM2-1
FR2
M2
3~
COM1 Y0 Y1 Y2 Y3 COM2 Y4 Y5
三菱FX2N-32MR
L N COM X0 X1 X2 X3 X4
KM1-1
FR1
FR1-1
SB1 SB2 SB3 SB4
~220V
FR2-1
M1
3~

图 12- 3　由 PLC 控制的电动机顺序启 / 停控制系统

表12-1　由三菱FX2N-32MR PLC控制的电动机顺序启/停控制系统的I/O分配表

输入信号及地址编号			输出信号及地址编号		
名称	代号	输入点地址编号	名称	代号	输出点地址编号
热继电器	FR1-1、FR2-1	X0	电动机 M1 交流接触器	KM1	Y0
M1 停止按钮	SB1	X1	电动机 M2 交流接触器	KM2	Y1
M1 启动按钮	SB2	X2			
M2 停止按钮	SB3	X3			
M2 启动按钮	SB4	X4			

结合以上内容可知，电动机的 PLC 控制系统是指由 PLC 作为核心控制部件实现对电动机的启动、运转、变速、制动和停机等各种控制功能的控制线路。

12.1.2　工业设备中的 PLC 的控制特点

PLC 即可编程控制器。它是以微处理器为核心，集微电子技术、自动化技术、计算机技术及通信技术为一体，以工业自动化控制为目标的新型控制装置。

如图 12-4 所示，PLC 可以划分成 CPU 模块、存储器、通信接口、基本 I/O 接口、电源五大部分。

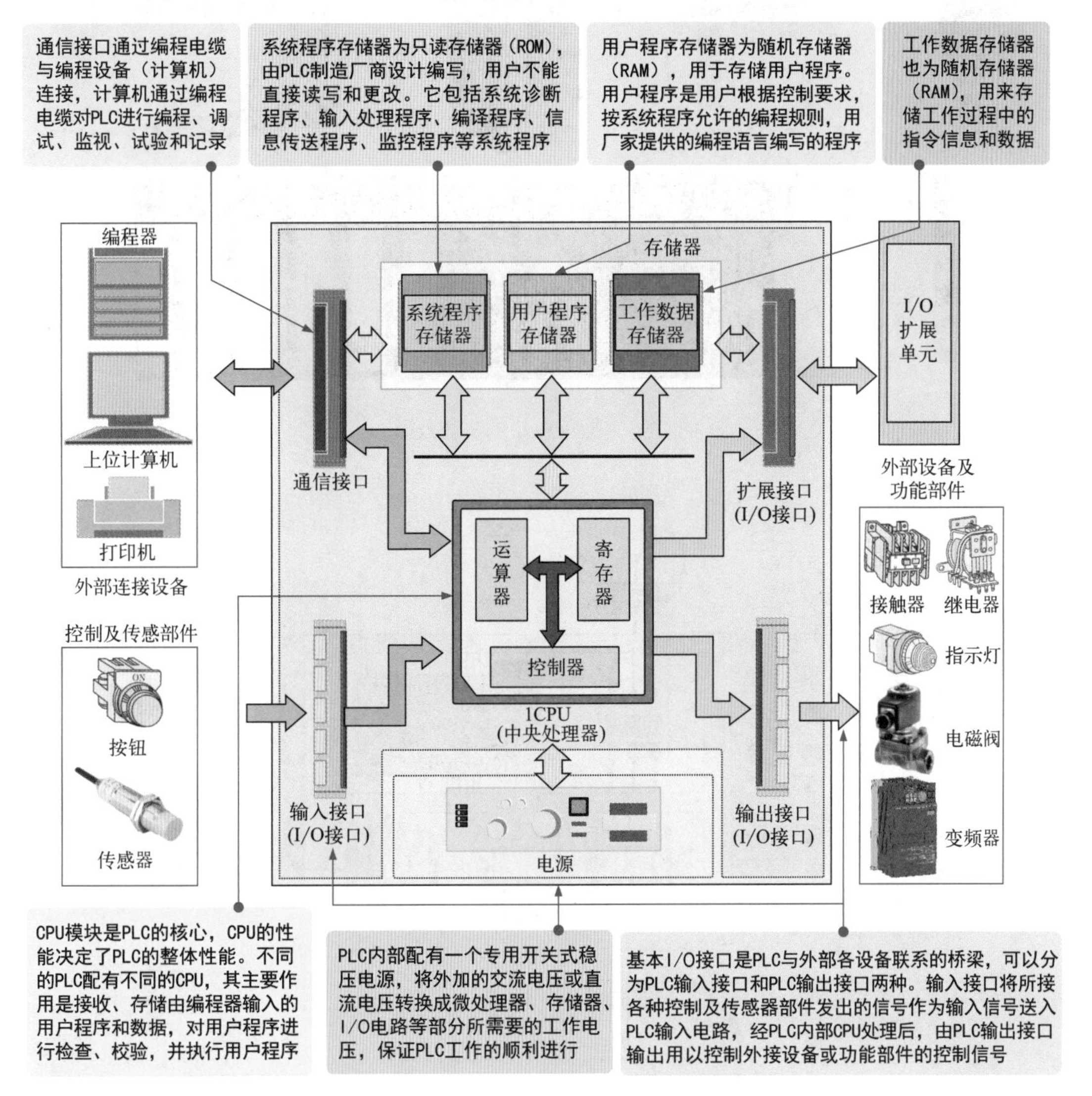
通信接口通过编程电缆与编程设备（计算机）连接，计算机通过编程电缆对PLC进行编程、调试、监视、试验和记录
系统程序存储器为只读存储器（ROM），由PLC制造厂商设计编写，用户不能直接读写和更改。它包括系统诊断程序、输入处理程序、编译程序、信息传送程序、监控程序等系统程序
用户程序存储器为随机存储器（RAM），用于存储用户程序。用户程序是用户根据控制要求，按系统程序允许的编程规则，用厂家提供的编程语言编写的程序
工作数据存储器也为随机存储器（RAM），用来存储工作过程中的指令信息和数据
编程器
上位计算机
打印机
外部连接设备
存储器
系统程序存储器
用户程序存储器
工作数据存储器
通信接口
扩展接口（I/O接口）
I/O扩展单元
外部设备及功能部件
运算器
寄存器
控制器
1CPU（中央处理器）
控制及传感部件
按钮
传感器
输入接口（I/O接口）
电源
输出接口（I/O接口）
接触器
继电器
指示灯
电磁阀
变频器
CPU模块是PLC的核心，CPU的性能决定了PLC的整体性能。不同的PLC配有不同的CPU，其主要作用是接收、存储由编程器输入的用户程序和数据，对用户程序进行检查、校验，并执行用户程序
PLC内部配有一个专用开关式稳压电源，将外加的交流电压或直流电压转换成微处理器、存储器、I/O电路等部分所需要的工作电压，保证PLC工作的顺利进行
基本I/O接口是PLC与外部各设备联系的桥梁，可以分为PLC输入接口和PLC输出接口两种。输入接口将所接各种控制及传感器部件发出的信号作为输入信号送入PLC输入电路，经PLC内部CPU处理后，由PLC输出接口输出用以控制外接设备或功能部件的控制信号

图 12-4　PLC 的整机工作原理示意图

PLC 控制电路主要用 PLC 控制方式取代了电气部件之间复杂的连接关系。控制电路中各主要控制部件和功能部件都直接连接到 PLC 相应的接口上，然后根据 PLC 内部程序的设定，即可实现相应的电路功能。

PLC 种类多样，针对不同控制系统有不同的产品应用。而且，PLC 可根据功能特点分为多个模块以便于系统配置、组合。图 12-5 为典型 PLC 的实物外形。

如图 12-6 所示，由图可以看到，该系统将电动机控制系统与 PLC 控制电路进行结合，主要是由操作部件、控制部件和电动机以及一些辅助部件构成的。

其中，各种操作部件用于为该系统输入各种人工指令，包括各种按钮开关、传感器件等；控制部件主要包括总电源开关（总断路器）、PLC 可编程控制器、接触器、过热保护继电器等，用于输出控制指令和执行相应动作；电动机是将系统电能转换为机械能的输出部件，其执行的各种动作是该控制系统实现的最终目的。

图 12-5　典型 PLC 的实物外形

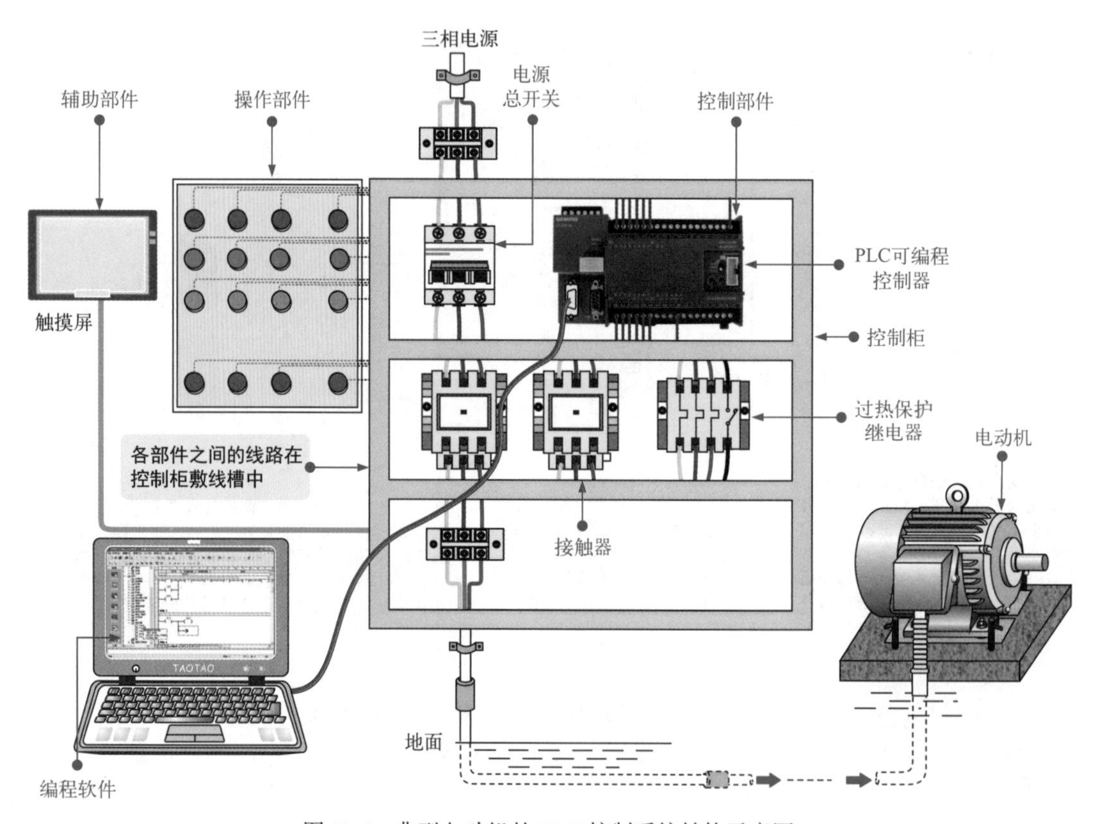
三相电源
电源
总开关
辅助部件
操作部件
控制部件
PLC可编程
控制器
触摸屏
控制柜
过热保护
继电器
电动机
各部件之间的线路在
控制柜敷线槽中
接触器
TAOTAO
地面
编程软件

图 12-6　典型电动机的 PLC 控制系统结构示意图

提示说明

在典型电动机 PLC 控制系统中，各种操作部件用于为该系统输入各种人工指令，包括各种按钮开关、传感器件等；控制部件主要包括总电源开关（总断路器）、PLC 可编程控制器、接触器、过热保护继电器等，用于输出控制指令和执行相应动作；电动机是将系统电能转换为机械能的输出部件，其执行的各种动作是该控制系统实现的最终目的。

图 12-7 为典型电动机（Y - △减压启动）的 PLC 控制电路。该电动机 PLC 控制系统采用西门子 S7-200 型 PLC 作为控制核心。三相交流异步电动机在 PLC 的控制下实现Y - △减压启动。

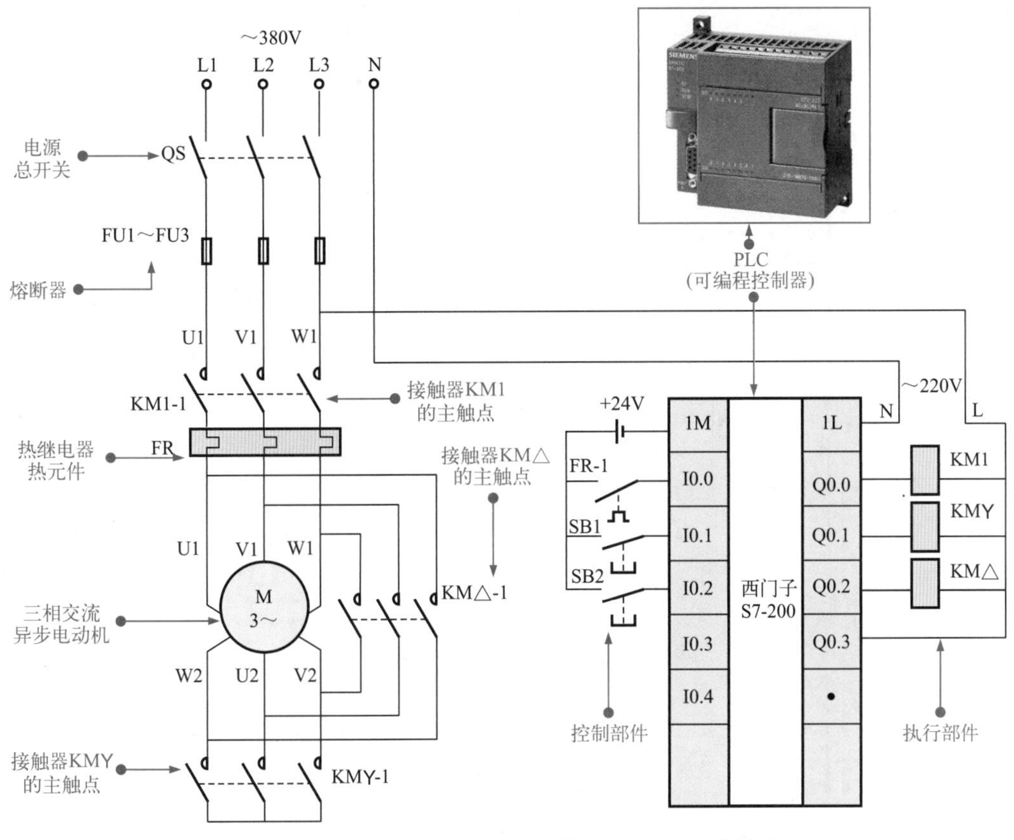
~380V
L1
L2
L3
N
电源
总开关
QS
FU1~FU3
熔断器
U1
V1
W1
KM1-1
接触器KM1
的主触点
热继电器
热元件
FR
接触器KM△
的主触点
U1
V1
W1
M
3~
三相交流
异步电动机
KM△-1
W2
U2
V2
接触器KMY
的主触点
KMY-1
PLC
(可编程控制器)
~220V
N
L
+24V
1M
1L
FR-1
I0.0
Q0.0
KM1
SB1
I0.1
Q0.1
KMY
SB2
I0.2
Q0.2
KM△
西门子
S7-200
I0.3
Q0.3
I0.4
控制部件
执行部件

图 12-7　三相交流电动机Y - △减压启动 PLC 控制电路

三相交流异步电动机Y - △减压启动的 PLC 控制电路中，输入 / 输出设备与 PLC 接口的连接按设计之初建立的 I/O 分配表分配，如表 12-2 所列。

表12-2　采用西门子S7-200型PLC的三相交流电动机Y-△减压启动控制电路I/O地址分配表

输入信号及地址编号			输出信号及地址编号		
名称	代号	输入点地址编号	名称	代号	输出点地址编号
热继电器	FR-1	I0.0	电源供电主接触器	KM1	Q0.0
启动按钮	SB1	I0.1	Y 联结接触器	KMY	Q0.1
停止按钮	SB2	I0.2	△联结接触器	KM △	Q0.2

提示说明

电动机 Y- △减压启动的 PLC 控制电路在启动时，三相异步交流电动机的绕组首先按照 Y（星形）联结，减压启动；当启动后，再自动转换成△（三角形）联结进行全压运行。

1 三相交流电动机 Y- △减压启动的 PLC 控制电路的工作过程

图 12-8 为三相交流电动机 PLC 控制电路在 Y- △减压启动时的工作过程。

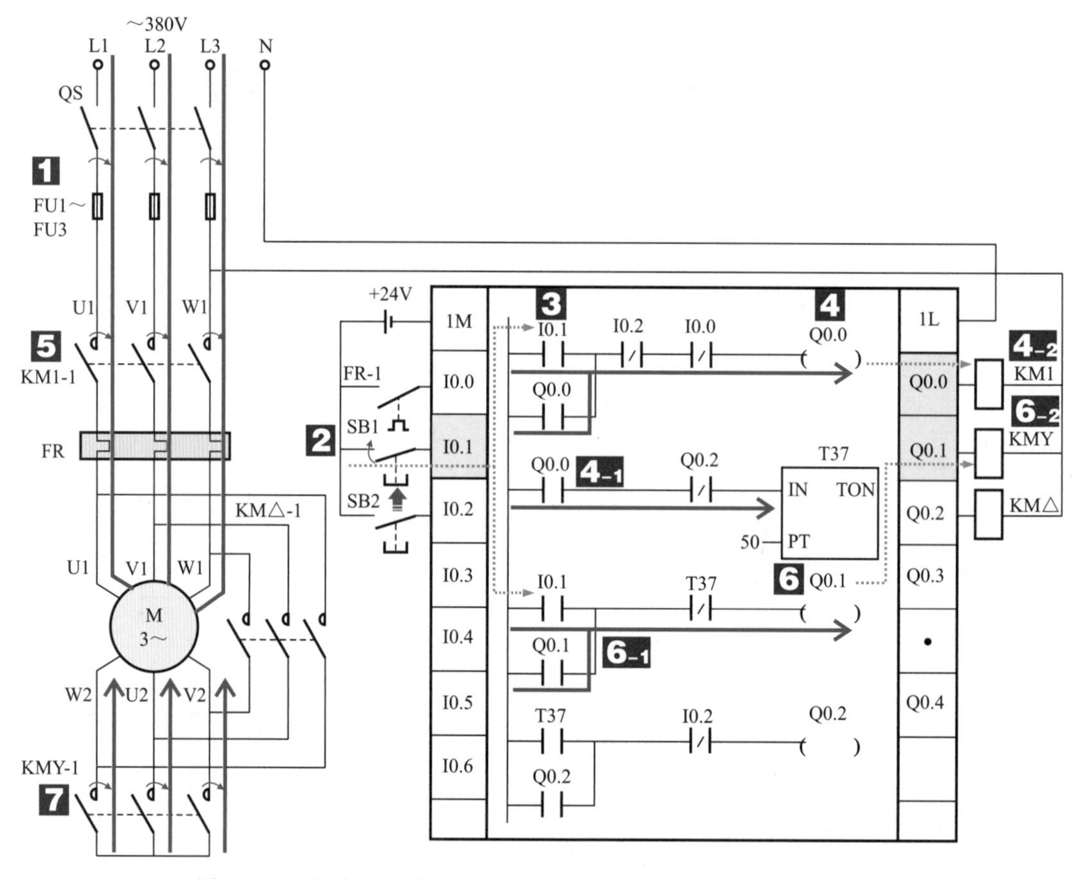

~380V
L1
L2
L3
N
QS
1
FU1~
FU3
U1
V1
W1
5
KM1-1
FR
KM△-1
U1
V1
W1
M
3~
W2
U2
V2
KMY-1
7
+24V
FR-1
SB1
2
SB2
1M
I0.0
I0.1
I0.2
I0.3
I0.4
I0.5
I0.6
3
I0.1
I0.2
I0.0
4
Q0.0
Q0.0
Q0.0
4-1
Q0.2
T37
IN
TON
50
PT
6
Q0.1
I0.1
T37
Q0.1
6-1
T37
I0.2
Q0.2
Q0.2
1L
Q0.0
Q0.1
Q0.2
Q0.3
Q0.4
4-2
KM1
6-2
KMY
KM△

图 12-8　三相交流电动机 Y- △减压启动的 PLC 控制电路的工作过程

1 合上电源总开关 QS，接通三相电源。

2 按下电动机 M 的启动按钮 SB1。

3 将 PLC 程序中的输入继电器常开触点 I0.1 置 1，即常开触点 I0.1 闭合。

3 → 4 输出继电器 Q0.0 线圈得电。

4-1 自锁触点 Q0.0 闭合自锁；同时，控制定时器 T37 的 Q0.0 闭合，T37 线圈得电，开始计时。

4-2 控制 PLC 输出接口端外接电源供电主接触器 KM1 线圈得电。

4-2 → 5 带动主触点 KM1-1 闭合，接通主电路供电电源。

3 → 6 输出继电器 Q0.1 线圈同时得电。

6-1 自锁触点 Q0.1 闭合自锁。

6-2 控制 PLC 外接 Y 联结接触器 KMY 线圈得电。

6-2 → 7 接触器在主电路中主触点 KMY-1 闭合，电动机三相绕组 Y 联结，接通电源，开始减压启动。

2 三相交流电动机 Y- △全压运行的 PLC 控制电路的工作过程

图 12-9 为三相交流电动机控制电路在 Y- △全压运行时的工作过程。

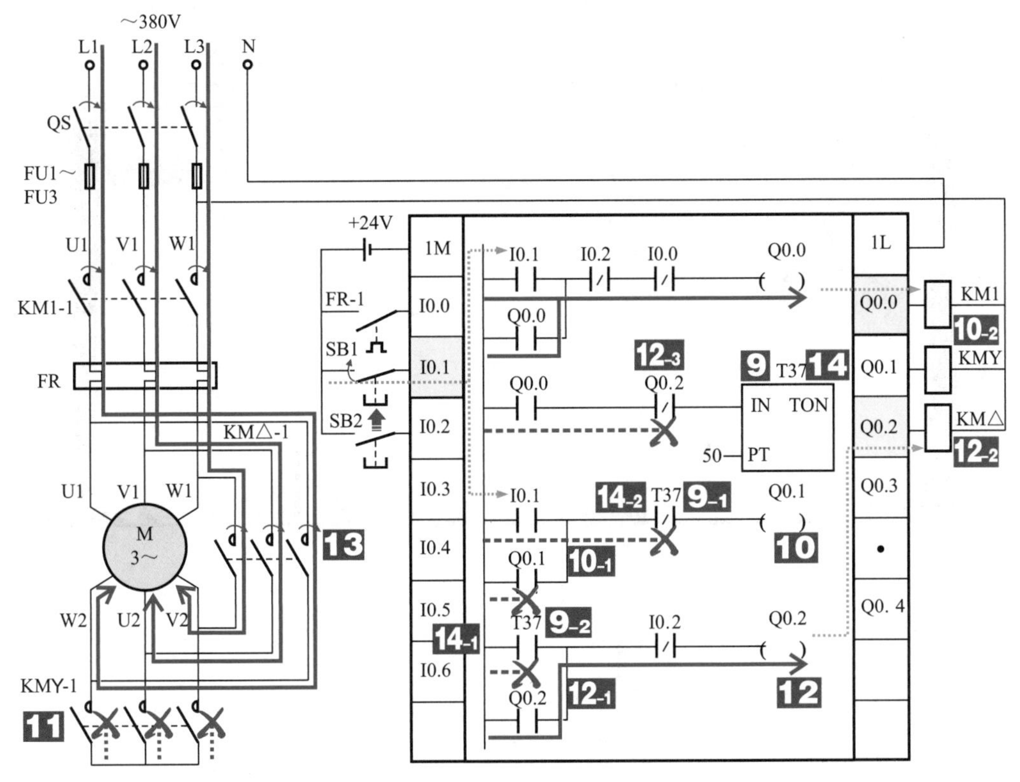
~380V
L1
L2
L3
N
QS
FU1~
FU3
U1
V1
W1
KM1-1
FR
KM△-1
U1
V1
W1
M
3~
W2
U2
V2
KMY-1
13
11
+24V
1M
FR-1
SB1
SB2
I0.0
I0.1
I0.2
I0.3
I0.4
I0.5
I0.6
I0.1
I0.2
I0.0
Q0.0
Q0.0
Q0.0
Q0.2
T37
IN
TON
50
PT
I0.1
T37
Q0.1
Q0.1
T37
I0.2
Q0.2
Q0.2
1L
Q0.0
Q0.1
Q0.2
Q0.3
Q0. 4
KM1
KMY
KM△
9
14
12-3
14-2
9-1
10
10-1
9-2
14-1
12-1
12
10-2
12-2

图 12-9　三相交流电动机 Y- △全压运行的 PLC 控制电路的工作过程

9　定时器 T37 计时时间到（延时 5s）。

9-1　控制输出继电器 Q0.1 延时断开的常闭触点 T37 断开。

9-2　控制输出继电器 Q0.2 的延时闭合的常开触点 T37 闭合。

9-1 → 10　输出继电器 Q0.1 线圈失电。

10-1　自锁常开触点 Q0.1 复位断开，解除自锁。

10-2　控制 PLC 外接 Y 联结接触器 KMY 线圈失电。

10-2 → 11　主触点 KMY-1 复位断开，电动机三相绕组取消 Y 联结方式。

9-2 → 12　输出继电器 Q0.2 线圈得电。

12-1　自锁常开触点 Q0.2 闭合，实现自锁功能。

12-2　控制 PLC 外接△联结接触器 KM △线圈得电。

12-3　控制 T37 延时断开的常闭触点 Q0.2 断开。

12-2 → 13　主触点 KM △ -1 闭合，电动机绕组接成△联结，开始全压运行。

12-3 → 14　控制该程序中的定时器 T37 线圈失电。

14-1　控制 Q0.2 的延时闭合的常开触点 T37 复位断开，但由于 Q0.2 自锁，仍保持得电状态。

14-2　控制 Q0.1 的延时断开的常闭触点 T37 复位闭合，为 Q0.1 下一次得电做好准备。

可以看出，PLC 应用于电动机控制系统中实现自动控制，不需要对外部设备的连接关系作大幅度的改变，仅修改内部的程序便可实现多种多样的控制功能，使电气控制更加灵活高效。

图 12-10 所示为传统电镀流水线的功能示意图和控制电路。在操作部件和控制部件的作用下，电动葫芦可实现在水平方向平移重物，并能够在设定位置（限位开关）处进行自动提升和下降重物的动作。

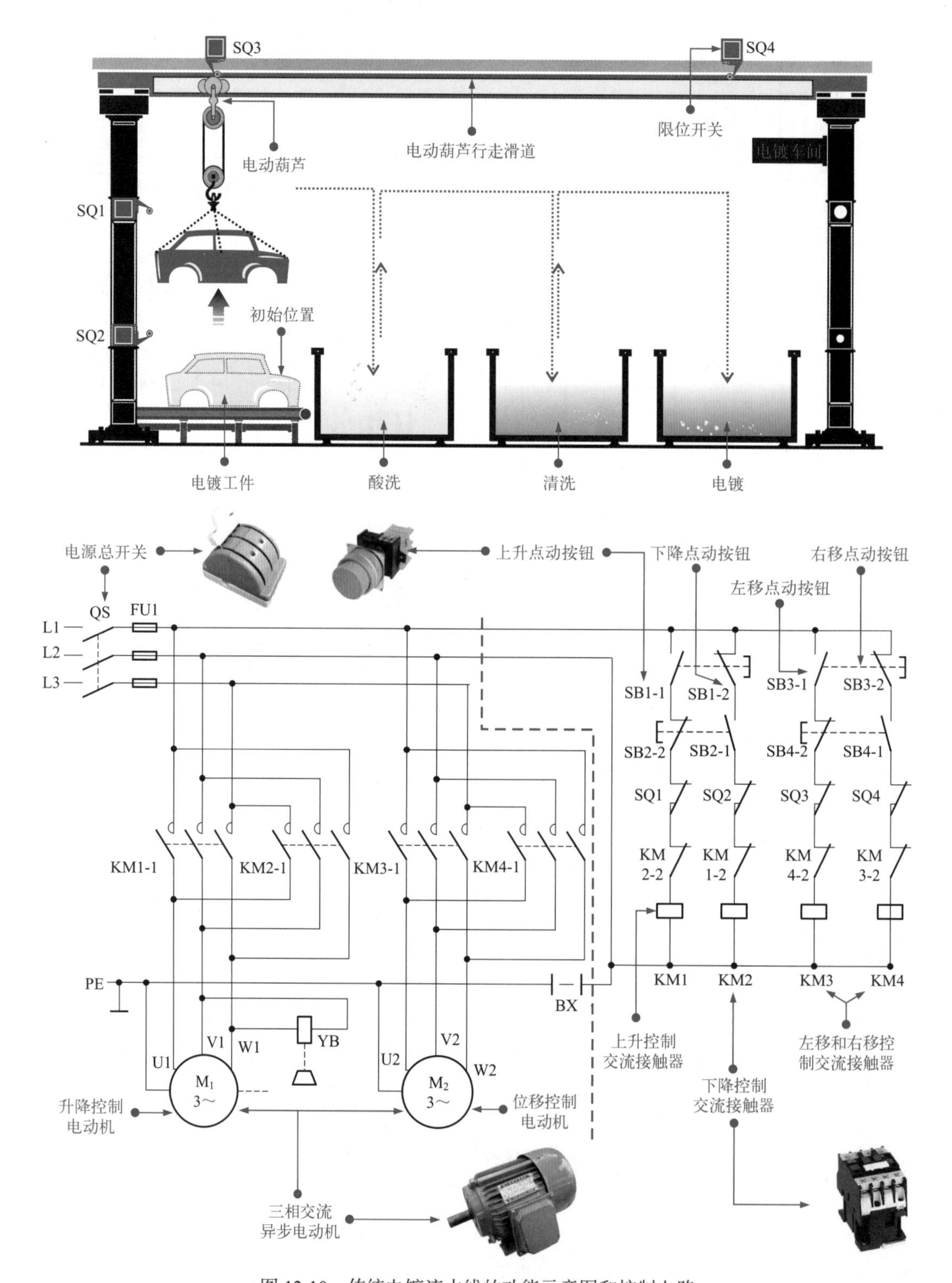
SQ3
SQ4
电动葫芦
电动葫芦行走滑道
限位开关
电镀车间
SQ1
初始位置
SQ2
电镀工件
酸洗
清洗
电镀
电源总开关
上升点动按钮
下降点动按钮
右移点动按钮
左移点动按钮
QS
FU1
L1
L2
L3
SB1-1
SB1-2
SB3-1
SB3-2
SB2-2
SB2-1
SB4-2
SB4-1
SQ1
SQ2
SQ3
SQ4
KM1-1
KM2-1
KM3-1
KM4-1
KM 2-2
KM 1-2
KM 4-2
KM 3-2
KM1
KM2
KM3
KM4
PE
BX
YB
U1
V1
W1
U2
V2
W2
M1 3～
M2 3～
升降控制电动机
位移控制电动机
上升控制交流接触器
下降控制交流接触器
左移和右移控制交流接触器
三相交流异步电动机

图 12-10　传统电镀流水线的功能示意图和控制电路

图 12-11 所示为 PLC 控制的电镀流水线系统。PLC 取代了电气部件之间的连接线路，极大地简化了电路结构，也方便实际部件的安装。

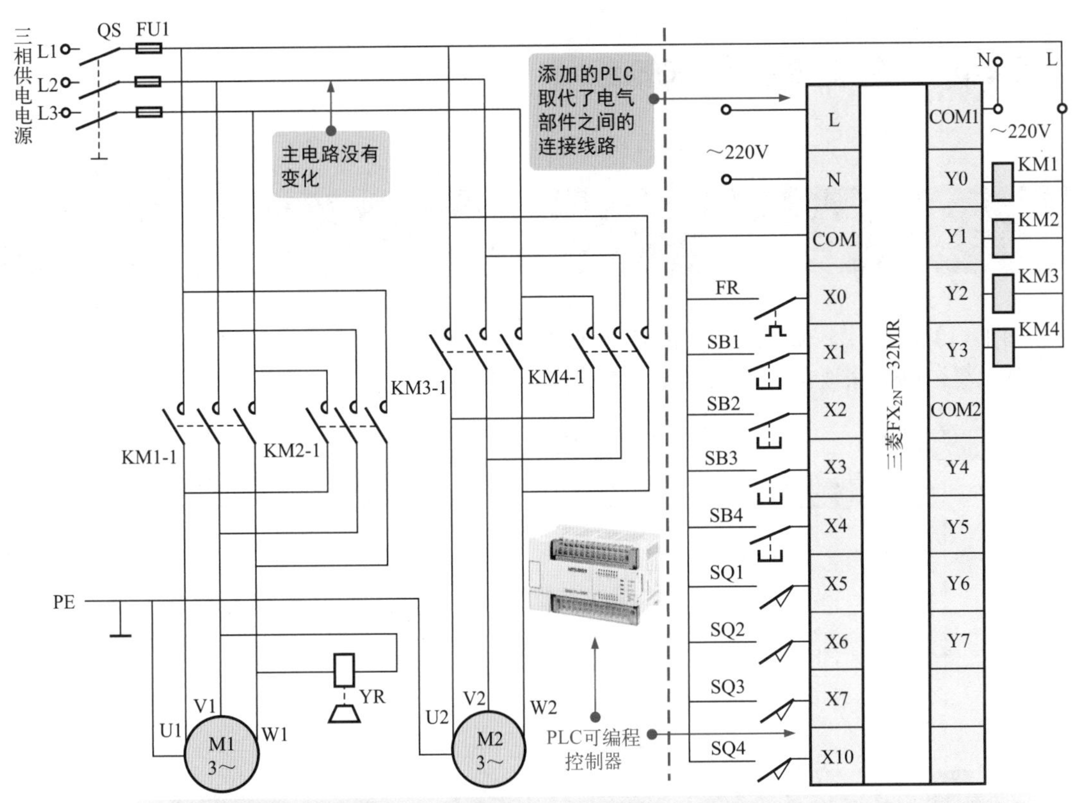
三相供电电源
L1
L2
L3
QS
FU1
主电路没有变化
添加的PLC取代了电气部件之间的连接线路
KM1-1
KM2-1
KM3-1
KM4-1
PE
YR
U1
V1
W1
M1
3～
U2
V2
W2
M2
3～
PLC可编程控制器
～220V
FR
SB1
SB2
SB3
SB4
SQ1
SQ2
SQ3
SQ4
L
N
COM
X0
X1
X2
X3
X4
X5
X6
X7
X10
三菱FX2N—32MR
COM1
Y0
Y1
Y2
Y3
COM2
Y4
Y5
Y6
Y7
N
L
～220V
KM1
KM2
KM3
KM4
整个电路主要由PLC控制器、与PLC输入接口连接的控制部件（SB1～SB4、SQ1～SQ4、FR）、与PLC输出接口连接的执行部件（KM1～KM4）等构成

图 12-11　由 PLC 控制的电镀流水线系统

提示说明

为了方便读者了解，在梯形图各编程元件下方标注了其对应在传统控制系统中相应的按钮、交流接触器的触点、线圈等字母标识（实际梯形图中是没有的）。

控制部件和执行部件是根据 PLC 控制系统设计之初建立的 I/O 分配表进行连接分配的，其所连接接口名称也将对应于 PLC 内部程序的编程地址编号，具体见表 12-3 所列。

表12-3　由三菱FX2N-32MR型PLC控制的电镀流水线控制系统I/O分配表

输入信号及地址编号			输出信号及地址编号		
名称	代号	输入点地址编号	名称	代号	输出点地址编号
电动葫芦上升点动按钮	SB1	X1	电动葫芦上升接触器	KM1	Y0
电动葫芦下降点动按钮	SB2	X2	电动葫芦下降接触器	KM2	Y1
电动葫芦左移点动按钮	SB3	X3	电动葫芦左移接触器	KM3	Y2
电动葫芦右移点动按钮	SB4	X4	电动葫芦右移接触器	KM4	Y3
电动葫芦上升限位开关	SQ1	X5			
电动葫芦下降限位开关	SQ2	X6			
电动葫芦左移限位开关	SQ3	X7			
电动葫芦右移点动按钮	SQ4	X10			

12.2 PLC控制技术的应用

12.2.1 运料小车往返运行的PLC控制系统

图12-12为运料小车往返运行的功能示意图。使用PLC自动控制运料小车的往返运行，可以避免复杂的线路连接，避免出现人为误操作的现象。

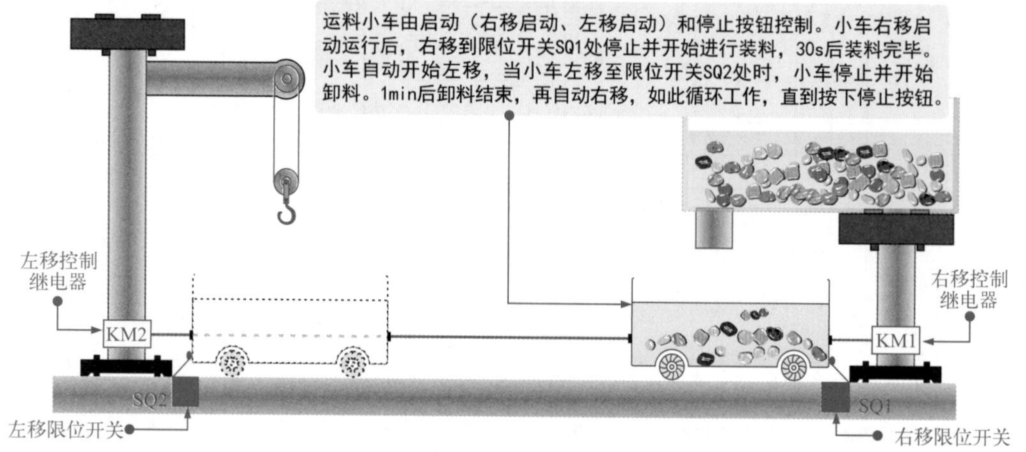
运料小车由启动（右移启动、左移启动）和停止按钮控制。小车右移启动运行后，右移到限位开关SQ1处停止并开始进行装料，30s后装料完毕。小车自动开始左移，当小车左移至限位开关SQ2处时，小车停止并开始卸料。1min后卸料结束，再自动右移，如此循环工作，直到按下停止按钮。
左移控制继电器
KM2
右移控制继电器
KM1
SQ2
SQ1
左移限位开关
右移限位开关

图12-12　运料小车往返运行的功能示意图

图12-13为运料小车往返运行PLC控制电路的结构。

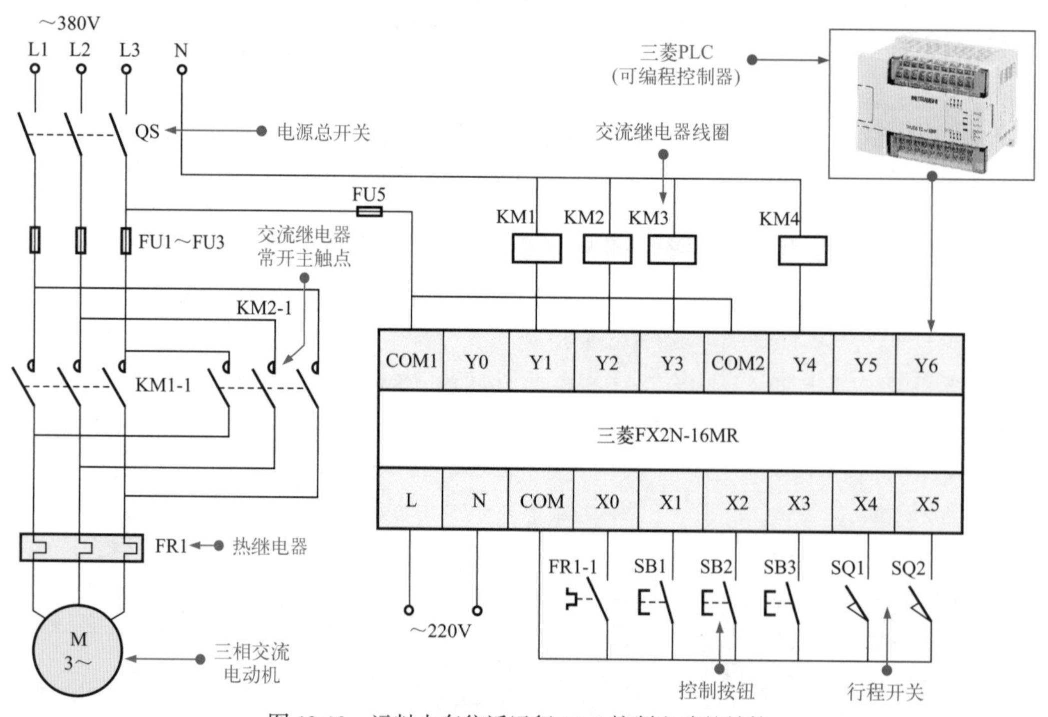
~380V
L1 L2 L3 N
QS
电源总开关
FU1~FU3
FU5
交流继电器常开主触点
KM2-1
KM1-1
FR1
热继电器
M
3~
三相交流电动机
三菱PLC
(可编程控制器)
交流继电器线圈
KM1 KM2 KM3 KM4
COM1 Y0 Y1 Y2 Y3 COM2 Y4 Y5 Y6
三菱FX2N-16MR
L N COM X0 X1 X2 X3 X4 X5
~220V
FR1-1 SB1 SB2 SB3 SQ1 SQ2
控制按钮
行程开关

图12-13　运料小车往返运行PLC控制电路的结构

图中的 SB1 为右移启动按钮，SB2 为左移启动按钮，SB3 为停止按钮，SQ1 和 SQ2 分别为右移和左移限位开关，KM1 和 KM2 分别为右移和左移控制继电器，KM3 和 KM4 分别为装料和卸料控制继电器。

输入设备和输出设备分别连接到 PLC 相应的 I/O 接口上，它所连接的接口名称由 PLC 系统设计之初建立的 I/O 分配表连接分配，见表 12-4 所列。

表12-4　运料小车往返控制电路中三菱FX2N系列PLC控制I/O分配表

输入信号及地址编号			输出信号及地址编号		
名称	代号	输入点地址编号	名称	代号	输出点地址编号
热继电器	FR1-1	X0	右行控制继电器	KM1	Y1
右行控制启动按钮	SB1	X1	左行控制继电器	KM2	Y2
左行控制启动按钮	SB2	X2	装料控制继电器	KM3	Y3
停止按钮	SB3	X3	卸料控制继电器	KM4	Y4
右行限位开关	SQ1	X4			
左行限位开关	SQ2	X5			

图 12-14 为控制电路中 PLC 内部的梯形图和语句表。可对照 PLC 控制电路和 I/O 分配表，在梯形图中进行适当文字注解，然后再根据操作动作具体分析运料小车往返运行的控制过程。

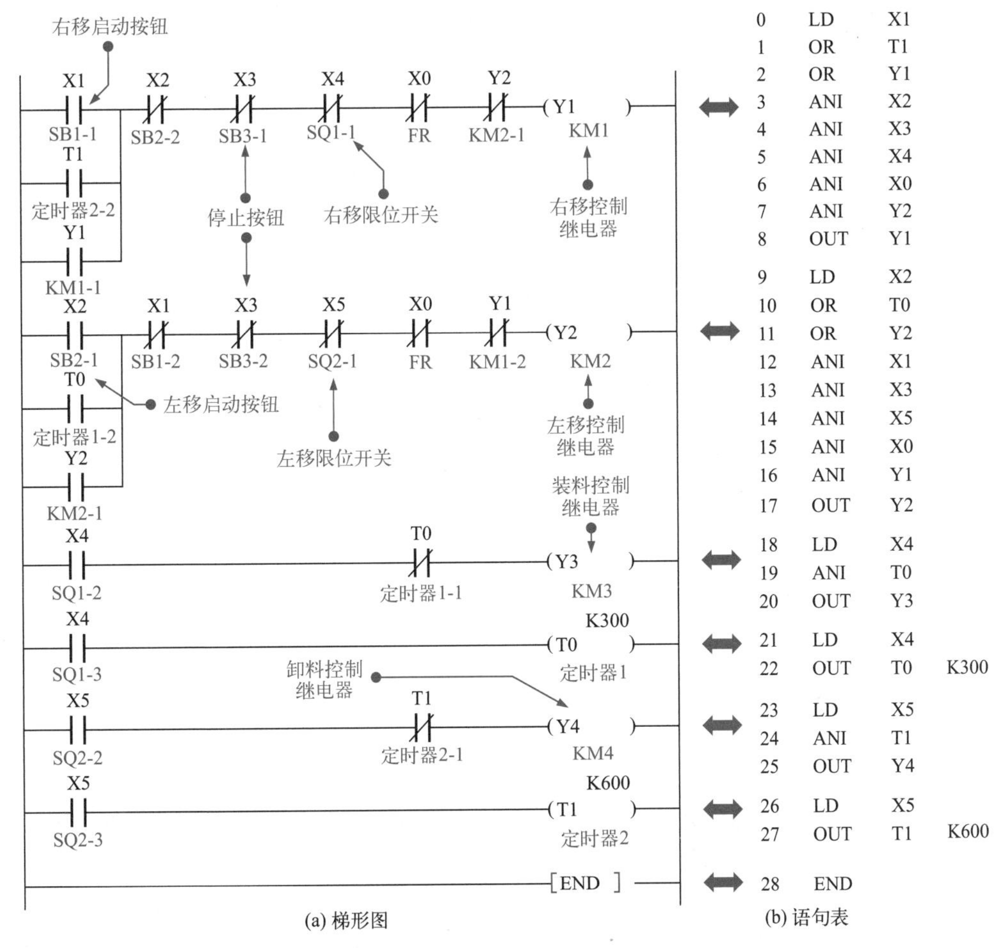

右移启动按钮
X1
X2
X3
X4
X0
Y2
Y1
SB1-1
SB2-2
SB3-1
SQ1-1
FR
KM2-1
KM1
T1
定时器2-2
停止按钮
右移限位开关
右移控制
继电器
Y1
KM1-1
X2
X1
X3
X5
X0
Y1
Y2
SB2-1
SB1-2
SB3-2
SQ2-1
FR
KM1-2
KM2
T0
左移启动按钮
定时器1-2
左移控制
继电器
Y2
左移限位开关
装料控制
继电器
KM2-1
X4
T0
Y3
SQ1-2
定时器1-1
KM3
X4
K300
T0
SQ1-3
卸料控制
继电器
定时器1
X5
T1
Y4
SQ2-2
定时器2-1
KM4
X5
K600
T1
SQ2-3
定时器2
END
(a) 梯形图
0 LD X1
1 OR T1
2 OR Y1
3 ANI X2
4 ANI X3
5 ANI X4
6 ANI X0
7 ANI Y2
8 OUT Y1
9 LD X2
10 OR T0
11 OR Y2
12 ANI X1
13 ANI X3
14 ANI X5
15 ANI X0
16 ANI Y1
17 OUT Y2
18 LD X4
19 ANI T0
20 OUT Y3
21 LD X4
22 OUT T0 K300
23 LD X5
24 ANI T1
25 OUT Y4
26 LD X5
27 OUT T1 K600
28 END
(b) 语句表

图 12-14　采用三菱 FX2N 系列 PLC 的控制梯形图和语句表

提示说明

三菱 PLC 定时器的设定值（定时时间 T）= 计时单位 × 计时常数（K）。其中计时单位有 1ms、10ms 和 100ms，不同的编程应用中，不同的定时器，其计时单位也会不同。因此在设置定时器时，可以通过改变计时常数（K），来改变定时时间。三菱 FN2X 型 PLC 中，一般用十进制的数来确定"K"值（0 ~ 32767），例如三菱 FN2X 型 PLC 中，定时器的计时单位为 100ms，其时间常数 K 值为 50，则 T=100ms × 50=5000ms=5s。

1 运料小车右移和装料的工作过程

运料小车开始工作，需要先右移到装料点，然后在定时器和装料继电器的控制下进行装料，如图 12-15 所示。

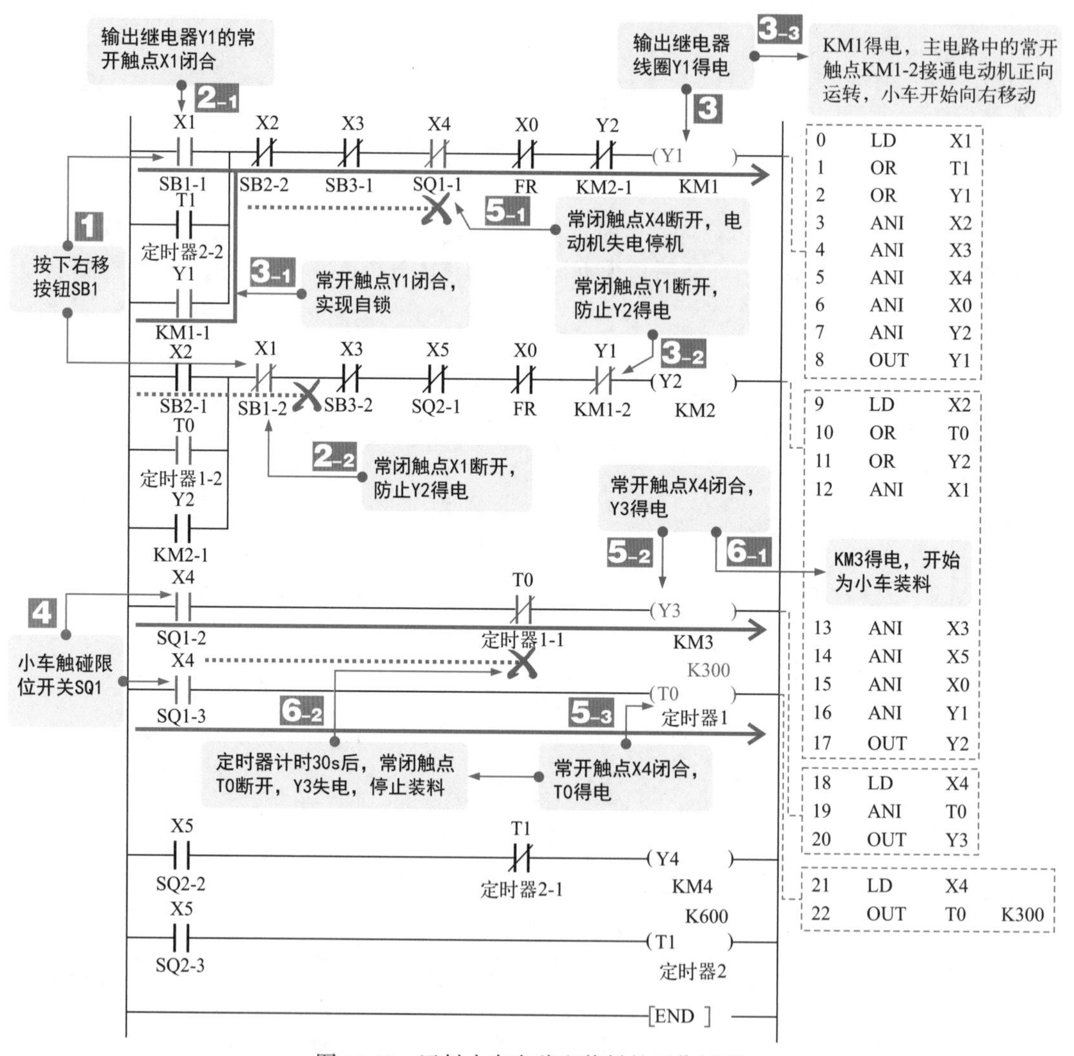
输出继电器Y1的常开触点X1闭合
2-1
输出继电器线圈Y1得电
3-3
KM1得电，主电路中的常开触点KM1-2接通电动机正向运转，小车开始向右移动
3
X1 X2 X3 X4 X0 Y2 (Y1)
SB1-1 SB2-2 SB3-1 SQ1-1 FR KM2-1 KM1
T1
1
定时器2-2
5-1
常闭触点X4断开，电动机失电停机
按下右移按钮SB1
Y1
3-1
常开触点Y1闭合，实现自锁
常闭触点Y1断开，防止Y2得电
KM1-1
3-2
X2 X1 X3 X5 X0 Y1 (Y2)
SB2-1 SB1-2 SB3-2 SQ2-1 FR KM1-2 KM2
T0
2-2
常闭触点X1断开，防止Y2得电
定时器1-2
Y2
常开触点X4闭合，Y3得电
KM2-1
5-2
6-1
KM3得电，开始为小车装料
X4 T0 (Y3)
4
SQ1-2 定时器1-1 KM3
小车触碰限位开关SQ1
X4 K300
SQ1-3 (T0) 定时器1
6-2
5-3
定时器计时30s后，常闭触点T0断开，Y3失电，停止装料
常开触点X4闭合，T0得电
X5 T1 (Y4)
SQ2-2 定时器2-1 KM4
X5 K600 (T1)
SQ2-3 定时器2
[END]
0 LD X1
1 OR T1
2 OR Y1
3 ANI X2
4 ANI X3
5 ANI X4
6 ANI X0
7 ANI Y2
8 OUT Y1
9 LD X2
10 OR T0
11 OR Y2
12 ANI X1
13 ANI X3
14 ANI X5
15 ANI X0
16 ANI Y1
17 OUT Y2
18 LD X4
19 ANI T0
20 OUT Y3
21 LD X4
22 OUT T0 K300

图 12-15 运料小车右移和装料的工作过程

1 按下右移启动按钮 SB1，将 PLC 程序中输入继电器常开触点 X1 置"1"，常闭触点 X1 置"0"。

1 → 2-1 控制输出继电器 Y1 的常开触点 X1 闭合。

→ 2-2 控制输出继电器 Y2 的常闭触点 X1 断开，实现输入继电器互锁，防止 Y2 得电。

2-1 → 3 输出继电器 Y1 线圈得电。

→ 3-1 自锁常开触点 Y1 闭合实现自锁功能；

→ 3-2 控制输出继电器 Y2 的常闭触点 Y1 断开，实现互锁，防止 Y2 得电；

→ 3-3 控制 PLC 外接交流接触器 KM1 线圈得电，主电路中的主触点 KM1-2 闭合，接通电动机电源，电动机启动正向运转，此时小车开始向右移动。

4 小车右移至限位开关 SQ1 处，SQ1 动作，将 PLC 程序中输入继电器常闭触点 X4 置“0”，常开触点 X4 置“1”。

4 → 5-1 控制输出继电器 Y1 的常闭触点 X4 断开，Y1 线圈失电，即 KM1 线圈失电，电动机停机，小车停止右移。

→ 5-2 控制输出继电器 Y3 的常开触点 X4 闭合，Y3 线圈得电。

→ 5-3 控制输出继电器 T0 的常开触点 X4 闭合，定时器 T0 线圈得电。

5-2 → 6-1 控制 PLC 外接交流接触器 KM3 线圈得电，开始为小车装料。

5-2 → 6-2 定时器开始计时，计时时间到（延时 30s），其控制输出继电器 Y3 的延时断开常闭触点 T0 断开，Y3 失电，即交流接触器 KM3 线圈失电，装料完毕。

2 运料小车左移和卸料的工作过程

运料小车装料完毕后，需要左移到卸料点，在定时器和卸料继电器的控制下进行卸料，卸料后再右行进行装料，如图 12-16 所示。

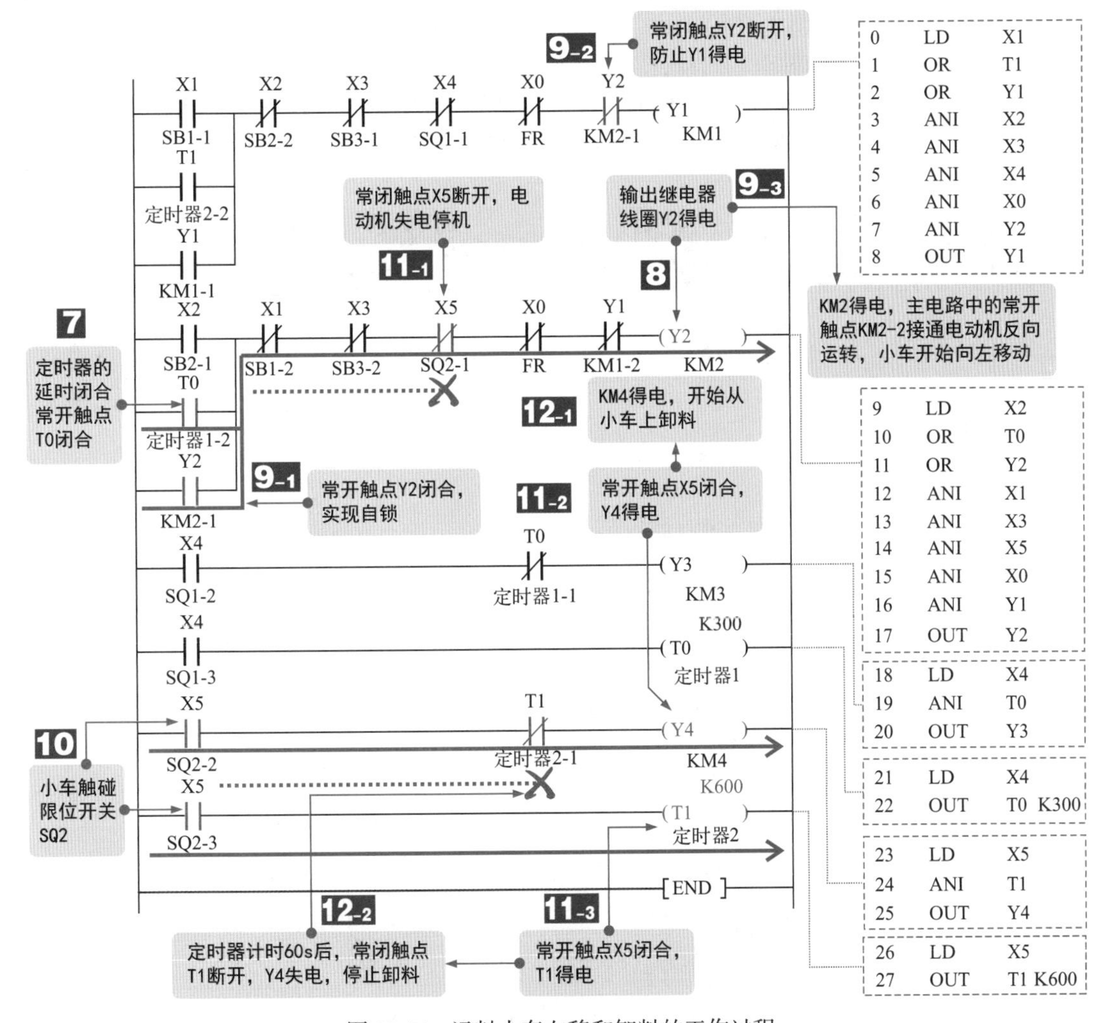

9-2
常闭触点Y2断开，防止Y1得电
X1 X2 X3 X4 X0 Y2
Y1 KM1
SB1-1 SB2-2 SB3-1 SQ1-1 FR KM2-1
T1
定时器2-2
Y1
KM1-1
常闭触点X5断开，电动机失电停机
11-1
输出继电器线圈Y2得电
9-3
8
7
定时器的延时闭合常开触点T0闭合
X2 X1 X3 X5 X0 Y1
Y2 KM2
SB2-1 SB1-2 SB3-2 SQ2-1 FR KM1-2
T0
定时器1-2
Y2
KM2-1
KM2得电，主电路中的常开触点KM2-2接通电动机反向运转，小车开始向左移动
12-1
KM4得电，开始从小车上卸料
9-1
常开触点Y2闭合，实现自锁
11-2
常开触点X5闭合，Y4得电
X4 T0 Y3
SQ1-2 定时器1-1 KM3
X4 K300 T0
SQ1-3 定时器1
10
小车触碰限位开关SQ2
X5 T1 Y4
SQ2-2 定时器2-1 KM4
X5 K600 T1
SQ2-3 定时器2
END
12-2
定时器计时60s后，常闭触点T1断开，Y4失电，停止卸料
11-3
常开触点X5闭合，T1得电
0 LD X1
1 OR T1
2 OR Y1
3 ANI X2
4 ANI X3
5 ANI X4
6 ANI X0
7 ANI Y2
8 OUT Y1
9 LD X2
10 OR T0
11 OR Y2
12 ANI X1
13 ANI X3
14 ANI X5
15 ANI X0
16 ANI Y1
17 OUT Y2
18 LD X4
19 ANI T0
20 OUT Y3
21 LD X4
22 OUT T0 K300
23 LD X5
24 ANI T1
25 OUT Y4
26 LD X5
27 OUT T1 K600

图 12-16　运料小车左移和卸料的工作过程

6-2 → 7 计时时间到（装料完毕），定时器的延时闭合常开触点 T0 闭合。

7 → 8 控制输出继电器 Y2 的延时闭合常开触点 T0 闭合，输出继电器 Y2 线圈得电。

8 → 9-1 自锁常开触点 Y2 闭合实现自锁功能；

→ 9-2 控制输出继电器 Y1 的常闭触点 Y2 断开，实现互锁，防止 Y1 得电；

→ 9-3 控制 PLC 外接交流接触器 KM2 线圈得电，主电路中的主触点 KM2-2 闭合，接通电动机电源，电动机启动反向运转，此时小车开始向左移动。

10 小车左移至限位开关 SQ2 处，SQ2 动作，将 PLC 程序中输入继电器常闭触点 X5 置“0”，常开触点 X5 置“1”。

10 → 11-1 控制输出继电器 Y2 的常闭触点 X5 断开，Y2 线圈失电，即 KM2 线圈失电，电动机停机，小车停止左移。

→ 11-2 控制输出继电器 Y4 的常开触点 X5 闭合，Y4 线圈得电。

→ 11-3 控制输出继电器 T1 的常开触点 X5 闭合，定时器 T1 线圈得电。

11-2 → 12-1 控制 PLC 外接交流接触器 KM4 线圈得电，开始为小车卸料。

11-3 → 12-2 定时器开始计时，计时时间到（延时 60s），其控制输出继电器 Y4 的延时断开常闭触点 T1 断开，Y4 失电，即交流接触器 KM4 线圈失电，卸料完毕。

提示说明

计时时间到（卸料完毕），定时器的延时闭合常开触点 T1 闭合，使 Y1 得电，右移控制继电器 KM1 得电，主电路的常开主触点 KM1-2 闭合，电动机再次正向启动运转，小车再次向右移动。如此反复，运料小车即实现了自动控制的过程。

当按下停止按钮 SB3 后，将 PLC 程序中输入继电器常闭触点 X3 置“0”，即常闭触点断开，Y1 和 Y2 均失电，电动机停止运转，此时小车停止移动。

12.2.2 水塔给水的 PLC 控制系统

水塔在工业设备中主要起到蓄水的作用，水塔的高度很高，为了使水塔中的水位保持在一定的高度，通常需要一种自动控制电路对水塔的水位进行检测，同时为水塔进行给水控制。

图 12-17 为水塔水位自动控制电路的结构图，它是由 PLC 控制各水位传感器、水泵电动机、电磁阀等部件实现对水塔和蓄水池蓄水、给水的自动控制。

图 12-18 为水塔水位自动控制电路中的 PLC 梯形图和语句表，表 12-5 所列为 PLC 的 I/O 地址分配。结合 I/O 地址分配表，了解该梯形图和语句表中各触点及符号标识的含

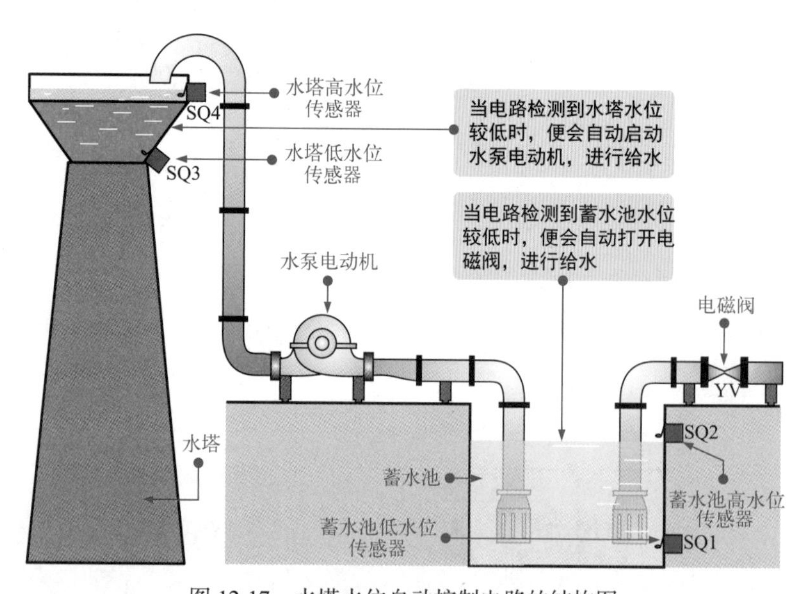

水塔高水位
传感器
SQ4
当电路检测到水塔水位
较低时，便会自动启动
水泵电动机，进行给水
水塔低水位
传感器
SQ3
当电路检测到蓄水池水位
较低时，便会自动打开电
磁阀，进行给水
水泵电动机
电磁阀
YV
SQ2
水塔
蓄水池
蓄水池高水位
传感器
蓄水池低水位
传感器
SQ1

图 12-17 水塔水位自动控制电路的结构图

义，并将梯形图和语句表相结合进行分析。

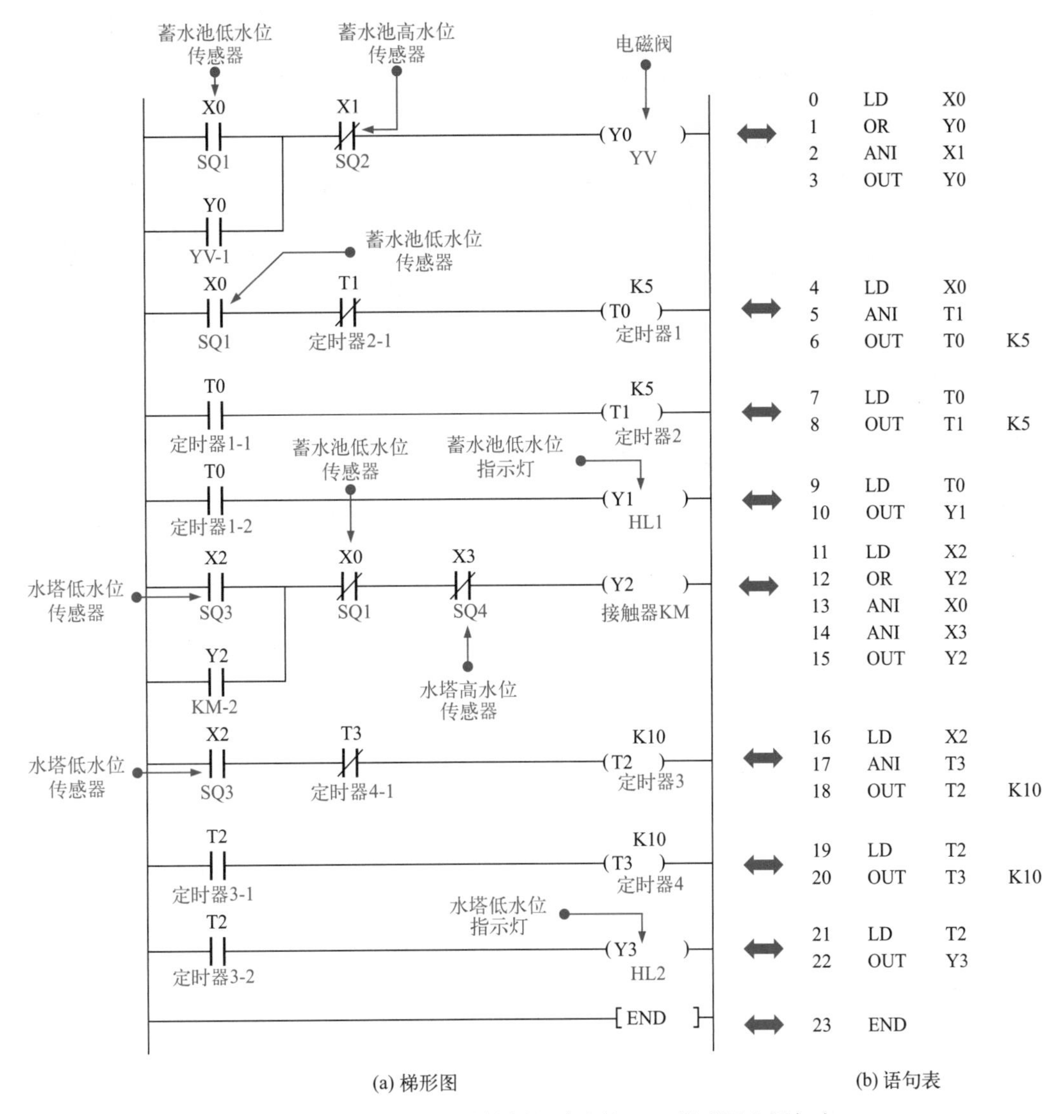
蓄水池低水位传感器
蓄水池高水位传感器
电磁阀
X0
SQ1
X1
SQ2
Y0
YV
Y0
YV-1
蓄水池低水位传感器
X0
SQ1
T1
定时器2-1
K5
T0
定时器1
T0
定时器1-1
K5
T1
定时器2
蓄水池低水位传感器
蓄水池低水位指示灯
T0
定时器1-2
Y1
HL1
水塔低水位传感器
X2
SQ3
X0
SQ1
X3
SQ4
Y2
接触器KM
Y2
KM-2
水塔高水位传感器
水塔低水位传感器
X2
SQ3
T3
定时器4-1
K10
T2
定时器3
T2
定时器3-1
K10
T3
定时器4
水塔低水位指示灯
T2
定时器3-2
Y3
HL2
END
0 LD X0
1 OR Y0
2 ANI X1
3 OUT Y0
4 LD X0
5 ANI T1
6 OUT T0 K5
7 LD T0
8 OUT T1 K5
9 LD T0
10 OUT Y1
11 LD X2
12 OR Y2
13 ANI X0
14 ANI X3
15 OUT Y2
16 LD X2
17 ANI T3
18 OUT T2 K10
19 LD T2
20 OUT T3 K10
21 LD T2
22 OUT Y3
23 END

(a) 梯形图　　(b) 语句表

图 12-18　水塔水位自动控制电路中的 PLC 梯形图和语句表

表12-5　水塔水位自动控制电路中的PLC梯形图I/O地址分配表（三菱FX2N系列PLC）

输入信号及地址编号			输出信号及地址编号		
名称	代号	输入点地址编号	名称	代号	输出点地址编号
蓄水池低水位传感器	SQ1	X0	电磁阀	YV	Y0
蓄水池高水位传感器	SQ2	X1	蓄水池低水位指示灯	HL1	Y1
水塔低水位传感器	SQ3	X2	电动机供电控制接触器	KM	Y2
水塔高水位传感器	SQ4	X3	水塔低水位指示灯	HL2	Y3

当水塔水位低于水塔低水位，并且蓄水池水位高于蓄水池低水位时，控制电路便会自动启动水泵电动机开始给水，图 12-19 为蓄水池自动进水的控制过程。

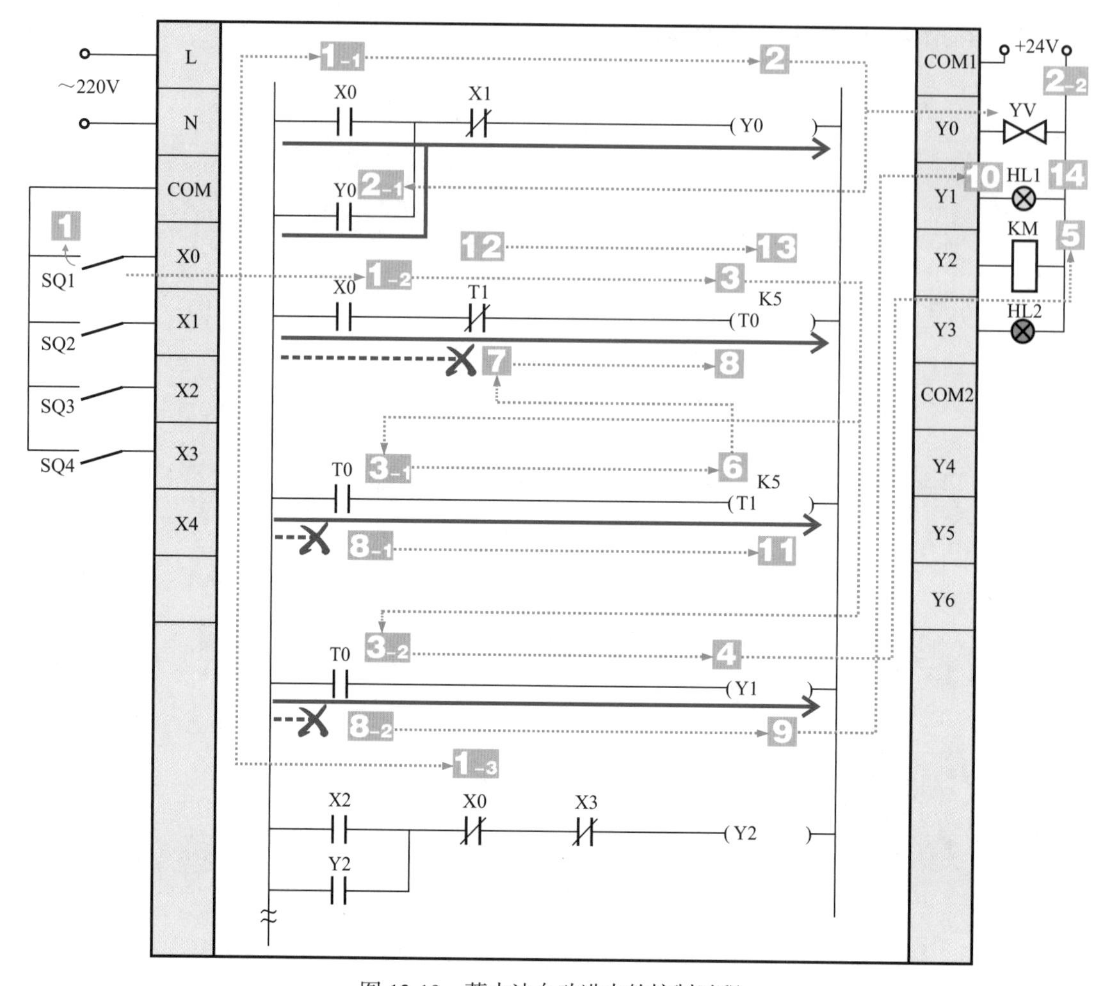

~220V
L
N
COM
X0
X1
X2
X3
X4
SQ1
SQ2
SQ3
SQ4
COM1
Y0
Y1
Y2
Y3
COM2
Y4
Y5
Y6
+24V
YV
HL1
KM
HL2
X0
X1
Y0
T1
T0
K5
T1
Y1
X2
X3
Y2

图 12-19　蓄水池自动进水的控制过程

蓄水池自动进水的控制过程：

1 当蓄水池水位低于低水位传感器 SQ1 时，SQ1 动作，将 PLC 程序中的输入继电器常开触点 X0 置 1，常闭触点 X0 置 0。

1-1 控制输出继电器 Y0 的常开触点 X0 闭合。

1-2 控制定时器 T0 的常开触点 X0 闭合。

1-3 控制输出继电器 Y2 的常闭触点 X0 断开，锁定 Y2 不能得电。

1-1 → 2 输出继电器 Y0 线圈得电。

2-1 自锁常开触点 Y0 闭合实现自锁功能。

2-2 控制 PLC 外接电磁阀 YV 线圈得电，电磁阀打开，蓄水池进水。

1-2 → 3 定时器 T0 线圈得电，开始计时。

3-1 计时时间到（延时 0.5s），其控制定时器 T1 的延时闭合常开触点 T0 闭合。

3-2 计时时间到（延时 0.5s），其控制输出继电器 Y1 的延时闭合的常开触点 T0 闭合。

3-2 → 4 输出继电器 Y1 线圈得电。

5 控制 PLC 外接蓄水池低水位指示灯 HL1 点亮。

3-1 → 6 定时器 T1 线圈得电，开始计时。

7 计时时间到（延时 0.5s），其延时断开的常闭触点 T1 断开。

8 定时器T0线圈失电。

8-1 控制定时器T1的延时闭合的常开触点T0复位断开。

8-2 控制输出继电器Y1的延时闭合的常开触点T0复位断开。

8-2 → 9 输出继电器Y1线圈失电。

10 控制PLC外接蓄水池低水位指示灯HL1熄灭。

8-1 → 11 定时器T1线圈失电。

12 延时断开的常闭触点T1复位闭合。

13 定时器T0线圈再次得电，开始计时。

14 如此反复循环，蓄水池低水位指示灯HL1以1s的周期进行闪烁。

图12-20为蓄水池自动停止进水的控制过程。

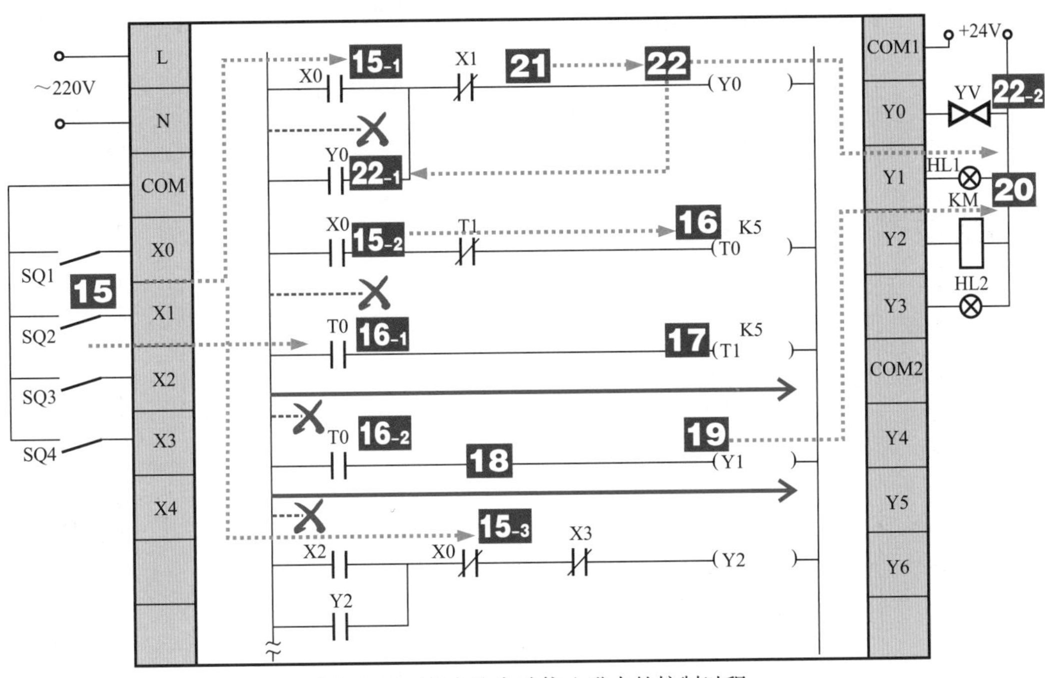
L
N
COM
X0
X1
X2
X3
X4
~220V
SQ1
SQ2
SQ3
SQ4
15
15-1
15-2
15-3
16
16-1
16-2
17
18
19
20
21
22
22-1
22-2
X0
X1
Y0
T1
T0
K5
T1
X2
X3
Y2
Y1
COM1
Y0
Y1
Y2
Y3
COM2
Y4
Y5
Y6
+24V
YV
HL1
KM
HL2

图12-20 蓄水池自动停止进水的控制过程

15 当蓄水池水位高于低水位传感器SQ1时，SQ1复位，将PLC程序中的输入继电器常开触点X0复位置0，常闭触点X0复位置1。

15-1 控制输出继电器Y0的常开触点X0复位断开。

15-2 控制定时器T0的常开触点X0复位断开。

15-3 控制输出继电器Y2的常闭触点X0复位闭合。

15-2 → 16 定时器T0线圈失电。

16-1 控制定时器T1的延时闭合常开触点T0复位断开。

16-2 控制输出继电器Y1的延时闭合的常开触点T0复位断开。

16-1 → 17 定时器T1线圈失电。

18 延时断开的常闭触点T1复位闭合。

16-2 → 19 输出继电器Y1线圈失电。

20 控制PLC外接蓄水池低水位指示灯HL1熄灭。

21 蓄水池水位高于蓄水池高水位传感器SQ2时，SQ2动作，将PLC程序中的输入继电器常闭触点X1置0，即常闭触点X1断开。

22 输出继电器 Y0 线圈失电。

22-1 自锁常开触点 Y0 复位断开。

22-2 控制 PLC 外接电磁阀 YV 线圈失电，电磁阀关闭，蓄水池停止进水。

当 PLC 输入接口外接的水塔水位传感器输入的信号时，结合内部 PLC 梯形图程序，详细分析水塔水位的自动控制过程，如图 12-21 所示。

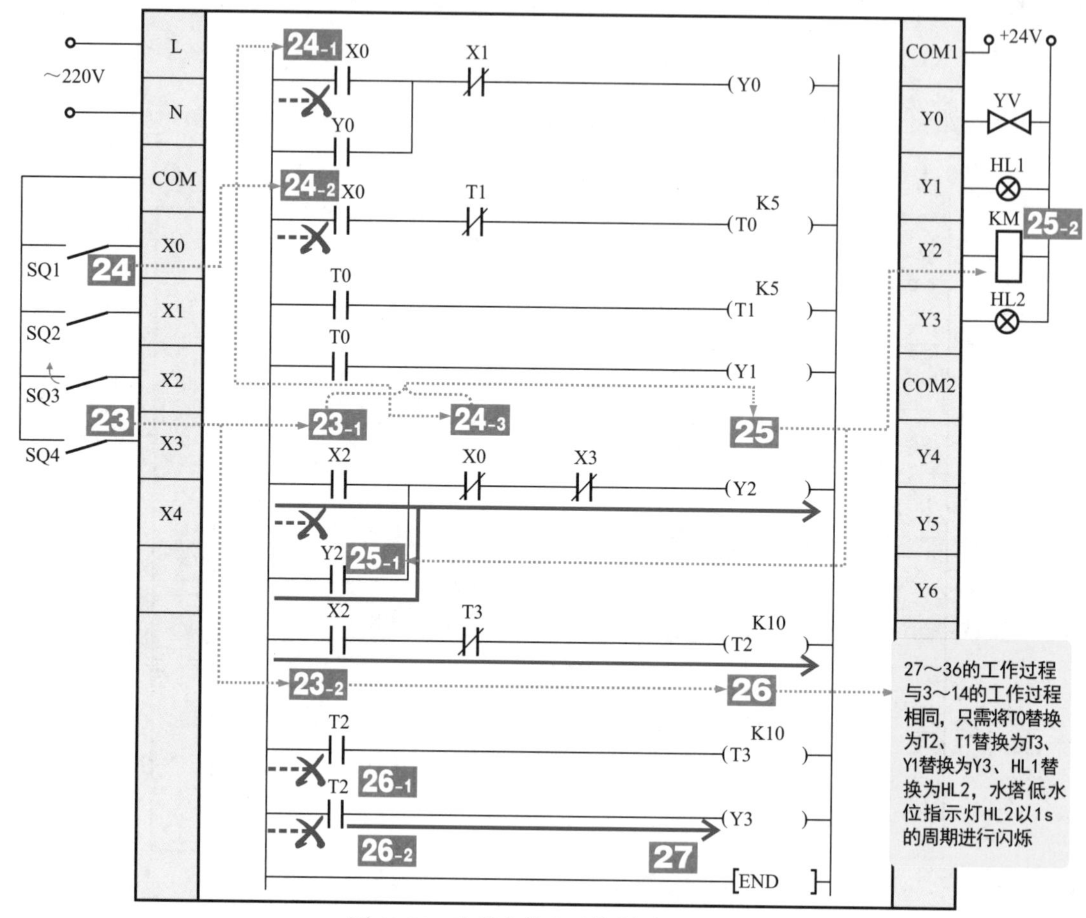
~220V
L
N
COM
X0
X1
X2
X3
X4
SQ1
SQ2
SQ3
SQ4
24
23
24-1
24-2
24-3
23-1
23-2
25
25-1
25-2
26
26-1
26-2
27
X0
X1
Y0
T1
K5
T0
T1
Y1
X2
X0
X3
Y2
T3
K10
T2
T3
Y3
END
COM1
+24V
YV
HL1
KM
HL2
COM2
Y4
Y5
Y6
27～36的工作过程与3～14的工作过程相同，只需将T0替换为T2、T1替换为T3、Y1替换为Y3、HL1替换为HL2，水塔低水位指示灯HL2以1s的周期进行闪烁

图 12-21 水塔水位自动控制过程（一）

23 当水塔水位低于低水位传感器 SQ3 时，SQ3 动作，将 PLC 程序中的输入继电器常开触点 X2 置 1。

23-1 控制输出继电器 Y2 的常开触点 X2 闭合。

23-2 控制定时器 T2 的常开触点 X2 闭合。

24 若蓄水池水位高于蓄水池的低水位传感器 SQ1，其 SQ1 不动作，PLC 程序中的输入继电器常开触点 X0 保持断开，常闭触点保持闭合。

24-1 控制输出继电器 Y0 的常开触点 X0 断开。

24-2 控制定时器 T0 的常开触点 X0 断开。

24-3 控制输出继电器 Y2 的常闭触点 X0 闭合。

23-1 + 24-3 → 25 输出继电器 Y2 线圈得电。

25-1 自锁常开触点 Y2 闭合实现自锁功能。

25-2 控制 PLC 外接接触器 KM 线圈得电，带动主电路中的主触点闭合，接通水泵电动机电源，水泵电动机进行抽水作业。

23-2 → 26　定时器 T2 线圈得电，开始计时。

26-1　计时时间到（延时 1s），其控制定时器 T3 的延时闭合常开触点 T2 闭合。

26-2　计时时间到（延时 1s），其控制输出继电器 Y3 的延时闭合常开触点 T2 闭合。

26-2 → 27　输出继电器 Y3 线圈得电。

28　控制 PLC 外接水塔低水位指示灯 HL2 点亮。

26-1 → 29　定时器 T3 线圈得电，开始计时。

30　计时时间到（延时 1s），其延时断开的常闭触点 T3 断开。

31　定时器 T2 线圈失电。

31-1　控制定时器 T3 的延时闭合的常开触点 T2 复位断开。

31-2　控制输出继电器 Y3 的延时闭合的常开触点 T2 复位断开。

31-2 → 32　输出继电器 Y3 线圈失电。

33　控制 PLC 外接水塔低水位指示灯 HL2 熄灭。

34　定时器线圈 T3 失电。

35　延时断开的常闭触点 T3 复位闭合。

36　定时器 T2 线圈再次得电，开始计时。如此反复循环，水塔低水位指示灯 HL2 以 1s 周期进行闪烁。

图 12-22 为水塔水位高于低水位传感器 SQ3、高于高水位传感器 SQ4 的控制过程。

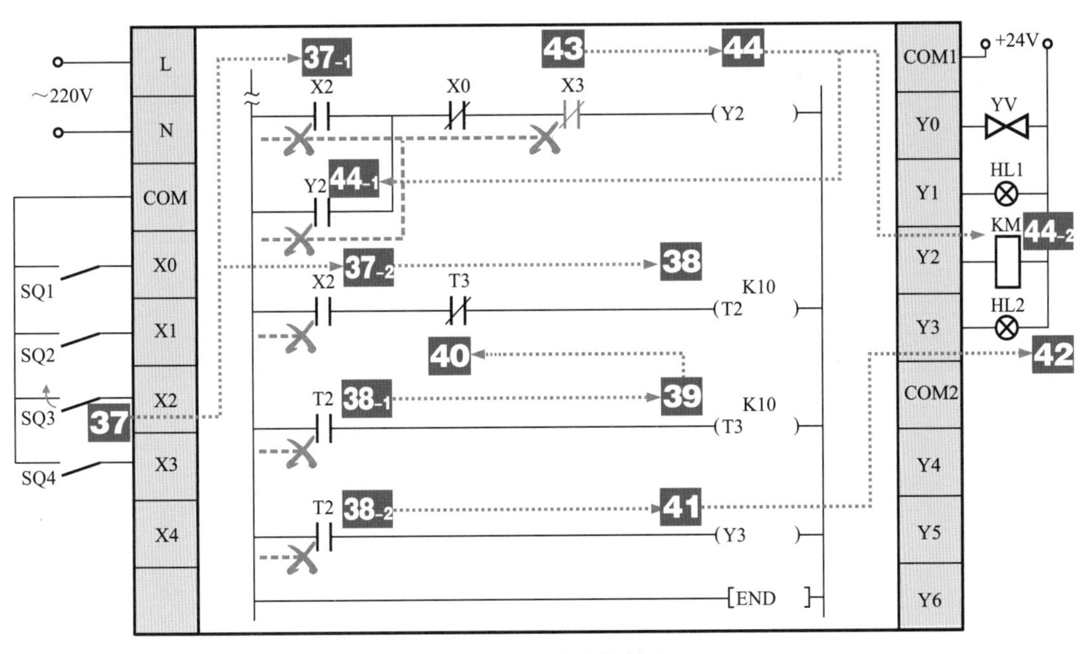
~220V
L
N
COM
X0
X1
X2
X3
X4
SQ1
SQ2
SQ3
SQ4
37
37-1
37-2
38
38-1
38-2
39
40
41
42
43
44
44-1
44-2
X2
X0
X3
Y2
T3
K10
T2
T3
Y3
END
COM1
Y0
Y1
Y2
Y3
COM2
Y4
Y5
Y6
+24V
YV
HL1
KM
HL2

图 12-22　水塔水位自动控制过程（二）

37　当水塔水位高于低水位传感器 SQ3 时，SQ3 复位，将 PLC 程序中的输入继电器常开触点 X2 置 0，常闭触点 X2 置 1。

37-1　控制输出继电器 Y2 的常开触点 X2 复位断开。

37-2　控制定时器 T2 的常开触点 X2 复位断开。

37-2 → 38　定时器 T2 线圈失电。

38-1　控制定时器 T3 的延时闭合常开触点 T2 复位断开。

38-2　控制输出继电器 Y3 的延时闭合的常开触点 T2 复位断开。

38-1 → 39　定时器线圈 T3 失电。

40 延时断开的常闭触点 T3 复位闭合。

38-2 → 41 输出继电器 Y3 线圈失电。

42 控制 PLC 外接水塔低水位指示灯 HL2 熄灭。

43 当水塔水位高于水塔高水位传感器 SQ4 时，SQ4 动作，将 PLC 程序中的输入继电器常闭触点 X3 置 0，即常闭触点 X3 断开。

44 输出继电器 Y2 线圈失电。

44-1 自锁常开触点 Y2 复位断开。

44-2 控制 PLC 外接接触器 KM 线圈失电，带动主电路中的主触点复位断开，切断水泵电动机电源，水泵电动机停止抽水作业。